国家科学技术学术著作出版基金资助出版

"十二五"国家重点图书出版规划项目

中国叠合盆地油气成藏研究丛书

A Series of
Study on Hydrocarbon Accumulation
in Chinese Superimposed Basins

丛书主编 / 庞雄奇

油气运聚门限与资源潜力评价

The Hydrocarbon Migration and Accumulaion Threshold and the Resource Potential Evaluation

庞雄奇 等 著

科 学 出 版 社

北 京

内 容 简 介

本书提出排烃门限、聚集门限和资源门限的概念，并阐述各门限的特征、判别标准、控藏机制，通过三个门限与油气生成量、损耗量和资源量之间的定量关系解决资源评价中有效源岩判别、大量成藏时间厘定、油气分布规律预测等地质难题，并由此建立三个地质门限联合控油气运聚理论模式和基于物质平衡原理的油气资源评价新方法。全书共八章：第一章介绍运聚门限及其控油气作用的概念和研究意义、研究的基本内容与特色和实际应用与成效；第二章介绍油气生排运聚的基本概念及其过程特征；第三章至第六章分别介绍油气生成门限、油气排出门限、油气聚集门限和油气资源门限及其控油气作用；第七章介绍运聚门限联合控油气作用评价油气资源潜力的研究特色；第八章介绍生排运聚门限联合控油气作用评价油气资源量的工作流程与应用实例。

本书既可作为石油地质等相关专业科研人员的工具参考书，也可作为相关院校高层次人才培养，尤其是研究生培养的教学参考书。

图书在版编目(CIP)数据

油气运聚门限与资源潜力评价＝The Hydrocarbon Migration and Accumulation Threshold and the Resource Potential Evaluation/庞雄奇等著.
—北京：科学出版社，2014
 (中国叠合盆地油气成藏研究丛书)
 "十二五"国家重点图书出版规划项目
 ISBN 978-7-03-036992-5

Ⅰ. ①油… Ⅱ. ①庞… Ⅲ. ①油气聚集-研究 Ⅳ. ①P618.130.2

中国版本图书馆 CIP 数据核字(2013)第 043963 号

责任编辑：吴凡洁 万群霞 陈构洪／责任校对：钟 洋
责任印制：阎 磊／封面设计：王 浩

科 学 出 版 社 出版

北京东黄城根北街 16 号
邮政编码：100717
http://www.sciencep.com

中国科学院印刷厂 印刷

科学出版社发行 各地新华书店经销
*
2014 年 9 月第 一 版 开本：787×1092 1/16
2014 年 9 月第一次印刷 印张：19 3/4
字数：440 000
定价：138.00 元
(如有印装质量问题，我社负责调换)

丛书序一

　　油气藏是油气地质研究的对象，也是油气勘探寻找的最终目标。开展油气成藏研究对于认识油气分布规律和提高油气探明率，揭示油气富集机制和提高油气采收率，都具有十分重要的理论意义和现实价值。《中国叠合盆地油气成藏研究丛书》是"九五"以来在国家973项目、中国三大石油公司研究项目及其相关油田研究项目等的联合资助下，经过近20年的努力取得的重大科技成果。

　　《中国叠合盆地油气成藏研究丛书》阐述了我国叠合盆地油气成藏研究相关领域的重要进展，其中包括：叠合盆地构造特征及其形成演化、地层分布发育与储层形成演化、古隆起变迁与隐蔽圈闭分布研究、油气生成及其演化、油气藏形成演化与分布预测、油气藏调整改造与剩余资源潜力、油气藏地球物理检测与含油气性评价、油气藏分布规律与勘探实践等。这些成果既涉及叠合盆地中浅部油气成藏，也涉及深部油气成藏，既涉及常规油气藏形成演化，也涉及非常规油气藏分布预测，它是由教育系统、科研院所、油田公司等相关单位近百位中青年学者和研究生联合完成的。研究过程得到了相关领导的大力支持和老一代专家学者的悉心指导，体现了产、学、研结合和老、中、青三代人的联合奋斗。

　　《中国叠合盆地油气成藏研究丛书》中一个具有代表性的成果是建立了油气门限控藏理论模型，突出了勘探关键问题，抓住了成藏主要矛盾，实现了油气分布定量预测。油气门限控藏研究，提出用运聚门限判别有效资源领域和测算资源量，避免了人为主观因素对资源量评价结果的影响，使半个多世纪以来国内外学者（如苏联学者维索茨基等）追求的用物质平衡原理评价资源量的科学思想得以实现；提出用分布门限定量评价有利成藏区带，用多要素控藏组合模拟油气成藏替代单要素分析油气成藏，用定量方法确定成藏"边界＋范围＋概率"替代用传统定性方法"分析成藏条件、研究成藏可能性、讨论成藏范围"；提出依富集门限定量评价有利目标含油气性，实现有利目标钻前地质评价，定量回答圈闭中有无油气以及油气多少等方面的问题，降低了决策风险，提高了成果质量，填补了国内外空白。

　　"十五"以来，中国三大石油公司应用油气门限控藏理论模型在国内外20多个盆地和地区应用，为这一期间我国油气储量快速增长提供了理论和技术支撑。仅在渤海海域盆地、辽河西部凹陷、济阳拗陷、柴达木盆地、南堡凹陷五个重点测试区系统应用，即预测出26个潜在资源领域、300多个成藏区带、500多个有利目标，指导油田公司共计部署探井776口，发现三级储量46.8亿t油当量，取得了巨大的经济效益。教育部相关机构在2010年8月28日，组织了相关领域的院士和知名专家对相关理论成果进行了评审鉴定。大家一致认为，油气门限控藏研究创造性地从油气成藏临界地质条件控油气作用出发，揭示和阐明了油气藏形成和富集规律，为复杂地质条件下的油气勘探提供了新的理论、方法和技术。

　　作为"中国叠合盆地油气成藏研究"的倡导者、见证者和某种意义上的参与者，我十分高兴地看到以庞雄奇教授为首席科学家的团队在近 20 多年来的快速成长和取得的一项又一项的创新成果。我们有充分的理由相信，随着 973 项目的研究深入和该套丛书的相继出版，"中国叠合盆地油气成藏研究"系列成果将为我国，乃至世界油气勘探事业的发展做出更大贡献。

中国科学院院士

2013 年 8 月 18 日

丛书序二

《中国叠合盆地油气成藏研究丛书》集中展示了中国学者近20年来在国家三轮973项目连续资助下取得的创新成果，这些成果完善和发展了中国叠合盆地油气地质与勘探理论，为复杂地质条件下的油气勘探提供了新的理论指导和方法技术支撑。相信出版这些成果将有力地推动我国叠合盆地的油气勘探。

"油气门限控藏"是"中国叠合盆地油气成藏研究"系列创新成果中的核心内容，它从油气运聚、分布和富集的临界地质条件出发，揭示和阐明了油气藏分布规律。在这一学术思想引导下，获得了一系列相关的创新成果，突出表现在以下四个方面。

一是提出了油气运聚门限联合控藏模式，建立了油气生排聚散平衡模型，研发了资源评价与预测新方法和新技术。基于大量的样品测试和物理模拟、数值模拟实验研究，发现油气在成藏过程中存在排运、聚集和工业规模三个临界地质条件，研究揭示了每一个油气门限及其联合控油气作用机制与损耗烃量变化特征；提出了三个油气门限的判别标准和四类损耗烃量计算模型，创建了新的油气生排聚散平衡模型和油气运聚地质门限控藏模式，已在全国新一轮油气资源评价中发挥了重要作用。

二是提出了油气分布门限组合控藏模式，研发了有利成藏区预测与评价新方法和新技术。基于两千多个油气藏剖析和上万个油气藏资料统计，研究发现油气分布的边界、范围和概率受六个既能客观描述又能定量表征的功能要素控制；揭示了每一功能要素的控藏临界条件与变化特征；阐明了源、储、盖、势四大类控藏临界条件的时空组合决定着油气藏分布的边界、范围和概率；建立了不同类型油气藏要素组合控藏模式并研发了应用技术，实现了成藏过程研究与评价的模式化和定量化，提高了成藏目标预测的科学性和可靠性。

三是提出了油气富集临界条件复合控藏模式，研发了有利目标含油气性评价技术。基于上万个油气藏含油气性资料的统计分析和近千次物理模拟和数值模拟实验研究，发现近源-优相-低势复合区控制着圈闭内储层的含油气性。圈闭内外界面能势差越大，圈闭内储层的含油气性越好。研究成果揭示了储层内外界面势差控油气富集的临界条件与变化特征；阐明了圈闭内部储层含油气性随内外界面势差增大而增加的基本规律；建立了相-势-源复合指数（FPSI）与储层含油气性定量关系模式并研发了应用技术，实现了钻前目标含油气性地质预测与定量评价，降低了勘探风险。

四是提出了构造过程叠加与油气藏调整改造模式，研发了多期构造变动下油气藏破坏烃量评价方法和技术。研究成果阐明了构造变动对油气藏形成和分布的破坏作用；揭示了构造变动破坏和改造油气藏的机制，其中包括位置迁移、规模改造、组分分异、相态转换、生物降解和高温裂解；建立了构造变动破坏烃量与构造变动强度、次数、顺序及盖层封油气性等四大主控因素之间的定量关系模型，应用相关技术能够评价叠合盆地每一次构造变动的相对破坏烃量和绝对破坏烃量，为有利成藏区域内当今最有利勘探区带的预测与资源潜力评价提供了科学的地质依据。

油气门限控藏理论成果已通过产、学、研相结合等多种形式与油田公司合作在辽河西部凹陷、渤海海域盆地、济阳拗陷、南堡凹陷、柴达木盆地五个测试区进行了全面系统的应用。"十五"以来，中国三大石油公司将新成果推广应用于 20 个盆地和地区，为大量工业性油气发现提供了理论和技术支撑。

作为中国油气工业战线的一位老兵和油气地质与勘探领域的科技工作者，我有幸担任了"中国叠合盆地油气成藏研究"的 973 项目专家组组长的工作，见证了年轻一代科技工作者好学求进、不畏艰难、勇攀高峰的科学精神，看到一代又一代的年轻学者在我们共同的事业中快速成长起来，心中感受到的不仅是欣慰，更有自豪和光荣。鉴于"中国叠合盆地油气成藏研究"取得的重要进展和在油气勘探过程中取得的重大效益，我十分高兴向同行学者推荐这方面成果并期盼该套丛书中的成果能在我国乃至世界叠合盆地的油气勘探中发挥出越来越大的作用。

中国工程院院士
2013 年 2 月 28 日

丛书序三

　　中国含油气盆地的最大特征是在不同地区叠加和复合了不同时期形成的不同类型的含油气盆地，它们被称为叠合盆地。叠合盆地内部出现多个不整合面、存在多套生储盖组合、发生多旋回成藏作用、经历多期调整改造。四多的地质特征决定了中国叠合盆地油气成藏与分布的复杂性。目前，在中国叠合盆地，尤其是西部复杂叠合盆地发现的油气藏普遍表现出位置迁移、组分变异、规模改造、相态转换、生物降解和高温裂解等现象，油气勘探十分困难。应用国内外已有的成藏理论指导油气勘探遇到了前所未有的挑战，其中包括：烃源灶内有时找不到大量的油气聚集，构造高部位有时出现更多的失利井，预测的最有利目标有时发现有大量干沥青，斜坡带输导层内有时能够富集大量油气……所有这些说明，开展"中国叠合盆地油气成藏研究"对于解决油气勘探问题并提高勘探成效具有十分重要的理论意义和现实价值。

　　经过近二十年的努力探索，尤其是在国家几轮 973 项目的连续资助下，中国学者在叠合盆地油气成藏研究领域取得了重要进展。为了解决中国叠合盆地油气勘探困难，科技部自一开始就在资源和能源两个领域设立了 973 项目，《中国叠合盆地油气成藏研究丛书》就是这方面多个 973 项目创新成果的集中展示。在这一系列成果中，不仅有对叠合盆地形成机制和演化历史的剖析，也有对叠合盆地油气成藏条件的分析和评价，还有对叠合盆地油气成藏特征、成藏机制和成藏规律的揭示和总结，更有对叠合盆地油气分布预测方法和技术的研发以及应用成效的介绍。《油气运聚门限与资源潜力评价》《油气分布门限与成藏区带预测》《油气富集门限与勘探目标优选》和《油气藏调整改造与构造破坏烃量模拟》都是丛书中的代表性专著。出版这些创新成果对于推动我国，乃至世界叠合盆地的油气勘探都具有十分重要的理论意义和现实意义。

　　"中国叠合盆地油气成藏研究"系列成果的出版标志着我国因"文化大革命"造成的人才断层的完全弥合。这项成果主要是我国招生制度改革后培养出来的年轻一代学者负责承担项目并努力奋斗取得的，它们的出版标志着"文化大革命"后新一代科学家已全面成长起来并在我国科技战线中发挥着关键作用，也从另一侧面反映了我国招生制度改革的成功和油气地质与勘探事业后继有人，是较之科研成果自身更让我们感到欣慰和振奋的成果。

　　"中国叠合盆地油气成藏研究"系列成果的出版标志着叠合盆地油气成藏理论研究取得重要进展。这项成果是针对国内外已有理论在指导我国叠合盆地油气勘探过程中遇到挑战后展开探索研究取得的，它们既有对经典理论的完善和发展，也有对复杂地质条件下油气成藏理论的新探索和油气勘探技术的新研发。"油气门限控藏"理论模式的提出以及"油气藏调整改造与构造变动破坏烃量评价技术"的研发都是这方面的代表性成果，它们有力地推动了叠合盆地油气勘探事业的向前发展。

"中国叠合盆地油气成藏研究"系列成果的出版标志着我国叠合盆地油气勘探事业取得重大成效。它是针对我国叠合盆地油气勘探遇到的生产实际问题展开研究所取得的创新成果，对于指导我国叠合盆地，尤其是西部复杂叠合盆地的油气深化勘探具有重大的现实意义。近十年来中国西部叠合盆地油气勘探的不断突破和储产量快速增长，真实地反映了相关理论和技术在油气勘探实践中的指导作用。

"中国叠合盆地油气成藏研究"系列成果的出版标志着能源领域国家重点基础研究（973）项目的成功实践。这项成果是在获得国家连续三届973项目资助下取得的，其中包括"中国典型叠合盆地油气形成富集与分布预测（G1999043300）""中国西部典型叠合盆地油气成藏机制与分布规律（2006CB202300）""中国西部叠合盆地深部油气复合成藏机制与富集规律（2011CB201100）"。这些项目与成果集中体现了科学研究的国家目标和技术目标的统一，反映了973项目的成功实践和取得的丰硕成果。

"中国叠合盆地油气成藏研究"系列成果的出版将进一步凝聚力量并持续推动中国叠合盆地油气勘探事业向前发展。这一系列成果是在我国油气地质与勘探领域老一代科学家的关怀和指导下，中国年轻一代的科学家带领硕士生、博士生、博士后和年轻科技工作者努力奋斗取得的，它凝聚了老、中、青三代人的心血和智慧。《中国叠合盆地油气成藏研究丛书》的出版既集中展示了中国叠合盆地油气成藏研究的最新成果，也反映了老、中、青三代科研人的团结奋斗和共同期待，必将引导和鼓励越来越多年轻学者加入到叠合盆地油气成藏深化研究和油气勘探持续发展的事业中来。

中国叠合盆地剩余资源潜力十分巨大，近十年来中国西部叠合盆地油气储量和产量的快速增长证明了这一点。随着油气勘探的深入和大规模非常规油气资源的发现，叠合盆地深部油气成藏研究和非常规油气藏研究正在吸引着越来越多学者的关注。我们期盼，《中国叠合盆地油气成藏研究丛书》的出版不仅能够引导中国叠合盆地常规油气资源的勘探和开发，也能为推动中国，乃至世界叠合盆地深部油气资源和非常规油气资源的勘探和开发做出积极贡献。

中国科学院院士
2013 年 2 月 28 日

丛书前言

　　中国油气地质的显著特点是广泛发育叠合盆地。叠合盆地发生过多期构造变动，发育了多套生储盖组合，出现过多旋回的油气成藏和多期次的调整改造，目前显现出"位置迁移、组分变异、多源混合、规模改造、相态转换"等复杂地质特征，已有勘探理论和技术在实用中遇到了前所未有的挑战。中国含油气盆地具有从东到西，由单型盆地向简单叠合盆地再向复杂叠合盆地过渡的特点，相比之下西部复杂叠合盆地的油气勘探难度更大。揭示中国叠合盆地油气成藏机制和分布规律，是 20 世纪末中国油气勘探实施稳定东部、发展西部战略过程中面临的最为迫切的科研任务。

　　《中国叠合盆地油气成藏研究丛书》汇集了我国油气地质与勘探工作者在油气成藏研究的相关领域取得的创新成果，它们主要涉及"中国西部典型叠合盆地油气成藏机制与分布规律（2006CB202300）"和"中国西部叠合盆地深部油气复合成藏机制与富集规律（2011CB201100）"两个国家重点基础研究发展计划（973）项目。在这之前，金之钧教授和王清晨研究员已带领我们及相关的研究团队完成了中国叠合盆地第一个 973 项目"中国典型叠合盆地油气形成富集与分布预测（G1999043300）"。这一期间积累的资料、获得的成果和发现的问题，为后期两个 973 项目的展开奠定了基础、确立了方向、开辟了道路，后两个 973 项目可以说是前期 973 项目研究工作的持续和深化。

　　"中国叠合盆地油气成藏研究"能够持续展开，得益于科学技术部重点基础研究计划项目的资助，更得力于老一代科学家的悉心指导和大力帮助。许多前辈导师作为科学技术部跟踪专家和项目组聘请专家长期参与和指导了项目工作，为中国叠合盆地油气成藏研究奉献了智慧、热情和心血。中国石油大学张一伟教授，就是众多导师中持续关心我们、指导我们、帮助我们和鼓励我们的一位突出代表。他既将 973 项目看作年轻专家学者攀登科学高峰的战场，也将它当作培养高层次研究人才的平台，还将它视为发展新型交叉学科的沃土。他不仅指导我们凝炼科学问题，还亲自带领我们研发物理模拟实验装置，甚至亲自开展科学实验。在他最后即将离开人世的时候还在念念不忘我们承担的项目和正在培养的研究生。老一代科学家的关心指导、各领域专家的大力帮助以及社会的殷切期盼是我们团队努力做好项目的强大动力。

　　"中国叠合盆地油气成藏研究"能够顺利进行，得力于相关部门，尤其是依托单位的强力组织和研究基地的大力帮助。中国石油天然气集团公司，既组织我们申报立项、答辩验收，还协助我们组织课题和给予配套经费支持；中石油塔里木油田公司和中石油新疆油田公司组织专门的队伍参与项目研究，协助各课题研究人员到现场收集资料，每年派专家向全体研究人员报告生产进展和问题，轮流主持学术成果交流会，积极组织力量将创新成果用于油气勘探实践。依托单位的帮助和研究基地人员的参与，一方面保障了项目研究的顺利进行、加快了项目研究进程，另一方面缩短了创新成果用于勘探生产实践的测试时间，促进了科技成果向生产力转化。在相关部门的支持和帮助下，本项目成果已通过多种方法和途径被推广应用到国内外二十多个盆地和地区，并取得重大勘探成效。

"中国叠合盆地油气成藏研究"能够获得创新成果，得益于产、学、研结合和老、中、青三代人的联合奋斗。近二十年来，我们以973项目为纽带，汇聚了中国石油大学、中国地质大学、中国科学院地质与地球物理研究所、中国科学院广州地球化学研究所、中石油勘探开发研究院、中石油塔里木油田公司、中石油新疆油田公司等单位的相关力量，做到了产学研强强联合和优势互补，加速了科学问题的解决；每一期973项目研究，除了有科技部指派的跟踪专家、项目组聘请的指导专家和承担各课题的科学家外，还有一批研究助手、研究生以及油田公司配套的研究人员和年轻科技人员参加。这种产、学、研结合和老、中、青联合的科研形式，既保障了科研工作的质量、科学问题的快速解决以及创新成果的及时应用，又为油气勘探事业的不断发展创造了条件，增加了新的动力。

《中国叠合盆地油气成藏研究丛书》的创新成果，已通过油田公司的配套项目、项目组或课题组与油田公司联合承担项目等形式，广泛应用于油气勘探生产，该丛书的出版必将更有力地推动相关创新成果的广泛应用并为更加复杂问题的解决提供技术思路和工作参考。《中国叠合盆地油气成藏研究丛书》凝聚了以各种形式参与这一研究工作的全体同仁的心血、汗水和智慧，它的出版获得了973项目承担单位和主管部门的大力支持，也得到了依托部门的资助和科学出版社的帮助，在此我们深表谢意。

2014年3月18日

前　　言

　　油气资源评价是油气勘探过程中一项经常性的前置性工作，这一工作受到各国政府和相关石油公司的高度重视。通过资源评价可指明油气勘探方向，降低油气勘探风险。

　　作者1982年硕士毕业那年就立志提出一种直接依据研究区实际资料客观评价油气资源的新方法。产生这一想法的根本原因是，研究生期间应用当时流行的运聚系数法计算资源量带来了太多的困惑，运聚系数的变化范围很大（油为1％～10％，气为1‰～10‰），以至于通过调整运聚系数可以得出甲方或任何领导期望的资源量评价结果。

　　取准、取好油气运聚系数是搞好油气资源评价的关键，国内外许多学者在这方面进行了大量的、探索性的研究。地质类比法是获得运聚系数的有效方法之一，美国地质调查局（USGS）长期以来主要基于这一方法评价油气资源量，其优点是方法简便适用且结果可信。由于地质类比法求取运聚系数受人为主观因素的影响较大，维索茨基早在60年前提出的基于物质平衡原理计算油气资源量的思想在这一过程中越来越受到人们的关注和重视。近30年来，作者及其课题组一直在这方面进行探索性研究，本书就是这方面的成果总结。我们解决了3个关键性难题，被认为最为科学的物质平衡思想终于在油气资源评价中得到了运用。

　　第一，建立了油气运聚单元内有效资源量与源岩生成量和各种损耗烃量之间的定量关系模型，为物质平衡方法的应用奠定了理论基础。相关模型包括：生烃量超过源岩层残留烃量后进入排烃门限；排烃量超过油气运移损耗量后进入聚集门限；聚集烃量超过无价值聚集烃量后进入油气藏规模门限。

　　第二，建立了油气运移模拟实验装置，为获得油气生成量和各种损耗烃量等关键参数创造了条件。自行研制的物理模拟实验装置包括有：油气生排物理模拟实验装置、油气运移物理模拟实验装置、油气聚集物理模拟实验装置、构造变动破坏烃量物理模拟实验装置等。

　　第三，结合现代电子技术自主研发了油气资源评价的3项关键技术，为剩余资源领域预测与评价奠定了技术基础。其中包括：排烃门限判别与源岩排出烃量模拟技术；油气成藏门限判别与油气聚集烃量模拟技术；油气藏规模门限判别与有效资源量模拟技术。

　　本书建立了一种直接依据研究区实际资料客观地评价油气资源量的新方法，它的最大特色和优势是避免了运聚系数取值偏差可能造成的资源评价结果偏差；另外，它也为非常规油气资源的预测和评价开拓了思路并提供了相应的方法和技术。这种探索目前还是初步的，期待后来者在勘探实践中不断修正和完善。

　　全书依照庞雄奇教授的学术思想并在庞雄奇教授的亲自主持下完成。共分8章，前言和第一章由庞雄奇教授完成，第二至四章由庞雄奇教授和姜振学教授完成，第五、六章由庞雄奇教授和罗晓容研究员完成，第七、八章由庞雄奇教授和谢文彦教授级高级工程师完成，全书最后由庞雄奇教授统稿和修正。书中主要成果是在国家 973 项目资助下取得的，得到了各课题的大力支持；在成果推广应用过程中得到了相关油田配套经费的支持和相关领导与专家的帮助，尤其是得到了 973 项目专家组各位导师的悉心指导，在此深表谢意。全书在完成过程中得到了中国石油大学（北京）一些在读的和已毕业的学生的支持和帮助，973 项目办公室和盆地中心办公室的领导和老师为本书的出版付出了辛劳，在此一并表示感谢。

庞雄奇

2014 年 3 月

目　　录

第一章 绪 论

本书是地质门限控藏研究的核心内容之一。相关成果还包括《油气分布门限与成藏区带预测》、《油气富集门限与钻探目标优选》。它们的核心思想都是从地质门限控油气作用的临界条件出发，揭示和阐明油气藏形成和分布规律，为复杂地质条件下的油气勘探提供新的理论与方法技术。它们分别以专著的形式出版，在实际应用过程中可以相互关联比照。

第一节 开展油气运聚门限研究的由来

提出油气运聚门限的根本原因是已有的油气资源评价理论在指导我国复杂地质条件下的油气勘探过程中遇到了一系列挑战，它们需要完善和发展，集中表现在当前基于油气生成理论开展的资源评价成果不能有效地指导油气田勘探。举例来说，柴达木盆地新近系和古近系源岩层内的有机质丰度（TOC、"A"、"S_1"）较低，按传统的方法评价，源岩生烃条件差、勘探潜力低、勘探范围小。事实上目前在柴西勘探取得了一系列重要进展，展现出来的有利勘探领域比传统方法圈定的大得多，究其原因是传统的烃源岩评价方法仅考虑了残留有机质丰度而没有考虑排出烃量的大小。事实上，对油气成藏做出贡献的是排烃量而不是残留烃量。

一、生排烃量乘运聚系数计算油气资源量不科学

基于成因法评价油气资源量的基本原理是生排油气量大的地区，油气资源量也大，两者呈正比关系。在实际工作中，主要是通过烃源岩评价并计算出生烃总量或排烃总量，然后再乘以一个经验性的运聚系数或聚集系数，获得油气远景资源量。这一方法的最大缺陷是，它认为源岩在不同阶段生排出的油气都能对油气成藏做贡献，只是比例大小不同而已。事实上并非如此，研究表明，早期生成的油气大都残留于源岩之内，排出的油气有相当一部分被损耗在运移途中。油气的生成量只有在满足了运聚过程中所有的损耗量需要后，多余的才有可能构成资源。这说明油气的生排量与资源量并非一个线性关系，它们不能基于生烃量和排烃量分别乘以一个排运系数和运聚系数而获得。

二、规模序列法获得的资源量只是全部资源量的一部分

基于油气藏规模序列理论评价油气资源量非常简便。它是在发现了一批油气藏后，

应用油气藏规模系列模型预测当前技术水平条件下有望进一步探明的同一类油气藏的潜在规模、个数和总量。事实上，这样获得的只是当前认识条件下和技术条件下能够获得的现实资源量，并不能代表地质条件下实际存在的油气资源总量。例如，依据构造类油气藏的规模序列模型只能预测出构造类油气藏的潜在资源量，依据隐蔽类油气藏的规模序列模型只能预测出隐蔽类油气藏的潜在资源量。对于目前正在广泛发现并日益受到人们重视的非常规油气藏的油气资源量就不能依据现有油气藏的规模序列模型进行计算。总之，我们不能依据现有油气藏的规模序列模型去预测还没有认识到但确实存在的油气藏的资源量。

三、勘探效益法获得的资源储量比实际地质条件下的少

基于油气藏勘探效益预测评价油气资源量也是当前常用到的方法。它主要是根据每年投入的工作量或单位资金所发现的油气储量的变化规律，预测今后一定时期内能够发现的油气储量。这种方法评价出来的也仅仅是当前技术条件下的油气资源量，随着新类型的油气藏发现和新技术的应用，人类在相同的时期内投入相同的经费所能够发现的油气资源量只会越来越大。

油气资源评价既要搞清当前条件下能够利用的油气资源量，更要真实地知道实际地质条件下含油气盆地内存在的油气资源总量。本书立足于油气生、排、聚、散平衡原理，试图通过研究油气生成总量和各种形式的损耗烃量回答上述两个问题，为复杂地质条件下的挖潜勘探提供地质依据。

第二节 油气运聚门限的基本概念

在讨论油气运聚门限的概念之前，先介绍两个相关的术语，即地质门限和油气地质门限。

一、地质门限的基本概念

地质门限系指某一地质事件开始发生时对应的临界条件或环境。例如，天然气从固态变为液态或从液态变为气态所对应的临界温度和压力（图1-1）；浅海和两极地区的天然气水合物形成和分布的临界温度和压力（图1-2）；如侏罗纪恐龙开始灭绝时对应的临界地质环境、火山开始喷发时对应的临界地层压力、金刚石开始结晶时对应的临界温度等。

这些地质事件发生时对应的条件概称为临界地质条件或地质门限，进入这一门限后地质事件就会发生或可能发生，不进入这一门限地质事件就不会发生。因此，研究临界条件对于预测地质事件的发生和变化具有十分重要的意义。

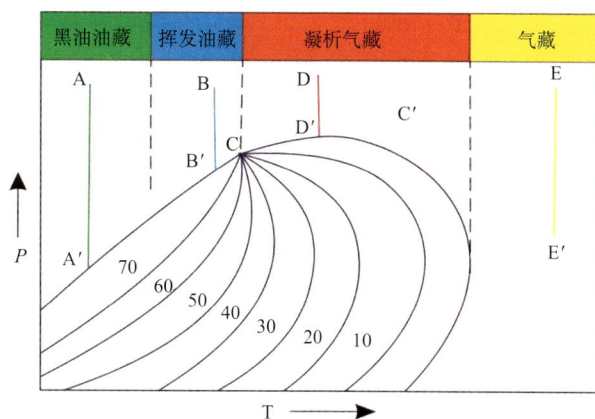

图 1-1　天然气相态变化的临界条件与主控因素

A、A′. 黑油油藏；B、B′. 挥发油藏；D、D′. 凝析气藏；
E、E′. 气藏；C. 临界点（$T=52.8℃$）；C′. 临界凝结温度

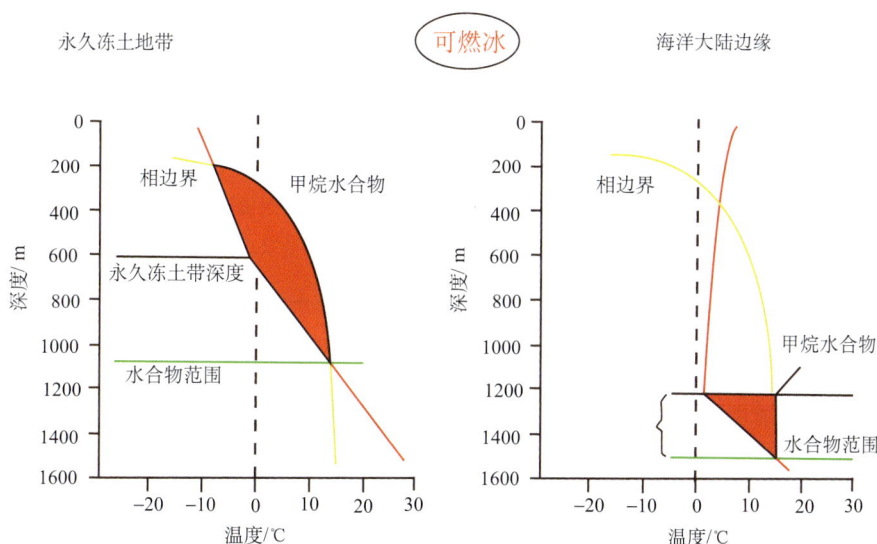

图 1-2　水合甲烷形成的临界条件与变化特征

二、油气地质门限的基本概念

油气地质门限系指油气地质过程中某一事件开始发生时对应的临界条件或环境。它可以是成藏环境、成藏条件或成藏机制的突变点、突变线或突变面，现实中表现为油气"有"与"无"或"多"与"少"的分界线。例如：苏联学者 Ronov 在 1958 年提出了工业性油气藏分布的临界条件是研究区源岩层的有机母质丰度（TOC）大于 0.5%（Ronov，1958）；Tissot 和 Welte（1978）提出了源岩层大量生成油气的临界条件是源岩层有机母质的转化程度 R_o 大于 0.5%；戴金星（1997）、蒋有录和张一伟（2000）在研究中国油气藏的形成条件和主控因素时提出了工业性气藏形成的临界条件是源岩层生气强度超过 $20×10^8 m^3/km^2$（图 1-3）。

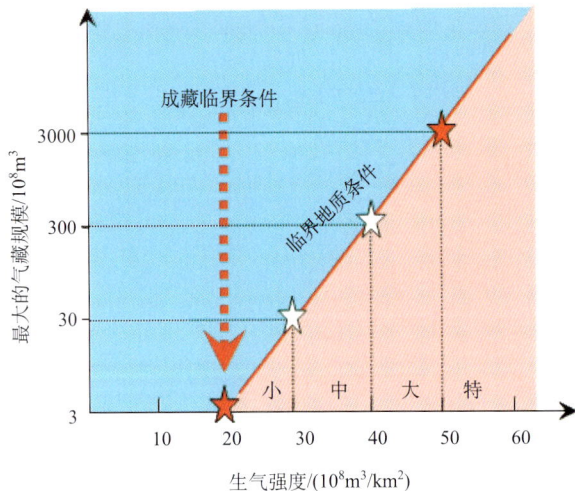

图 1-3　工业油气藏分布发育的临界条件与变化特征（戴金星，1985）

　　油气地质事件发生时对应的条件称为油气临界地质条件或油气地质门限，进入这一门限后地质事件就会发生或可能发生。地质门限控油气作用研究将油气地质门限分为三大类，即油气运聚门限、油气分布门限和油气富集门限。研究油气地质事件发生时的临界条件或地质门限及其对油气藏形成和分布的控制作用，对预测有效资源领域、有利成藏区带、有利富油气目标都具有十分重要的理论意义和现实价值。

三、油气运聚门限的基本概念

　　油气运聚门限是指油气生、排、运、聚过程中的临界地质条件，它们决定着油气藏的形成和分布及其资源量的大小。依据控油气作用机制，油气运聚门限分为油气排运（初次运移）门限、油气聚集（成藏）门限、油气藏资源（规模）门限等。油气排运门限、油气聚集门限、油气藏资源门限是油气生、排、运、聚成藏过程中的三个临界地质条件，它们联合决定着一个盆地或地区的油气藏形成和分布及其资源潜力的大小。只有相继进入了三个地质门限的盆地或地区才能形成有效资源并值得进一步勘探。表 1-1 阐明了三者的关系。

表 1-1　油气运聚门限分类及其控油气作用差异比较

序号	临界地质条件	主要影响因素	控油气成藏机制	关联性
1	油气排烃（初次运移）门限	生烃总量、源岩各种形式残留烃临界饱和量、各种相态排烃量等	控制排烃时间、排烃相态、有效排烃量	只有在进入了前一门限后才能进入下一个门限
2	油气聚集（成藏）门限	排烃总量、盖前排烃量、运移过程中各种形式的运移损耗烃量等	控制可供聚集油气总量、时间、相态	
3	油气藏资源（规模）门限	可供聚集烃量、最小工业性油气藏规模、无价值聚集烃量等	控制油气藏规模、个数、资源总量等	

四、油气运聚门限的表征方法

可以用三种方法表征油气运聚门限。

第一种是概念表述，即用相关文字描述所要发生的地质事件。这种表述简单、易懂，但无法说明它与周边环境及介质的关系。例如，油气运聚门限是指油气生、排、运、聚过程中的临界地质条件，它们决定着油气藏的形成和分布及其资源量的大小。

第二种是逻辑表达，即用地质条件的关联性表达所要发生的地质事件。这种表达较为科学，但不直接，有时显得很难理解。例如，源岩排烃门限系指源岩层内生成的烃量超过了自身各种形式的残留需要并开始以游离相大量排出源岩的临界地质条件。

第三种是定量表征，即用相关条件或要素之间的定量关系模式表征所要发生的地质事件。这种表达科学、直接、容易理解，但在实际工作过程中不易实现，需要开展大量的研究工作。例如，排烃门限是指油气开始大量排出源岩时对应的临界地质条件（第一种）。它是源岩生成的烃量（Q_p）在满足了自身吸附、水溶、毛细管封堵等各种形式的存留需要（Q_{rm}）后开始以游离相（Q_{es}）大量排出源岩层时对应的临界地质条件（第二种）。源岩层排烃临界条件可以用源岩层生烃量（Q_p）、残留烃临界饱和量（Q_{rm}）以及水溶相排烃量（Q_{ew}）、扩散相排烃量（Q_{ed}）及游离相排烃量（Q_{es}）之间的关系模式定量表征［式（1-1），第三种］。

$$Q_p - Q_{rm} - Q_{ew} - Q_{ed} \begin{cases} < 0, & \text{没有进入排烃门限} \\ = 0, & \text{处于排烃门限} \\ > 0, & \text{已进入排烃门限} \end{cases} \quad (1\text{-}1)$$

第三节 运聚门限控油气作用简介

运聚门限控油气作用系指运聚临界条件对油气藏形成、分布及其资源潜力的控制或影响，是地质门限控藏理论研究的核心内容。

一、运聚门限控油气作用的基本概念

油气运聚门限控制着油气藏的形成、分布和资源潜力的大小。

运聚门限控制着有效烃源岩的形成和分布。油气运聚过程中的排烃门限也称油气初次运移门限，系指源岩内生成的烃量超过了自身各种形式的残留需要并开始以游离相大量排出源岩的临界地质条件（庞雄奇，1993），它决定着生烃岩能否变成有效源岩及有效源岩的品质优劣。在源岩进入大量排烃门限前，它们只能够以水溶相和扩散相排烃，但由于烃在水中的溶解度及扩散系数非常小，排出的量非常少。只有生烃量大的源岩层才能够进入排烃门限并发生大量排烃作用。通过对源岩层有效排烃量的研究可以作出排烃强度等值图，排烃门限所限定的有效烃源岩分布范围即为烃源灶，排烃强度中心即为

005

源灶中心。

运聚门限控制着油气藏的形成和分布。油气运聚过程中的聚集（成藏）门限系指油气在二次运移过程中满足了各种形式的损耗需要并开始以游离相态聚集成藏的临界条件（庞雄奇等，1993），它决定着研究区油气藏的形成以及油气藏规模的大小。排烃量小、盖层形成晚、运移距离长、油气损耗大的含油气系统或油气成藏体系不容易聚集油气成藏；排烃量大、盖层形成早、运移距离短、损耗烃量小的含油气系统或成藏体系不仅能够进入聚集（成藏）门限，还能够提供大规模的可供聚集烃量。

运聚门限控制着有效资源的形成和分布。油气运聚过程中的油气藏（资源）规模门限系指聚集起来的油气量超过了研究区最小的工业油气藏规模下限。严格地说，这一门限并非一个客观存在的地质门限，而是一个油气藏经济开采的门限。它们随地质条件、地理条件和技术水平不同而改变。例如，目前我国海上工业油气藏规模下限为 200 万 t；我国东部工业油气藏规模下限为 10 万 t；我国西部工业油气藏规模下限为 50 万 t。对于油气藏规模小于这一临界条件的资源储量不能作为有效资源储量，但随着科技进步和生产水平的提高，它们中的一部分将会逐步转化为有效资源量。

二、油气运聚门限控油气作用基本特征

油气运聚门限控油气作用展现了油气生、排、运、聚成藏过程的时序性、层次性和关联性。

时序性是指油气成藏自始至终必然要经历一个生、排、运、聚的全过程，后一个事件是在前一个事件发生后相继发生的，缺少前面任何一个环节，后面的事件都不能继续进行。油气成藏过程中生、排、运、聚的时序性是与含油气盆地的形成和演化过程的完整性相互关联的。当盆地内源岩层埋藏到一定深度后，有机母质的热演化程度超过了 $R_o=0.5\%$，油气开始大量生成；当生烃量超过了源岩自身残留油气临界饱和量后就开始大量排出；当排出的烃量在运移过程中满足了水溶、扩散、围岩吸附和游离滞留等各种形式的损耗需要就开始大量聚集。这一过程是不可逆的，也是不可能跨越的，必须循序渐进。

层次性是指油气生、排、运、聚成藏过程可以划分出几个不同的阶段，每一阶段内地质事件的发生、发展和结束都具有自身的规律性和独特的标志。油气排运是油气成藏过程中的第一阶段，进入排烃门限是这一阶段结束的最独特的判别标志；油气运移聚集是油气成藏过程的第二阶段，进入聚集门限是这一阶段结束最独特的判别标志；油气藏规模增大是油气成藏过程中的第三阶段，进入油气藏工业资源门限是这一阶段结束的最独特的判别标志。研究油气成藏过程特征既可以揭示油气成藏机制，又可以划分油气成藏阶段，对含油气系统进行评价。

关联性是指油气生、排、运、聚构成了油气成藏的一个完整过程，彼此之间不能分割。这一过程从先至后必然要经历油气排运、油气聚集、油气藏规模增长三个地质门限。它们是一个前后相继发生的过程，联合控制着油气藏的形成、分布及其资源潜力大小。没有进入排烃门限的生油气岩层不能作为有效源岩层；没有进入聚集（成藏）门限

的盆地或地区不能形成油气藏；没有进入油气藏资源门限的含油气系统不能形成具有工业价值的油气藏。只有相继进入了上述三个地质门限的地区或盆地才能形成具有工业价值的油气藏，提供有效资源。

第四节 运聚门限控油气作用的研究意义

油气运聚门限强调了油气成藏的非线性特征，为创立新的油气资源评价理论、方法和技术开辟了新的途径。基于运聚门限可以研发油气资源评价新技术。

一、有利于建立有效烃源岩判别标准

长期以来，国内外学者都非常关注沉积盆地有效烃源岩的判别与评价，因为它们的存在能够为油气勘探指明方向。Tissot 和 Welte（1978）认为只有进入了大量生烃门限的源岩才能为油气成藏做贡献，因此将源岩中有机母质转化程度较高（$R_o > 0.5\%$）的生烃岩作为有效源岩；Hunt（1979）认为只有那些对形成具有工业价值油气藏做出过贡献的生烃岩才能作为真正意义上的有效烃源岩。这两个概念都较为极端，前者强调源岩开始大量生烃的意义并提出 R_o 大于 0.5% 的判别标准，在实际工作中利于操作，但并不科学，主要原因是能够大量生烃的地层不一定能够大量排烃，不能大量排烃的生烃岩不可能对油气成藏做贡献。例如，厚度非常大的欠压泥质可能大量生烃但很难大量排烃，吸附性很强的煤可能大量生油但很难大量排油等；后者强调对形成工业性油气藏做出的实际贡献，出发点很明确，但在实际工作中无法操作。事实上，真正对形成工业性油气藏做出实际贡献的有效烃源岩在油气勘探的初始阶段是无法确认的，在完全搞清了油气来源后再定义有效源岩层对指导勘探无太大的意义。此外，有些烃源岩生排油气早，生排出的油气在运移过程中损耗掉了，虽然没有大量进入圈闭形成油气藏，但为其他源岩晚期排出的油气直接运移进入圈闭成藏起到了铺路作用，对成藏做出了实际贡献。本书依据排烃门限判别有效源岩，认识到凡是发生过大量排烃作用的生烃岩都对研究区油气成藏做出过贡献，排出烃量越大，它们为油气成藏做出的贡献也越大。将排烃门限和排出烃量分别作为判别有效源岩的标准和量化评价指标，既客观科学，又方便操作。

二、有利于建立有利勘探区判别标准和定量评价标准

预测和评价有利勘探区是油气地质工作者的核心任务之一，长期以来受到国内外学者的重视。目前，经典的预测和评价有利勘探区带的理论基础是基于研究区油气生、储、盖、运、圈、保等六方面的地质条件综合分析，本书提出的油气聚集门限研究为有利勘探区预测与评价提供了一套新的思路和一套定量研究的方法技术。基本原理是：发育有效烃源岩且有效排出烃量能够满足油气在二次运移过程中各种形式的损耗需要，并进入油气聚集成藏门限的地区才能开展油气藏勘探，油气聚集成藏的烃量越多，研究区油气勘探的前景越好。

三、有利于建立油气资源评价的新方法

油气运聚门限强调了油气成藏的非线性特征，为创立新的油气资源评价理论、方法和技术开辟了途径。研究表明，并非源岩生成的所有油气（Q_p）都能够直接对油气成藏做贡献，油气从生成到最终形成有效的油气资源需要经过一个复杂的过程，必须经过三个地质门限，即排烃门限（Q_{rm}）、聚烃门限（Q_{ml}）和资源门限（Q_{min}），每经历一个地质门限都将损耗一部分烃量，在实际工作中我们也将上述各阶段损耗的烃量（Q_{rm}、Q_{ml}、Q_{min}）称之为油气成藏门限。只有在经历了三个门限后还没有被损耗掉的油气才能最终聚集起来构成油气资源。这说明，油气的运聚成藏是一个非线性过程，它们不能百分之百地聚集起来构成资源，也不能依照一定的比例聚集起来构成资源。依据地质门限控藏理论可以对长期以来形成的依据运聚系数法评价油气资源模型［式(1-2)］进行修正和完善［式(1-3)］。运聚系数法存在的主要问题是将油气资源量（Q）视为油气生成量（Q_p）或排出量（Q_e）的线性函数，认为源岩生排出的烃量在实际地质条件下是依照一定的比例［排聚系数（K_{ea}）或聚集系数（K_a）］聚集起来的。这些说明，开展地质门限控油气作用研究可以揭示油气运聚成藏的非线性特征，为复杂地质条件下的油气资源评价开拓新的理论、方法和技术。

$$Q = Q_p K_{ea} \quad 或 \quad Q = Q_e K_a \tag{1-2}$$

$$Q = Q_p - Q_{rm} - Q_{ml} - Q_{min} \tag{1-3}$$

第五节　运聚门限控油气作用研究的基本内容

运聚门限控油气作用研究的基本内容涉及油气生、排、运、聚等各个方面，主要内容大致归纳为源岩生烃量及其变化史研究、油气运移损耗烃量研究、油气运聚门限判别、油气聚集烃量和有效资源量评价等基本内容，各内容之间的关联性及技术思路如图 1-4 所示。

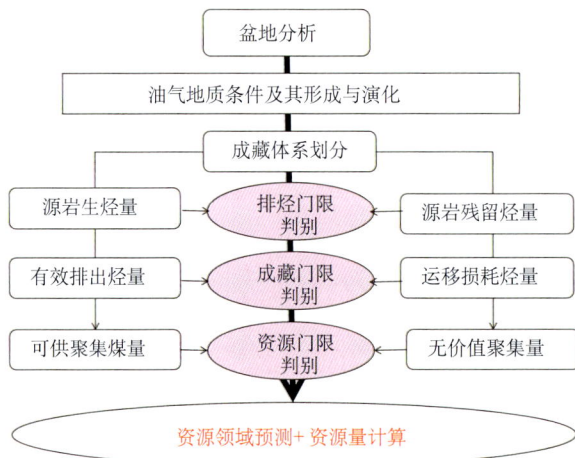

图 1-4　油气运聚门限与油气资源评价研究技术路线图

一、研究运聚系统内源岩层生烃量及其变化历史

油气成藏系统内源岩层生油气量及其变化历史是不同时期油气运聚成藏的物质基础。首先，通过物理模拟、数值模拟、地质地球化学分析等多种方法建立当前单位质量的有机母质在热演化过程中生油气量的变化特征；然后，结合研究区实际情况计算源岩层生油气总量。计算时要考虑源岩层有机母质丰度（TOC）、类型（KTI）和热演化程度（R_o），以及源岩层厚度（H）和分布面积（S）等因素的影响。通过源岩层生烃量的研究搞清最主要的生油气层位、最主要生油气拗陷和最主要的生油气时期。此外，研究源岩层生烃量及其变化特征要将甲烷气、重烃气和液态烃分开，它们在运聚成藏过程中的特性有很大差异。

二、研究运聚系统内油气损耗烃量及其变化历史

运聚系统内油气的损耗量制约着系统内源岩层的排烃量、可供聚集量及最终成藏的远景资源量，主要研究油气在三个不同阶段的损耗量。

（1）研究源岩层在排运油气阶段的损耗烃量。它们包括源岩层以吸附、水溶、游离、油溶等多种形式残留的烃量，尤其是要研究它们随地层埋深、孔隙度、欠压实程度、温度、压力和水矿化度等一系列参数的变化规律。通过研究，建立源岩残留烃临界饱和量与各种主控因素之间的定量关系模式，为实际地质条件下源岩层各种形式的残留烃量模拟创造条件。

（2）研究油气在二次运移过程中的损耗量。它们包括上覆盖层形成前的散失量、在地下运移过程中被储层以水溶、吸附、游离等多种形式的滞留量、随地下水的流失量等，尤其注重研究它们在源岩分布范围内进入储层后的垂直运移过程中的损耗量，在储层上部或盖层之下的水平运移过程中的损耗量及在源岩层分布范围之外的运移过程中的损耗量。通过研究，建立它们与岩性、孔隙度、温压、储层厚度、运移距离等多种地质参数之间的定量关系模式，为实际地质条件下油气二次运移过程中各种形式的损耗烃量模拟研究创造条件。

（3）研究油气聚集过程中的损耗量。它们包括小规模无价值聚集烃量、聚集后因构造变动破坏的烃量。无价值聚集烃量的计算考虑研究区最小工业油气藏下限标准、油气藏规模序列、油气藏类型等；构造变动破坏烃量的研究考虑构造变动次数、构造变动强度、构造变动时序以及构造变动时盖层的封油气性。通过研究建立无价值聚集烃量与多种主控因素之间的定量关系模式，为实际地质条件下油气无价值聚集烃量的模拟研究创造条件。

三、建立油气生、排、聚、散平衡模型并评价资源量

在研究运聚系统内油气生成量、损耗量及其各自之间的平衡关系后判别油气生、排、运、聚过程特征，确定运聚系统是否进入了相关的地质门限。重点研究油气运聚过程中油气

生成量与各种损耗量之间的平衡关系，分析系统内源岩层排油气临界条件、油气聚集临界条件、油气藏规模超过工业下限标准时的临界条件及变化特征，阐明各种临界条件对油气运聚成藏的控制作用，建立油气远景资源量与排烃门限、成藏门限和资源门限之间的关联模式。对进入了排烃门限的运聚系统，圈定出有效源岩的分布范围并模拟排烃强度，计算出排油气总量；对既进入排烃门限又进入了聚集成藏门限的运聚系统，圈定出有利成藏的边界范围，计算出可供聚集烃量大小；对相继进入了三个地质门限的运聚系统，圈定出有利勘探区的边界范围，计算出最终的有效资源量的大小。结合实际地质条件，将资源量落实到有利的目的层位、有利富油气区带和最有利的富油气目标之上，从而为油气勘探指明方向。

第六节　运聚门限控油气作用研究技术手段

采用多种方法和技术研究油气运聚过程中的地质门限，其中主要包括地质原理分析方法和技术、物理模拟实验方法和技术、综合数值模拟方法与技术。

一、基于地质原理分析研究油气运聚门限控藏作用

基于地质原理分析研究油气运聚门限控藏作用是最常用到的、也是最基本的一种分析方法，在各类地质门限的研究中都将用到。地质原理分析法，就是基于地质事件发生时涉及的地质条件及相互关联性分析和研究推论地质过程进程及最终结果。例如，基于源岩层生油气量和残留油气量变化特征可以推论源岩排油气门限的存在及其对源岩层排油气量变化特征的控制作用。从图 1-5 可以看出，源岩层生油气量是随着埋深增大而逐步增大的，到达某一程度后保持不变；源岩层残留油气量是随埋深增大先增加而后减小的，呈现出大肚子曲线形变化。依据物质平衡原理，我们不难推论出源岩层排油气量的

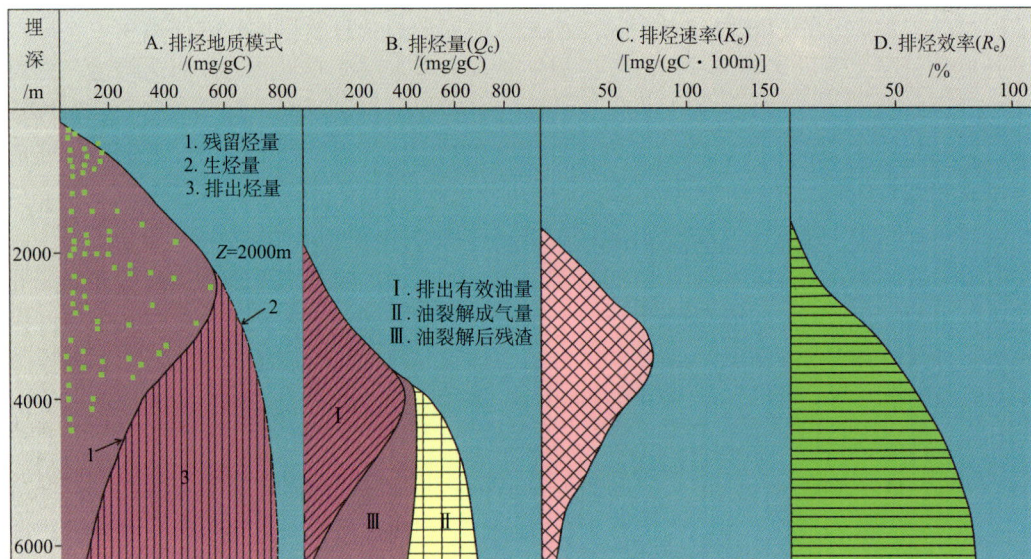

图 1-5　基于实测资料和地质原理分析研究排烃门限实例

变化是在某一埋深阶段后才开始发生，排烃量随埋藏深度增大而逐步增加，并在到达某一阶段后不再增加。源岩层开始大量排烃的地质门限与源岩层残留烃量开始减少的拐点对应一致；大量排烃的高峰期与残留烃量减少速率最大期对应一致。基于这一推论可以建立源岩层排油气量变化的地质模型。当然，这只是一个大致的推论，实际地质条件下的油气排运模式比这一模型更为复杂，我们还必须考虑源岩残留烃能力的变化特征、油气排运相态及其变化特征等。

二、基于物理模拟实验研究油气运聚门限控藏作用

通过物理模拟实验再现油气运聚成藏过程，从而揭示地质门限对油气成藏与分布的控制也是经常采用的一种方法，尤其是成藏过程特征无法依据地质原理进行推论和研究的时候。油气运移过程中的损耗烃量是一个客观存在的量，当第一次油气运移发生了损耗之后，第二次运移就不会发生这方面的损耗。物理模拟实验也被用来研究不同地质条件下有机母质转化的生油气量、源岩层残留烃量和排出烃量。此外，物理模拟实验还被用来模拟不同地质条件下的水溶烃量、不同地质条件下油溶气量、不同地质条件下岩石的吸附烃量、不同地质条件下油气通过各类岩层的扩散量。通过物理模拟实验的研究，可以搞清油气运聚过程中的主控因素，建立油气生成量、排出量、运移量和聚集量与各主控因素之间的定量关系模型，从而为油气运聚门限的判别和有利勘探区带的评价及资源量模拟创造条件。建立高水平的油气生、排、运、聚成藏物理模拟实验室是揭示油气运聚门限控油气作用并开展油气资源评价的重要手段，图 1-6 是中国石油大学（北京）油气资源与探测国家重点实验室自主研发的相关物理模拟实验装置。

(a) 油气生排一维物理模拟实验装置

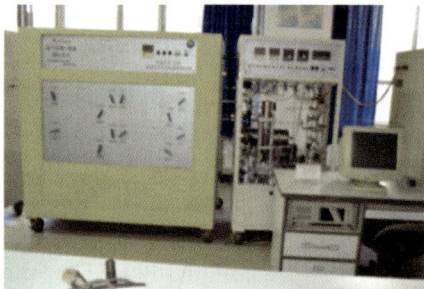

(b) 油气运聚二维物理模拟实验装置

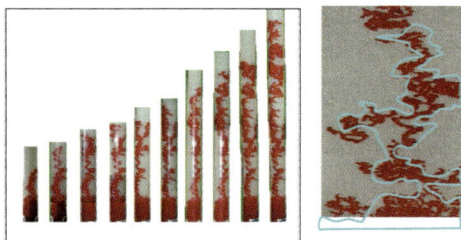

(c) 油气运移路径与滞留烃量模拟实验

(d) 构造变动破坏烃物理模拟实验装置

图 1-6　油气运聚门限物理模拟实验研究的相关装置

三、基于数值模拟综合定量研究油气运聚门限控藏作用

研究油气运聚门限控藏作用的最终目的是要预测有利勘探区带并评价油气资源潜力，要做到这一点必须综合各种地质因素的作用，其中包括排烃门限控油气作用、成藏门限控油气作用和油气藏资源门限控油气作用。实现这一过程定量研究的最好方法是成藏过程的综合数值模拟。图1-7是油气运聚成藏综合数值模拟结果。它表明油气在运移过程中有相当一部分被损耗，它们或在储层内向上运移过程中损耗，或在盖层之下的储层顶部的侧向运移中损耗，或在源岩分布范围之外的长距离运移过程中损耗。源岩层排出的烃量只有在满足了初次运移和二次运移过程中所有损耗需要后才能大规模聚集成藏。聚集成藏的油气总量再扣除规模较小的无价值聚集烃量和地史过程中的构造变动破坏烃量，就可以获得研究区最终的有效资源量，依据其大小可以定量评价研究区油气勘探前景。

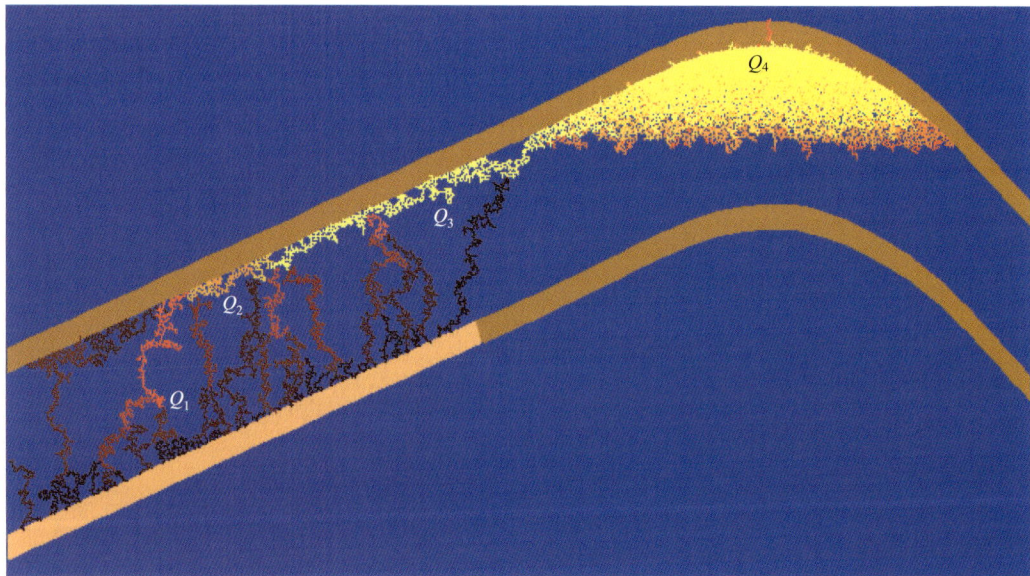

图1-7　油气运聚门限控藏特征数值模拟研究实例
Q_1. 油气在源灶内垂向运移损耗量；Q_2. 油气在源灶内的盖层之下侧向运移损耗量；
Q_3. 油气在源灶外的盖层之下侧向运移损耗量；Q_4. 油气在圈闭中的聚集量

第七节　运聚门限控油气作用研究特色与主要成果

运聚门限控藏研究的最大特色是研究油气生、排、聚、散的平衡作用，在比较生烃量和各种损耗烃量后定量评价资源量。实际上它可以定量预测在运聚效率高的盆地用常规方法预测不到的潜在资源领域；可以排除运聚效率低的盆地存在的虚假资源领域，如松辽盆地滨北地区。图1-8是相关研究成果的实例。最大优势是能够避免人为主观因素

(a) 基于常规方法确定的源灶中心

柴达木盆地

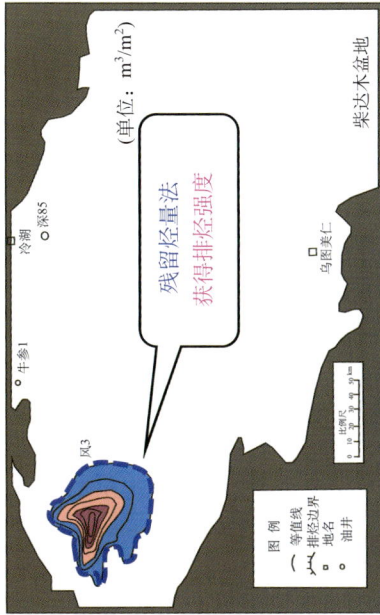

新近系源岩排烃效率高，基于运聚门限研究确定的源灶范围远较常规方法范围的大，扩大了勘探领域。

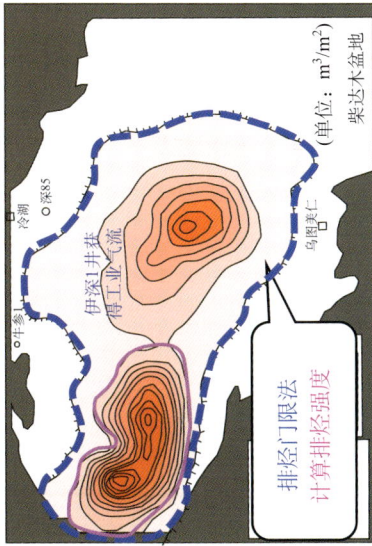

(b) 基于运聚门限研究确定的源灶中心

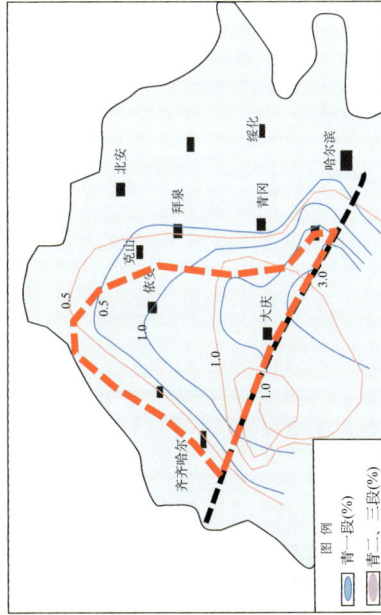

(c) 基于常规方法确定有利勘探范围

松辽盆地滨北

研究区水动力条件强，源岩排出烃运聚损耗大，基于运聚门限确定的有利勘探区远较常规方法确定的小，有效缩小了探索区面积。

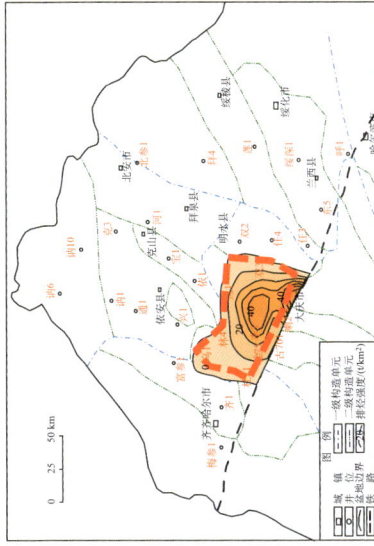

(d) 基于运聚门限确定有利勘探范围

图 1-8 运聚门限研究、预测和评价油气资源的特色优势

对资源量评价结果的影响，使计算结果更加符合实际，使半个多世纪以来国内外学者追求的用物质平衡原理评价资源量的科学思想得以实现。与油气聚散平衡模型相关的创新成果主要包括三个方面。

（1）基于18743个样品测试和1456次物理模拟实验研究，发现油气运聚过程中存在三个临界条件，揭示了每一个地质门限的控油气机制并建立了损耗烃量计算模型，它们概称为油气运聚临界条件或运聚门限（图1-9）。三个地质门限分别是源岩的排烃临界条件（排烃门限）、聚油气临界条件（成藏门限）和形成有效资源临界条件（油气藏资源门限）。提出了分别将源岩生烃量不小于残留烃临界饱和量、排烃量不小于运移损耗烃量、聚烃量不小于无价值聚集烃量作为三个地质门限的判别标准。通过研发大型的油气成藏物理模拟实验装置和开展不同条件下的油气成藏物理模拟实验，揭示了液态石油运移过程中损耗烃量的分布特征与规律，搞清了构造变动破坏烃量的主控因素并建立了定量计算模型，解决了国内外学者近60年来在物质平衡理论用于油气资源评价研究中遇到的难题，为剩余资源预测与评价创造了条件。

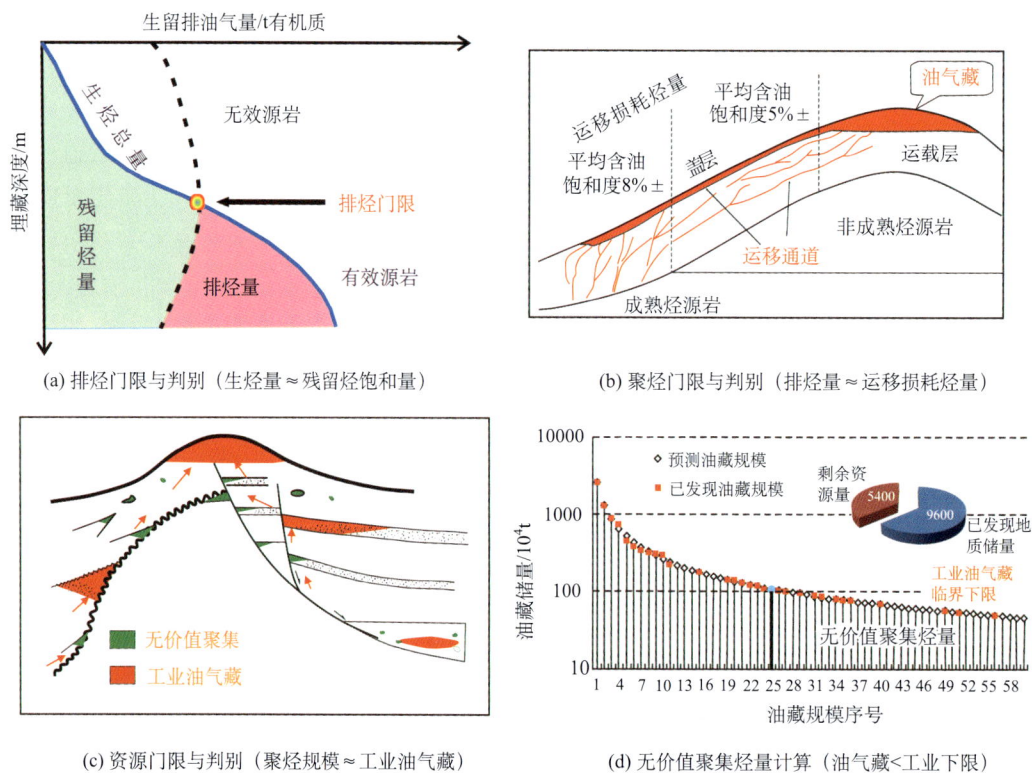

图 1-9　运聚门限控油气成藏三个临界条件与判别

（2）阐明了运聚门限中三个临界条件的关联作用，揭示了三个临界条件联合控油气运聚机制，建立了油气生、排、聚、散平衡模型，创立了油气运聚临界条件控藏模式（图1-10）。研究表明，油气成藏体系内生成的烃量只有在满足了各种损耗烃量需要并相继进入三个地质门限之后才构成有效资源；进入排烃门限的地区发育有效烃源灶、进入成藏门限的地区发育成藏区带、进入资源门限的地区发育富油气目标。依据生烃量与源岩残留烃量、运移损耗烃量、无价值聚集烃量、有效资源量及地质门限的关联性建立了油气生、排、聚、散平衡模型。它为科学定量地评价复杂地质条件下的剩余油气资源和研发新一代的应用技术奠定了科学的理论基础。

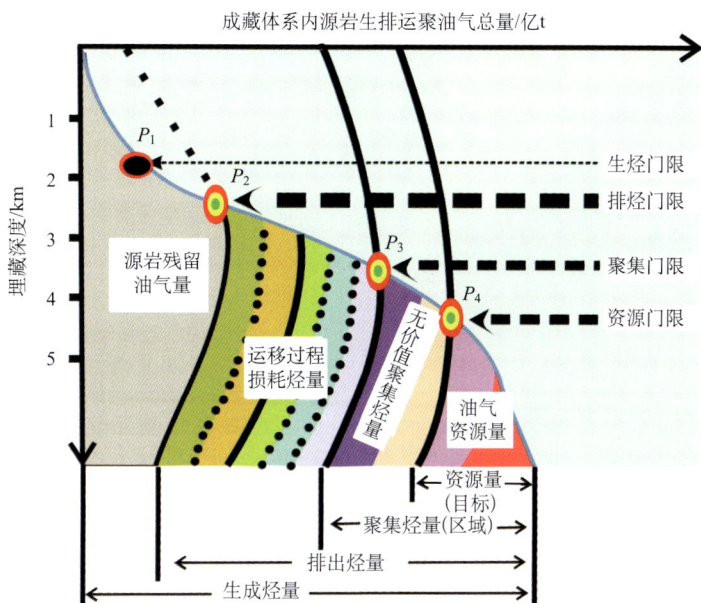

图 1-10 成藏体系内油气生排聚散平衡模型与资源潜力评价

（3）基于油气运聚门限控藏模式，研发了有利资源领域预测方法与评价技术，实现了基于物质平衡原理的油气资源的科学评价，图 1-11 为应用实例。通过研究油气生成量和各种形式的损耗烃量，然后比较各相关烃量的大小并确定成藏体系进入的油气门限，最后计算排烃量、聚集烃量和有效资源量，并在此基础上评价成藏体系。在此基础上，研发了源岩生油气量模拟与有效源岩排出烃量预测与评价技术、源岩残留烃量模拟与页岩资源量预测与评价技术、成藏体系内可供聚集烃量模拟与远景资源量预测与评价技术。

相关理论模型已在国内外 20 多个盆地和地区应用，仅在柴达木盆地、济阳坳陷、辽河坳陷、渤海海域、南堡坳陷等 5 个重点测试区应用，即预测出 26 个有利资源领域，增加资源量 1.05×10^{10} t，为油气深化勘探指明了方向。2004～2006 年，相关技术成果应用到整个济阳坳陷，预测出 28 个成藏体系中的 22 个的剩余资源增加 50% 以上，指导油田公司钻探井 180 口，探井成功率较前 5 年有显著提升。图 1-12 是应用于八面河探区取得的显著成效。2001 年前该区已找到油 9.6×10^7 t，据传统资源评价结果没有剩余资源潜力。2001～2004 年，用新理论预测出剩余资源量超过 3.5×10^8 t，3 年指导采油厂钻井 57 口，发现储量 3.164×10^7 t，较前 4 年储量增加 230%。这些应用成果表明，油气运聚门限理论用于复杂地质条件下的油气勘探是可行和有效的。

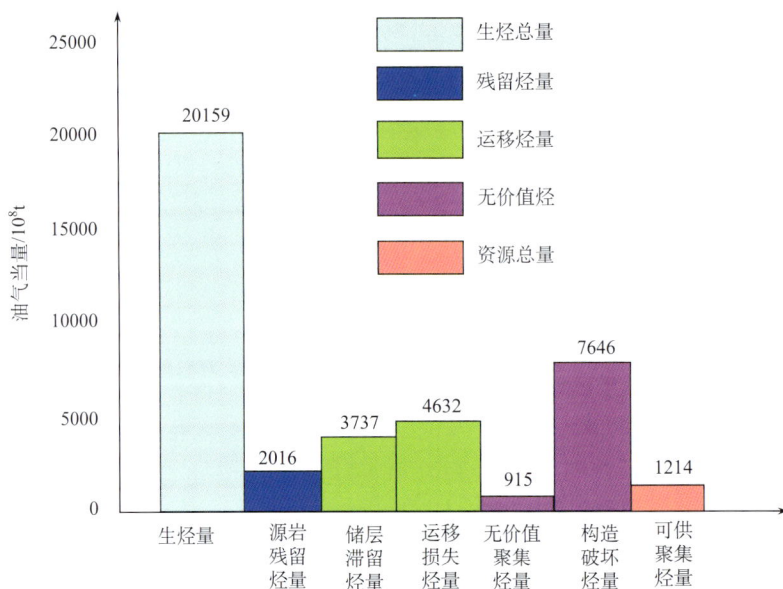

图 1-11　运聚门限控油气聚散平衡模型用于资源评价实例

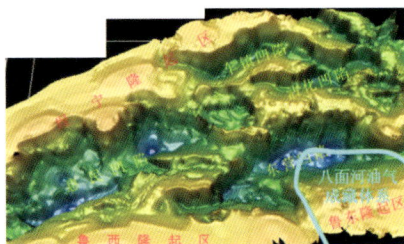

(a) 济阳拗陷与八面河探区位置

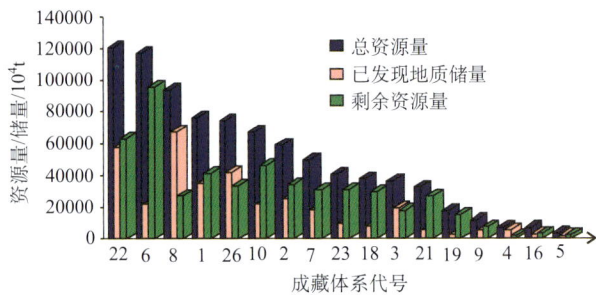

(b) 济阳拗陷各成藏体系资源评价结果

(c) 八面河探区在新理论应用期间储量增长情况

图 1-12　油气运聚门限用于济阳拗陷资源评价并指导勘探成功实例

第二章 油气生、排、运、聚的基本概念及其过程特征

第一节　油气运聚的基本概念

一、油气是流体矿产资源

众所周知，石油与天然气在国民经济中占有极其重要的地位，其中石油被称为工业的"血液"。它们既是燃料，又是润滑油料及化工原料，目前可从石油中提炼出三千多种产品。可以说，没有石油就没有工业的现代化。

石油是一种存在于地下岩石孔隙介质中的、由各种碳氢化合物与杂质组成的、呈液态和稠态的油脂状天然可燃有机矿产。广义的说，自然界中的一切气体均称为天然气，包括气圈、水圈、岩石圈以及地幔和地核中的一切天然气体；狭义的天然气则指与油气田有关的烃类气体。

组成石油的成分非常复杂，根据其不同的特性，可按元素组成、馏分组成、组分组成和化合物组成分类，也可依据石油中各种结构类型化合物的含量进行分类。不同环境下生成的石油，如海相石油、陆相石油的特征有明显的区别；石油没有固定的成分，因此石油没有确定的物理参数，其物理性质取决于它的化学组成。

天然气按成因可分为三大类，即有机成因气、无机成因气和混合成因气。按天然气的产状及分布特点不同可分为两大类，即聚集型（游离态）和分散型；按天然气与油藏分布的关系可分为伴生气和非伴生气。气（油）藏中，天然气的主要成分是烃类，通常甲烷占优势，并有数量不等的重烃气（C_2^+）。在某些伴生气中（气顶气或油溶气），重烃含量可以超过甲烷。非烃气在绝大多数气藏中为次要组成，但在个别情况下可以成为主要组成，形成 N_2、CO_2 和 H_2S 气藏等。

石油和天然气是流体矿产，与固体矿产的不同主要表现在以下几个方面。

（1）油气的可流动性决定了油气的生成地并非是其成藏地，二者可以相去甚远，而固体矿产生成地基本上就是其储存地。

（2）固体矿产可在地表及近地表找到，而油气易被氧化，当其达到地表层会迅速被氧化，所以在地表只能找到油气苗或沥青脉，找不到有工业开采价值的油气藏，油气大多深埋在地下。

（3）固体矿产形成后不易被破坏，所以对保存条件要求不高。而油气藏形成之后，很容易被破坏，如分子的扩散、水动力的冲刷、断裂的破坏、构造运动影响、岩浆活动及温度和压力的变化等均会破坏原生油气藏，或改变其性质。所以现今地壳上的油气分布是油气藏形成—破坏—再形成的对立统一的结果。

二、油气是生储异地的矿产资源

油气是流体矿产，在一定条件下，它在地下不断流动，因此油气的生成地并非是其成藏地，多经过运移，最后聚集在合适的位置，即具有生储异地的特点。

油气从生油岩中的分散状态到储集岩圈闭中的聚集状态，其间必有一个运移的过程，石油的运移可以分为初次运移和二次运移。初次运移是指油气自生油层向储集层或运载层（输导层）中的运移（Tissot and Welte，1984）；二次运移是指油气由生油（气）层进入运载层后的一切运移，二次运移发生在孔隙性储集层内，或者从一个储集层到另一个储集层的过程中（Hunt，1990）。运载层除了是渗透性地层外，还可以是不整合面、微裂缝、断层或断裂体系、古老的风化带或刺穿的底辟构造等。油气在经历初次运移和二次运移后将在合适的圈闭中聚集成藏，成藏后还将受到后期构造变动等的影响。由此可知，油气自形成后就处在一种散失和聚集的动态平衡之中。

三、油气运聚导致油气成藏

烃源岩生成的油气在经历初次运移和二次运移后，盖层和遮挡物阻止了它们的继续运移，使其在储层内聚集起来，形成油气藏。

一个圈闭必须具备三个条件（或三要素）：①容纳流体的储层；②阻止油气向上逸散的盖层；③在侧向上阻止油气继续运移的遮掩物。它可以是盖层本身的弯曲变形，如背斜，也可以是断层、岩性变化等。圈闭只是一个具备了捕获分散状烃类而使其发生聚集的一个有效的地质体，它可以有油气，也可以无油气，即与油气无关。

油气成藏要素包括生油层、储集层、盖层、运移、圈闭、聚集和保存，油气藏的形成和分布，是它们综合作用的结果。油气聚集成藏需要有充足的油气来源、有利的生储盖组合、有效的圈闭和良好的保存条件等。

由于油、气、水的密度不同，在圈闭中会发生重力分异。当油气生成以后，运移至储层的油气便沿上倾方向向周围高处的圈闭中运移。由于天然气的密度最小、黏度最小和分子小，它最易流动且流动最快，运移的结果往往是天然气占据盆地中心周围最高位置的构造，而石油则占据其下倾方向位置较低的构造，比较接近盆地的中心。

第二节　油气运聚的过程特征

一、油气初次运移

油气初次运移是指油气从烃源岩向储集层的排出（或运移）。烃源岩生成的油气只有经初次运移，有效地排到储层中，才能使分散状态的油气经二次运移，发生聚集成藏。

（一）初次运移的相态

一般认为，油的运移相态以游离相为主，水溶相为辅，理由是油在水中的溶解度过低，水不能大量溶解原油。还有人认为，油可呈胶束状运移，主要是表面活性剂起作用，但多数人认为表面活性剂数量少，且胶束直径过大，很难通过泥岩细小孔隙。对天然气而言，运移相态以水溶相和游离相运移为主。因为天然气在地下的温度和压力条件下，溶解度增加较大，如果源岩中的水含量较多，可能以水溶相为主，若水量较少，则可能以游离相为主。

油气究竟以何种相态运移，取决于温度、压力、孔隙大小及油、气、水的相对含量等，而这些条件又随着有机质丰度、类型及埋藏深度而变化，因此初次运移相态大体上有纵向演变规律（图 2-1），表现在有机质演化的不同阶段，油气运移的相态可能不同（李明诚，2000）。

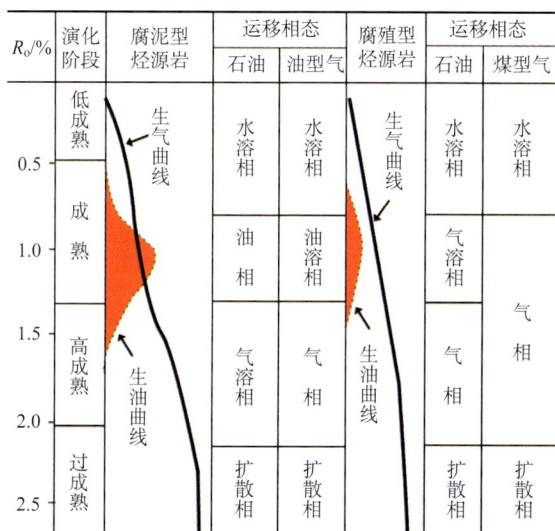

图 2-1 石油与天然气初次运移相态纵向演变示意图
R_o 为镜质组反射率

在低熟阶段，由于源岩含水量大，生成的烃类少，胶质、沥青质含量高，油气运移的相态应以水溶相为主；在成熟阶段，油气大量生成，而孔隙水含量较少，油气主要呈游离相运移，水为载体，生成的气部分或大部分溶于石油中运移；在生凝析气阶段，气溶油运移，气为油的载体；在过成熟阶段，气以游离相运移。碳酸盐岩生成的油气以游离相运移为主。

（二）油气初次运移的动力

油气要从烃源岩中排出，必须要有驱动力。目前认为这种驱动力就是剩余压力，剩余压力就是超过静水柱压力的那部分压力。孔隙中的流体在静水柱压力下，当处于压力平衡状态时，流体是静止的，一旦压力超过对应深度的静水柱压力，就有剩余压力存在，若剩余压力超过毛细管压力，就会使流体流动。产生剩余压力的原因（即动力）有如下几种情况。

1. 压实作用

压实作用是沉积物最重要的成岩作用之一。压实作用能造成孔隙水排除，孔隙度减少，岩石体密度增加。不同岩性的压实特征不同，碳酸盐岩容易发生固结作用，压实作用影响较小；压实早期对泥岩的影响比砂岩更显得重要，泥页岩在 0～2000m 范围内孔隙度随深度的变化速率很快，而砂岩则基本稳定。

如果一套地层处于压实平衡状况，当其上又沉积了一层厚为 Δh 的沉积物时，新沉积物的负荷就要传递给下伏地层的孔隙流体，结果使孔隙流体产生了超过静水柱压力的剩余压力。在这种压力下，孔隙流体排出，孔隙体积缩小，沉积物得到压实。当流体排出一部分，又恢复平衡，这样上覆沉积物不断沉积，下伏孔隙流体不断排出。这个过程可以连续进行，亦可能间断进行。

2. 欠压实作用

泥质岩类在压实过程中，由于压实流体排出受阻或未及时排出，泥岩得不到正常压实，导致孔隙流体承受了部分上覆地层的静水压力（或沉积负荷），出现孔隙压力高于其相应的静水柱压力的现象，称为欠压实现象。

当欠压实作用进一步强化，孔隙的剩余压力超过泥岩顶底板的抗张强度，则会出现泥岩裂缝，流体排出，压力释放，恢复到正常压实状态，裂缝闭合。然后，随着上覆压力的加大又会形成超压，再释放。这种过程可进行多次，形成脉冲式的排烃机制，有人称之为"手风琴"式的排烃方式。

在欠压实带，沉积物的负荷压力是由岩石颗粒和孔隙流体共同承担的，因此颗粒有效支撑应力与孔隙流体压力呈消长关系，欠压实带中异常高压驱动油气水的排除方向是从欠压实中心由上而下排除的。

3. 蒙脱石脱水

蒙脱石是一种膨胀性黏土，含较多结构水，一般含有四个或四个以上的水分子层，按体积计算，这些水可占整个矿物的 50％，按质量计可占 22％。这些结构水在压实作用和热力作用下会有部分甚至全部成为孔隙水，这些新增的流体必然要排挤孔隙原有的流体，起到排烃的作用。

蒙脱石在脱水过程中转变为伊利石，再向绿泥石转化，这一过程跟温度压力有关，其含量随深度加大而不断减少，其转化率增加较快的深度大约是 3200m。在泥岩排液困难的情况下，蒙脱石的脱水作用可加大异常孔隙流体超压。

4. 有机质的生烃作用

干酪根成熟后可生成大量油气（包括水）。这些油气（包括水）的体积大大超过原干酪根本身的体积，这些不断新生的流体进入孔隙后，必然不断排挤孔隙中已存在的流体，驱替原有流体向外排出。当流体排出不畅时，则会导致孔隙流体压力增大，出现异常压力排烃作用。

因此，烃源岩生烃过程也孕育了排烃的动力。由此也可推断，石油的生成与运移是一个必然的连续过程。

5. 流体热增压

当泥岩埋藏较深，其可压实的比例逐渐减小，压实流体的比例也随之变小。但此时地层温度增加，流体发生膨胀，这种膨胀使泥岩层内压力增加，从而促进流体运动。在大多数沉积盆地中，地下温度随埋藏深度的增加而增高，导致流体热膨胀，促使热液流体运动。

一般随埋藏深度增加，地温梯度增大，水的比热容增大。水的这种膨胀作用促使地下流体运移，当然也有助于烃类的运移。

当烃源岩层处于欠压实状态时，欠压实段有非常高的孔隙度及孔隙水含量。由于水的热导率低，水本身又不流动，不利于地下深处的热流向上传导，造成异常高的地温。这种异常高的地温及异常大的水体积，必然表现出更大的热膨胀体积，显然欠压实段泥岩的热增压现象要比正常压实段更明显。

6. 渗析作用

渗析作用是指在渗透压差作用下，流体会通过半透膜从盐度低向盐度高的方向运移，直到浓度差消失为止（图2-2）。含盐量差别越大，产生的渗透压差也越大。Jones计算表明，页岩与砂岩的盐度相差5%时，则可产生4.25MPa的渗透压差。如果两者相差15%时，则可产生22.7MPa的渗透压差。

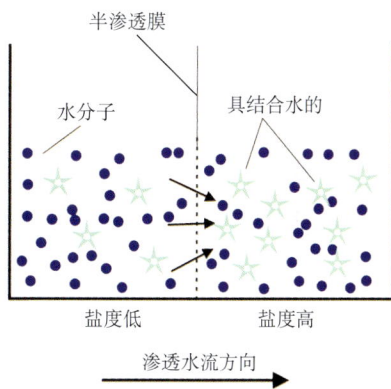

图 2-2 渗析作用示意图

在压实沉积盆地中，地层水的含盐量随深度和压实作用的增加而增加。由于盐离子易被页岩吸附过滤，页岩孔隙水的盐度常比砂岩孔隙水高。页（泥）岩中水的含盐量与孔隙度成反比关系：即含盐量增加，孔隙度则减小。因此，含盐量以每层页（泥）岩的中间部分向边部增高（郭云尧和孙士孝，1989）。含盐量与渗透压力之间也成反比关系，即盐量高则渗透压力低，反之则高。因此，渗透流体运动的方向，是从低含盐量区向高含盐量区运移。所以渗析作用也能促使烃类从页（泥）岩向砂岩运移，是烃类初次运移的动力之一。

7. 其他作用

油气初次运移的动力还有构造应力、毛细管压力、扩散作用、碳酸盐固结和重结晶作用等。

构造应力作用能导致岩石产生微裂缝系统，这利于岩石和有机质吸附烃的解吸，特别是对致密的烃源岩以及煤系烃源岩的排烃更为重要。另一方面，侧向构造挤压力在导致地层变形过程中，部分应力可传递到孔隙流体上，从而促使流体运移。毛细管力的作用一般表现为阻力，仅在烃源岩层与储层的界面上才表现为动力。由于两者的毛细管压力差（合力）指向储层，从而推动油气向储层排出。

碳酸盐岩的固结和重结晶作用使其孔隙变小，可促使已存在于孔隙中的油气压力增大，最终导致岩石破裂，油气排出。扩散作用（分子运动）也是油气运移的动力之一，它是在浓度梯度的作用下进行的。扩散作用是低分子烃类（主要是天然气）的运移方式，主要造成烃类散失，但在一定条件下亦可形成富集。

促使油气运移的动力是多种多样的，但在烃源岩有机质热演化生烃过程中，各种作用力的类别、作用时间和大小是不同的。总的来说，在中-浅层，压实作用为主要动力，此时烃源岩孔隙度高，原生孔隙水较多，成岩作用以压实作用为主，生成的生物甲烷气及少量的未熟、低熟石油在压实作用下随水排出。在中-深层，因大量原生孔隙水被排出，泥岩的孔隙和渗透率变小，流体渗流受阻，而此时有机质开始大量生烃，蒙脱石大量脱水，加上高温流体增压，造成了孔隙压力不断增加，形成异常高的孔隙压力。而这种压力超过烃源岩的强度时，就会产生微裂缝，排出流体。所以，此阶段的排烃主要动力为异常孔隙流体超压。它是欠压实、生烃作用、流体增压和蒙脱石脱水的综合效应。

（三）初次运移的途径

油气初次运移的主要途径有孔隙、微层理面和微裂缝。

在未熟-低熟阶段，运移的途径主要是孔隙和微层理面；但在成熟-过成熟阶段油气运移途径主要是微裂缝。

异常高流体压力能导致烃源岩形成微裂缝的观点已被人们普遍接受（Snarsky，1961；Hubbert，1973）。Snarsky（1961）认为流体压力超过静水压力的 1.41 倍时或大于最小主应力时产生剪切破裂和张破裂，岩石就会产生裂隙，此时产生的微裂隙就成为油气初次运移的重要通道（图 2-3）。

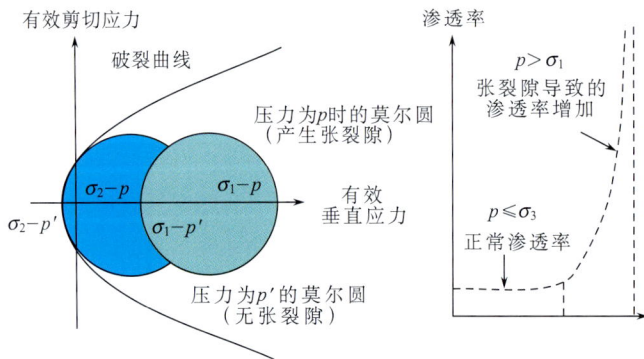

图 2-3　地层发生水力破裂时岩层的渗透率增加图（据 Ungerer，1990）

σ_1 为最大主应力；σ_3 为最小主应力

有学者认为松软地层中流体压力只要达到上覆静岩压力的80％时，就能打开原有近水平的脆弱面（如层理、裂隙），并形成新的垂直微裂缝。这种微裂缝具有周期性开启和闭合的特点；有学者指出，当裂隙周围介质的孔隙压力等于裂隙中的孔隙压力时，裂隙可长时期保持开启；当周围介质孔隙流体压力低于裂隙中的初始压力，这类裂隙会由于其流体渗流到周围的孔隙中而迅速闭合。Ungerer（1990）的研究结果也表明，在微裂缝张开之后，原先封闭的流体就沿裂缝排出，随后在上覆地层负荷作用下沿着裂缝愈合，此后又可形成新的高压，重复上述过程。

（四）烃源岩有效排烃厚度

烃源岩所生成的油气，因受各种因素的控制（如厚度大、渗透率小、动力不足和地层吸附）并不能全部排出，只有与储层相接触的一定距离内的生油层中的烃才能有效地排出。能有效地排出烃类的生油层厚度称为有效厚度，一般在30m左右。不同地区有效厚度是不完全相同的。在评价生油岩时，可利用岩心含沥青的化学资料分析研究排烃效果，区分有效生油岩层与死生油岩层。前者指生油岩不仅产生油气，且排驱了有商业价值的油气；后者指尽管产生油气，但生成的油气没有排驱到储集层中，而是被圈死在烃源层中。

可见，最优越的生油层是与储集层呈互层关系的生油层，过厚的块状泥岩并不是最有利的生油层，其中会有相当一部分厚度对初次运移排油无效，即它们所生成的烃类是排不出来的。

二、油气二次运移

石油和天然气进入储层后的一切运动统称为二次运移。它包括了油气在储集层内部的运移，以及油气沿断层或不整合面等通道所进行的运移，也包括已经形成的油气藏由于圈闭条件的改变，引起油气藏的破坏，造成油气重新分布的运移。二次运移是接着初次运移发生的，或者说它是初次运移的继续。

（一）二次运移的相态

目前普遍认为油气的二次运移主要为游离相，天然气可呈水溶相。这是因为油气进入储层后的物理、化学环境发生了变化（孔隙增大、压力变小、孔隙水变多）。

二次运移的不同时期，游离相石油的相态有所差异。在初期，油粒较小，显微的油粒和亚显微的油粒比较多；随着运移过程的发展，这些分散的小油粒逐渐相连，最终形成连续的油珠或油条进行运移；溶解于水或油中的天然气，从深层向浅层运移，或地层抬升后由于温压的降低会从石油或水中释放，成为独立的气相；深层气溶相运移的石油，到浅层会发生凝析而转变成为油相。

（二）二次运移的主要动力

促使油气运移的因素和动力很多，但主要有以下三个。

1. 浮力

石油和天然气的相对密度小于水，游离相的油气会在水上漂浮运移，其浮力大小为

$$F = V(\rho_w - \rho_o)g$$

式中，F 为浮力；V 为油相体积（排开水的体积）；ρ_w、ρ_o 为水和油的密度；g 为重力加速度。由于浮力方向向上，油气的运移方向总是向上的。

油气在运移过程，必须要克服毛细管阻力（图 2-4），即

$$F \geqslant 2\sigma\cos\theta\left(\frac{1}{r_t} - \frac{1}{r_p}\right) \tag{2-1}$$

式中，r_t、r_p 分别为喉道和孔隙半径；σ 为界面张力；θ 为润湿角。

浮力流是油气在烃与水的密度差作用下的一种流动，是烃类在地层中进行二次运移最基本的流动方式，特别是在静水条件下，它显得更重要。作者把地下的浮力流分为自由上浮和限制性上浮两类（图 2-5）（李明诚，2002），前者是微烃滴（小于 1μm）可以不受毛细管阻力的影响，直接沿较大的裂缝或连通孔隙自由上浮，目前已证明它是普遍存在的一种流动；后者是传统意义上的浮力流，需要积蓄一定的烃柱高度才能克服地层孔喉的毛细管阻力而上浮。

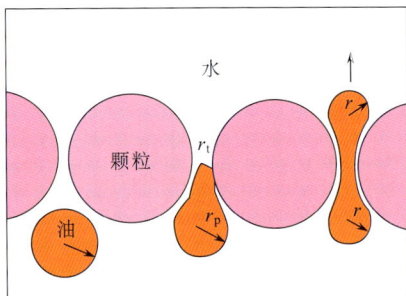

图 2-4　一滴油球在水润湿的地下环境
中通过孔隙喉道运移
p. 润湿角为 0° 时的阻力

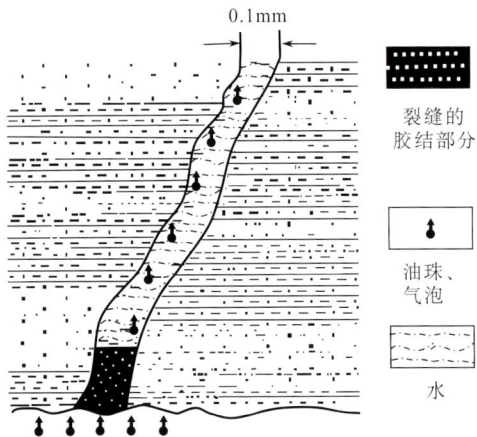

图 2-5　微烃滴沿裂缝和较大孔隙
自由上浮（李明诚，2002）

2. 水动力

储层中的水如果是静止的，油气不受水动力影响；如果水是流动的，则受水动力影响。地层中的动水流可以是压实水流，也可以是地表渗水流。压实水流是从盆地中心流向边缘，渗水流则是在水压作用下由盆地边缘流向盆地中心。若地层水平，则动水流做水平运动；若地层倾斜，水流可向上倾方向运动，也可向下倾方向运动。

在地层水平情况下，水动力与浮力垂直，因油气受浮力作用上浮于储层顶部，如果水动力大于毛细管阻力，油气则沿水流方向在储层顶部运动。

在地层倾斜情况下，存在水动力沿地层上倾或下倾方向运动两种情况，其作用亦可表现为阻力或动力两种结果。如图 2-6 所示，在背斜的一翼水动力方向与浮力方向一致，起动力作用；另一翼水动力方向与浮力相反，起阻力作用。

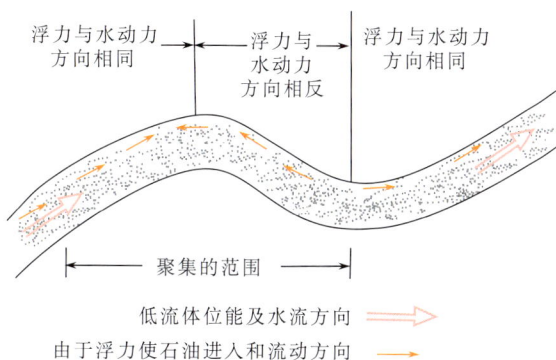

图 2-6　背斜地层中水动力与浮力配合

3. 构造运动力

构造运动力可起直接作用和间接作用。

直接作用：构造运动在使岩层发生变形和变位过程中，会把作用力传递到其中所含的流体，驱使油气沿应力方向运移。

间接作用：构造运动可使地层发生倾斜，使油气在浮力作用下向上倾方向运移；可形成供水区与泄水区，形成水动力作用；还可形成断层、裂缝和不整合面等油气运移的通道。

（三）二次运移的通道、时期

1. 通道

油气二次运移的主要通道为储层的孔隙、裂缝、断层和不整合面。油气在纵向上的运移通道为裂缝和断层，横向上的通道主要为风化面及储层的孔隙。

2. 时期

二次运移是初次运移的继续，二者常常是连续过程，或者说几乎是同时发生的。此时，除少部分油气会沿原有倾斜地层向上倾方向运移，大部分会分布于水平地层的储层顶部。大规模的二次运移时期应该在主要生油期之后或同时发生的第一次构造运动时期。因为这次构造运动使原始地层发生倾斜，甚至发生褶皱和断裂，破坏了油气原有的力的平衡。在这种情况下，进入储层中的油气在浮力、水动力及构造应力作用下，向压力梯度变小的方向发生较大规模的运动，并在局部受力平衡处聚集起来。当油气聚集起来后，如果该区又发生一次或多次构造运动，则每次构造运动对油气的再次运移和聚集均有一定的作用。构造运动作用的大小，取决于对原有圈闭的改造或破坏程度。若对原有圈闭影响不大，或仅使其继承性发展，则一般不会引起油气大规模的区域性运移。若对原有圈闭的破坏或改造很强，油气就会再次发生大规模运移。可见研究油气运移的主要时期，必须首先研究生油的主要时期及该区的主要构造运动史。

（四）二次运移的主要方向和距离

二次运移的方向和距离取决于运移通道的类型和性质，还取决于动力的大小、作用时间和方向。

1. 运移的方向

在静水条件下，进入储层中的油气在浮力的作用下，有向上运移的趋势，但因上下受泥岩限制，只能向上倾方向作侧向运动，如果有断裂或其他垂向通道，也可直接向上作垂向运移。

在动水条件下，如果动水流为早期的压实水流，其运移方向与浮力方向一致，基本上是由下向上，由盆地中心向边缘运移；后期在水势梯度产生的水动力条件下，由于外部水流渗入地层，其运移方向主要是由上往下，由盆地边缘向盆地中心，与浮力方向往往不一致。

油气运移方向主要受浮力和压实水流的影响，而渗入水流往往出现在油气大规模运动后才发生作用，其影响力较小。此外油气在运移过程中，在其方向上如果渗透率发生变化，有断裂的存在或受水动力的影响均会改变其运移方向，但总的运移规律是沿着阻力最小的方向运移。

可见，油气的主要运移方向实质上与构造密切相关，其大致方向是由凹陷向隆起区运移，由盆地中心向边缘运移。所以油气主要富集在凹中之隆或盆地边缘（如大庆长垣）。油气勘探的基本原则可用三句话概括：找凹陷、钻高点和探边缘。在研究油气运移方向时，要充分考虑油气在运移过程中所受到的动力、阻力大小及其变化情况和油气运移通道的连通情况及延伸方向等因素。

2. 运移的距离

油气运移距离取决于动力大小、通道延伸情况、构造条件、岩相变化、油气流体性质和源岩供气情况等多因素。如果岩相变化较大，而又缺乏其他合适的运移通道，则油气不能长距离运移。如生油层中的砂岩透镜体及周围被非渗透性地层所包围的生物礁块油气藏。

如果烃源岩供油气充足，动力条件足以克服各种阻力，运移通道好，油气可以长距离运移。只要上述任一条件不足，就可阻止油气的长距离运移。另外，气比油易流动，运移相对远一些，轻质油比重质油易流动，流动远一些。

由于油气运移受多种因素控制，油气运移的实际距离一般不会太长。我国陆相沉积盆地中的油气运移距离一般为 50km，最大的也只有 80km。可见，找油时应主要围绕生油凹陷周边去找，这是"源控论"的基本思想。

石油在运移过程中，由于地层中的矿物颗粒对原油成分的选择性吸附及地层水的溶解，沿油气的运移方向，油气的化学成分会发生一些变化，化学成分的变化必然导致物理性质的变化。沿运移方向，石油的颜色变浅，密度和黏度一般都会减小。油气被地层吸附的现象，跟实验室内色层分析结果极为相似，所以被称为地层的层析作用。可根据这些变化规律来研究油气的运移方向、通道及距离。

三、油气再次运移

油气运移分为初次运移、二次运移和三次运移，其中三次运移为聚集后由于外界地质条件的变化而使油气再次发生运移。油气再次运移的概念最早由陈贲（1995）、潘钟祥（1986）提出；包茨（1988）提出在油气藏形成研究领域里许多问题只靠初次运移和二次运移的理论是无法解释的，应当引入再次运移的概念，同时对再次运移的概念进行了比较完整的阐述；安作相（1996）在前人研究的基础上，明确提出了油气再次运移的概念，即"在后期构造运动期间，由于地质环境发生变化，使得前期构造运动期间经初次运移、二次运移聚集起来的油气，重新发生运移的现象"。

区域构造格局的改变和因断裂活动而造成构造面貌的改变，是油气再次运移的两个主要控制因素。前期构造运动所形成的区域构造格局受后期构造运动的影响而发生变化，致使原已聚集起来的油气发生再次运移，并聚集到新的地区或构造中去。由新生断裂切入油气藏而引起油气再次运移，这种类型一般都发生在那些没有生烃岩分布的层系中。有机地球化学的发展使得油源对比可信度增大，增强了识别这类油气藏的能力，使这种类型油气藏的发现日趋增多，从而扩大了油气田的范围。

油气"再次运移"的观点对研究油气藏的形成不但有理论意义，而且有实际价值。首先，它充实了石油地质理论。如前所述，目前的石油地质专著和教科书尚未详细论述这个问题，石油地质学理论尚不能充分反映中国石油地质的实际情况。再次运移和第二次运聚观点的提出是对中国陆相生油、多期生油、复式油气聚集等石油地质理论的补充和完善。其次，它开拓了我们找油气的思路。如果我们在油气勘探的实践中，能对油气再次运移和第二次运聚过程做出符合客观实际的判断，就可减少勘探的盲目性和风险性，从而极大地提高勘探效率。

第三节 油气运聚研究的基本内容

一、油气运聚的动力机制

油气运聚的主要动力包括浮力、水动力、正常压实下的剩余压力、欠压实产生的异常高压、构造应力、分子扩散力和分子渗透压力等。

（一）浮力

浮力由油、气和水本身的密度差决定，而且在地质历史过程中其性质的变化很小，地层中只要有油、气和水存在就有浮力产生，几乎不受外界条件的限制；因二次运移以游离相为主，所以浮力就成为其最主要的动力。

根据阿基米德原理，物体在水中所受到的浮力等于该物体排开同体积水的重量。由于油和气的密度均小于水，单位体积的油气排开同体积水的重量，即单位体积的油气所受到的浮力，必然大于油气本身的重量，因此油气必然在水中浮起。其上浮力的大小等于同体积的水与同体积的油或气的重量差。

（二）水动力

水动力是推动地层孔隙水流动的动力。因此，它也是推动水溶相油气或密度与水接近的重质油进行二次运移的主要动力。油、气在地层中多与水共存组成孔隙流体，水的流动也必然会对油气的运移产生作用和影响。地层中的水动力可以由差异压实作用和重力作用而产生，并形成压实水动力和重力水动力。

1. 压实水动力

在盆地持续沉降和差异压实的过程中，产生压实水动力和压实水流（王志欣和信全麟，1998）。通常在相同时期内盆地中心的地层较厚，沉积负荷较大，边部地层较薄、沉积负荷较小，由此产生差异压实水流，其方向主要是从盆地中心向盆地边缘、从深部向浅部。压实水流的大方向与油气在浮力作用下运移的大方向基本一致，因此压实水流促进了油气在浮力作用下的二次运移和在地层中的原始聚集与分布。根据美国的研究资料，由压实水动力产生的压实水流在克拉通盆地中其流速仅为 5m/Ma；在前陆盆地中可达 500m/Ma。可见，在沉积速率缓慢和沉积厚度差异不大的盆地或层段中，压实水动力对油气二次运移的影响和作用并不明显。

2. 重力水动力

随着盆地沉降的停滞和进一步的成岩变化，压实作用变得越来越不明显，加上后期的地壳运动使地层翘倾、上拱甚至褶皱，地层在盆地边缘往往出露并与大气水相通形成向盆地中心倾斜的水势面。在水势差的作用下产生重力水流，其方向主要由盆地边缘的高势区流向盆地中心的低势区。如果重力水流的大方向与油气在浮力作用下运移的大方向正好相反，虽然在适当的条件下可以形成水动力圈闭，但当水动力太强时常会把已聚集的油气冲出圈闭，使油气藏遭到破坏，引起油气的再运移和重新分布。根据美国的研究资料，重力水流的流速一般为 10km/Ma 以上。可见，重力水动力对油气二次运移的影响和作用要比压实水动力大得多。

（三）异常压力

异常高压是初次运移最主要的动力，对二次运移来说，特别是当生、储层间存在着巨大的异常压力差和梯度时，则是一种更重要的动力。运载层中存在着盖层和断层的封隔成封堵、非均质成岩和欠压实作用，因此在地层剖面中同样也发育着异常压力，并形成大小不一、形状各异的流体封隔体。一个异常高压封隔体可视为一个封闭的高势区，它们可组成一个相对封闭的生、运、聚单元，其内部则为开放的水力系统，同样可以发生初次和二次运移。封隔体与外部则是有限连通，只有封隔层在异常高压作用下发生破裂，封隔体内部的油气沿裂隙随异常高压的释放产生势平衡流而呈混相涌出，进入开放的运载层空间。

如果把封隔体看成是一个具有异常高压的烃源岩层，那么异常高压对二次运移具有与初次运移相似的作用。同样对于圈闭中已聚集的异常高压油气，当其盖层或断层在异常高压作用下发生破裂或形成通道时，圈闭中的油气随异常高压的释放进入上覆或侧向的运载层，待异常压力消失后油气将开始以浮力为主的二次运移。

虽然上述内容主要是针对异常高压而言，但异常高压与异常低压往往反映盆地演化的一个旋回过程。因此在纵向剖面上的不同地层中，可以分别存在有异常高压层或高压封隔体和异常低压层或低压封隔体，而异常低压区也就成为流体运移所指向的低势区。

（四）构造应力

由地壳运动产生的地应力称为构造应力。构造应力作用在岩石骨架中，而地层压力是岩石孔隙中的流体压力，两者相互传递和相互作用形成岩石统一的压力体系。构造应力直接和间接地为二次运移提供了动力、通道和圈闭，主要表现在以下几个方面。

首先是作用在岩石上的构造应力使骨架压缩，并传递到岩石孔隙中的流体使其压力升高形成高势区，驱使流体向低势区运移；当构造应力有变化时，由于岩石骨架压缩和回弹造成其中的流体压力升高和降低，从而产生应力泵作用（姜振学等，2004），这也是地下油气进行二次运移的重要机制和动力。

其次是在构造应力集结和张弛的变化中，增加了三个方向上的主应力差，从而使岩石产生剪切，甚至是张性破裂；如果应力差尚不足以使岩石发生破裂，此时再加上孔隙流体的异常高压，则可以使岩石发生水力破裂，这两种情况都可为二次运移提供通道。

此外，在构造应力作用下岩石产生各种变形，可为油气的聚集提供各种圈闭，也可称之为应力圈闭。可见构造应力在油气运移过程中有着重要的作用。

（五）分子扩散

烃类只要存在着浓度差，烃类分子的扩散就可以在任何时空中发生，而地下烃源岩生成的烃类所形成的原始浓度就是进行分子扩散的源头。因此轻烃的扩散不仅可以在烃源岩中发生，而且接着就可在运载层中进行，直到地表，进入大气圈，可以说这是自然界中一个没有停顿的连续过程。可见在初次和二次运移过程中分子扩散都是一种动力，这一点对气态烃更为明显和重要。虽然分子扩散在二次运移中相对于浮力、水动力和异常压力只是一种次要的动力，其速率比油气的渗流也小几个数量级，但在某些地质条件下，特别是在水动力梯度很微弱的致密地层中，分子扩散就成为二次运移的主要动力和方式，在非常规的深盆气、煤层气和透镜体的油气运聚成藏过程中起着重要的作用。

（六）分子渗透

分子渗透是分子力作用的一种现象。分子力主要是指地下流体中各种分子之间以及它们与岩石矿物分子间的相互作用力。这种分子力不仅指在固、液、气三相界面上所产生的毛细管力，还指广泛存在着的各种分子相互间的吸引力和排斥力。它们既可能成为油气进行二次运移的一种微观动力，也可以成为二次运移的阻力。

所谓分子渗透是由于运载层孔隙间流体的离子浓度不同或发生了变化，为了达到浓度平衡，在电荷力和分子吸引力的作用下，低浓度孔隙中的薄膜水（矿物表面外层的吸附水）可以携带位于孔隙中部的油滴、气泡向高浓度孔隙渗透运移，并伴随着矿物溶解成分的扩散。这种作用也可以称为渗透扩散的运移机制，它主要发生在岩石矿物与孔隙流体的分子之间。

除了上述几种主要的动力外，还有温度差而引起的热对流，一般是深处高温热水的密度较小而向上运动，浅处低温冷水的密度较大而向下运动形成对流，它们也会对油气运聚有所影响。

二、油气运聚的时空分布

油气聚集发生在二次运移过程中，当油气运移遇到圈闭就开始了聚集，随着时间的推移和外界地质条件的变化，一旦运移屏障消失或遭破坏，聚集的油气将再次运移，也可能再次聚集，直到地表散失为止。可见，油气运移是绝对的，而油气聚集是相对和有条件的，也可以说油气的聚集在时间上只是二次运移长河中短暂的一部分，在空间上也只是二次运移范围中很小的一部分。

油气聚集的机制主要探讨油气聚集的一般原理和宏观规律，而油气聚集的过程主要探讨油气进入圈闭的方式和状态，以及在圈闭中所发生的各种物理、化学作用。油气在圈闭中的聚集包含了充注、混合和富集这三个过程，如果没有重大地质事件发生，整个过程也是一个具有幕式特征的连续过程。

油气不断进入圈闭储存空间的过程称为充注。圈闭一般处于储集层的高部位或低势区，油气在浮力或水动力作用下都会向圈闭中运移和充注。根据流体运移的原理，油气总是首先进入渗透率最高、排替压力最低的储集层部分，随着油气的不断充注，在烃柱压力的作用下，逐渐向孔渗条件差的部分扩展，从而使圈闭储集层中的含烃饱和度不断增加。在此过程中，由于储集层的非均质性以及充注时间和空间上的差异，必然造成油气组分和化合物在圈闭中分布的非均质性，圈闭储集层非均质性越强，这种非均质性越明显。

油气充注过程包括侧向充注和垂向充注，侧向充注主要是沿储集层方向的充注。由于烃源岩的成熟度不断增加，运移烃类的成分也不断发生变化，先进圈闭的油气其成熟度低于后充注的油气，造成在圈闭储集层的侧向上有成熟度的差异。这可以从成熟度指标的变化上反映出来，在时间上越是后充注的石油其成熟度越高，在空间上越靠近圈闭的注点、离烃源岩的生烃区越近，成熟度越高。因此，可以根据成熟度的变化方向追索油气的充注方向和油源区。

垂向充注主要指垂直于储集层方向的充注。进入圈闭的油气，同样也是先向储集层具有较高孔渗的部位充注，然后逐渐向相邻的较低孔渗部位扩展。源源不断的高成熟油气总是通过高孔渗部位向低孔渗部位运移，结果高孔渗砂层中的古油气饱和度和成熟度均高于低孔渗砂层中的油气，造成圈闭在垂向上有成熟度的差异。其表现在高孔渗砂层中的饱和烃含量较高，而非烃和沥青质含量却较低，由此可以判断和分析油气充注的方向和历史，并反映了储集层的非均质性。

同一油源在地质条件相对稳定的条件下，油气的充注是一个带有幕式特征的连续过程，这是由幕式排烃、幕式运移所决定的。异常高压烃源岩的存在说明地下必然发生幕式排烃；盆地中高压流体封隔体的存在，断层及裂缝等通道的张开和闭合，运移所需浮力及含烃饱和度的积蓄，都说明地下必然发生幕式的二次运移；而圈闭储集层非均质性所具有的不同排替压力，也必然导致油气在圈闭中呈幕式充注。但幕式充注、幕式成藏不能理解为间断充注、间断成藏。从目前的研究来看，油气聚集成藏是个相对较短的地质时期，除非在此期间发生了重大的地质事件，诸如地壳大幅度抬升、生烃中断，或地壳构造运动、运移主路线和圈闭发生变化和破坏等，否则整个充注是一个具有幕式特征的连续过程。目前圈闭中油气的成熟度和化学组分存在梯度性的变化也能说明了这一点。

一旦油气藏的圈闭或盖层遭到破坏，油气就会沿断层或穿过盖层发生垂向的再运移；若油气藏的圈闭未遭破坏只是倾斜，或遭水动力冲刷，或气顶膨胀，则油气可沿储集层溢出发生侧向再运移。如果油气藏遭到生物降解、水洗等作用，其中原油就会变重、变稠，难以流动而残留下来，或就近再分布。可见，油气的再运移或变质残留都是油气藏遭到破坏的反映和必然结果。但必须明确：一个油气藏遭到破坏不等于其中油气就完全消亡，只要所发生的再运移没有到达地表，那么再运移中的油气遇到新的圈闭还可以再次成藏，即所谓的"次生"油气藏。只有那些一直运移到地表的油气，才不可能再次成藏而成为地表油气显示。一般来说，油、气苗出露的地方就是地下油气运移的终点，也意味着油气的最终消亡，但如果是整个储油层在地表和近地表出露，或还有大量原油外溢，则可形成为人们所开采和利用的重油砂、沥青砂或沥青湖，不过其中大部分还是被破坏和散失掉了。所以油气的再运移可归纳为两种结果：一是油气藏的再形成（即次生油气藏的形成）；二是形成各种地表油气显示。

三、油气运聚的主控因素

（一）沉积相的分布

油气在岩石中生成、运移和聚集，与沉积岩的关系最为密切。沉积相是沉积环境中沉积作用的产物，它代表了该环境下沉积物的一切特征。对一个穿时的沉积相带来说，油气都有从细粒沉积向粗粒沉积运移的特性，即有向陆源方向运移的宏观趋势。例如，在一个三角洲沉积体系中，前三角洲的暗色泥质岩生成的油气，可以沿着三角洲前缘席状砂体向陆源方向的河口沙坝以及三角洲平原的河道砂体运移，就好像是盆地中油气运移的一条天然通道。在地壳变动发生海（水）退或海（水）侵的层序中，油气还可以从泥质岩向上或向下运移到砂质岩中，并在各种构造或地层的圈闭中成藏。所以，无论是海相的还是陆相的三角洲沉积体系都是油气的富集区。这种向源性也包含了由沉积较厚的盆地中心向沉积较薄的边缘或隆起地区运移的宏观趋势。

（二）盆地的构造形态

盆地某一时期的构造形态，一般是用某一地层的古构造图来描述。构造图中等高线的走向分布往往与流体的等势线分布近似平行。垂直等势线的方向是流体运移最省力的方向，因此，大体上可以说垂直构造等高线的方向也就是油气二次运移的宏观方向线。由构造形态上的变化造成：在凹面一侧流线聚敛，而在凸面一侧流线发散；在构造等高线密集的一侧流线密集，相反的一侧流线则稀疏。

地壳中的油气总是沿着阻力最小的方向运移，这是油气在储集层中运移的规律。其具体运移的主要方向则受多种因素的控制，其中最重要的是区域构造背景，即凹陷区与隆起区的相对位置及其发育历史。在一般条件下，位于凹陷附近的隆起带及斜坡带，常成为油气运移的主要方向，特别是长期继承性的隆起带。与此同时，油气运移的方向还要受储集层的岩性岩相变化、地层不整合、断层分布及其性质，以及水动力条件等因素的影响。因此，在判断油气运移的主要方向时，必须结合分析以上各种条件，才能得出比较切合实际的结论。

四、油气运聚的来源特征

有充足的油气来源是油气发生运移和聚集的先决条件，且是油气藏形成的物质基础。对一个盆地而言，其油气来源条件主要与烃源岩的生烃条件和排烃条件有关，因此油气运聚的来源一定程度上取决于烃源岩的生烃条件、排烃条件和运移条件，可以归结为主要是烃源岩的规模和质量、烃源岩的排烃条件和运移条件。对于烃源岩的规模和质量需要满足的特征是烃源岩的面积大、层系多和厚度大；由于受烃源岩本身的吸附作用和烃源岩孔隙的残留作用等因素的影响，烃源岩生成的油气并不能完全排出来，一部分油气就会残留在烃源岩内部，这部分残留的烃类对油气藏的形成是无效的。对于烃源岩的排烃条件需要考虑烃源岩的单层厚度、烃源岩层系的岩性组合和烃源岩的排烃机理等特征；除此以外，油气的运移条件也是控制油气聚集的一个重要的来源特征，油气运移条件主要包括油气运移的动力、油气运移的通道与输导体系和油气运移方向等方面，盆地中的凹中隆、斜坡带和古隆起等构造单元往往成为油气运移的主要指向。

五、油气运聚的损耗作用

在油气生排运聚过程中，除一部分油气被烃源岩残留无法排出外，相当一部分油气将在运移至圈闭途中由于各种因素影响而损耗掉。这些损耗作用主要包括：岩石吸附滞留油气作用、岩层毛细管力封堵油气作用、地下水溶残留油气作用、地下油溶残留天然气作用和地下油气向上扩散作用、地下油气的水溶流失作用等，只有当运聚单元内排出的烃量满足以上多种损耗以后，才能够有多余的油气聚集，形成油气藏。

吸附不仅是源岩残留油气的一种重要形式，也是储集层滞留油气的一种主要途径。源岩对油气的吸附是源岩矿物颗粒和有机颗粒表面过剩能量（固体表面能）作用的结果，按吸附力的本质可将吸附分为物理吸附和化学吸附，源岩对油气的吸附既有物理吸附也有化学吸附。源岩吸附残留油气量的大小与源岩性质、矿物组成、有机母质类型、密度、湿度、变质程度以及温压介质条件等一系列因素有关。源岩的干湿性对其吸附残留烃量有重要影响，湿度大的岩石其吸附烃量少；岩石性质是影响吸附残留油气量的重要因素，一般砂岩比碳酸盐岩吸附残留烃量低，碳酸盐岩较泥岩低；有机质类型对吸附残留烃量也有影响，含腐殖型有机母质的源岩吸附烃气量较含腐泥型的母质大，煤岩的吸附性更大；热变质程度不同的岩石吸附残留烃气量不同，一般随岩石热变质程度增大而增加；温度升高导致源岩内烃组分活度增大、黏度降低及吸附性能变差，一般源岩残留烃气量随温度增大而呈指数形式降低；压力是影响吸附作用的重要因素，当温度不变时，固体物质吸着气量一般随压力的增大而增加。

岩层毛细管力封堵油气作用主要针对源岩而言，在源岩内产生和残留足够量的油气之前，毛细管力对油气排运起阻碍作用。源岩生成的油气除少量溶于孔隙水外，绝大多数都以游离相残留于源岩内。它们除吸附于源岩颗粒表面和占据着干酪根网络的大分子结构空间外，有相当数量的烃占据着源岩孔隙中心并以油珠、油滴和油块的形式存在。游离相态的烃（包括油和气）与孔隙中的水构成多相流体，由于毛细管的封堵作用不能及时排出。

地下水溶残留油气的作用是客观存在的，这种溶解作用不但使一部分油气以水溶的形式残留于源岩中，还使一部分油气溶解于水后随压实水一起排出源岩外，直至排出成藏体系。源岩孔隙中一般只有不到30%的空间被液态烃占据，其余均充满了水。由于水对烃的溶解作用，源岩生成的油气有一部分溶于孔隙水中，其中有的以水溶的形式残留于源岩内，有的以水溶的形式随压实水排出源岩外。在源岩生成的油气没有满足水溶需要前不能以游离相的形式出现。源岩水溶残留油气量的大小取决于源岩孔隙度、含水饱和度和油气在水中的溶解度，其随源岩孔隙度、残留水饱和度和烃在水中溶解度的增大而增大。不同的烃组分在水中的溶解度不同，因此在同一源岩中的残留量不同。

源岩中的油气除极少数以水溶的形式残留外，大都以游离相存在。它们或呈油滴、油斑的形式占据孔隙中心，或以吸着的形式附于矿物颗粒表面，或以吸收的形式富存于干酪根网络的孔隙空间。根据相似相溶原理，母质生成的低分子烃优先以溶解的形式富存于大分子烃集合体的网络空间中。低分子烃只有在其生成量超过了液态烃的溶解残留需要和水溶残留需要时，才能以游离的气态形式出现。天然气在源岩内液态烃中的残留量取决于源岩的孔隙度（Φ）、残留烃临界饱和度（S_0）和天然气在油中的溶解度（q_{og}），不同的烃组分在源岩中残留的量不同。

地下油气向上扩散作用是自然界物质转移的一种基本现象。在漫长的地质演化过程中，随着烃源岩大量生成油气，使得成藏体系中烃浓度由下伏烃源层向上覆岩层逐渐降低，油气分子（主要是轻烃）开始通过岩石孔隙向上扩散，并且只要这种烃浓度差异存在，油气扩散就一直在发生。有关研究表明：在某些场合下，轻烃扩散作用可导致地史过程中的扩散损失量远远超过现有储量。在稳态扩散条件下，即当扩散物质的浓度不随时间和空间而变化时，可用菲克第一定律计算扩散量。扩散量与历经时间、扩散面积、浓度梯度和扩散系数成正相关，当前三个变量一定时，扩散量的大小只与扩散系数有关。扩散系数主要受温度、压力、烃分子大小和扩散介质条件等多方面因素的制约，当温度高、分子小和孔隙度大时，扩散系数大。在非稳定扩散条件下，即当扩散物质的浓度随时间和空间变化时，可用菲克第二定律求出某时空场的扩散物质浓度。

地下油气的水溶流失作用主要指区域盖层形成后，从源岩排出的烃量在进入圈闭途中有一部分溶解在地层水中，并随地层水排出成藏体系而流失。油气在运移过程中随水流散失烃量主要与运聚系统内区域盖层下伏地层排失的水量及烃在水中的溶解度呈正相关关系。石油各组分在水中的溶解度虽各有不同，但总的说来是很低的，尤其是原油在水中的溶解度更低，但随温度的增加而增加。原油在 25～100℃ 温度范围内其溶解度不到 10ppm[①]，150℃ 以上溶解度有较大增加，可达 100ppm，特别是高沸点难溶组分的增加更大。石油的溶解度还随水中含气量的增加而增加，但随水中盐度的增加而减少。天然气在水中的溶解度比石油在水中的溶解度高得多，天然气在水中的溶解度随压力的增加而增加；低于 80℃ 时随温度的增加而减少，高于 80℃ 时随温度增加而增加，并随水中盐度的增加而减少。

六、油气运聚的物质平衡

油气自形成后就处于连续的散失和聚集的动平衡之中。从逻辑上讲，油气成藏体系只有达到各个地质门限后，才能形成具有工业价值的油气藏并构成油气勘探远景区。源岩生成的油气，并不是生成后便直接排出源岩，而是需要满足源岩各种形式残留需要后，才能够以游离相大量向外排运。由此可知，当源岩未达到排烃门限时，其生成的烃量主要残留在源岩内部。

油气排出源岩后，在聚集成藏以前，同样会遭受多种形式的损耗。其中主要包括区域盖层形成前的散失烃量和二次运移路径上的各种形式的损耗。这一阶段的油气损耗主要发生在运移的过程中，除盖层形成之前排失油气量以外，损耗的烃量都被滞留在运移通道内。只有当源岩排出的烃量能够满足各种形式的损耗需要后，才能够形成有效地聚集，达到聚烃门限。这一过程的损耗烃量受运移距离、储层岩性、盖层品质和构造形态等因素的影响。一般储层物性越好、运移路径越短、封盖条件越好和构造起伏越大，损耗烃量越少，反之则越大（庞雄奇等，2000；姜振学等，2002；周海燕等，2003）。

油气达到聚烃门限以后，开始聚集形成油气藏。但此时大部分油气藏并不具有工业价值，因为在成藏后期的地质历史过程中，油气藏还要遭受后期的构造破坏而损耗掉部分油气（李明诚等，1997；刘大锰等，1999；吕延防和王振平，2001）。另外，一些规模较小的油气藏不具备工业价值。只有聚集的烃量满足了构造破坏的损耗和小规模聚集影响以后，才能够形成工业价值的油气聚集而达到资源门限。

---

① 1ppm＝10^{-6}。

七、油气运聚的资源潜力

油气运移距离是制约油气分布规律的主要因素。通过对中国主要含油气盆地油气运移距离的统计，可得到以下几点认识。

（1）大中型油气田个数的95％以上分布在离油源区中心100km以内的范围，有随着距离增大而大中型油气田数量减少的趋势（图2-7）。大中型油气田储量的95％以上分布在离油源区中心50km以内的范围，有随距离增大储量变少的趋势（图2-8）。

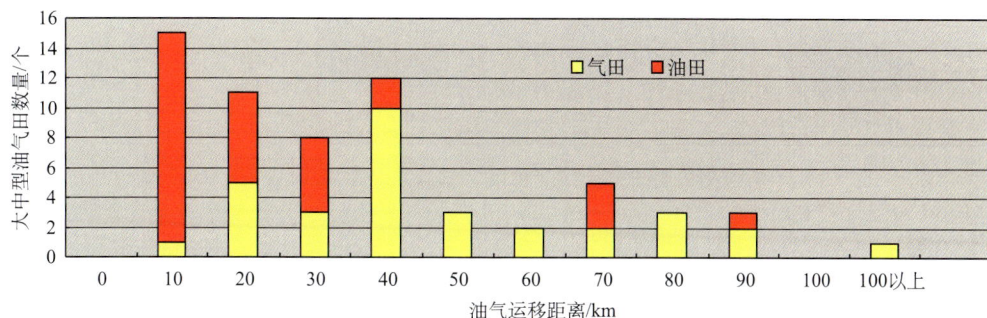

图2-7 中国含油气盆地成藏体系中油气运移距离与大中型油气田
数量分布（据庞雄奇等，2002）

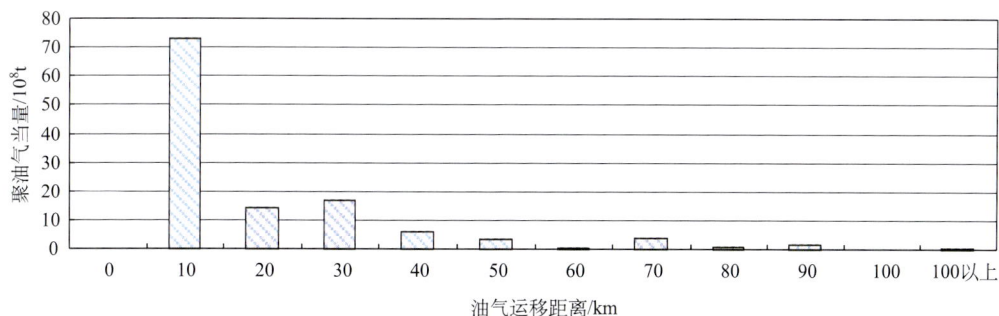

图2-8 中国含油气盆地成藏体系中油气运移距离与大中型油气田
的聚油气当量（据庞雄奇等，2002）

（2）大油田个数的95％以上和大油田储量的95％以上均集中分布在离油源区中心不到50km的范围内，它们随着运移距离增大而减少，反映出源岩对油气分布的决定性和控制作用（图2-9）。

（3）大中型气田个数和储量随运移距离的分布与大油田的分布有较大的差异，主要表现在：大油田的数量和储量的绝大多数分布在烃源岩中心15km范围内，而大中型气田的绝大多数却分布在离烃源岩中心15～90km的范围（图2-10），反映出天然气较油更易于运移的属性；另一个区别是，大型油田数量和储量随运移距离的增大先增加后减小，表现出20～60km的范围最有利。

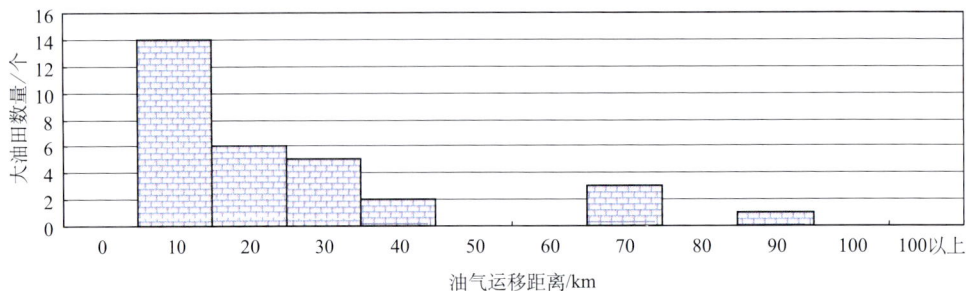

图 2-9　中国含油气盆地成藏体系内油气运移距离与大型油田
个数关系（据庞雄奇等，2002）

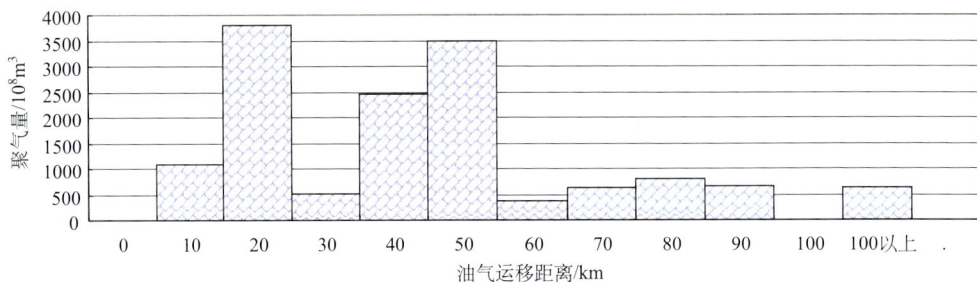

图 2-10　中国含油气盆地成藏体系油气运移距离与聚油气量分布关系（庞雄奇等，2002）

第四节　油气生排运聚研究的地质意义

一、阐明油气运聚过程中的地质门限

　　油气在运移的过程中，必然会受到岩石吸附、扩散损失等影响，产生大量的损耗烃量。不难看出，油气自形成后就处在一种散失和聚集的动态平衡之中，油气的散失途径包括源岩残留〔吸附、孔隙水溶和油溶(气)〕、储层滞留〔吸附、孔隙水溶和油溶(气)等〕、区域盖层形成前的排失、运移过程中流散（围岩吸附、压实水溶解流失、扩散等）和构造变动破坏等。聚集起来的油气量等于生成量与各种耗散量之差。

　　油气在生排运聚成藏过程中存在一系列地质门限(或地质临界条件)，这些地质门限对油气生排运聚成藏起控制作用。生排运聚油气系统只有达到了各个地质门限后才能形成具有工业价值的油气藏而构成油气勘探远景区。每一个门限代表了油气运聚成藏过程中损耗烃量的临界下限值。因此，油气运聚研究的根本目的在于揭示油气运聚成藏过程中的地质门限，进而预测评价单元的油气资源潜力。

二、揭示各地质门限的控油气作用

油气成藏过程要经历一系列地质门限，每一个地质门限都有不同的地质意义。源岩累积生成的烃量只有在满足了源岩各种形式的残留需要后才能达到排烃门限；排出烃量只有在超过了上覆第一套区域盖层与源岩之间的储层滞留烃量，区域盖层形成前的排失烃量，以及系统内扩散损耗烃量和水溶流失烃量才能达到聚集门限；系统内某一圈闭中聚集的烃量只有超过了构造破坏烃量以及某一临界下限值后才有经济意义，并构成具有工业价值的油气藏。也就是说，源岩累积生成的烃量减去所有无工业价值的油气聚集量之和即为油气运聚成藏系统的工业门限或资源门限。油气运聚研究就是通过对油气运聚过程中各种影响因素的分析，计算出某一个油气运聚成藏系统中的油气生成量和各种形式的损耗量之后，就可以判断出该系统已经达到哪一个地质门限，以及该系统最终可供聚集成藏的烃量大小。

三、建立油气运聚物质平衡模型

利用物质平衡原理求油气资源量的方法最早是由苏联学者提出来的，许多地球化学家为了改进这种方法曾做过大量工作（Dow，1974）。但限于油气运聚成藏过程中各种损耗烃量的计算缺少地质理论和实用模型的指导，以及计算工作量大，这一方法一直没有得到很好的应用。庞雄奇教授等（1995，2000）在这方面做了大量卓有成效的工作，系统地建立了油气运聚过程中各种损耗烃量的计算模型。

四、研发新的油气资源评价方法

油气资源评价的方法有多种，主要可分为成因法、类比法和统计法。成因法是根据油气生、排、运、聚、散的原理计算资源量，由于油气的生排烃机理到目前为止还没有定论，导致根据不同机理模型计算的资源量存在较大的差别，且计算参数的选取也有着较大的不确定性。类比法是根据已知区（刻度区）和未知区的地质相似性进行资源量计算的方法，但刻度区选取具有较大的难度，原因是盆地地质条件一般都有较大的差异，而这种差异的影响又有着很强的不确定性，因此即使能够建立起刻度区和未知区的定量关系模式，也很难保证定量关系移植的准确性；统计法是根据油气田分布的统计规律和勘探规律进行资源预测的方法，该方法既能预测剩余可探明储量也能预测剩余可采储量。但统计法主要应用于评价区已发现油气藏及探井数量等资料，没有从油气生、排、运、聚、散的地质过程出发，导致评价结果缺乏地质依据。因此，通过对油气运聚过程的系统研究，依据物质平衡原理，通过对生烃量和各种损耗烃量的计算来预测资源量，从而建立新的油气资源评价方法。

五、预测叠合盆地油气资源潜力

叠合盆地是指经历了多期构造变革、由多个单型盆地经多方位叠加复合而形成的具有复杂结构的盆地。不同的学者都对叠合盆地的基本概念及其油气地质特征进行了研究，并指出了多期构造变革是叠合盆地的本质特征。因此，在运用常规的地质方法进行油气资源潜力预测的时候，往往存在适用性的问题。因为叠合盆地往往具有埋深过程中多源成藏过程的叠加和复合、多阶段成藏过程的叠加和复合、多动力成藏过程的叠加和复合、多期次构造变动及改造叠加复合等特征，导致油气成藏机理复杂，油气在多种叠合复合作用下，分布及聚集特征与其他盆地存在较大差异。尤其是每一期构造变革都对油气藏进行调整改造或破坏。因此，合理确定构造变动破坏烃量，对客观评价油气资源和全面认识油气成藏过程等非常关键，具有重大的地质意义及现实意义。而油气运聚过程的研究，就是要明确油气生成后到成藏的各个地质过程及其聚散量，从而进行油气资源潜力预测。

第三章 油气生成门限及其控油气作用

第一节 油气生成门限的基本概念

根据油气的有机成因理论，石油和天然气来源于有机物质。这些物质在沉积过程中，首先形成干酪根，干酪根在沉积过程中，受时间和温度的双重影响，逐渐开始向油气转化。生成门限就是指随埋深增大、地温升高，有机母质开始大量向油气转化的临界地质条件，一般用对应条件下有机母质的镜质组反射率表示。

生成门限可以理解成形成油气的一个门槛，即指油气开始大量生成时的深度、温度或时间，可分别称为生成门限深度、生成门限温度或生成门限时间。影响沉积物中的有机质向油气转化的因素很多，可分为内因和外因两大类。前者包括有机质类型、丰度等，后者包括有机质演化所经历的温度、压力、时间以及地层的物性等。显然，不同含油气盆地及同一盆地不同源岩的生成门限差别很大。在一般地质条件下，将 R_o（镜质组反射率）等于 0.5% 作为判别源岩是否进入生成门限的指标（Tissot and Welte，1978）。

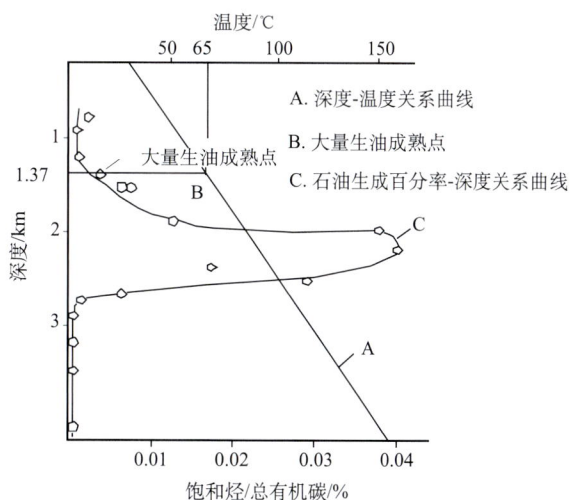

图 3-1 石油大量生成成熟点的确定

液态石油（包括凝析油和湿气）形成于热催化生油气阶段和热裂解生湿气阶段，该阶段被称为"石油液态窗"。因此石油液态窗概指研究区适用于石油生成、运聚成藏、母质转化程度处于 R_o=0.5%~2.0% 的时空领域（图 3-1）。

第二节 油气生成门限的研究方法

油气生成门限在指导油气田勘探实践中主要用于判识源岩，确定源岩开始大量生烃的临界条件，划分成熟生油气岩范围及计算油气生成量。研究油气生成门限，为进一步研究排烃门限、聚集门限、资源门限等地质门限提供理论基础。常用的研究方法主要有三种，分别为地球化学分析法、物理模拟实验法和热化学动力学法。

一、地球化学分析法

沉积岩中有机母质的丰度和类型是生成油气的物质基础，但是有机母质只有达到一定的热演化程度才能开始大量生烃。在沉积岩成岩后生演化过程中，生油岩中有机母质的许多物理化学性质都发生相应的变化，且这一过程是不可逆的，因而可以应用有机母质的某些物理性质和化学组成的变化特点来判断有机母质的热演化程度和划分有机母质的热演化阶段，从而判断有机质开始大量生烃的点即生烃门限。目前用于评价生油岩热演化程度的常规地球化学方法有镜质组反射率、时间-温度指数（TTI）、岩石热解参数、热变指数、固体沥青反射率（R_b）、生物碎屑反射率、磷灰石裂变径迹法（AFTA）和有机质变质作用程度（LOM）等，下面对其中的一些主要方法予以简要介绍。

（一）镜质组反射率

镜质组反射率（R_o）目前被认为是研究干酪根热演化和成熟度的最佳参数之一，镜质组是以芳香环为核，带有不同的支链烷基，在热演化过程中，链烷热解析出，芳环稠合，出现微片状结构，芳香片间距逐渐缩小，致使反射率增大、透射率减小、颜色变暗，这是一个不可逆反应。同时干酪根的热解过程与镜质组的演化过程相符，所以镜质组反射率是一项衡量生油岩经历的时间-古地温史、有机质热成熟度的良好指标。

镜质组反射率与成岩作用关系密切，热变质作用愈深，镜质组反射率愈大。在生物化学生气阶段，镜质组反射率为低值，即低于0.5%；随着埋藏深度而逐渐变化，在热催化生油气阶段和热裂解生凝析气阶段，反射率作为深度的函数增加较快，从约0.5%上升到2%；到深部高温生气阶段，反射率继续增加。因此，测定生油岩中有机质或煤夹层的镜质组反射率，可以预测油气的生成阶段及油气生成量，用于指导确定生烃门限值。

根据镜质组反射率与生油成熟作用的其他参数，并与油田和气田的分布进行对比，能够区分出以下几个阶段（R_o值为浸油中测定的平均反射率值）。

（1）$R_o < 0.5\%$：成岩作用阶段，生油层未成熟。

（2）$0.5\% < R_o < 1.3\%$：低成熟热解作用阶段，为主要的生油带，也可看作生油窗的主体部分。

（3）$1.3\% < R_o < 2\%$：深成熟热解作用阶段，湿气和凝析油带。

（4）$R_o > 2\%$：后成岩作用阶段，烃类只能以甲烷方式保存（干气带）。

由于石油是组分变化很大的烃类集合物，且这些组分生成的速率不尽相同，故生油带的界限不是绝对的。况且干酪根没有统一的结构，随着干酪根类型的不同，其中强度不同的化学键的相对丰度也不同。一些强度弱的化学键，如在Ⅱ类干酪根中常见的杂原子化学键的相对丰度高，意味着生油开始发生在成熟作用过程的相对早期阶段。相反，强度较高的化学键，如组成大部分Ⅰ类干酪根的脂肪族网络的C—C键的相对丰度高表明生油的开始发生在成熟作用过程的相对晚期阶段。

不同类型干酪根具有不同的化学结构，其中不同强度的化学键的相对丰度不同，成熟作用的相对时间有所差别，因而在应用镜质组反射率判断有机质的成熟度时，对不同类型的干酪根应有所区别（图 3-2）。

应用镜质组反射率研究成熟度的主要局限性在于：镜质组组分与类脂组组分相比对生油贡献不大，而一些非常倾向于生油的烃源岩缺乏或很少含镜质组，且大量油型显微组分或沥青的存在常常会使镜质组反射率随成熟度的正常变化变得迟缓。镜质组反射率在实际应用中也存在一些问题，如有的干酪根样品中缺乏镜质体，有的样品中存在多种成因的镜质体等，常给实际测定带来困难。在同一口井中若能获得大量镜质组反射率随深度的值，那么其作为成熟度指标的可信度就会增大，一般间隔 90m 左右取一个样。

图 3-2 根据镜质组反射率确定的油和气带的近似界限（据 Tissot and Welte，1984）
根据时间–温度关系以及不同来源
有机质的混合情况，界限可略有变化

（二）干酪根热解法

岩石热解法的基本原理是将烃源岩样品放在仪器中加热，对其进行热解，然后根据其生成产物的类型和数量对烃源岩进行评价，热解的结果用热解谱图表示，谱图由三个峰组成（图 3-3）。

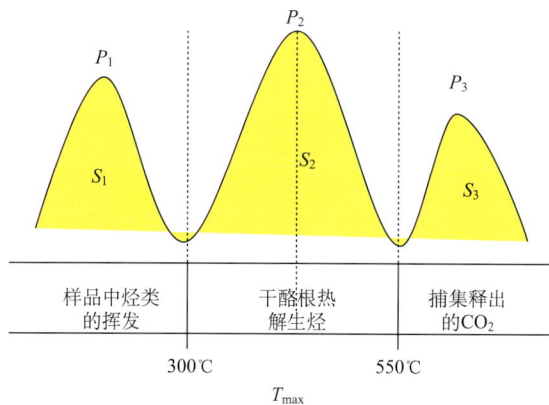

图 3-3 岩石热解谱图示意图
S_1 为 300℃以前的产物，代表岩石中残留烃的含量；S_2 为 300～550℃的干酪根热解产物；
S_3 为整个热解过程中放出的 CO_2

用热解法研究有机质成熟度，主要应用两个参数，即产率指数 $S_1/(S_1+S_2)$ 和温度指数（热解最大峰温 T_{max}）（图 3-4）。

041

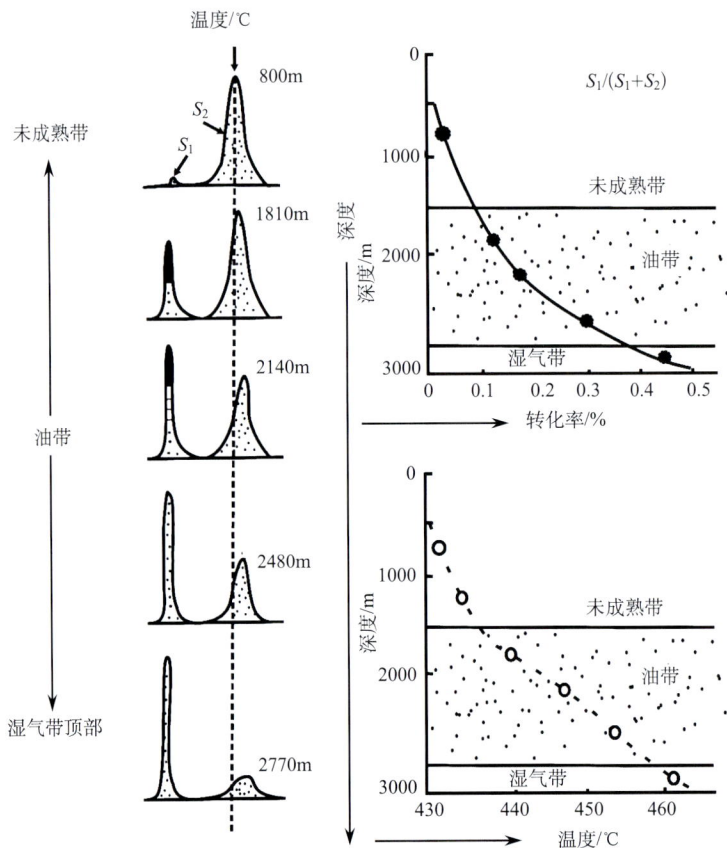

图 3-4　用热解法表示生油岩成熟作用特征

随着岩石埋深增加，温度升高，生成的烃类总量不断增加，$S_1/(S_1+S_2)$ 连续减小。由于热稳定性小的物质在较低温度下已裂解，残留下来的物质为热稳定性较高的干酪根，造成 T_{max} 不断向高温位移，T_{max} 随深度变化并出现较明显的拐点，故有助于划分演化阶段。法国石油研究院曾用 $T_{max}=435℃$ 作为干酪根成油熟化点，但实验表明，干酪根熟化点温度 T_{max} 受干酪根类型的影响，Ⅲ型干酪根偏低，Ⅰ、Ⅱ型干酪根稍高。在统计了我国 39 个盆地 194 块生油岩样品的热解实验后，得到的认识是不同类型干酪根成熟热解峰的温度 T_{max} 有差异，通过 T_{max} 与 R_o 的关系，可确定不同成熟阶段的 T_{max} 值。Teichmüller（1983）的研究亦发现 T_{max} 与Ⅲ型干酪根的镜质组反射率之间有很好的相关性（图 3-5）。

（三）地球化学指标变化判别法

随着沉积有机质埋藏深度加大，地温相应升高，生成烃类的数量应该有规律地按指数增长；换言之，在有机质向油气转化的过程中，温度不足需用延长反应时间来补偿。随着干酪根向油气转化，反映烃源岩特征的地球化学指标较快增加，如氯仿沥青 "A"

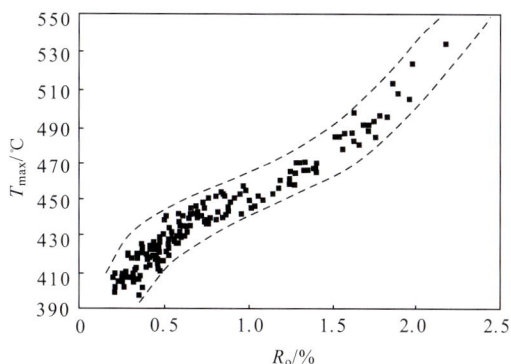

图 3-5 T_{max} 温度指标与 III 型干酪根、腐殖煤的镜质组反射率
之间的相关性（Teichmüller，1983）

的数量、镜质组反射率和游离烃等（图 3-6）。

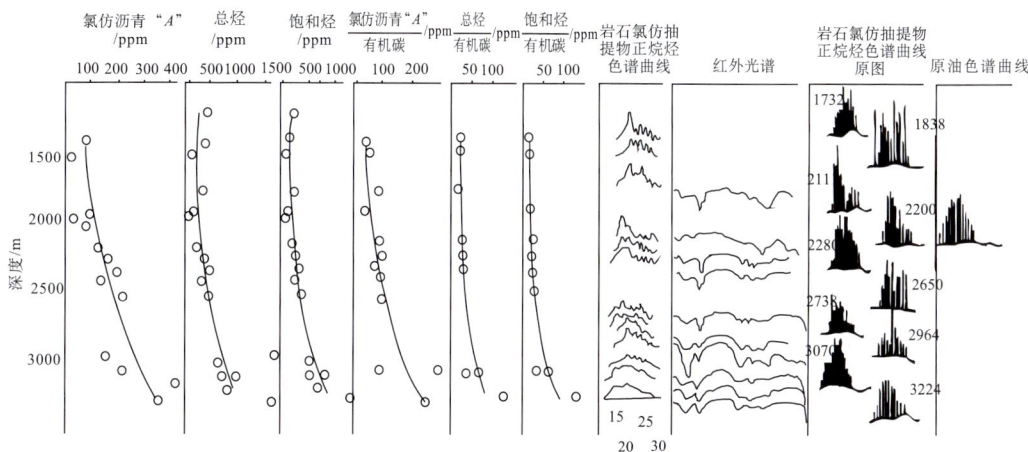

图 3-6 东营凹陷古近系沙三段生油岩地球化学研究
资料来源：胜利油田地质勘探开发研究院，2008 年

二、物理模拟实验法

煤系源岩在自然界处于较高压力（几至几十兆帕）、较低温度（几十至一百多摄氏度）及长时间（几百万年至上亿年）的综合条件作用下，有机质会逐步转化为烃类。在实验室条件下只能采用高温、短时间来模拟自然条件下的低温、长时间的油气生排过程。根据此原理，图 3-7 的装置可以模拟和地层深度相似的压力和较高的温度（250℃），测试出该实验条件下不同煤阶的煤及泥岩形成的液、气的产量和产率。将气体进行色谱分析，测定出气体的成分及各成分的百分含量，对液态烃进行族组分等分析，对实验后的残样进行镜质组反射率、有机元素、热解色谱及失重率等分析，此外还对气样进行同位素测定。

（一）实验装置与条件

将源岩样装于一个密封的炉内，对岩样按照地史过程程序升温加压，为了弥补时间因素的影响，实验条件下的温度较自然条件下的温度高得多。实验装置分三大部分：源岩热解室、升温控压仪和产物收集记录容器，如图 3-7 所示。

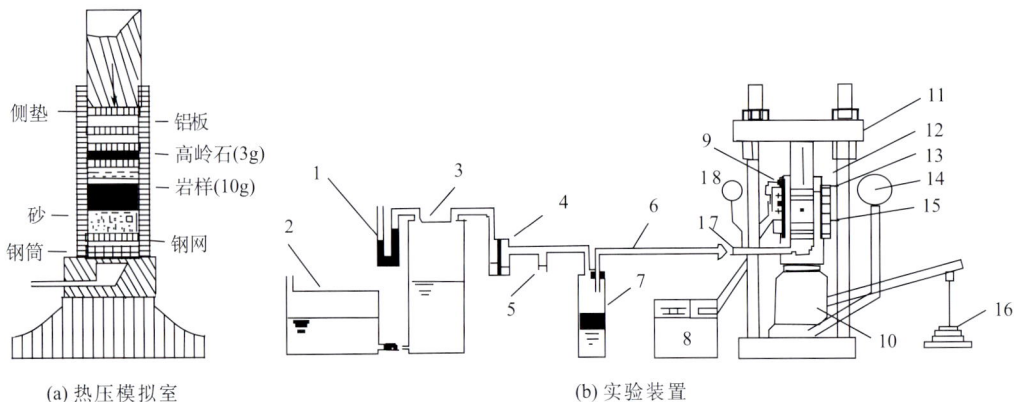

图 3-7 大庆石油学院科研室有机岩产气率模拟实验装置（方祖康等，1984）

1. 气室压力计；2. 液面调节器；3. 集气室；4. 产气指示器；5. 取气样口；
6. 输气管路；7. 聚液管；8. 控温仪；9. 热点偶；10. 千斤顶；11. 龙门架；12. 不锈钢筒；
13. 密封垫；14. 压力表；15. 外套电炉；16. 控压砝码；17. 阀门；18. 压力表

（1）压实装置：由高 1.2m 的可调龙门架、32t 油压机、不锈钢压实筒组成。可装样品几十至几百克，压力范围为 $0 \sim 1.6 \times 10^8 \, \mathrm{Pa}$。

（2）加温装置：采用可控硅控温仪对压实筒自动控温，可调温度范围为 $0 \sim 500 \, ℃$。

（3）气、液产物收集计量装置：由有机玻璃气体收集器及量筒等组成，可直接从刻度上读出数量，再算出气、液产量，并可随时取样分析。

实验流程：首先将样品粉碎至 20 目，取样几十克至 100g，装入压实筒内，加压至 $1.2 \times 10^8 \, \mathrm{Pa}$，保持恒压，并保持样品密封不漏气。然后用加热炉从室温逐步升温，在 100℃ 前每 4h 升温 10℃，100℃ 以后每 8h 升温 10℃，产物边产边排。分别记录每升高 10℃ 时气、液的产量，并分段取样分析。

在出口管边上加有阀门（17）及压力表（18）。关闭阀门使加热中的源岩产出的液气不能随时排出，留在承压筒中，待到压力达到 $50 \times 10^5 \sim 100 \times 10^5 \, \mathrm{Pa}$ 时，再打开阀门，将气液排出，待出口压力降至 $10 \times 10^5 \sim 20 \times 10^5 \, \mathrm{Pa}$ 时，又关闭阀门。这样使不锈钢筒内有机岩总是处在一定的气体压力下进行热解反应。经对比分析，这种方式更接近于自然状态，后期的产烃较不关闭阀门时的百分含量大大降低，可从 40%～50% 降至 4%～5%。

根据不同的实验要求，此装置可满足不同的实验条件：

（1）岩样中加水与岩样中不加水；

（2）骨架加压与流体加压；

（3）持续升温与阶段升温。

在实验装置内，热解室与外界是连通的。当源岩产生的油气满足了自身各种形式的存留需要后就会通过热解室底部的砂层（1～2cm 厚）和钢筛排出并首先进入集液室。在源岩未生成大量的液态烃之前，热解室内只排出水。源岩生成了大量的烃并进入排烃门限后，液态烃随水或以独立相排出，它们进入集液室（管）后掉在水面上，集液室是一个标有刻度的长形细管，从第一滴液态烃掉入至以后不断增加，各阶段产量都能记录下来。气态烃等组分经过集液管冷凝后，再经过一段管路进入标有刻度的集气室，它们的产量与液态烃一样都能随时记录下来。对不同阶段气液产物取样后可进行多方面的分析化验。

烃源岩模拟产物根据物理特征可分为三个部分，即气态产物、轻质油和重质液态油（以下称液态油）。气态产物主要有 CH_4、重烃气、N_2 和 CO_2；轻质油（或凝析油）主要为低-中分子的烷烃和芳烃，常温下呈液态，易挥发；液态油包括模拟岩样残渣的氯仿抽提物和排出的液态油经氯仿收集后的产物，由烷烃、芳烃、非烃和沥青质组成，为石油中相对较重的组分。对上述三种组分的计量或求取是模拟实验的关键。

张林晔等（2003）通过模拟实验发现，东营凹陷沙四上源岩具有早期生烃和多阶段生烃的物质特点，生烃的时间和温度范围较宽，而沙三下段源岩具有晚期生烃和集中生烃的特点，生烃的时间和温度范围相对集中（图 3-8）。

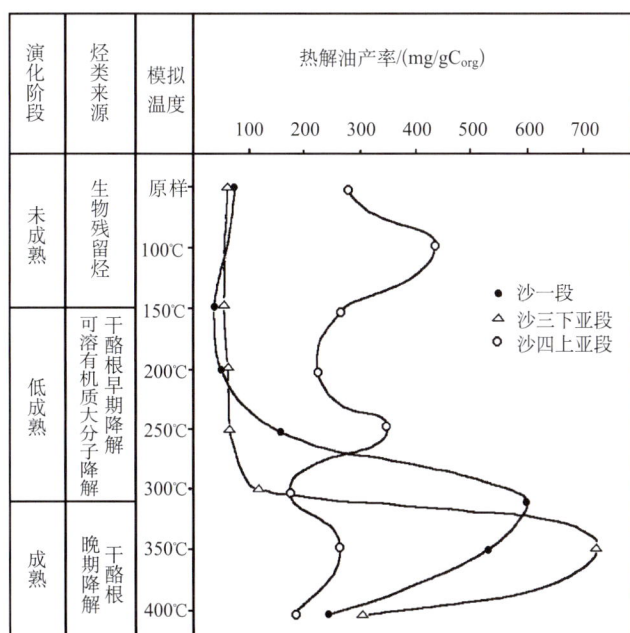

图 3-8　沙一、沙三、沙四烃源岩热模拟烃产率及演化阶段对比图（张林晔等，2003）

（二）物理模拟实验法意义

近十几年来在石油地质领域中兴起的盆地模拟就是一门定量研究含油气盆地的地

史、热史、生烃史、排烃史和烃类聚散史的新兴学科。盆地模拟的最终目的就是对含油气盆地进行资源评价，为油气的勘探和开发提供科学的依据和指导。要定量研究油气藏的形成和进行资源评价，首先要恢复盆地的地史和热史，在此基础上确定源岩的古生烃门限，进而为后期工作提供依据，因此，生烃门限模拟是整个盆地模拟的基本工作之一。在实验室条件下采用高温、短时间来模拟自然条件下的低温、长时间的油气生排过程，模拟烃产率及演化阶段，可以判断油气生成门限，对于进一步模拟油气的生成、运移、聚集和散失等研究具有重要意义。

三、热化学动力学法

（一）概念模型

用化学动力学的手段来研究地质条件下低温、长时间的慢速反应过程称为生烃动力学。有机质生烃动力学是定量评价烃源岩生烃潜力的重要研究方法之一，它是建立在干酪根的组成结构和化学反应动力学基础之上的。地质过程中有机质向烃类转换的复杂反应实际上就是在地质时间尺度上发生化学反应的过程，由于地质过程中发生的反应与实验室可控条件下发生的化学反应具有相同的化学动力学性质（活化能和频率因子），因此完全可以根据化学动力学的基本原理，通过研究干酪根演化生油的速率以及影响其演化进行的基本条件——温度、时间和催化剂等，来揭示干酪根演化的全过程。同任何其他的化学反应一样，在干酪根向油气演化的过程中，温度是最有效和最持久的作用因素。

干酪根随着沉积物埋藏深度的增加，在温度的作用下将发生热解，其结果是干酪根上的各种侧链发生脱落。首先是较长的侧链通过键断裂而脱落，随后是较短的侧链脱落及长链烃 C—C 键的断开，形成油气。但随着温度的进一步增加，沉积母质的演化达到了相当成熟阶段，主要表现在干酪根的热降解率降低，一些活性基因和侧链从干酪根上脱落下来，已经没有明显数量烃生成，只有前一阶段生成的重质烃在高温条件下进一步裂解成干气。这一过程类似于用力摇挂满果实的果树，在初始阶段随着力量的增加，从树上落下的果实的数量不断增多，但过了一定的阶段以后，果实落下的数量便逐渐减少。根据热模拟实验数据拟合得到的动力学数据与盆地的热史数据相结合，就可以实现地质条件下某套烃源岩热解生烃的特征在任一时期的重现，可以较为准确地预测烃源岩在不同演化阶段的生烃产率及烃类组成特征。

（二）数学模型

1. 阿伦尼乌斯方程

在化学反应中，温度可以使反应的速率加快。在实验室中，为了加快化学反应的速率，往往采用升高温度的办法，应当说温度对反应物的浓度也有影响，但影响不大。因此，可以认为温度对反应速率的影响，主要是影响了反应速率常数 K。当温度升高时，K 值增加，这一点已为许多实验所证实。如以 K_t 表示 $t°C$ 时的速率常数，K_{t+10} 表示 $(t+10)°C$ 时的速率常数，则

$$\frac{K_{t+10}}{K} = V \tag{3-1}$$

式中，V 称为速率的温度系数，它表示温度每升高 10℃ 时反应速率增加的倍数。V 的数值一般为 2～4。当然，化学反应中速率与温度的关系是复杂的，存在着随温度升高，反应速率反而下降的现象。但常见的规律是反应速率随温度升高而加快。

1899 年，阿伦尼乌斯研究了反应速率常数随温度变化的关系，根据大量实验数据进行归纳总结，提出了表征温度与反应速率关系的著名的阿伦尼乌斯公式：

$$K = A e^{-\frac{E}{RT}} \tag{3-2}$$

式中，K 为反应速率常数，它同原始物质的浓度随时间的变化有关；A 为频率因子；E 为活化能（kcal[①]/mol）；T 为热力学温度（K）；R 为气体常量 [8.3145J/(mol·K)]。

阿伦尼乌斯在解释自己的公式时，提出了活化能的概念。所谓活化能系指使普通的分子（即具有平均能量的分子）转变为活化分子（能量超出一定值的分子）所需的能量。阿伦尼乌斯公式是建立在分子碰撞理论基础上的，式中的 A 即表示分子沿某一方向碰撞促使反应发生的碰撞率。因此，据该公式可知，反应速率与温度和活化能的关系为指数关系。当温度发生微小的变化，反应速率的变化却很大。例如，当温度由 250℃ 升高到 300℃ 时，热力学温度只增加了 10%，若此时的活化能 $E=5$kcal，则反应速率将增加 50%；若 $E=10$kcal，反应速率将增至 2 倍；若 $E=15$kcal，反应速率将增至 3 倍。这就是说，活化能 E 愈大，由一定温度变化产生的影响也愈大。因此，当升高温度、降低活化能或增加反应物的浓度都可使反应速率加快。阿伦尼乌斯公式的这种关系，对解释干酪根降解和热裂解演化生成石油的机理，具有重要的理论和实际意义。

当求得适宜的热解动力学模型及其 E 和 A 后，即可根据现场古地温（$B=\mathrm{d}T/\mathrm{d}E$）、该生油岩层沉降速率（$v=\mathrm{d}E/\mathrm{d}t$）和地表平均温度 T_0 等地质参数，求出现场某口井的该生油岩层在不同埋深（Z）时的生烃率（x）。

依据求出的生烃率随埋深的变化，结合该口井的有关录井资料，利用下式求得该井每一生油层的单位面积的生烃量，即生烃强度（取 $S=1$，S 为层位面积）。

$$Q = pCrS$$

式中，Q 为生烃量（$S=1$ 时，Q 为生烃强度）；S 为层位面积；p 为生油岩密度；r 为生油岩在岩石中的比例；C 为该生油岩的最大生烃潜量。

2. 产物量的速率变化方程

$$\frac{\mathrm{d}u_i}{\mathrm{d}t} = -K_i x \tag{3-3}$$

式中，x 为母质量；u_i 为产物量；K_i 为化学反应速率常数；t 为反应时间。

3. 某单一产物的产量计算

$$\frac{\mathrm{d}u_i}{\mathrm{d}t} = -K_i x(t) \tag{3-4}$$

① 1kcal=4184J。

$$\frac{\mathrm{d}u_i}{\mathrm{d}t} = -A_i \mathrm{e}^{\frac{E_i}{Rt}} x(t)\mathrm{d}t \qquad (3-5)$$

4. 总的产量

$$u = \sum u_i \qquad (3-6)$$

四、生烃门限综合判别与生烃量计算

(一) 生烃门限的综合判别

前述的油气生成门限的研究方法，都可用于判别油气是否达到生烃门限；在实际应用中，可以将多种判别生烃门限的方法综合应用，一般情况下，可以考虑根据烃源岩热解指标及镜质组反射率等地球化学特征的剖面变化来初步判别生烃门限，也可以根据物理模拟和数值模拟等方法综合判别生烃门限。对于不同的研究区，可根据资料的程度，合理采用判别方法，以保证判别结果的可靠。

(二) 生烃量的研究方法

用于研究生烃量的方法很多，但可归纳为三大类，即残留烃法、热解实验法和模拟计算法。

1. 利用残留烃量计算生烃量

根据残留烃计算生烃量，一般通过地质类比法确定运移烃系数，则烃源岩生烃量可通过下式计算：

$$Q_p = Q_r(1 + K_e)$$
$$Q_p = Q_r/(1 - R_e) \qquad (3-7)$$

式中，Q_p 为单位体积岩石的生烃量；Q_r 为单位体积岩石的残留烃量；K_e 为岩石运移烃系数，即运移烃量与烃源岩内残留量之比，通过地质类比法确定；R_e 为岩石排出烃量占生成烃量的百分数。

采用该法的最大优点是避免了岩石生烃率和油气发生率的计算，局限是公式中的运移烃系数、排烃效率等参数不易准确取定。

2. 利用模拟法计算烃源岩的生烃量

计算烃源岩生烃量的方法主要有化学动力学法、热解模拟法、物质平衡法。

1) 化学动力学法

1969 年，Tissot 根据干酪根热降解成烃符合化学动力学原理，建立了干酪根热降解化学动力学模型，并用于油气生成量的计算；后来许多学者对此模型进行了改进。化学动力学模型已从原来的单组分（烃）模型，发展成现在的多组分模型。化学动力学法基于热力学理论，不能研究生物化学过程，而且需要通过热解模拟确定计算模型中用到的一些参数。具体计算步骤参考式(3-3)~式(3-6)。

2)热解模拟法

热解模拟实验是研究有机母质转化生烃最直接的方法。它不仅可以确定有机母质转化生烃的组分和数量,而且还可以揭示这一转化过程中各种组分产出特征的变化规律及其间的相互关系。按实验的方式和条件不同,可分为快速热解法、水压热解实验法、封闭式连续热解实验法、随产随排热解实验法(方祖康等,1984)和热解气相色谱法等。

热解模拟法主要是利用热解模拟试验的图版来计算生烃量,Rock-Eval 热解仪快速评价法和热压模拟法是两种主要的试验方法。Rock-Eval 热解仪是 Tissot 和 Espitalie (1969) 在 1971 年设计的,能快速热解烃源岩,测定其中有机质热挥发、降解的烃类以及有机二氧化碳的量,从而进一步判断烃源岩的产烃潜量和有机质类型。近年来许多学者对该种方法进行了改进,通过热压模拟试验,利用实验室的仪器再现烃源岩的生烃过程,往往用高温来弥补地质时间的漫长,这种方法能得到产烃率-R_o 关系图,从而计算生烃量。

热解方法的优点是能揭示有机母质转化成油气的一般规律,许多单位采用热解实验获得油气发生率的资料,并据此评价烃源岩和计算油气资源量。其局限性是无法避免高温、短时间的实验条件;无法用于研究未成熟和低成熟作用阶段有机母质产生的油气量;用高温、短时间的模拟不能完全反映生烃的实际地质条件。

3)物质平衡法

利用物质平衡法计算有机质转化过程中油气产量的方法的基本思想是有机质转化前的初始重量等于转化后的残余母质重量和各种产物重量之和。有机质主要由碳、氢、氧、氮、硫五种元素组成,有机质转化成油气的过程也是这五种元素的平衡过程,通过解方程求出各种设定组分的产量。

还有学者提出了一种包括氮和单质硫形成作用在内的改进模型。在有机母质生成转化过程中只靠羧基生成水,母质转化损失的其余氧全部生成 CO_2 的假设条件下,提出了计算上述七种产物组分产量的方法步骤。庞雄奇等(1992)曾经利用该模型,通过采用实验条件下获得的母质损失量,计算煤有机质自 $R_o=0.5\%$ 开始转化至以后各阶段的视煤气发生率。此外,高岗(2000)对盆地模拟法计算生烃量进行过系统的阐述。

由上述可知,生烃量的研究和计算方法较多而且也相对成熟,归纳起来主要为基于化学原理的化学动力学法、实验条件下再现有机质生烃的热解方法和物质平衡原理的模拟方法。这些方法各有特点,也有不足。从目前国内外研究的现状来看,生烃量研究的发展方向应该是基于物质平衡原理的多种方法的综合运用,以弥补单一方法存在的不足,向定量和更接近地质条件下有机质转化为油气的模拟和计算的方向前进。

第三节 油气生成门限的影响因素与研究内容

一、随母质类型不同而改变

原始有机母质的性质是个不可忽视的重要因素。许多沉积盆地的大量资料清楚地表明，由海相或湖相原地生成的有机质，包括沉积物中活的微生物所形成的干酪根（Ⅰ类或Ⅱ类，富含脂肪基），可生成大量的沥青。如在巴黎盆地中为 180mg/g 有机碳，在尤因塔盆地中为 200mg/g 有机碳。相反，由大量陆地植物碎屑所形成的干酪根（Ⅲ类，富含芳基和含氧官能团）只能产生少量的沥青，如在杜阿拉盆地中为 100mg/g 有机碳。此外，黄第藩（1981）也都通过研究发现，不同类型干酪根的生烃过程存在差异。有机质的类型实质是指有机质的生化组成，不同类型的干酪根反应的活化能不同，这将影响油气的生成门限。不过对此问题，至今说法不一，在三水盆地，Ⅲ型干酪根似乎比Ⅱ型干酪根的门限值低，这点可以用活化能的分布来说明。因为Ⅲ型干酪根富杂原子键和C—Ar（芳核）键，其活化能低于脂类的C—C键，Ⅱ型干酪根相对富含脂类。有人用有机质类型来解释不成熟油的形成，他们认为富含树脂的有机质在不到 50℃ 就可以发生裂解，形成富凝析油组分的不成熟油，这也降低了这类干酪根（主要是Ⅲ型）的门限深度（陈建瑜和王启军，1986）（图 3-9）。

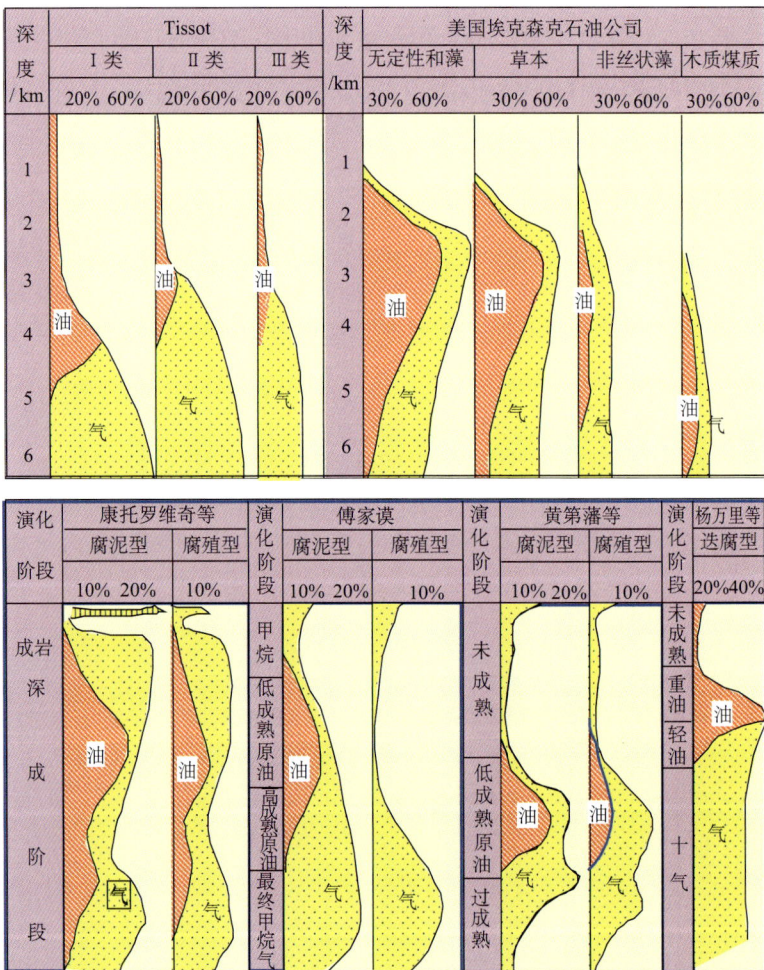

图 3-9　有机质类型与组分差异对生油气过程的影响

杨万里等（1981）认为，松辽盆地主力烃源区、主力烃源岩的有机质类型以Ⅰ型（藻类体）为主，而破坏Ⅰ型有机质脂肪族C—H和C—C键需要的能量比破坏Ⅱ型、Ⅲ型干酪根芳香族C—H和C—C键需要的能量小，因此，松辽盆地烃源岩生烃应该相对容易，即生烃门限对应的R_o值为0.5%。虽然还有一些学者支持Ⅰ型有机质或藻类体早期生烃的观点，但更多、更主流和更权威的观点与此相反，如Tissot和Welte指出，不同类型的有机质具有不同的结构、活化能和热稳定性，因此具有不同的热演化行为，特别是具有不同的生烃门限。Ⅰ型干酪根杂原子含量低，活化能相对较高，峰值为293.09kJ/mol，且分布较为集中；Ⅱ型干酪根杂原子含量较高，活化能分布范围大，峰值为209.35kJ/mol；Ⅲ型干酪根活化能分布平缓，峰值为251.22kJ/mol。故认为Ⅰ型干酪根的生烃门限温度最高，对应的R_o值可达0.7%，Ⅱ型干酪根生烃门限温度最低，对应的R_o值为0.5%，Ⅲ型干酪根生烃门限温度介于二者之间，对应的R_o值为0.6%（图3-9和图3-10）。

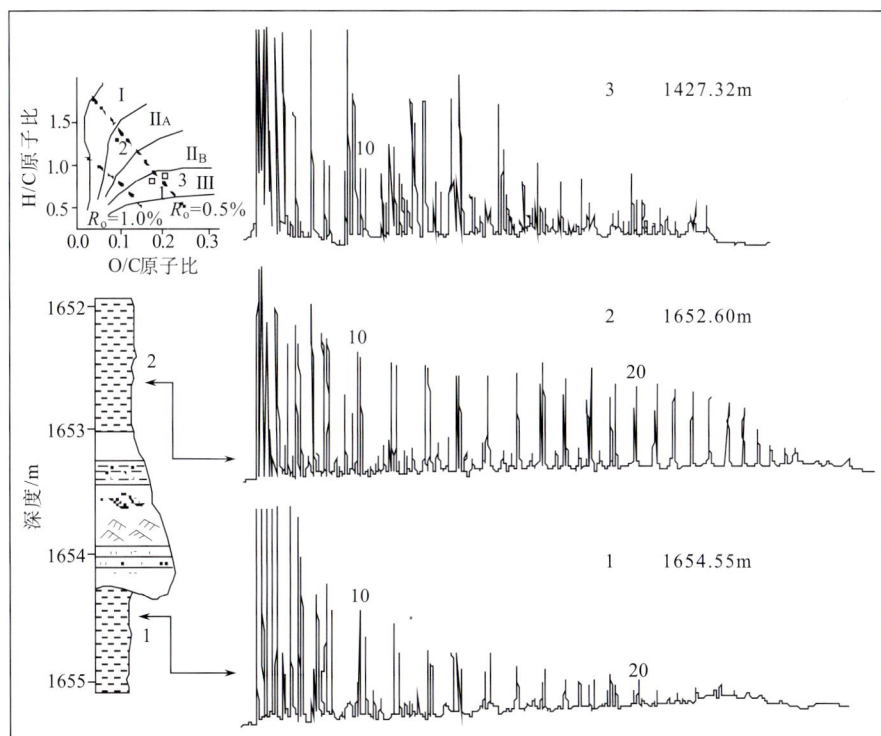

图 3-10　我国东部某盆地三个干酪根样品的
热解-气相色谱及元素组成的比较（郝芳和陈建瑜，1993，超压盆地）

二、随地温梯度不同而改变

古地温是区域性热流场提供的热能表征量，随深度增加而升高，古地温梯度$G = dT/dZ$（Z为深度），由于热流场分布不均且随时间推移发生变化，使不同地区地温梯度相差甚大。地温梯度高，表示对有机质加热速率高，有利于有机质的成熟（陈建瑜和王启军，1986），干酪根在沉积埋藏过程中，主要受时间和温度的双重作用，逐渐向油气转化。在这一过程中，温度的影响是主要的，而时间的影响相对是次要的。因此，对于不同沉积盆地而言，其地温梯度的变化就导致了干酪根的受热程度不同，在沉积埋藏过程大致相当的情况下，地温梯度越高，有机质的成熟越快，生烃越早。脂肪族的 C—H 和 C—C 键需要的能量比破坏Ⅱ、Ⅲ型干酪根芳香族的 C—H 和 C—C 键需要的能量小。如图 3-11 所示，每个盆地的地温梯度都不同，在一定程度上影响着对应的门限深度和温度。

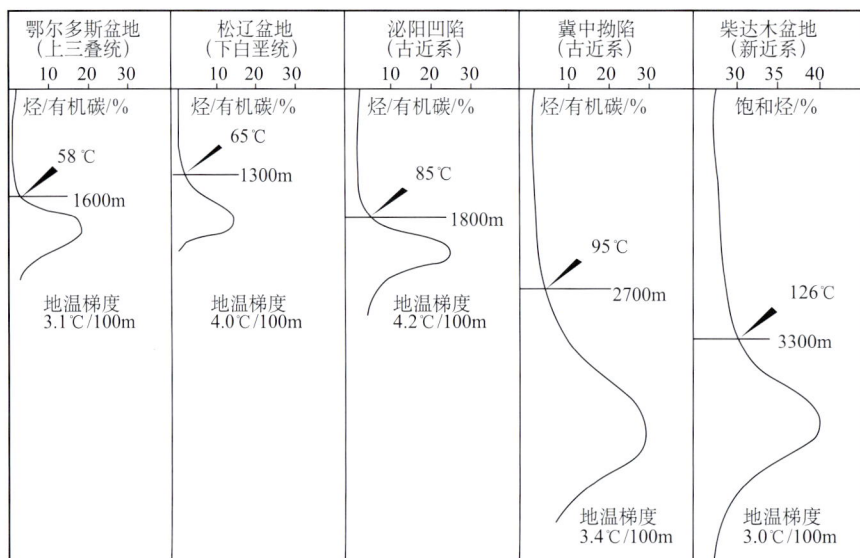

图 3-11　中国沉积盆地生油气门限对比图

在 1200m 左右的埋深，相应的地温仅约为 60℃，而中国其他含油气盆地的生油门限温度都在 85℃以上，最高可达 126℃。虽然松辽盆地烃源岩的沉积时代为白垩纪，早于中国东部其他盆地的古近系烃源岩，时温互补效应将使松辽盆地的生油门限温度有所降低，但 24～67℃的门限温度差别很难完全用时温互补来解释，尤其是沉积时代更老的吐哈盆地侏罗系烃源岩的生油门限温度也高达 87℃。因此，松辽盆地的生油门限温度应该高于 60℃，即门限深度的增大是合理的。

三、随热演化历史不同而改变

干酪根的演化过程既受时间的影响，同时也受温度的影响，且在演化过程中由于沉积盆地受到构造运动和大地热流的影响，使盆地的热演化历史不同，干酪根的受热过程也存在一定的差异。若在埋藏早期受相对较高温度的大地热流的作用，干酪根则会在较高地温的作用下，快速向油气转化，烃源岩生烃门限较早。反之，在沉积的中期或后期受大地热流的影响，生烃门限也相应发生变化（图 3-12 和图 3-13）。

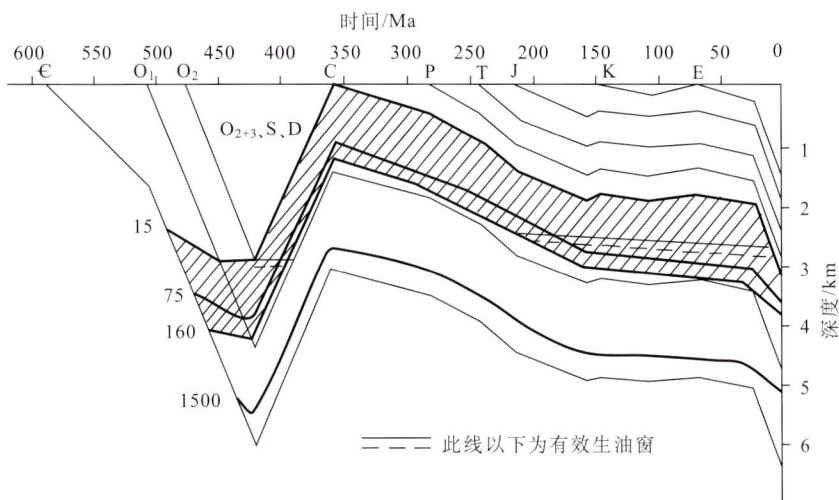

图 3-12 塔中 1 井埋藏史及生烃史图 （周中毅等，1996）

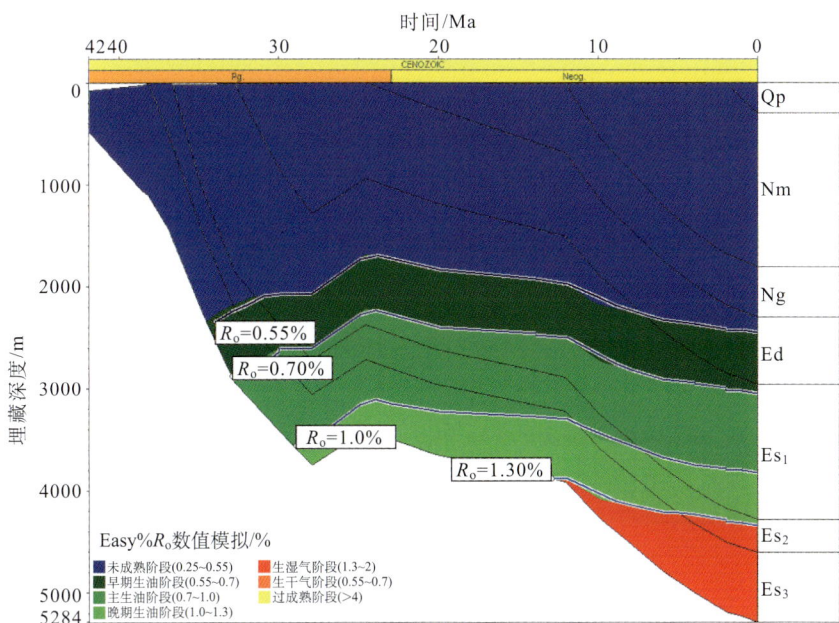

图 3-13 滨海地区歧深 8×1 井埋藏史及生烃史图

四、随油气组分不同而改变

利用不同有机溶剂对石油成分的选择性溶解对石油进行分离，结果表明，油气组分包括油质、胶质和沥青质三种组分；不同油气的组分差别很大，干酪根是沉积岩中有机质的主体，油气组分的不同反映了母质类型的不同和干酪根的成分及其结构有较大差别。母质类型的不同对生烃门限的控制作用前已表述；在不同沉积环境中，由于不同来源的有机质形成的干酪根的成分和结构差别很大，直接影响了干酪根的生油、生气能力，从而控制了油气的生成门限。

第四节　油气生成门限的控油气作用机制

一、控制油气的大量生成时期

油气生成门限即烃源岩中的有机质向油气转化的临界条件，因此，生烃门限越早，油气大量生成的时间越早。从图 3-14 和图 3-15 来看，东营凹陷烃源岩成烃模式有明显不同，Es_3^F 亚段优质烃源岩在低熟阶段可以生成较小比例的油气，而 $Es_4^{\perp}$ 亚段优质烃源岩在低熟阶段即具有较高的降解率。另外不同烃源岩成熟阶段生烃总量差异也很明显，优质烃源岩明显高于一般烃源岩，而且不同优质烃源岩之间也会存在差异。由此可见，烃源岩在某一演化阶段生烃特征的差别是由特定沉积相所造成的有机质类型、富集程度等因素共同造成的。

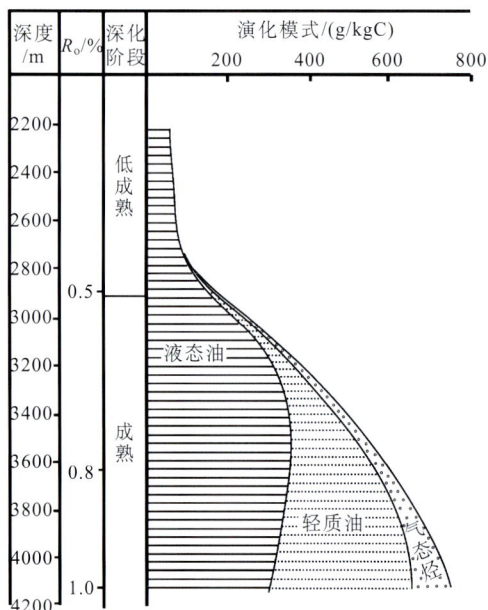

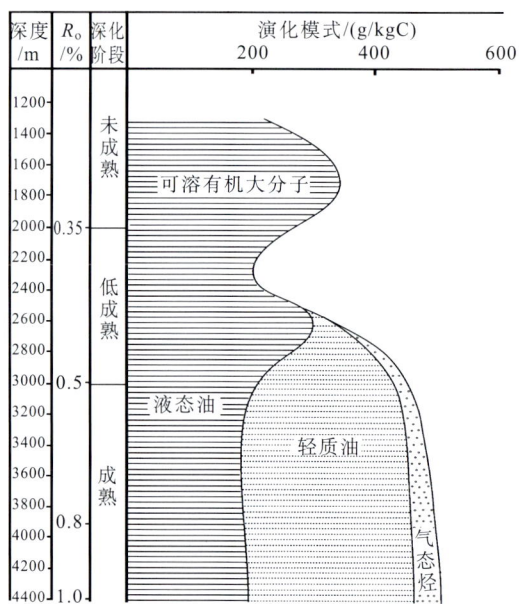

图 3-14　Es_3^F 亚段优质烃源岩生烃模式　　图 3-15　$Es_4^{\perp}$ 亚段页岩生烃模式

二、控制油气的大量生成层位

在沉积盆地多套烃源岩共生的情况下，生烃门限则控制着油气大量生成的层位。以东营凹陷为例，在东营凹陷几个主要的生油洼陷及中央隆起带建立多个地化剖面，对沙三段烃源岩的质量进行纵向对比研究与评价。

有机质丰度是衡量和评价烃源岩生烃潜力的重要因素。对牛庄洼陷牛 38 和牛 872 等井的烃源岩进行了有机质丰度分析。从牛 38 井地球化学剖面来看（图 3-16），牛庄洼陷从沙三中到沙三下烃源岩有机质丰度呈增加趋势，沙三下烃源岩的有机质丰度大大高于沙三中。在小于 3200m 范围内，牛 38 井沙三中烃源岩 TOC（总有机碳含量）值一般小于 2%，此后向沙三下的过渡阶段增加速率较快，在接近 3280m 时增加至 4% 左右，而同井沙三下烃源岩最高值大于 5%，可见沙三下烃源岩有机质丰度较沙三中增加近数倍。牛 872 等井的 TOC 分析结果与牛 38 井相似，牛 872 井在 3200m 左右的烃源岩的 TOC 值可达 5%～11%，而该井沙三中烃源岩 TOC 值除个别偏高外，一般偏低（0.69%～4.22%）。牛 38 井沙三中烃源岩的产油潜量 S_1+S_2 值可为 $0.37～23.58$mg/g，变化范围较大，一般大于 2mg/g，同样，在大于或超过 3200m 以后迅速增加。

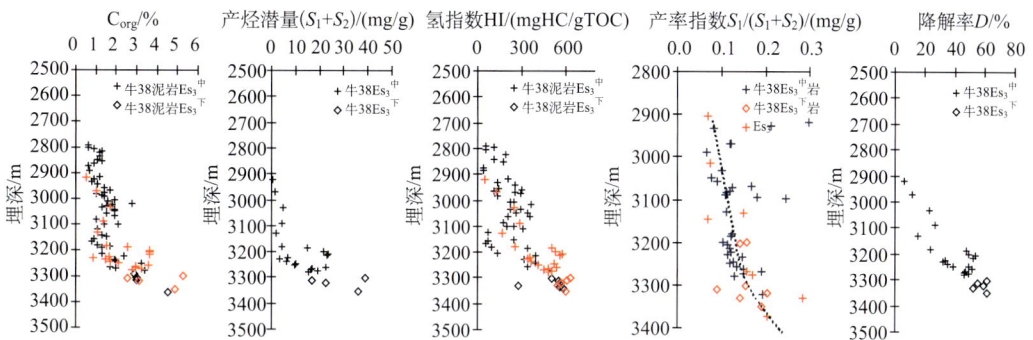

图 3-16　牛 38 井沙三段烃源岩有机质丰度、热解参数地球化学剖面

朱光有等（2003）研究认为，东营凹陷各油田的原油几乎均来自沙三下和沙四上两套厚度不大的优质烃源岩层，从而否定了厚度在 500～800m 的沙三中、上部层段烃源岩。尽管与沙三下相比，牛庄洼陷沙三中烃源岩有机质丰度偏低，但按照我国陆相生油岩有机质丰度评价标准（黄第藩和王铁冠，1990），TOC 值为 0.6%～1.0%、S_1+S_2 值为 2%～6% 时为较好烃源岩，TOC 值大于 10%、S_1+S_2 值大于 6% 时为好烃源岩。牛庄洼陷沙三中烃源岩相当部分达到了较好烃源岩的标准，与沙三下相邻的近 50m 的沙三中烃源岩有机质丰度几乎达到了好烃源岩的标准，其埋深已过 3000m（已达到生油门窗）。但从烃源岩的有效性角度，沙三中烃源岩的成烃贡献总体相对较低。因油源对比显示牛庄洼陷沙三中烃源岩与油气可比性差，反映其成烃贡献在油气中难以显现。其原因被认为主要与沙三中达到较好级别的烃源岩规模相对不大有关。

牛庄洼陷沙三中、沙三下烃源岩的烃转化率随埋深增加而增加（图 3-17），但大于或超过 3100m 以后增长迅速，表明 3100m 为沙三中烃源岩大量生烃的起始段。通过分析判断，牛庄洼陷沙三中烃源岩有机质类型为 Ⅰ-Ⅲ 型，而分析的沙三下烃源岩主要为 Ⅰ 型，表明沙三中烃源岩有机质类型较广，而沙三下烃源岩类型较好且具有单一性。

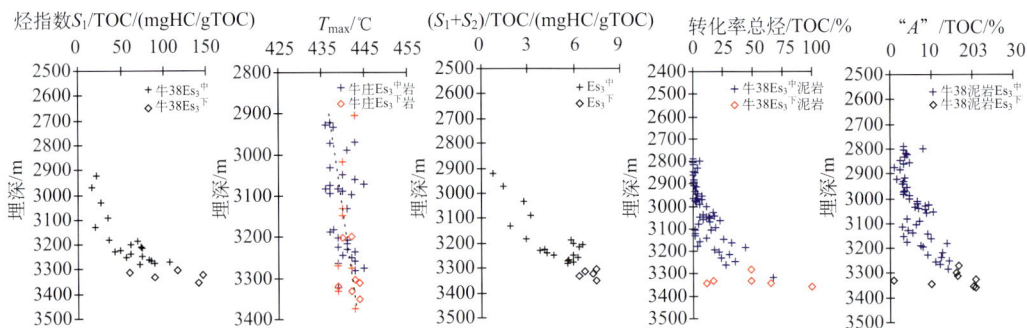

图 3-17　牛 38 井沙三段烃源岩烃转化与热演化图

三、控制油气的大量生成地区

生烃门限在平面上可以标定成熟烃源岩分布的范围，因此，利用生烃门限可以研究控制油气大量生成的地区。同时，不同生油凹陷的烃源岩类型、丰度和成熟度等参数不尽相同，造成不同油气聚集区的油气富集程度和油气藏类型等也会有较大的差别。如我国松辽盆地是一个中生代拗陷盆地；中央拗陷是最有利的生油区，所发现的油田几乎都集中在中央拗陷及其邻近地区。胜利油田东营凹陷油田围绕生油中心呈多环状分布（图 3-18）。济阳拗陷包括东营凹陷、沾化凹陷、车镇凹陷和惠民凹陷，虽然惠民凹陷的面积最大，但油气富集程度却最差。原因是其大部分烃源岩现今未进入成熟阶段，有效生油区面积较小，仅在临南次洼有一些成熟生油岩，目前在该凹陷发现的油气也主要分布在临南次洼。

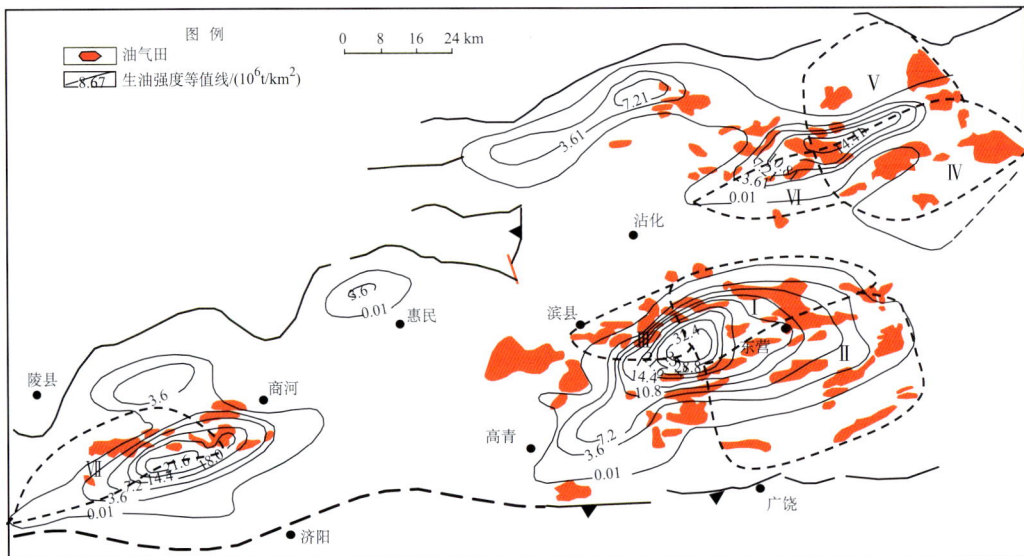

图 3-18　东营凹陷已发现油气田与生油强度叠合图

第五节　油气生成门限的研究意义

一、判别有效生烃岩层

生烃门限是有机母质的转化程度指标，代表着烃源岩中的干酪根向油气转化的临界地质条件，由有机母质丰度（TOC）、类型（KTI）和转化程度（R_o）等因素决定，在应用生烃门限时应当与有机母质丰度和类型结合。如果不与母质丰度和类型结合，它既不能反映源岩的生烃量，也不能反映源岩的排烃量。源岩的演化程度（R_o）在某种程度上决定了源岩达到生烃门限的早晚、成熟烃源岩范围的大小和生烃量的多少。

生烃门限一般用对应条件下的有机母质中的镜质组反射率（R_o）表示，在一般的地质条件下，源岩生烃门限点的 R_o 为 0.5％。因此可以根据该指标，对烃源岩是否能够生成油气进行初步判断，即确定有效生油层，也可用其确定源岩开始大量生烃和排烃的临界条件，用其划分生油层的纵向分布层位和平面分布范围，同时也可用于解释油气在地质剖面上的分布。

二、预测有利生油气区与相对资源潜力

在油气勘探中，烃源岩的评价将对勘探部署起决定作用，其不仅控制油气的分布规律，而且控制油气藏的规模，甚至控制油气藏的存在。研究烃源岩的成熟度和热演化史从而确定烃源岩的生烃门限是评价烃源岩生烃量的关键，通过这些研究可以确定盆地内生烃凹陷的位置，进而对确定盆地内油气分布范围产生至关重要的作用。

此外，根据生烃门限确定的有效烃源岩范围还可以对不同生烃凹陷有效烃源岩的分布特征及地化特征进行对比，从而对不同凹陷的烃源岩品质进行初步估算。在此基础上，结合地质地化特征，对烃源岩的生烃量进行计算，计算油气资源量，从而间接地对资源潜力进行初步评估。

第四章 油气排出门限及其控油气作用

第一节 油气排出门限的基本概念

油气生成后何时排出烃源岩长期以来是一个有争议的问题，它涉及油气的排运相态、模式和机理。不同学者因观念和研究方法的不同所得的结论也不同（表 4-1）。从表 4-1 中不难看出，大多数学者都趋向于将烃源岩埋深（Z）、转化程度（R_o）和岩石中的残留烃饱和量（S_0）作为排烃门限的判别指标。

表 4-1　排烃临界条件研究方法与机理解释（庞雄奇等，1993）

研究方法	临界参数或控制因素	机理解释	代表人
参照生烃门限	$R_o > 0.5\%$	油气只有大量生成后，才开始大量向外排运	Tissot 和 Welte（1978）；陈发景和田世澄（1989）
参照泥岩压实门限、黏土矿物脱水门限	$Z > 2000$	油气随孔隙流体大量释放排出	Magara（1978）；Bruce 等（1978）
参照泥岩微裂缝成因和生烃门限	$\sigma_3 > 0.81\sigma_1$ $Z > 3000\text{m}$	地层流体压力超过最小水平应力和岩石抗张强度，产生微裂缝后导致流体大量排出	陈发景和田世澄（1989）
孔隙中心独立烃相排运	S_0	岩石生成的油气占据孔隙中心，彼此连接成管路后才能向外排出	Barker（1979）
干酪根网络排烃说	$C\%$	岩石含足够数量的有机母质并在三维空间构成网络，油气顺网络克服毛细管阻力向外排运	McAuliffe（1979）
多相渗流说	S_0	油气生成量达到了其相渗流要求的最低临界饱和量	Durand 等（1983）
考虑岩石生烃量和可能的最大残留量	$Q_p > Q_{rm}$	油气饱和了自身各种形式的存留需要后大量排出	庞雄奇等（1992）

长期以来，确定烃源岩排烃门限和排烃高峰的传统方法主要是依据模拟实验结果、物质平衡计算结果、生烃门限、泥岩压实门限、岩石异常压实下的微裂缝破裂门限和黏土矿物大量转化脱水门限等。完全依据生烃门限确定排烃门限的局限是忽略了油气排运条件以及各生烃指标（如有机母质的丰度、类型、转化程度）对油气生成量的影响。例

如，煤系地层虽然达到了生烃门限，但由于吸附作用强，岩石生成的烃一般难以大量排出。欠压实地层有的虽然达到了生烃门限，生成了较多的油气，但由于它们受到了较强的毛细管封闭作用，一般不能大量排烃。这些说明，在结合生烃门限判别岩石的排烃门限时，还必须考虑岩石的生烃总量和各种排烃地质条件。

水溶相排烃说强调烃源岩被压实、黏土矿物大量转化脱水对油气开始大量排运的标志意义，这种方法确定的是岩石开始大量排运孔隙流体（主要是水）的门限。另外，水溶相排出的烃量极为有限，它无法在规模和机理上解释烃的大量排运和聚集。

微裂缝的形成在油气的排运中起重要作用，用其研究岩石的排烃门限需与油气的生成条件结合起来。例如，非烃源岩可能产生欠压实，出现微裂缝，但由于无油气生成，因而不可能存在排烃门限。另外，微裂缝的形成机理还在探索中，在实际工作中很难确定一个产生微裂缝的门限值。

毛细管作用独立烃相运移理论从微观机理上认证了油气大量排运门限的存在。独立烃相排运理论包括干酪根网络排烃说、孔隙中心网络运移说和多相渗流运移说三种主要模式。干酪根网络排烃说认为，岩石向外排运油气的临界条件是岩石中含有足以在三维空间构成网络的有机母质，即要求岩石中的有机母质丰度超过某一临界值。McAullife（1979）认为，有机碳含量低于 1% 的潜在母岩不是没有生成油气，而是其中的有机母质不足以形成易于克服岩石毛细管阻力的桥式网络，因此生成的油气难以排出。孔隙中心网络运移和多相渗流运移模式都要求岩石中的含烃饱和量（S_0）在大量排运油气前达到并超过某一临界值。

上述学者虽然从排烃机理和模式上认证了烃源岩排烃临界条件存在的客观性，但这一条件是什么、受哪些地质因素控制、各因素之间的相互关系如何，却未能给予明确回答。例如，有机母质丰度为多少时干酪根才能在烃源岩的三维空间中构成网络，烃源岩生烃量达到多少时才能达到排运要求的临界饱和量或构成孔隙中心网络。

长期以来，不少学者对这一问题进行研究。但因研究方法不同，所得结论也不同。Dickey（1975）研究后认为，烃源岩开始向外排运油气的临界饱和量在一般情况下需达到 10%，在特殊情况下可低到 1%，最大一般不超过 20%。Tissot 等（1971）对西撒哈拉志留系岩石的实验研究表明，岩石开始大量排运油气的临界饱和量需达到 0.8%。Hunt（1961）对西加拿大盆地的计算结果表明，要形成大油气田，岩石孔隙中的烃饱和量必须超过 0.2%。陈发景和田世澄（1989）对大港、潜江和泌阳等凹陷的烃源岩大量排烃临界条件研究后得出的最小残留烃临界饱和量为 1%。表 4-2 是国内外学者基于不同的方法研究得出的生油气泥岩的排烃临界条件。

表 4-2 国内外不同学者研究得出的排烃门限

研究者	年份	排烃门限	说明
Hunt	1961	$S_0 > 3000 \times 10^{-6}$	—
Philip	1966	$S_0 > 2500 \times 10^{-6}$	—
Tissot 等	1971	$S_0 > 1000 \times 10^{-6}$	C_{15}^+
Dickey	1976	$S_0 > 1\%$	—

续表

研究者	年份	排烃门限	说明
Bemard 等	1977	$S_0 > (1000 \sim 9000) \times 10^{-6}$	—
Jones 和 Edison	1978	$S_0 > (8000 \sim 15000) \times 10^{-6}$	—
Momper	1978	$S_0 > (825 \sim 850) \times 10^{-6}$	抽提沥青
Hunt	1979	$S_0 > (2000 \sim 9000) \times 10^{-6}$	—
Ungerer	1987	$S_0 > 20\%$	—
田克勤	1981	$T > 101℃$，$Z > 2600m$	考虑大量生油
何炳骏	1981	$Z > 2100 \sim 3100m$	据急剧压实排液
王允诚	1984	$Z > 2400m$	考虑大量生油
陈发景和田世澄	1989	$S_0 > 1\%$	考虑生烃门限，与 Dickcy 结果比较

这些说明，烃源岩既存在一个大量生成油气的门限，也存在一个大量排运油气的门限。排烃门限并非是一个确定不变的指标数值，它既受岩石生油气条件的控制，也受其残留油气条件的控制。排烃门限较生烃门限更能反映烃源岩品质优劣及对研究区油气运聚的控制作用。影响油气排运作用的因素很多，因此，确定排烃门限较确定生烃门限更加困难。Jones 和 Edison（1978）明确指出，如同烃源岩不存在一个统一的最小有机碳含量下限一样，它也不存在一个统一不变的排烃临界条件。如果这一临界条件客观存在，那么它会随研究区地质条件的不同而改变，如煤和黏土岩的生烃条件不同。本章采用模拟计算的方法研究不同地质条件下烃源岩排烃临界条件的差异性，以及在各种地质条件作用下，烃源岩排烃临界条件的变化规律。

烃源岩在埋深演化过程中，当其生烃量饱和了自身吸附、孔隙水溶解、油溶解（气）和毛细管封堵等多种形式的存留需要，并开始以游离相大量排运油气的临界地质条件称为排烃门限（庞雄奇，1995；庞雄奇和陈章明，1997），常用对应点的埋深（Z）、母质转化程度（R_0）、母质丰度（TOC）、母质类型（KTI）和孔隙中残留烃临界饱和度（S_0）等参数表示，概念模型已在第一章有所阐述，如图 1-6 所示，数学模型见式（4-1）

$$Q_{es} = Q_p - Q_{rm} - Q_{ew} - Q_{ed} - Q_{eog} \begin{cases} < 0, & \text{未达到排烃门限} \\ = 0, & \text{处于排烃门限} \\ > 0, & \text{已达到排烃门限} \end{cases} \quad (4-1)$$

式中，Q_p、Q_{rm} 为源岩层在某一埋深处的生烃量和残留烃量；Q_{ew}、Q_{ed}、Q_{eog} 及 Q_{es} 为源岩层以水溶相、扩散相、油溶相和游离相排出烃量，四者之和即为源岩的总排烃量 Q_e。

不同的烃组分生、留、排烃特征不同，排出门限也不同。此外，排烃门限与生烃门限相比还有三个特点：①排烃临界条件受岩石生烃作用、残留烃作用和排烃作用的控制，任一因素的改变都影响油气的大量排出或排烃门限变化；②排烃门限是岩石生、留油气矛盾作用的转折点（在这之前，岩石的生烃量少于残留烃临界饱和量；在这之后，岩石的生烃量大于残留烃临界饱和量）；③排烃门限是岩石排烃相态变化的临界转折点（在这之前，岩石只能以水溶相和扩散相排烃；在这之后，岩石除以水溶相、扩散相排烃外，还以游离相大量排烃）。

排烃门限概念的提出不仅表明了源岩排烃临界地质条件存在的客观性，而且揭示了生烃作用、残留烃作用和排烃作用与源岩排烃临界地质条件的相互关系。源岩的生烃作用是由有机母质丰度（TOC）、类型 KTI 和转化程度 R_o 等因素决定的；源岩的残留烃能力与实际地质条件下源岩对油气的吸附作用、水溶作用、油溶（气）作用及毛细管封堵作用有关。排烃门限概念及其判别标准科学地、定量地确定了上述各种地质因素和地质作用之间的相互关系，从而为排烃临界地质条件的定量研究开辟了途径。应用排烃门限理论可以解决国外学者涉及的有关油气排运临界条件的一系列难题，诸如源岩排烃的最小有机碳含量下限标准、排烃临界含油饱和度以及排烃临界含油饱和量等。此外，还可以应用排烃门限理论建立科学的油源岩和气源岩概念，计算源岩排油气量，并确定等级评价标准，研究源岩排油气相态，分析油气运聚机理和成藏模式，划分源岩排油气阶段，指导油气田勘探。

第二节 油气排出门限的研究方法

一、残留烃量变化分析

沉积剖面中单位有机碳源岩的残留烃量（"A"/TOC）随深度呈大肚子曲线分布。依据这种特征和门限控烃理论的基本思想，依据残留烃量 "A"/TOC 经过轻烃补偿校正后求取源岩生烃量，再依据生、留烃量相减，求取排烃量、排烃门限、排烃高峰和排烃效率等特征参数及其变化规律（图 4-1）。

烃（油）在水中的溶解度不超过 200ppm，扩散系数也非常小，因此以水溶和扩散形式排出的液态烃量可以忽略不计。在这种情况下，可以认为达到排烃门限前，源岩内残留的烃量反映了源岩生烃量的大小。

在上述前提条件下，根据研究区 "A"/TOC 与埋深的关系确定源岩的生烃量，首先依 "A"/TOC 随源岩演化（或埋深）关系画出残烃包络线（也即 "大肚子" 曲线），然后在曲线上找出如图 4-1 所示的 a、b、c、d、e 五点。a 点是曲线开始迅速增大的转折点，与生烃门限（成熟门限 $R_o = 0.5\%$）对应一致；b 点为 "A"/TOC 随演化程度（或埋深）增大速率的极大值点；c 点为 "A"/TOC "大肚子" 曲线的极值点，代表源岩残烃样品饱和量的极大值；d 点为 "A"/TOC "大肚子" 曲线随演化程度（或埋深）减小速率的极值点；e 点为 "A"/TOC "大肚子" 曲线减小后的极小值点。将 b 点以上（浅部）源岩残留烃量当做生烃量，以这一区间源岩残留烃量随埋深变化的趋势，并参照这之后源岩母质中氢碳原子比（H/C）的变化规律画出生烃量与演化程度（埋深）的关系变化曲线，这样确定出的生烃量代表源岩内累积生成的液态烃量（不包括高温条件下液态烃的裂解成气作用）（庞雄奇等，2004a；裴秀玲，2007）。

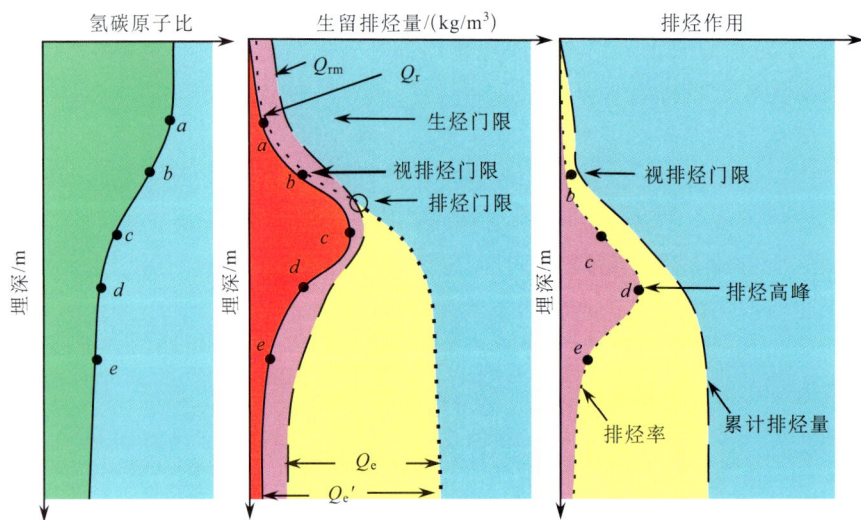

图 4-1　利用 "*A*" /TOC 变化曲线求排烃量模型图 （庞雄奇等，2004a）

二、生烃潜力变化分析

（一）依生烃潜力变化特征确定排烃门限

利用生烃潜力在地质剖面上的变化规律来确定排烃门限相对比较简单，它利用了"将今论古"的原理，将同一类源岩在不同地点、不同埋深下的岩样看成是同一源岩在不同地点、不同地史时期的产物，根据这类源岩在这一系列转化中生烃潜力的变化关系，就可以综合判别源岩层在地史时期的排烃门限及各项临界地质参数，结果准确且实施起来也比较容易（周杰和庞雄奇，2002）。

根据前面的论述可知，源岩的生烃潜力在演化过程中呈现出先增大后减小的变化趋势。同样，应用排烃门限的判别标准，在达到排烃门限之前，源岩中的不溶有机母质在不断地向烃类转化，由于烃源岩尚处于欠饱和烃类的状态，此时形成的烃类基本上都残留在源岩中（郑菲菲，2008）。当源岩内生成的烃类不断增加并满足了源岩的自身残留需要后，以游离相态大量排出，源岩的生烃潜力也因此减小。据此认为，源岩的生烃潜力发生转折时的埋深可视为源岩在演化过程中的排烃门限，所以只要将实际测得的样品值按深度标在对应的地质剖面上，确定出源岩生烃潜力的变化特征后即可确定出源岩的排烃门限（图 4-2）。

据此，根据源岩生烃潜力的变化关系可以建立如下排烃门限判别标准：

$$\mathrm{HCI_o} - \mathrm{HCI_p} \begin{cases} > 0, & Z < Z_0 \text{ 未达到排烃门限} \\ = 0, & Z = Z_0 \text{ 处于排烃门限} \\ > 0, & Z > Z_0 \text{ 达到排烃门限} \end{cases} \tag{4-2}$$

式中，$\mathrm{HCI_o}$ 为最大原始生烃潜力指数（mg/g）；$\mathrm{HCI_p}$ 为现今任一演化阶段下源岩的生

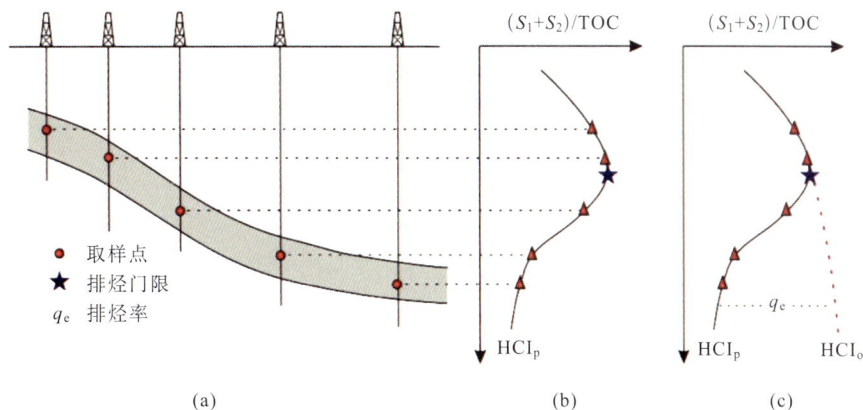

图 4-2　生烃潜力法确定源岩排烃门限的取样示意图

烃潜力指数（mg/g）；Z 为埋深（m）；Z_o 为最大原始生烃潜力所对应的埋深（m）。

此方法的关键是如何准确确定出最大生烃潜力指数及其对应的埋深，通常根据实际的数据点确定。

（二）依生烃量和残留烃量变化模型确定排烃门限

源岩什么时候开始排烃及排出多少，是由其所处的地质环境所决定的。烃源岩开始有效排烃即达到了排烃门限，排烃门限是指烃源岩在埋深演化过程中，由于生烃量满足了自身吸附、孔隙水溶、油溶（气）和毛细管封闭等多种形式的残留需要后，开始以游离相大量排出的临界点。这一点也是源岩在演化过程中从欠饱和烃到过饱和烃，从只能以水溶、扩散相排烃到能以游离相等多种形式排烃，从少量排烃到大量排烃的转折点（田文广等，2005）。排烃门限对应的一切地质条件（如 TOC、R_o、KTI……）称为源岩开始大量排烃的临界地质条件（左胜杰等，2005）。处在排烃门限以上的烃源岩并不是完全不排烃，应该说排烃是绝对的，不排烃是相对的。源岩在生烃过程中，在未达到其本身吸附的饱和烃量之前，也会有一部分流体进入源岩孔隙，以水溶相或扩散相排出，但烃在水中的溶解度（Price，1976）和在地层条件下的扩散系数（Leythaeuser，1982）都非常小，排出烃量非常有限，对成藏意义不大。

通过盆地模拟方法分别计算源岩演化过程中的生、残烃量，可以判别出源岩的视排烃门限（庞雄奇等，1988）。判别标准主要建立在源岩生烃量与源岩残留烃量大小关系比较的基础上，基本公式为式（4-1）。

通过上面的方法，分别准确地计算出源岩在埋深演化过程中的生烃量、最大残留烃量及以水溶相和扩散相排出的烃量，就可以确定源岩中烃类以游离相大量排烃的地质时间或埋深，即源岩的排烃门限。因此，从油气生成运移机理的角度来确定排烃门限是必然的，但目前完全从机理研究出发来确定排烃门限也有它自身的不足：首先，它涉及油气从源岩运移出来的过程中的多种机理问题，如生成的油气被干酪根吸附，地质条件下源岩孔隙度的演化以及油气水三相渗流的问题，都是初次运移研究中的焦点与薄弱之处，许多观点都并未形成统一的认识，这将直接影响最终模拟结果的准确程度；其次，利用这种方法涉及多个参数的选取，而这些参数基本上在不同的地区都有不同的特征，所以用这种方法研究某个新区，就必须进行大量的测试和实验来确定这些参数，费时且费用较昂贵。

（三）依排出烃量及其相态变化特征确定排烃门限

烃源岩达到排烃门限后，其排烃量开始大于零，同时其排烃相态特征也发生变化。烃源岩的排烃门限是烃源岩的排烃量及排烃相态发生变化的临界变化点，烃源岩一旦进入排烃门限，说明源岩此时生成的烃量满足了烃源岩地层水的溶解作用、地下油溶（气）作用、扩散作用等多种形式的损耗需要，烃类能够大量从烃源岩排出（卢双舫等，2000；庞雄奇等，2004a）。这也就是说，烃源岩达到排烃门限后的根本特征是源岩内部的油气达到过饱和，并开始有游离态的油气大量排出，因此，烃源岩的排烃门限是开始有游离相（Q_{es}）油气大量排出的转折点，根据游离相的相态转化条件可以确定排烃门限。

三、物理模拟实验研究

模拟实验可以再现源岩的生烃史和残留烃史，在一定的条件下也能模拟源岩的排烃史。一些学者已经开展了泥岩压实排烃量模拟（卢书锷，1987）、压实排烃效率模拟（贝丰等，1983）和排烃相态机理模拟（Stainforth and Reinders，1990）等实验，实验证明，模拟实验虽无法再现漫长地史过程中源岩生、留、排烃史，但定性地反映这一过程中的变化规律及基本特征还是行之有效的。其实验装置及操作流程在第三章已做介绍（图3-7），第一个气泡和第一滴油分别进入集气室和集液管时的时间、温压介质条件分别称为模拟实验条件下排气临界参数和排液态烃临界参数，对应的临界点称为排气门限和排液态烃门限。事实上，当热解室稍微加温和升压时就有气体排出，因此我们用这套装置难以确定排气门限，或者说用这种方法确定的排气门限不能完全反映实际情况，确定的排液态烃门限只能反映实验条件下液态烃的大量排出情况。

中国科学院卢家烂等（1991）对源岩排烃过程及其组分特征进行了模拟实验研究，结果表明（图4-3）：①同一初始源岩样在不同温度下热解后的残留烃量呈大肚子曲线分布，与自然条件下源岩中的残留烃量变化特征类同；②生烃量随热解温度的升高而增大，在300℃前产量特别少，变化率小，300℃后开始突变增大，表现出生烃门限的特征；③300℃后源岩生、排烃量均急剧增大，生烃量较源岩中残留烃量大得多，这说明300℃是源岩从少量排烃或不排烃到开始大量排烃的转折点，是一个临界门限；④石灰岩和泥岩的生、留、排烃特征及变化规律完全相同。这些结果进一步说明，源岩在演化过程中的排烃门限是客观存在的。

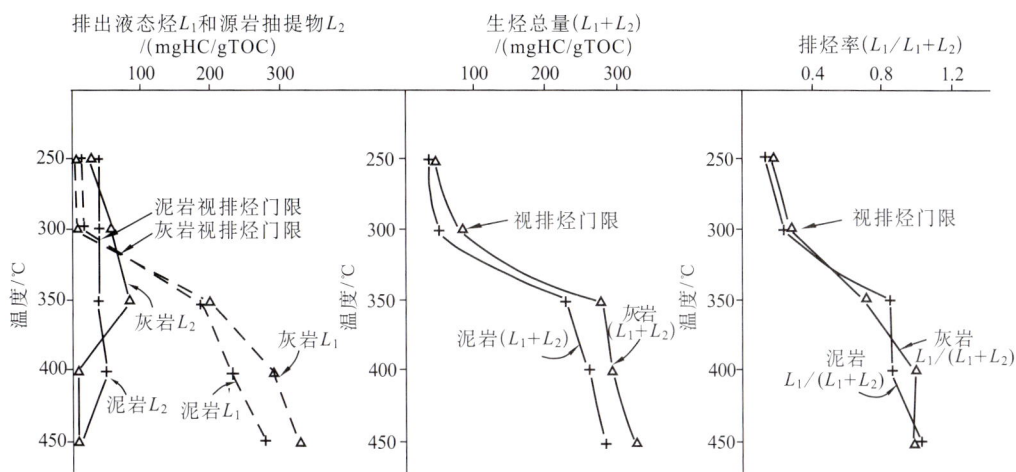

图 4-3 塔河 1 井石炭系泥岩和乡 1 井石炭系灰岩排出液态烃量 L_1 以及源岩抽提物 L_2 与温度关系（据卢家烂等，1991）

四、数值模拟实验研究

盆地模拟是石油地质研究中迅速发展起来的一种先进技术手段，也可以说是油气地质学、地史学、数学和现代电子计算机技术相结合的一门新型边缘科学。它的核心内容是通过对研究区大量资料的分析研究，结合攻关目标提出问题、建立地质模型，根据物化定律将地质模型转化成数学模型，最后借助现代计算机技术对所提出的问题进行定量反演和回剥模拟计算，再现地质发展史。这一方法目前已被国内外学者成功地应用于油气地质研究和油气田勘探中。

本节重点介绍盆地模拟法在源岩排烃门限研究中的应用。

（1）首先将源岩层的地质条件（厚度、温度、压力、母质丰度、类型和转化程度等）恢复到沉积初期。

（2）将地层埋深 Z 依一定步长（ΔZ）递增，每增加一次，计算其对应埋深 Z（$Z = \sum_{i=1}^{n} \Delta Z_i$，$n$ 表示递增次数）下的古地质条件，如地层孔隙度（Φ）、密度（ρ_r）、温度（T）、压力（P）、有机质丰度（TOC）、类型（KTI）和转化程度（R_o）等。

（3）计算上述对应地质条件下每立方米岩石的生烃量 Q_p、残留烃最大量 Q_{rm} 和排烃总量 Q_e。计算生烃量时考虑生化和热解等多种因素的作用；计算源岩残留烃最大量时考虑吸附残留烃临界饱和量、水溶残留烃临界饱和量、油溶残留烃临界饱和量以及毛细管封闭的游离相残留烃临界饱和量；计算源岩排烃量时考虑水溶相排运、扩散相排运、油溶相排运和游离相排运四种形式；计算源岩的生、留、排烃量时，CH_4、CN、油应分别进行计算；水溶相和扩散相排烃量之和记为 Q_e'。

（4）比较源岩生烃量 Q_{pi}（i 代表 CH_4、CN、油等烃组分）和残留烃临界饱和量 Q_{rmi}，如果是 $Q_{pi} - Q_{ei}' < Q_{rmi}$，则将源岩古埋深（$Z$）再增加一个步长 ΔZ，然后再回

到第二步，继续比较新的古埋深下的生烃量 Q_{pi} 和残留烃临界饱和量 Q_{rm}，如果式（4-3）成立

$$|Q_{pi}-Q'_{ei}-Q_{rmi}| \leqslant \varepsilon（非负极小值） \tag{4-3}$$

则此时的古埋深和其他一切参数均为源岩大量排烃（i）的临界地质条件，对应点称源岩排烃（i）门限。如果此时仍然是 $Q_{pi}-Q'_{ei}<Q_{rmi}$，则继续增加古埋深并重复步骤二，如此反复，直到满足式（4-3）的要求为止。不难看出，恢复源岩排烃门限的关键是恢复源岩层的地史、热史、生烃史和残留烃临界饱和量变化史。关于这些，作者已在有关的专著（庞雄奇等，1993）中进行了详细讨论。图 4-4 为程序框图。

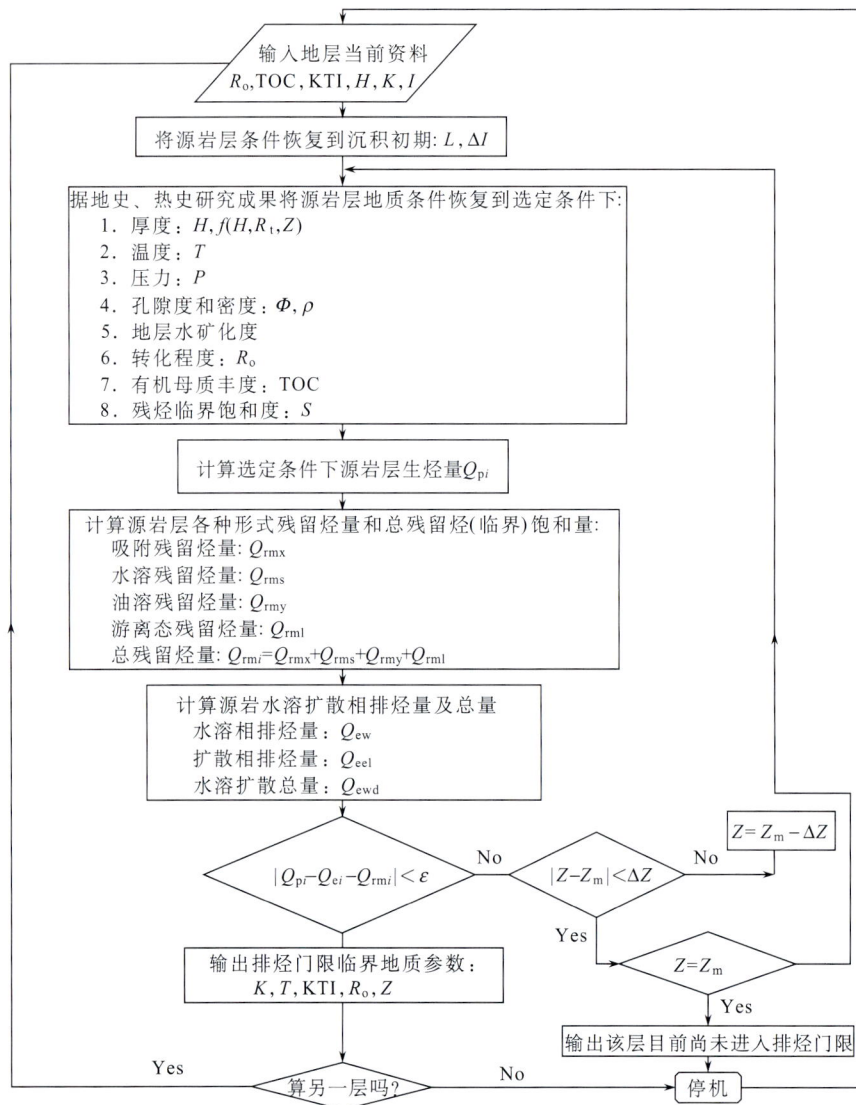

图 4-4　源岩演化过程中排油、气门限恢复研究计算机程序框图

五、排烃门限综合判别与排出烃量计算

(一) 方法和原理

首先，恢复烃源岩层在不同地史期的古埋深、古厚度以及与其对应的各项地质、地球化学参数，诸如地层孔隙度 (Φ, %)、密度 (ρ, g/cm^3)、温度 (T, ℃)、压力 (P, Pa)、有机母质丰度 (TOC)、有机母质类型 (KTI)、热演化程度 (R_o) 等。在地史研究中，考虑地层剥蚀、欠压实、黏土矿物脱水等情况，热史研究中考虑非线性变化的古热流恢复。

然后，计算上述各种地质条件下对应的每立方米岩石的生烃量 (Q_p)、残留烃量 (Q_r) 和排烃量 (Q_e)。计算生烃量采用物质平衡优化模拟计算方法，并考虑生物化学作用和热解作用两个阶段，计算残留烃量需要考虑岩石吸附、水溶和游离三种基本形

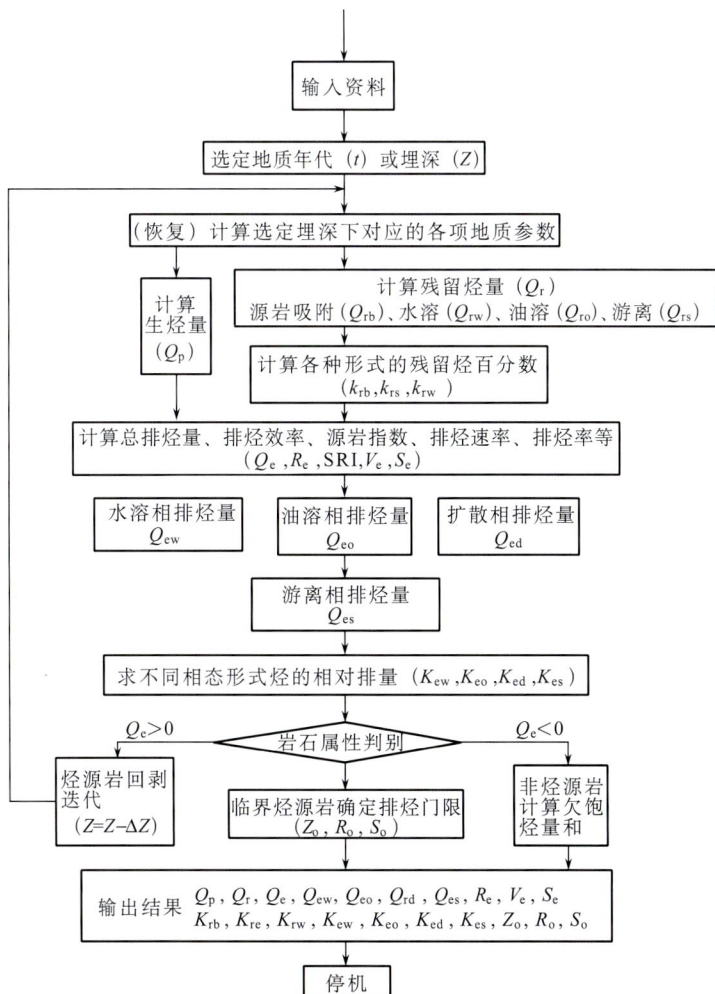

图 4-5　烃源岩排烃史及其定量评价程序框图 (据庞雄奇等，1993)

067

式；计算排烃量需要考虑岩石异常压实、黏土矿物脱水作用的影响和水溶、油溶（气）、扩散、游离四种相态形式。依据生、留烃量的大小确定排烃门限和计算排烃量；依据物质平衡原理模拟各相态的排烃量；依据地史源岩排运相态的变化特征总结排烃模式。图4-5为程序框图。

输入的资料包括：埋深（Z）、岩性或自然电位测井或自然伽马测井参数（R_n）、声波时差或速度密度测井参数（Q）、有机母质丰度（TOC）、镜质组反射率（R_o）、热解参数（T_{max}、S_1、S_2、S_3、TOC）和黏土矿物组成参数等。最终输出的结果包括地史、热史、生烃史、残留烃史和排烃史等诸方面成果。

（二）排烃门限判别及恢复

将当前源岩地质条件恢复到沉积初期，然后依一定步长（ΔZ）增大埋深，计算对应埋深期间源岩累积生烃量（Q_p）、残留烃临界饱和量（Q_{rm}）以及水溶相和扩散相排出烃量（ΔQ_{ewi}、ΔQ_{edi}）。比较 $Q_p - \sum(\Delta Q_{ewi} + \Delta Q_{edi})$ 与 Q_{rm} 的大小。如果两者相等或相近，说明对应的地质条件即为排烃门限，如果 $Q_p - \sum(\Delta Q_{ewi} + \Delta Q_{edi}) < Q_{rm}$，则继续增大步长并计算新的地质条件下的累积生烃量、残留烃临界饱和量以及水溶相和扩散相累积排烃量。如此反复进行，直至满足下列要求为止：

$$| Q_p - \sum(\Delta Q_{ewi} + \Delta Q_{edi}) - Q_{rm} | \leqslant \varepsilon（非负极小值） \tag{4-4}$$

图4-6是据源岩层生留排烃特征及其相态变化综合判别排油气门限。

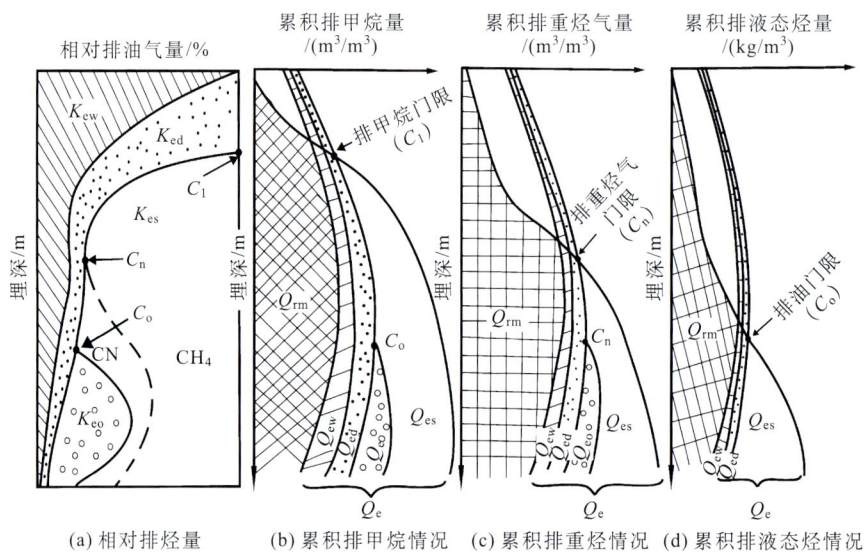

(a) 相对排烃量　(b) 累积排甲烷情况　(c) 累积排重烃情况　(d) 累积排液态烃情况

图4-6　据源岩层生留排烃特征及其相态变化综合判别排油气门限（据庞雄奇，1995）

(三) 排烃量计算

1. 单位体积岩石的排烃量的计算

单位体积岩石的排出烃量主要与单位体积岩石的生烃量和残留烃临界饱和量相关，主控因素包括：岩石的有机母质丰度（TOC）、类型（KTI）、转化程度（R_o）以及岩石的密度（ρ_r）等，基本计算模型为

$$q_e = q_p - q_m \tag{4-5}$$

$$q_e = R_p TOC \rho_r - q_{rm} \tag{4-6}$$

式中，q_e、q_p、q_m 为单位体积岩石的排烃量、生烃量和残留烃量（kg/m^3，m^3/m^3）；R_p 为油气发生率（kg/t，m^3/t），指当前 1t 有机母质在地史过程中已生成的油气量，它主要与母质类型和转化程度有关。

表 4-3 是对松辽盆地三肇凹陷中浅层源岩生烃量、残留烃临界饱和量和排烃量的模拟计算结果，由于表中列出的数据是指每立方米源岩的生留排运量，因此其大小主要反映源岩的品质，而不能反映整个源岩层的排烃量。

表 4-3　松辽盆地三肇凹陷中浅层源岩排烃量计算结果及源岩品质评价（据庞雄奇，1995）

源岩层名称	排甲烷气量与评价				排重烃气量与评价				排液态烃量与评价			
	Q_p	Q_{rm}	Q_e	名次	Q_p	Q_{rm}	Q_e	名次	Q_p	Q_{rm}	Q_e	名次
嫩五段	0.037	0.557	−0.52	—	0.018	0.377	−0.36	—	0.027	0.194	−0.17	—
嫩四段	0.11	0.709	−0.60	—	0.054	0.439	−0.39	—	0.079	0.292	−0.21	—
嫩三段	0.341	0.839	−0.50	—	0.178	0.487	−0.31	—	0.255	0.49	−0.23	—
嫩二段	0.853	1.11	−0.275	—	0.476	0.579	−0.10	—	0.675	0.891	−0.22	—
嫩一段	1.829	1.54	0.284	2	1.253	0.71	0.543	2	1.801	1.622	0.18	2
姚二、三段	1.115	1.256	−0.14	—	0.541	0.607	−0.07	—	0.771	1.10	−0.33	—
姚一段	0.539	1.06	−0.52	—	0.28	0.539	−0.26	—	0.394	0.668	−0.27	—
青二、三段	1.61	2.16	−0.55	—	0.951	0.825	0.126	3	1.288	1.982	−0.70	—
青一段	5.41	3.43	1.98	1	4.60	1.51	3.09	1	6.94	3.85	3.09	1

注：Q_e 指有效排烃量，为负时表明源岩欠饱和烃的程度；Q_p、Q_{rm} 分别指每立方米源岩生烃量和残留烃量。

从表中可看出如下几点：

（1）松辽盆地三肇凹陷中浅层每立方米源岩生 CH_4、CN 和油量分别为 0.037～5.41m^3、0.018～4.6m^3 和 0.027～6.94kg；残留 CH_4、CN 和油的最大临界饱和量分别为 0.557～3.43m^3、0.377～1.51m^3 和 0.194～3.85kg；排出 CH_4、CN 和油的有效量分别为 0.60～1.98m^3、0.39～1.51m^3 和 0.70～3.85kg，负值越大表明岩石欠饱和烃量越大，达到大量排烃的临界条件越难。

（2）青一段是该区最好的油气源岩，其次为嫩一段。其他源岩层目前尚未达到排油气门限，属于非源岩，它们排出的烃只有在特殊的地质条件下，从水中或油中游离析出

069

时才能运聚成藏。

（3）各层段源岩品质好坏及名次排列如表 4-3 所示。可以看出，源岩排油、排气的名次不完全相同，反映了油和气生留排运条件的差异性。表中的名次只反映源岩的品质或单位体积源岩的排烃量，不表明整个源岩层对油气藏形成贡献的大小。

2. 单位面积源岩层排烃量的计算

单位面积源岩层排烃量等于单位体积源岩的排烃量乘以源岩厚度，一般称为源岩层排油气强度，表达式为

$$Q_{eh} = Q_e H \tag{4-7}$$

式中，Q_{eh} 为源岩层排烃强度（$m^3 \cdot kg/km^2$）；Q_e 为单位体积源岩排烃量（$m^3 \cdot kg/km^3$）；H 为源岩层厚度（km）。

在平面中，排烃强度最大的地方代表源岩层供油气中心；在剖面上，排烃强度最大的地层代表主力源岩层。

图 4-7 和图 4-8 分别是松辽盆地北部各源岩层排油气强度及柴达木盆地西部古近系下干柴沟组上段排甲烷强度图。从图中可以看出，侏罗系源岩排油气强度最大，青山口组次之，嫩一、二段最后，它们的排 CH_4 气强度、排重烃气强度和排液态烃强度分别为 $5 \times 10^7 \sim 5.5 \times 10^8 m^3/km^2$、$2.5 \times 10^8 \sim 5.5 \times 10^8 m^3/km^2$ 和 $5 \times 10^7 \sim 2.2 \times 10^8 kg/km^2$。侏罗系、青山口组和嫩一、二段已证明是松辽盆地三肇凹陷三套主要的烃源岩。将同一层各点计算出的源岩排烃强度投影在平面上，并作出等值图时可以确定源岩的供排油气中心。

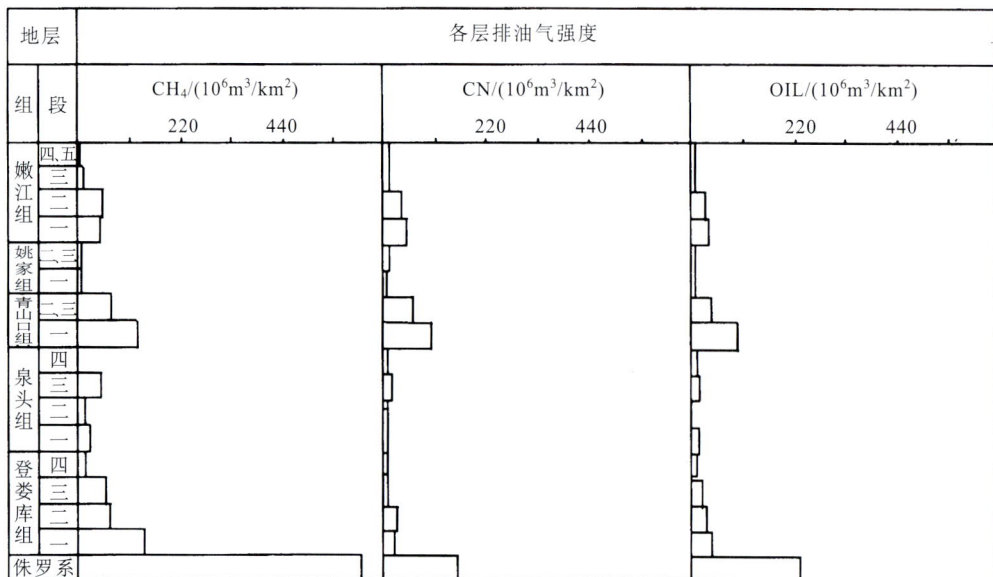

图 4-7　松辽盆地北部不同层位源岩排油气强度（据庞雄奇，1995）

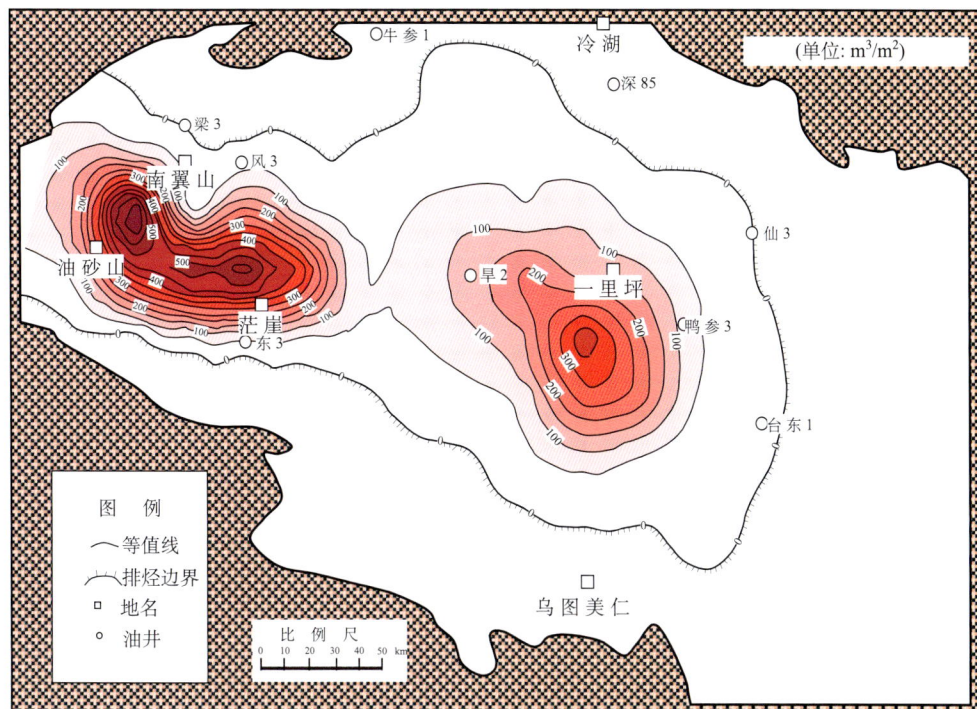

图 4-8 柴达木盆地西部古近系下干柴沟组上段排甲烷强度图（据庞雄奇等，2002）

3. 源岩排油气总量计算

单位体积源岩排烃量乘以源岩的厚度和面积得到源岩层排烃总量，计算模型为

$$Q_e = \oint Q_{eh} dx dy \tag{4-8}$$

式中，Q_e 为某一源岩排烃总量（$10^8 t$，$10^8 m^3$）；Q_{eh} 为源岩排烃强度（$10^8 t/km^2$，$10^8 m^3/km^2$）；$\oint$ 为对源岩排烃范围积分。

图 4-9 是松辽盆地北部中浅层和深层各凹陷排油气量计算结果比较。可以看出，中浅层排油气量最大的为齐家古龙凹陷，其次为三肇凹陷和黑鱼泡凹陷，因此齐家古龙凹陷是中浅层源岩分布的最主要区域。该区源岩排油、气量相当，因此在勘探液态烃的同时可以兼探天然气。

深层排油气最大的为三肇凹陷，其次为王府长春岭地区、乌裕尔地区和大庆长垣。三肇凹陷排出的气、油量分别占各凹陷排出气、油总量的 60% 以上，因此是深层油气勘探的最重要的领域。该区源岩排出的气量远比油量大，目前埋深较大，大多都达到了成熟阶段，因此应以勘探天然气为主。

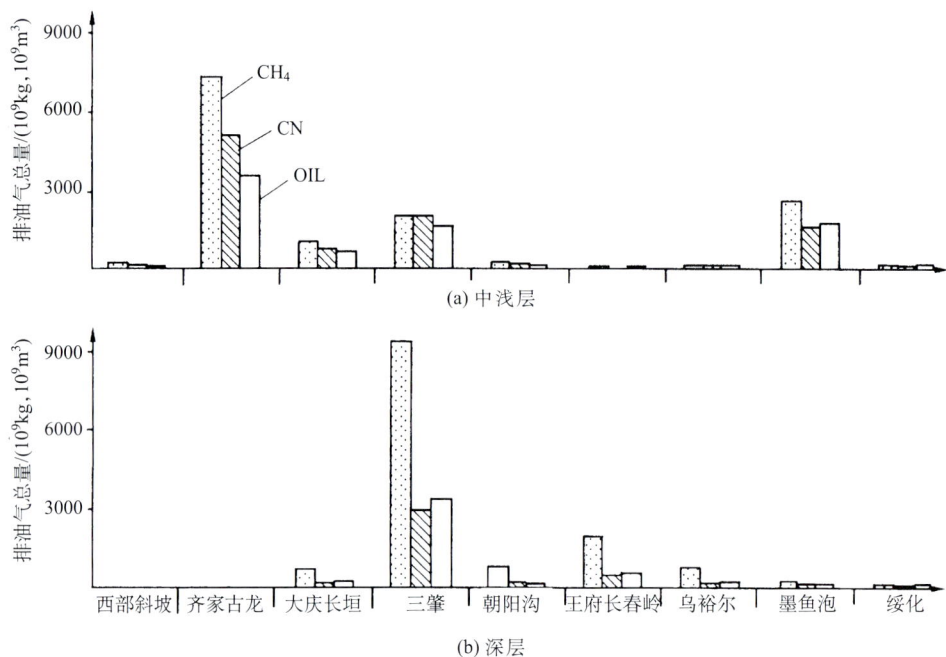

图 4-9　松辽盆地北部不同源岩层各凹陷排油气量计算结果比较（据庞雄奇等，1993）

4. 地史过程中源岩排烃量的计算

求出各源岩层不同地史时期的排出烃量，并将它们表达在埋藏史图中，可以清晰地确定某一研究地区源岩供排油气高峰期，从而确定研究区油气成藏的主要时期。图 4-10 和图 4-11 分别为松辽盆地和吐哈盆地两个具体的应用实例。

（四）源岩排烃相态模拟

烃排出源岩的相态机理非常复杂，目前已提出的模式有十多种，但归纳起来有四大类：水溶相排烃、油溶相（包括气溶油相）排烃、扩散相排烃和游离相排烃。

以松辽盆地为例（图 4-12），求出各源岩层不同地史时期的排出烃量，并将它们表达在埋藏史图中，就可以清晰地确定某一研究区源岩供排油气的高峰期，从而确定研究区油气成藏的主要时期。

源岩生成的烃量在满足自身吸附等形式存留需要前，主要以积聚残留为主，源岩处于欠饱和烃状态，因此其只能在压实作用和烃浓度作用下以水溶相和扩散相的形式排出。源岩在埋深过程中的压实水量非常有限，且主要发生在近地表几百米深的范围内，而烃在水和岩石中的溶解度和扩散系数非常小，因此它们排出的烃量有限。达到排烃门限后，源岩内残留的烃量过饱和，在压实、水热增压和干酪根网络扩散等因素作用下，源岩生成的油气能以游离的形式大量排出。在源岩达到排液态烃门限后，气态烃有一部分以油溶的形式随液态烃一起排出，在气油比特别大的情况下，油可能以气溶的形式排出。

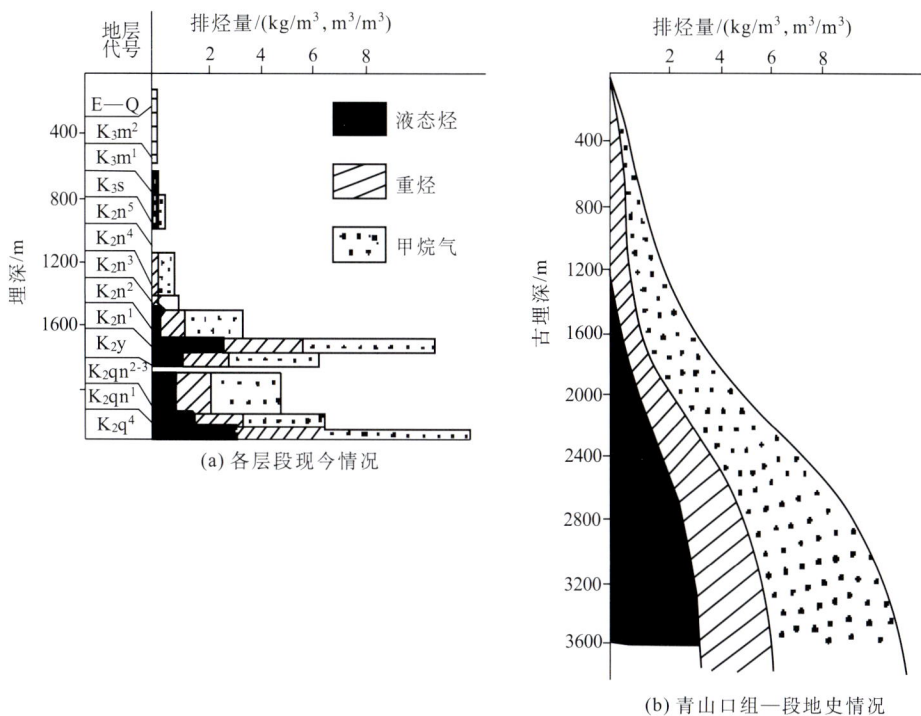

图 4-10　松辽盆地英 15 井各层段排烃量及青山口组一段排烃量变化史（据庞雄奇，1993）

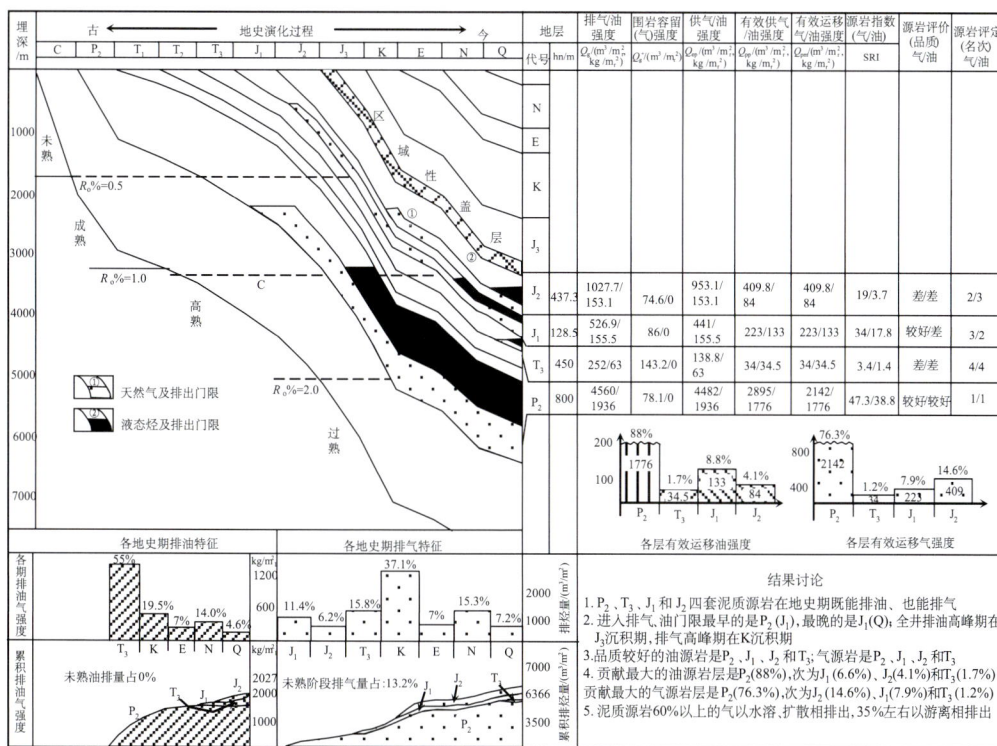

图 4-11　吐哈盆地台北凹陷泥质源岩排油气特征与定量评价（据庞雄奇等，2003）

①. 天然气及排出门限；②. 液态烃及排出门限

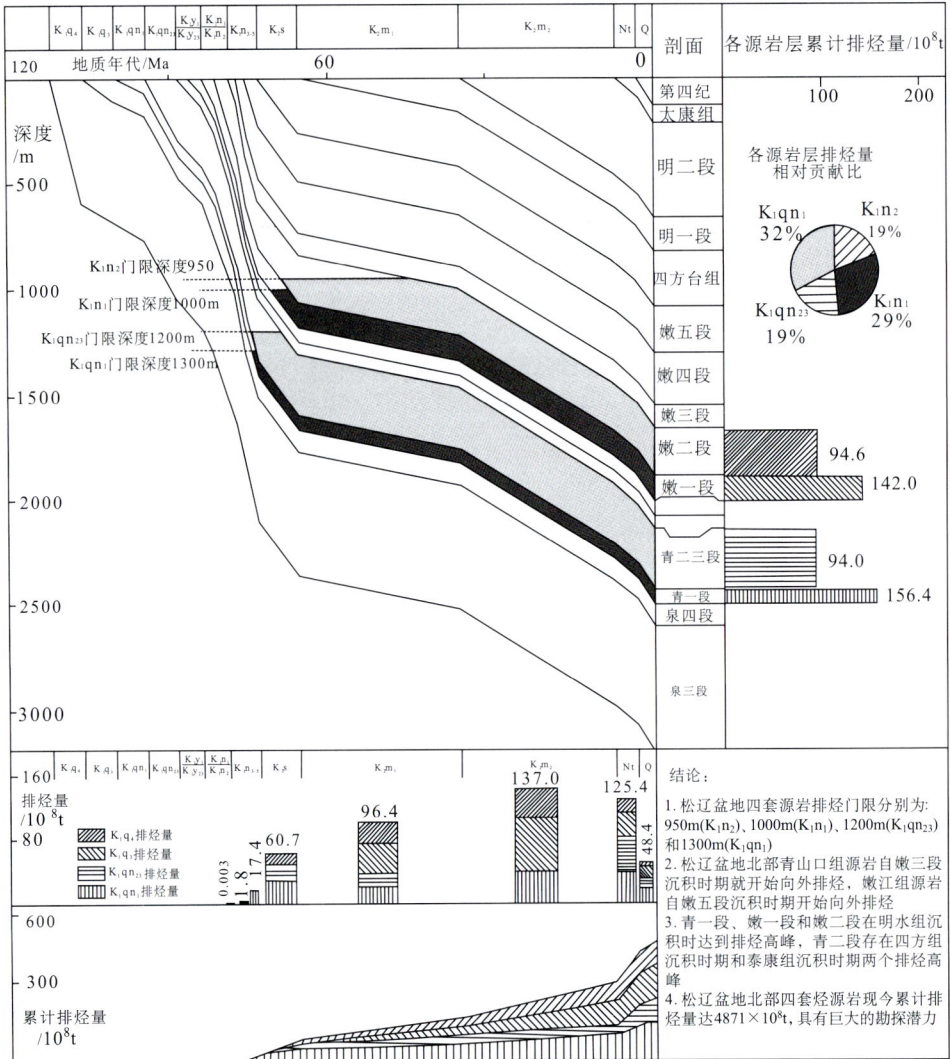

图 4-12 松辽盆地北部源岩综合评价图（据马中振等，2008）

1. 扩散相排运油气量的计算

扩散相排烃量主要与源岩层扩散系数、外界烃浓度梯度、厚度、扩散面积和扩散时间有关，表达式为

$$Q_{ed} = \int_0^t D \frac{dC}{dZ} \frac{1}{H} dt \qquad (4-9)$$

式中，Q_{ed} 为单位体积源岩内扩散相的排出烃量；D 为烃组分的扩散系数；dC/dZ 为源岩层与外界的烃浓度梯度，用源岩与地表水中的烃浓度差与埋深比表示；H 为源岩层厚度；t 为源岩层形成后经历的地史时间。

2. 水溶相排运油气量的计算

水溶相排烃量与源岩排出水量及烃在水中的溶解度等因素有关，表达式为

$$Q_{ew} = \int_0^z \frac{dV_w}{dZ} q_w dZ \tag{4-10}$$

式中，Q_{ew} 为单位体积源岩水溶相排出烃量；dV_w/dZ 为单位体积源岩间隙水随埋深排出率；q_w 为烃在水中的溶解度；Z 为源岩层埋深。

3. 油溶相排气量的计算

油溶相排气量主要与源岩层排出的油量和气在油中的溶解度等因素有关，表达式为

$$Q_{eo} = \int_0^z \frac{dV_o}{dZ} q_{og} dZ \tag{4-11}$$

式中，Q_{eo} 为单位体积源岩油溶相排出烃气量；dV_o/dZ 为单位体积源岩液态烃随埋深排出率；q_{og} 为烃气在油中的溶解度；Z 为源岩层埋深。

4. 游离相排烃量计算

游离相排烃量主要与源岩层总排烃量和上列的各种相态排烃量有关，表达式为

$$Q_{es} = Q_e - Q_{ew} - Q_{ed} - Q_{eo} \tag{4-12}$$

式中，Q_{es} 为单位体积源岩游离相排出烃量；Q_e 为单位体积源岩排烃总量；Q_{ew}、Q_{ed}、Q_{eo} 为单位体积源岩水溶相、扩散相和油溶相排烃（气）量。

5. 模拟计算实例讨论

图 4-13 是依据上列模型对松辽盆地某一泥质源岩排油气过程中相态变化的模拟结果。可以看出，达到排烃门限前，油气只能以水溶相和扩散相排出，进入排烃门限后，它们除了能以水溶相和扩散相排出，主要以游离相排出。对气态烃而言，达到排油门限后，它们还能以油溶相排出。

（五）生烃潜力法评价烃源岩排烃的特征

在源岩热解定量评价中，通常用可溶烃(S_1)与裂解烃(S_2)之和 $S_1 + S_2$ 表示源岩的生烃潜力。在没有油气排出时源岩的生烃潜力可称其为原始生烃潜力(HCI$_0$)，当有油气排出后，生烃潜力将逐渐减小，此时的生烃潜力则可称为剩余生烃潜力（HCI$_p$）。参数 S_1 指岩样加热不超过 300℃ 时挥发出的烃，它通常代表了岩石中可抽提游离烃含量，即源岩中已生成未运移走的烃，参数 S_2 主要代表干酪根高温(300~600℃)热解生成烃的数量及其有关组分。这里采用一个综合热解参数生烃潜力指数$[(S_1 + S_2)/TOC]$ 来表征源岩的生烃潜力(周杰和庞雄奇，2002)。当源岩的生烃潜力指数在演化过程中开始减小时，则表明有烃类开始排出，而开始减小时所处的埋深条件代表了源岩的排烃门限，此时的生烃潜力指数为源岩的最大生烃潜力指数。源岩最大生烃潜力指数与剩余生

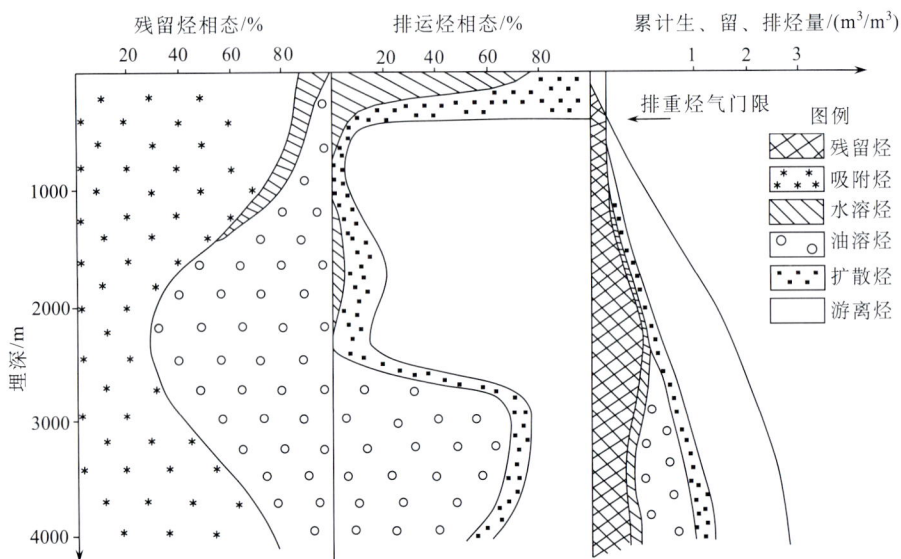

图 4-13 烃源岩排重烃气相态模拟计算实例（据庞雄奇等，1993）

烃潜力指数的差值为排烃率 q_e，即源岩达到排烃门限后单位有机碳排出的烃量（mg/g）；Q_e 代表了源岩在地史过程中累积排出的烃量（图 4-14）（姜福杰等，2007；马中振等，2008）。

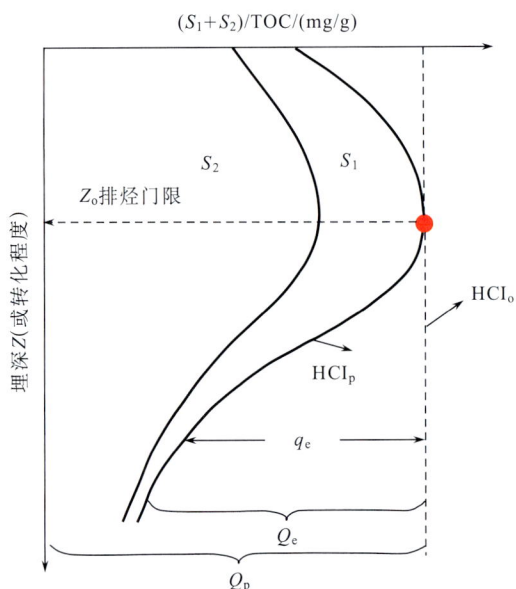

图 4-14 生烃潜力法研究排烃特征的概念模型

S_1 为可溶烃量；S_2 为裂解烃量；TOC 为有机碳质量分数（%）；HCI_o 为最大原始生烃潜力指数（mg/g）；HCI_p 为任一演化阶段下源岩的生烃潜力指数（mg/g）；q_e 为源岩排烃率（mg/g）；Q_e 为各阶段源岩排出烃量（g）；Q_p 为源岩生成烃量（g）

1. 生烃潜力法计算排烃量

由前面的论述可以知道，在排烃门限之下，烃源岩原始最大生烃潜力指数与现今生烃潜力指数的差值代表源岩的排烃率，其在剖面上的面积则代表了源岩在地史过程中累积排出的烃量。根据这个原理，计算排烃量的方法有：

（1）收集研究区烃源岩层段的热解色谱资料，建立烃源岩生烃潜力指数剖面，即 $(S_1+S_2)/TOC$。

（2）根据剖面的变化特征和趋势，确定排烃门限，并计算不同埋深下烃源岩的排烃率，见式（4-13）

$$q_e(Z) = HCI_o - HCI_p(Z) \qquad (4-13)$$

（3）求出排烃率后，结合烃源岩厚度、有机碳含量以及密度等数据，据式（4-14）就可以求出源岩的排烃强度。

$$E_{hc} = \int_{Z_0}^{Z} 10^{-1} q_e(Z) H\rho(Z) TOC dZ \qquad (4-14)$$

（4）在排烃强度计算结果的基础上，对其进行面积积分求得排烃量，见式（4-15）

$$Q_e = \int_1^n \int_{Z_0}^{Z} 10^{-5} q_e(Z) HS(n)\rho(Z) TOC dZ dn \qquad (4-15)$$

式中，E_{hc} 为排烃强度(t/km^2)；$q_e(Z)$ 为单位质量有机碳的排烃率(mg/g)；Q_e 为排烃量(t)；Z_0 为排烃门限(m)；$\rho(Z)$ 为烃源岩密度(g/cm^3)；H 为烃源岩厚度(m)；$S(n)$ 为烃源岩面积(m^2)。

应用生烃潜力评价烃源岩时发现，有机质类型的差别直接决定着烃源岩的生烃潜力变化和排烃率变化。在有机质丰度和转化程度相同时，Ⅰ型和Ⅲ型有机质排烃差别很大。从微观角度看，类型不同是因为有机质的显微组分存在差异，这种差异造成了生、排烃模式的差别。结果表明：有机质类型的好坏直接影响着烃源岩的排烃特征，类型越好，排烃门限越浅，排烃率越大，排烃高峰越早，排烃效率越高（表4-4）。其中，Ⅰ型有机质最大排烃率为720mg/g，比Ⅲ型有机质的210mg/g大了510mg/g，二者排烃效率相差近40%，Ⅱ型有机质的最大排烃率为350mg/g，不足Ⅰ型有机质的1/2，比Ⅲ型有机质大140mg/g，排烃效率为47%，介于Ⅰ型和Ⅲ型有机质之间。

表 4-4　渤海海域沙三段烃源岩不同类型有机质的排烃特征表

有机质类型	排烃门限/m	最大排烃率/(mg/g)	排烃高峰期/m	排烃效率/%
Ⅰ型	2740	720	3100	70
Ⅱ型	2795	350	3300	47
Ⅲ型	2850	210	3550	32

2. 生烃潜力法计算排烃量

确定了不同类型有机质的排烃门限深度及排烃率随深度的变化关系以后，利用生烃潜力法的计算公式，根据烃源岩的厚度、现今埋藏深度及有机质丰度、类型的平面展布等数据，计算出烃源岩的排烃强度和排烃量（图4-15）。

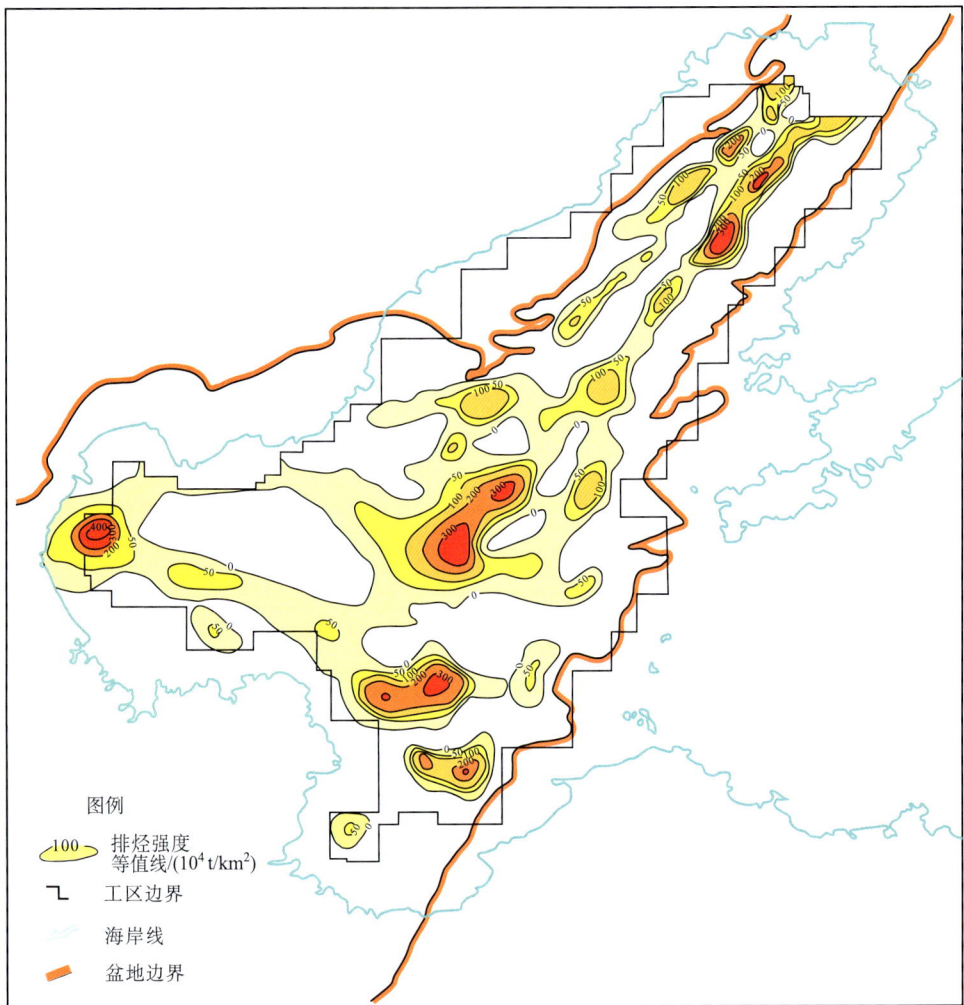

图例

100 排烃强度等值线/(10^4 t/km²)

工区边界

海岸线

盆地边界

图 4-15　渤海海域古近系沙三段烃源岩排烃强度及排烃特征综合图

另外，烃源岩生烃潜力曲线反映了在不同埋深条件下源岩的排烃特征，是各种地质因素作用结果的综合反映。因此，明确烃源岩的埋藏历史，以排烃门限界定有效排烃源岩的范围，根据生烃潜力曲线在各个埋藏时期的变化特征，再结合烃源岩各时期的有效厚度、有机质丰度及类型等相关数据，就可以恢复烃源岩的排烃历史及各时期的排烃量（图4-16）。

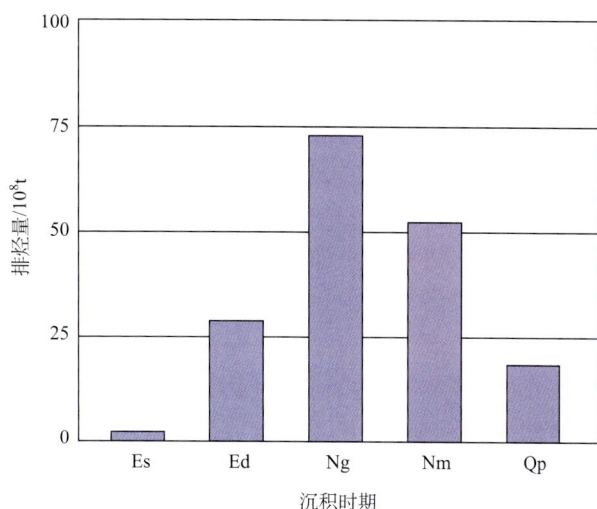

图 4-16 渤海海域古近系沙三段烃源岩各时期排烃量综合图

第三节 油气排出门限的影响因素与研究内容

一、油气排出门限随源岩层生烃能力不同而改变

油气排出门限随源岩层生烃能力的不同而不同，主要体现在生烃条件对源岩排烃门限的控制作用。

（一）有机质类型对源岩排烃门限的控制作用

在源岩其他条件不变的情况下，排烃门限随有机质类型的不同而改变。

1. 有机质类型好、丰度大的源岩排油门限早

在松辽盆地的地质条件下，TOC＝1％的Ⅲ类有机质（KTI＝0）的烃源岩排液态烃的门限深度为3000m。当有机质类型指数变为25％、50％、75％和100％时，源岩排液态烃门限深度分别变为2300m、1300m、500m和300m左右。造成这一现象的根本原因是有机质类型变好，增大了源岩的生烃量，使其能够提前达到大量排烃前要求的残留烃临界饱和量。

2. 有机质类型差、丰度大的源岩排气态烃门限早于液态烃

有机质类型不同的源岩以游离相大量排出液态烃和甲烷气的早晚也不相同。Ⅲ类有机质产油量较产气量少，一方面液态烃一时不能满足源岩残留的需要不能大量排出，另一方面残留的液态烃量少，它能够溶解残留的气态烃量也少，因此甲烷气总是先于液态烃以游离相大量排出。

3.Ⅱ类有机质排油气特征介于Ⅰ、Ⅲ类之间

Ⅱ类有机质产气量与产油量相当。有机质丰度小时，气态烃和液态烃产量较少，一时难以满足源岩吸附、水溶和油溶残留的需要，不能大量排出。有机质丰度大时，源岩生排油气量较大，液态烃以游离相大量排出时，气态烃也能以游离相大量排出。气态烃早于液态烃或同时与液态烃以游离相大量排出是含Ⅱ类干酪根源岩排烃的基本特征。图4-17是几种典型的干酪根排油、排气门限变化特征比较。

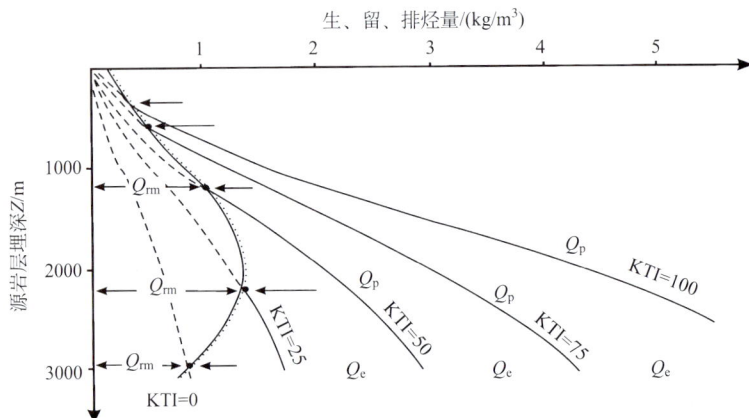

图 4-17　生油气条件对源岩排烃（油）门限的影响（庞雄奇，1995）

（二）有机质丰度含量对源岩排烃门限的影响

在其他条件不变的情况下，源岩排烃门限随 TOC 的增大而提前。如图 4-18 所示，松辽盆地滨北地区烃源岩在 KTI＝50％的情况下，排液态烃门限随 TOC 的增大而提前。例如，TOC＝0.5％时的排液态烃门限深度为 2500m，TOC 增加为 1.0％、2.0％和 3.0％时的排液态烃门限深度分别为 1700m、1150m 和 950m 左右。排甲烷气和重烃气的门限深度随 TOC 值的变化规律同液态烃，但深度较液态烃浅。TOC 对源岩排烃门限的影响远没有有机质类型的大，这是因为有机质丰度的增大在导致生烃量增加的同时，也导致残留烃量增大。

1.有机质类型好的源岩排烃门限浅，门限随有机质丰度的增加变化幅度小

在其他地质条件相同的情况下，源岩的 TOC 增大将导致生烃量增大，如果有机质类型好，生烃量的增长速率大，源岩残留烃临界饱和量能够提前得到满足并开始大量排烃。在这种情况下，液态烃的排出门限早于气态烃或与气态烃同步。从图 4-19 中可以看出，在有机质类型指数 KTI＝100 的情况下，松辽盆地滨北地区源岩排液态烃门限随TOC 的变化速率慢。例如，在 TOC＝0.25％时的排液态烃门限深度为 1200m 左右，当 TOC 增加为 0.5％、2.0％和 4.0％时的排液态烃门限深度分别为 1000m、850m 和800m 左右。甲烷和重烃气的变化规律与液态烃类同，排出门限的深度彼此相当，造成

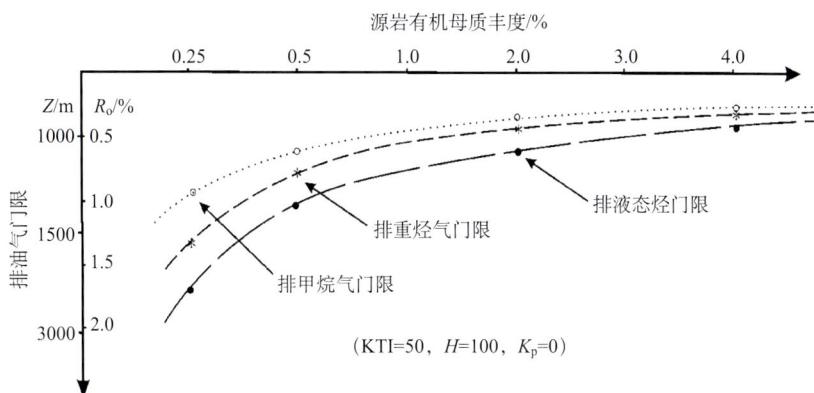

图 4-18　滨北地质条件下 Ⅱ 类源岩排油气门限随 TOC 的变化规律（庞雄奇，1995）

这种现象的原因是 Ⅰ 类有机质生排的油量相对多，天然气主要以油溶的形式排出，在油大量排出的同时，天然气也随之大量排出，二者排出门限相同或接近。

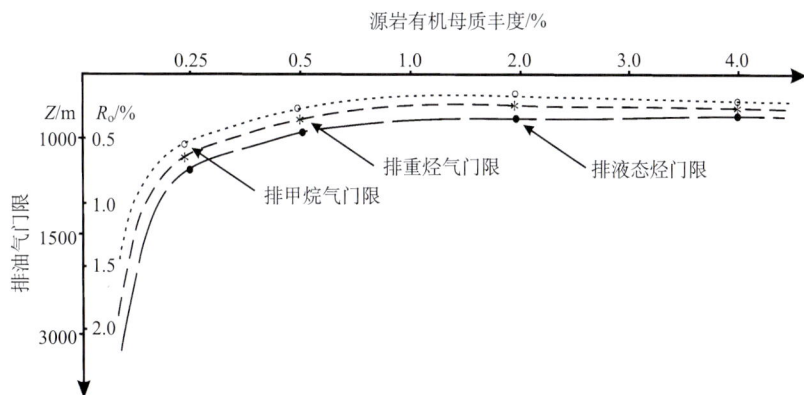

图 4-19　有机质类型好的烃源岩排烃门限随 TOC 的变化（KTI＝100）（庞雄奇，1995）

Ⅰ 类有机质排烃门限随有机质丰度变化慢的原因是这类有机质生烃量大，少量的有机质在变质程度较低或埋深较浅的情况下生成的烃量就可以满足源岩自身残留的需要。例如，在 TOC＞0.5％的情况下，Ⅰ 类有机质在 R_o＜0.5％时均能达到排油气门限。但是，在有机质丰度 TOC＜0.5％的情况下，Ⅰ 类有机质的排油气门限随 TOC 变化的速率快。

2. 有机质类型差的源岩排烃门限深，且随有机质丰度含量增加而变化幅度大

有机质类型差的源岩生烃量小，这类源岩在有机质丰度低的情况要达到排烃门限的前提条件是其埋深大，转化程度高。例如，在松辽盆地滨北地区的地质条件下，有机质丰度 TOC 为 0.5％的 Ⅰ 类（KTI＝100）源岩和 Ⅲ 类（KTI＝0）源岩达到排甲烷气的门限深度分别为 500m 和 2500m 左右，有机质丰度 TOC 为 1.0％的 Ⅰ 类源岩和 Ⅲ 类源岩

达到排重烃气的门限深度分别为 500m 和 3600m 左右；有机质丰度 TOC 为 2.0％的 I 类源岩和Ⅲ类源岩达到排液态烃的门限深度分别为 800m 和 2850m 左右。可以看出，Ⅲ类有机质排烃门限远比 I 类有机质的晚。

I 类有机质的丰度含量 TOC 自 0.25％逐渐增加到 4.0％时，排 CH_4 门限深度、排重烃气门限深度和排液态烃门限深度分别从 1200m、1150m 和 1100m 降低至 800m、700m 和 500m，门限深度的变化幅度不过 600m。与此相比，Ⅲ类有机质的排油气门限深度随有机质丰度增加而变浅的幅度远比 I 类有机质大。

如图 4-20 所示，KTI＝0 的Ⅲ类有机质在丰度含量 TOC＝0.25％时的排甲烷气门限深度接近 5000m，当 TOC 增加至 0.5％、2.0％和 4.0％时，排甲烷气的门限深度分别变为 2700m、1200m 和 1050m，变化幅度近 4000m；且排重烃气和液态烃的门限深度变化幅度更大。

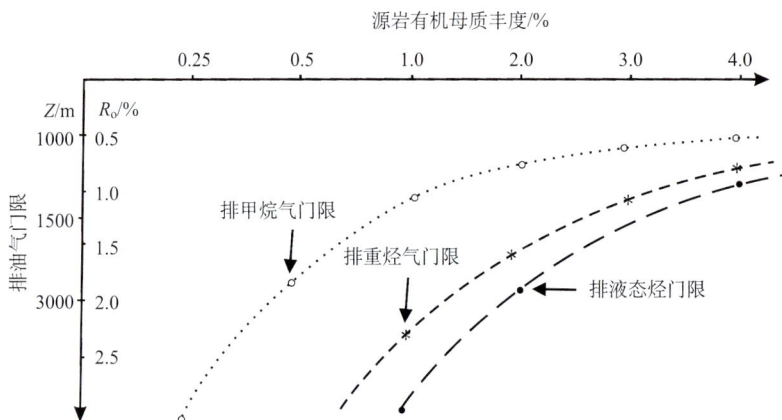

图 4-20　有机质类型差的源岩排烃门限随 TOC 的变化（KTI＝0）（庞雄奇，1995）

类型差的有机质排烃门限随有机质丰度增加而变浅的幅度比类型好的有机质大的根本原因是类型差的有机质生烃量小。在排烃临界条件不变的情况下，类型差的有机质达到与其丰度相当的 I 类有机质的排油气门限的唯一途径是增大埋深或增强其转化作用。

二、油气排出门限随源岩层残留烃能力不同而改变

天然气在水和油中的溶解度大小直接影响了源岩水溶相和油溶相残留烃气量的大小，天然气在水和油中的溶解度越大，源岩残留烃能力越强，另外，在源岩进入排烃门限前以水溶相排出的烃量越大，排烃门限越晚。

天然气在油中的溶解度主要受温度、压力和油的密度三方面因素的影响，一般是随温度降低、压力增大和原油密度降低而增大。因此，原油密度低不利于天然气以游离相排运；温压升高，油溶残留气量增大不利于天然气排运；但另一方面，温压升高，分子的活动性和运移条件变好，有利于天然气的排运；温压等因素作用的最终结果需要综合定量分析。

烃在水中的溶解度受温度、压力和水矿化度三方面因素的影响，一般随温度升高、压力增大和矿化度降低而增加。在温压不变的情况下，矿化度的增大降低了烃在水中的溶解度，有利于源岩以游离相排烃并提前达到排烃门限；液态烃在水中的溶解度非常有限，通常不超过200mg/L。矿化度的变化对液态烃在水中的溶解度影响甚微，但对气态烃的溶解度影响较大。这说明，矿化度对源岩排液态烃门限的影响远比对源岩排气态烃门限的影响小。

三、油气排出门限随盆地地温梯度不同而改变

同样的源岩在不同盆地其排烃门限不同，这是因为它们在不同的沉积盆地内经历了不同的压实埋藏史和热变史。

（一）地层热变史对源岩排烃门限的影响

不同的沉积盆地在不同的地史期的大地热流值不同，在这种情况下，盆地内古地温梯度（GT）和源岩有机质的转化程度（R_o）随埋深的变化率也不相同。古地温和有机质转化程度 R_o 随埋深的变化规律是一致的。当大地热流值高时，地温随埋深的变化梯度大，源岩有机质的转化程度随埋深的变化率也大。

一般来说，热流高、地温高和转化程度强的源岩排烃门限浅。这是因为其他地质条件相同时，转化程度高的源岩生成的烃量大，有利于源岩吸附等形式的残留烃量提前得到满足并开始大量排出。

松辽盆地是我国东北部一个大型的内陆裂陷型沉积盆地，自侏罗系沉积发育以来，大地热流值一直很高。研究表明，在侏罗系和登娄库组沉积期大地热流平均为2.0HFU左右，随后虽略有下降，但热流值都在1.6HFU以上，平均达1.85HFU（庞雄奇等，1993）。这种高热流值造成该盆地长期以来的高地温梯度和 R_o 随埋深的变化率较快。与海拉尔盆地的低地温场（1.4HFU）相比，松辽盆地源岩在同样的埋深下地温高、有机质转化程度高。例如，在2000m埋深下，松辽盆地源岩层的 T 和 R_o 分别为85℃和1.25%，比同样埋深条件下的海拉尔盆地的地温（75.5℃）和镜质组反射率（0.9%）高得多。转化程度高意味着有机质生成的烃量大，在残留烃临界饱和量不变的情况下，达到排烃门限的深度浅和时间早；在同样的埋深条件下的排烃量大。图4-21是同一源岩（TOC=2%、KTI=50、R_o=0.5%）放在松辽盆地和海拉尔盆地的排烃特征比较。可以看出，在松辽盆地排液态烃门限深度浅（1050m），在海拉尔盆地埋深大（1400m）。气态烃排出门限在上述两盆地的变化规律同液态烃。

热流、地温梯度和转化程度的不同对源岩的排运油气相态有重要的控制作用，因为高地温梯度的沉积盆地有机质转化程度高，与同等转化程度的低热流盆地的源岩相比，孔隙度大，孔隙压实率小。例如，松辽盆地 R_o=0.5%～1.0%对应的埋深在1000～1500m，此期源岩孔隙度约为40%、压实排水率（$\Delta\Phi$）为20%左右，每立方米源岩排出的水量为0.62m³。它与同等转化程度（埋深为3000～4000m，孔隙度为25%～20%，压实排水量约为0.20m³）的塔里木盆地源岩相比，排水量高出2.0倍。因此烃

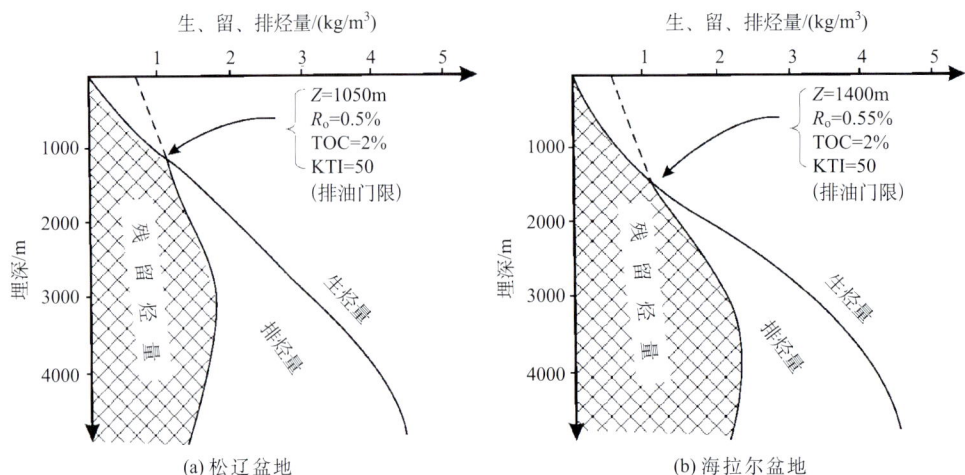

图 4-21　区域地质条件对源岩排烃门限的影响（庞雄奇，1995）

源岩在松辽盆地地质条件下水溶相排气量所占比例高，在塔里木盆地所占比例低。源岩在塔里木盆地地质条件下，油溶相排甲烷气量所占比例高。这一方面是由于埋深大，源岩内压实排出水量少，水溶相排气量少，油溶相排气量相对高；另一方面是源岩在低地温梯度的沉积盆地内的扩散系数小，水中烃浓度梯度低，扩散烃量少。此外，高压低温的"冷盆"利于气态烃以油溶的形式残留于液态烃中和随液态烃大量排出。

（二）地层埋藏史对源岩排烃门限的影响

源岩在压实率大的沉积盆地内易排烃。在同样的深度下，压实率大的沉积盆地的烃源岩孔隙度小，孔隙中含水量少，水溶残留气量少。在同样的生烃量条件下，孔隙度小利于达到较高的含烃饱和度，并提前达到排烃要求的残留烃临界饱和度而达到排烃门限。埋藏速率大的源岩利于油气达到排烃门限。因为沉积埋藏速率小的源岩在达到排烃门限前以扩散相排出较多的烃，达到排烃门限前的耗散烃量越多，后生的油气越不容易饱和自身各种相态形式的存留需要，达到排烃临界条件。这说明在同样的埋深条件下，年代越老的地层越不利于油气（特别是天然气）以游离相排出和运聚成藏。如果源岩在生、排烃期间上升受到水淋和氧化破坏，残留烃量减少，则源岩在重埋过程中，只有当生成的烃量再次满足了自身各种形式的存留需要后才开始大量排出。含黏土矿物的源岩在埋深过程中，由于黏土矿物转化脱水需要溶解和排出相当数量的水溶气量，因此源岩开始以游离相态排出天然气的门限推迟。源岩在欠压实的情况下，残留烃的临界饱和量增大，达到排烃门限时间较正常压实地层晚，欠压实越明显，这种效应越强。

四、油气排出门限随油气组分不同而改变

从生烃量的计算看，有机母质当前的残留量与地史过程中转化成油气等产物的量之和等于原始母质总量。这一平衡关系适用于处于任一转化阶段的有机母质（生化阶段、热解阶段和裂解阶段）。未熟阶段，母质生成的烃量少，可能难以排出，但这些早期生成的烃量在源岩内不断积聚，为后来生成的油气的排运创造了条件，在模型研究中不应该忽略。从残留烃量计算看，它应是不同的烃组分以不同形式残留的量之和，这个量与源岩自身的残留烃能力之间存在一种平衡关系。源岩中实际生成的烃量超过岩石的残留烃能力（用源岩残留烃临界饱和量 Q_{rm} 表示）时，多余的烃量将在排烃因素作用下逐步排出；源岩生成的烃量较自身能够残留的量小时，它们就难以排出，而以不同的形式积聚在源岩内。依据水溶、油溶和吸附等实验结果，或研究区实际源岩残留烃量资料（"A" 或 "S_1"）统计模拟获得的残留烃量，代表了源岩的残留烃临界饱和量（或残留烃能力）；从排烃量（Q_e）的计算看，它与源岩的生烃量（Q_p）和残留烃量（Q_r）之间存在一种平衡，也与生烃量（Q_p）和残留烃临界饱和量（Q_{rm}）之间存在一种平衡，即 $Q_e = Q_p - Q_r$ 和 $Q_e < Q_p - Q_{rm}$。从排烃相态的模拟研究看，游离相的排运与其他相态烃的排运之间存在平衡。当源岩生成的烃量少，在吸附等形式的作用残留后，完全可以通过水溶相、扩散相等形式向外排运时，油气不可能以游离相的形式排运；当源岩生成的烃量多，在吸附等形式的作用残留后，可以通过水溶相、扩散相和游离相等形式向外排运。水溶相和扩散相不可能大量排运油气，因为它们受油气的组分、源岩排出的水量、烃在水中的溶解度和烃的扩散系数等一系列因素的控制。

第四节　油气排出门限的控油气作用机制

一、排烃门限控制着油气的大量排出时间

经典的油气生、排烃模式理论将烃源岩排烃过程划分为三个阶段（图 4-22）。

第一阶段为压实排烃阶段。排烃的主要动力除压实作用外，还有烃浓度造成的扩散作用和热膨胀排烃作用；此阶段排烃的根本特征是源岩生成的烃量少，尚未满足自身各种形式的滞留需要，油气主要是通过溶解于水后再随压实水或孔隙水介质向外排出。压实作用是这一阶段排烃的最主要动力。

第二阶段为产物增容排烃阶段。产物增容包括黏土转化脱水和干酪根转化生烃，此阶段与源岩埋深 1500～3500m、地温 60～120℃ 以及热解大量生油生气阶段大致相应。由于黏土脱出的水和干酪根转化生成的产物的密度远比原始物质小，体积远比原始物质大，因而导致源岩内部压力升高和油气的大量排运。毛细管力、热膨胀对油气的排运都有贡献，甚至贡献比其他因素都大，但并非这一阶段所特有。

第三阶段为毛细管力和热膨胀力排烃阶段。此阶段源岩孔隙度变化小，压实作用趋于结束，油气（特别是油）已大量形成，黏土矿物转化脱水也已完成。油气主要在源岩内部较平静的地质环境下排运，主要动力是毛细管力以及因埋深增大和温度增加产生的热膨胀力。此外，油的裂解和干酪根生成的产物增容也对油气的排运作贡献，但比第二阶段要弱，基于上述研究得到一般的概念模型（图 4.22）。

长期以来，在经典的油气生排烃模式理论中，确定烃源岩排烃门限和排烃高峰的传统方法主要是依据模拟实验结果、物质平衡计算结果、生烃门限、泥岩压实门限、岩石

085

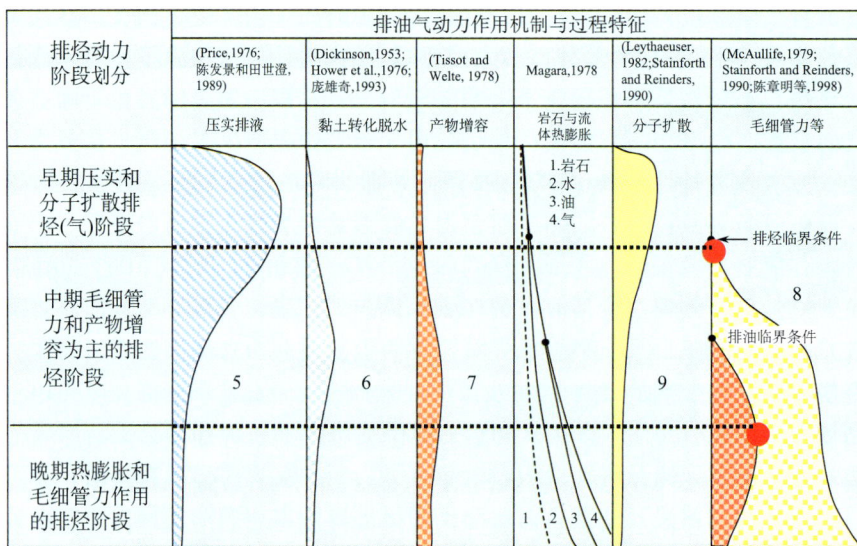

图 4-22　烃源岩排烃动力作用及其阶段划分

1.岩石架膨胀作用；2.水热膨胀作用；3.油热膨胀作用；4.气热膨胀作用；5.压实作用；
6.黏土脱水排烃作用；7.产物增容作用；8.毛细管作用；9.烃浓度梯度扩散排烃作用

异常压实下的微裂缝破裂门限和黏土矿物大量转化脱水门限等（表 4-1 和图 4-22）。在通常情况下认为在热催化生油气阶段的"大肚子"部位的油气生、排烃量达到最大值，采用这个深度范围值来确定油气的排烃深度，进而确定相应的排烃时间。

（一）烃类生排过程中受力的转变滞后了排烃时期

烃源岩排烃是各种动力作用的结果，不同的学者对不同的排烃作用进行了研究，归纳起来，对排烃起主要作用的动力有压实作用、分子扩散作用、毛细管力作用、热膨胀作用、黏土转化脱水作用和干酪根产物增容作用等。

1. 毛细管力作用

当两种不相溶的液体接触时，接触面上存在界面张力。在两相界面上，毛细管力指向润湿性小的流体，一般情况下，毛细管力构成了油气向外运移的阻力。

当烃源岩孔隙中心的烃积聚到一定的量并彼此连接成管路后，毛细管力成了将油气向外输导的动力。烃源岩由浅至深的埋藏过程是毛细管力从排烃阻力向动力转变的过程。这一过程是一个明显滞后的过程，同时也说明以往用大量生烃期或生烃高峰代替排烃高峰期是不合理的，明显提前了排烃时期（图 4-23）。

2. 黏土矿物转化脱水作用

烃源岩层中富含黏土，尤其是蒙脱石、伊利石和高岭石。蒙脱石在埋深和地温达到某一临界值时就开始向伊利石大量转化，转化过程中脱出层间水。黏土矿物的脱水过程，既是黏土矿物孔隙水、吸附水和层间水含量逐渐减小的过程，也是黏土矿物向混层

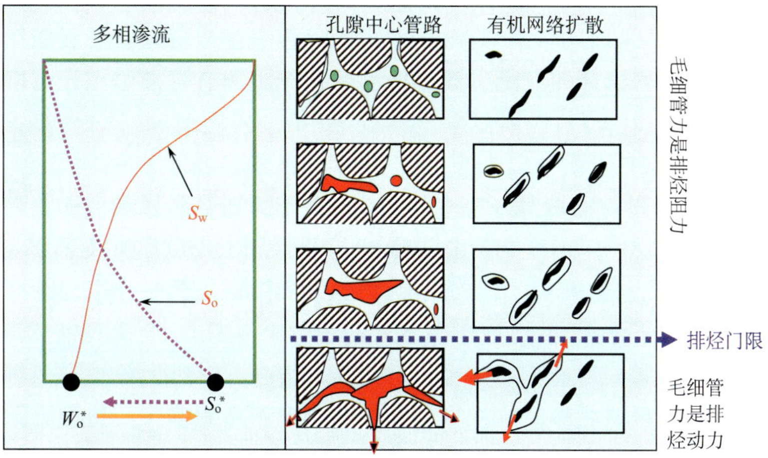

(Magara ,1978) (Stainforth and Reinders,1990)

图 4-23 毛细管力排烃作用机制

S_W. 含水饱和度；S_o：含油饱和度；W_o^*. 水的启动饱和度；S_o^*. 油的启动饱和度

黏土矿物转化、最后又变为深层较为稳定的非混层黏土矿物的过程，如蒙脱石向伊利石转变。蒙脱石/伊利石化是页岩、泥岩等沉积岩中最重要的一种矿物反应，而且，由蒙脱石向伊利石的每一步转化都与石油的形成、运移有密切的关系试验证明，温度在100～130℃，K^+/H^+比率接近正常海水时，蒙脱石失去层间水向伊利石转化。单位质量的蒙脱石在完全转化成伊利石的情况下，能释放出 0.245 单位质量的水（假定脱去1～2 层的结构水），黏土矿物转化过程中释放的水量相当于其初始质量的 6.6%。这一作用有利于油气的大量排出，一是脱出水有利于烃的溶解和以水溶相排出；二是脱出水密度较原始的黏土矿物小，因而体积比前者大，产生的压力有利于流体排运；三是蒙脱石向伊利石转化后，总体积比以前减小，促进烃源岩中烃浓度的提高，有利于提前达到大量排烃要求的临界饱和度和以扩散相形式排运。

3. 干酪根产物增容作用

含有有机母质的烃源岩在随埋深演化过程中大量转化，转化后各种产物的密度均比以前降低，体积增大，因而有利于油气的排出。在油气大量生成和液态石油大量裂解成气的阶段，这种干酪根产物增容排烃作用尤为明显。干酪根和有机质的产物一般为油和气，油气的密度比较小，因此会发生体积膨胀。通过测量生油岩内干酪根内部的表面积随热作用加强而增加的情况，在正常地温梯度下，其测量范围由 1000m 处的 $10cm^2/g$ 到 4000m 处的 $35cm^2/g$，表面积增加了 2.5 倍。与此同时，干酪根还不断生成液态烃及气态烃，这些新生成物占据了孔隙空间，并随温度增加而导致体积不断膨胀，在生油窗范围内，液态烃的热增压作用可能最重要。通过生油窗以后，气态烃的热增压作用逐渐起重要作用，并随温度逐渐升高，气态烃的加压作用将成为主要因素。

分子量较小的天然气在固态干酪根和液态的重烃降解或裂解后，体积比原来增加许多倍，使烃源岩空间无法容纳，同时，天然气易运移、扩散。因此，气体一旦处于游离态，必将迅速运移出去，烃的大量生成和向较低分子裂解，将产生较高的内压力，从而造成一定的排烃阻力。

4. 热膨胀作用

热胀冷缩是自然界中普遍存在的物理现象，烃源岩层孔隙度随埋深增大而减小，一方面是压实作用的结果，另一方面是岩石矿物等固态物质热膨胀作用的结果，热膨胀排烃作用的机理类同于压实作用造成的孔隙度减小。此外，孔隙中各种流体（油、气、水）的热膨胀作用也有利于油气的排运，它们的作用机理同黏土转化脱水造成的孔隙流体体积增大相同。岩石的热膨胀排液量主要与其热膨胀系数有关，热膨胀系数又与岩石的矿物组成及所处的温压条件有关，在同一压力条件下，水的密度随温度增加而增加，但增幅极小，这说明，温度是导致物质膨胀最主要的因素。研究表明，当沉积物的孔隙水不分隔（孔隙压力接近静水压力）的时候，水要发生膨胀，并且导致流体运移。随着埋深的增加，岩石中水的比热容也相应增加，它与埋深和地温梯度有关。但高地温梯度区的水热增压作用，与水相比作用并不十分明显。

5. 分子扩散作用

分子扩散是物质传输的一种重要方式，只要存在浓度差，气液物质就会发生扩散作用，从浓度高的地区向浓度低的地区转移。烃源岩层在埋深过程中不断产生烃，由于吸附等作用使烃源岩生成的烃首先滞留在烃源岩内部，烃源岩内部和外部形成的烃浓度差为油气的扩散运移创造了条件。浓度差越大，经历的地史时间越长，扩散面积越大，扩散系数越高，则烃源岩扩散排出的烃量越大。烃的扩散系数主要与烃的分子量或碳数相关，对油来说，它的扩散系数只有烃类气体的 1/100 或 1/1000，因此几乎可以忽略不计。

6. 压实作用

压实是沉积岩形成和埋藏过程中的一种很普遍现象。压实作用最直观的标志是岩石的孔隙度减小，密度增大。压实作用对排烃贡献主要表现在两个方面：一是压实作用排出大量的孔隙水，随着孔隙水排出大量的溶解烃；二是在孔隙度降低和大量水排出过程中，孔隙内部滞留的烃的饱和度提高，有利于烃达到烃源岩残留烃最大临界饱和度或最大临界饱和量，促使游离相态烃大量排出。

碳酸盐岩是一种重要的烃源岩，其排烃机理与泥岩相比，既有相似的一面又有不同的一面。对于黏土含量较高的碳酸盐岩生油岩，排烃机理可能更接近于泥岩；对于黏土含量较少（<5%）的碳酸盐岩，则不同于泥岩烃源岩。对泥质生油岩而言，压实作用在一定深度范围内是很重要的一种初次运移机理。碳酸盐岩在近地表几米处，就达到了紧密压实阶段，在地史埋深过程中，孔隙度变化甚小。在碳酸盐岩中，可以见到颗粒和球粒，其他碳酸盐岩颗粒、完整的化石和微体化石很少有被挤压的现象，这表明碳酸盐

岩的沉积压实作用虽然存在，但相对较弱。不同地层在埋深过程中的压实作用不同，这主要表现在它们的初始孔隙度和埋深过程中的压缩因子数值不同。

（二）烃源岩生烃后需要满足自身内部大量残留的需要，滞后了排烃时期

烃源岩是形成油气藏的物质基础，它是油气藏形成的根本。没有烃源岩源源不断的大量供烃，就不可能在复杂叠合盆地内聚集成藏，但这是有前提条件的。作者在研究烃源岩排烃史、热史和演化史关系时提出过，源岩供烃满足油气聚集成藏的条件，除了要达到生烃门限，同时还要达到排烃门限。所谓排烃门限是指烃源岩在埋深演化过程中，其生烃量满足了自身吸附残留烃量、水溶残留烃量、油溶残留烃量、毛细管封闭孔隙封堵残留量等各种形式的残留需要后，开始以游离相排出油气的临界地质条件［式（4-2）］。

上述研究表明：烃源岩需要饱和自身吸附残留要求后才会大量排烃，可以在一定程度上判别油气残留量的大小，但其相对量大小的深入讨论仍有欠缺。在此基础上，罗晓容（2008）利用物理实验和数值模拟等方法验证了烃源岩自身和源岩外运移路径上需要大量的烃以备残留，且源岩内残留占有重要的比例。其研究认为：源岩排烃聚集成藏的过程由三个连续的过程组成，首先在源岩内部生成后进行垂向运移，聚集在源岩内的顶部后沿着输导通道进行侧向运移，排出源岩后，在输导路径的方向进行源岩外的侧向运移。通过罗晓容等的物理实验，对岩样在初始含油情况下经水驱后剩余的含油饱和度进行测定（表 4-5），得出油气在经模拟排烃后产生的水驱后残留饱和度仍然较高，其水驱前后的含油饱和度比值普遍高于 45%（图 4-24），这充分说明源岩在排烃前需要有满足自身饱和的烃量，同时在源岩内的垂向和侧向运移烃量是源岩外侧向运移烃量的近百倍之多。

089

表 4-5　含油岩样水驱前后含油饱和度变化对比（据罗晓容，2008）

岩心序号	孔隙度/%	渗透率/mD	初始含油饱和度/%	束缚水饱和度/%	水驱油效率/%	剩余油饱和度/%
1	13.29	2.04	56.35	43.65	45.73	30.58
2	11.95	1.61	53.68	46.32	53.28	25.08
3	11.82	0.18	38.18	61.82	34.06	25.18
4	11.09	0.32	40.97	59.03	39.13	24.94
5	12.25	3.66	53.51	46.49	51.7	25.85
6	12.01	3.03	51.77	48.23	46.57	27.66
7	10.5	1.59	61.99	38.01	52.01	29.75
8	12.1	4.22	62.18	37.82	45.37	33.97
9	11.34	1.17	57.56	42.44	40.14	34.46
10	11.01	0.48	45.71	54.29	35.62	29.43
11	10.88	0.98	48.51	51.49	46.03	26.18
12	9.66	0.39	45.66	54.34	42.68	26.17
13	10.78	1.2	47.97	52.03	37.45	30.01

续表

岩心序号	孔隙度/%	渗透率/mD	初始含油饱和度/%	束缚水饱和度/%	水驱油效率/%	剩余油饱和度/%
14	9.38	0.34	46.02	53.98	30.04	32.20
15	11.37	0.22	47.36	52.64	44.15	26.45
16	11.94	2.35	51.16	48.84	48.23	26.49
17	8.61	0.28	45.88	54.12	39.01	27.98
18	27.1	278.2	71.35	28.65	56.48	31.05
19	16.7	81.9	74.19	25.81	57.20	31.75
20	16.0	16.9	56.55	43.45	47.32	29.79
21	24.8	92.5	51.64	48.36	50.28	25.68
22	22.8	27.2	62.06	37.94	54.58	28.19
23	20.2	9.97	60.26	39.74	52.36	28.71

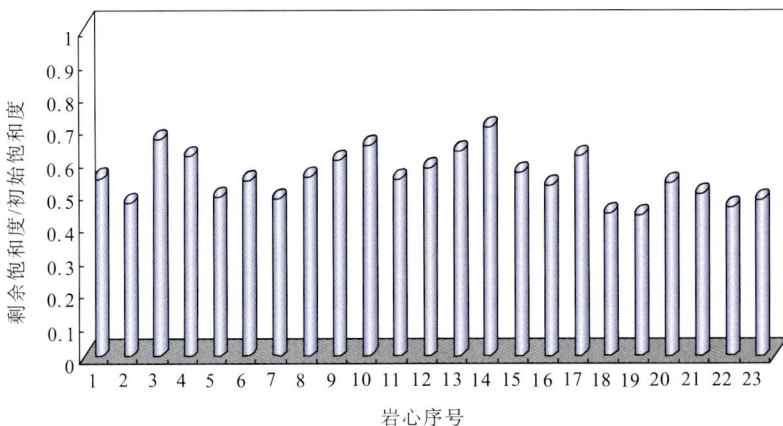

图 4-24　岩心水驱前后含油饱和度对比柱状图（据罗晓容，2008）

在此基础上，罗晓容等将该研究应用于东营凹陷的八面河地区，计算得到了在牛庄洼陷—广利洼陷有效烃源岩内的储层内，运移路径上的烃损失量近 7×10^{7} t，而源岩外的侧向运移损耗烃量仅为 4×10^{5} t，可见，源岩自身吸附残留烃量非常多。大量的自身吸附作用使油气成藏向后推延相当长的时间。

从上述的研究中不难看出，在烃源岩首次达到排烃门限开始排烃时，需要首先在其内部吸附残留大量的烃类，因此初次向外排烃量受到很大的制约，不可避免地将源岩外圈闭聚集油气成藏的时间滞后。而在后期接连发生的第二次、第三次乃至更多期次的排烃，因为首次排烃已经基本饱和了源岩内部的吸附残留量以及运移路径上的损耗量。故此后基本上可以将生成的烃类大部分排出源岩，在有限的输导路径上侧向运移，更有利于晚期油气的聚集成藏，也是晚期油气聚集的物质基础。

二、排烃门限控制油气的排出相态

根据烃源岩在埋深演化过程中生烃、残留烃和排运烃的特征及其相态变化特征，以甲烷气排出门限、液态烃排出门限和液态烃开始裂解门限为标志，将烃源岩排烃过程划分为微量排烃阶段、早期排气阶段、大量排油排气阶段和晚期排气阶段（图4-25）。烃源岩排烃门限随地质条件不同而不同，不同烃源岩在演化过程中的不同阶段持续时间的长短及埋深范围不同。

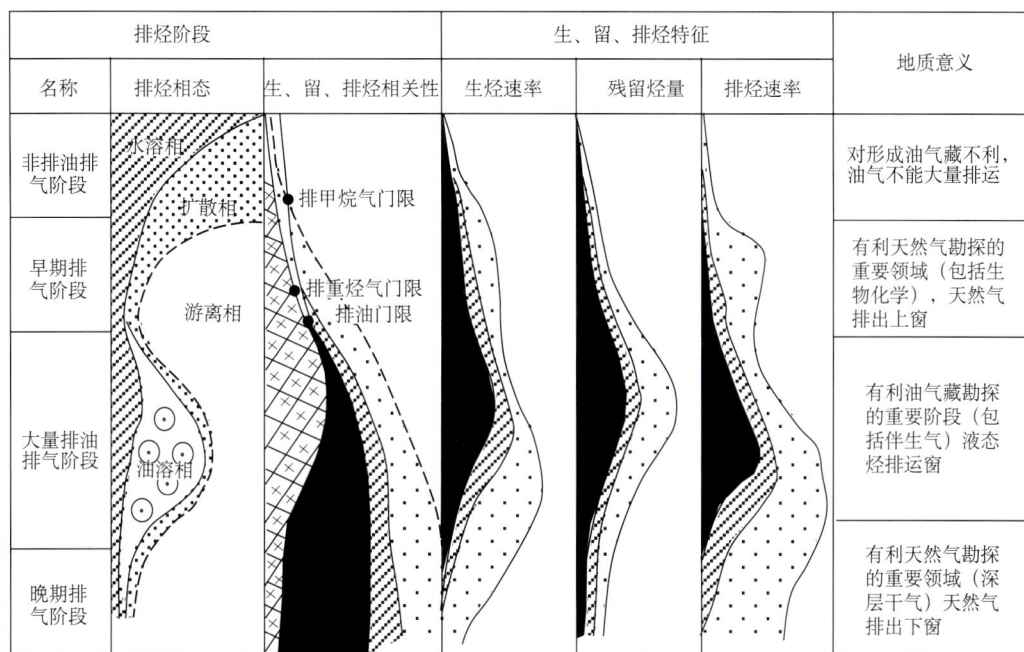

图 4-25　烃源岩排烃地质模式（据庞雄奇等，1993）

（一）水溶扩散相初始排烃阶段

水溶扩散相初始排烃阶段指源岩自沉积开始至游离相态的甲烷气排出阶段。此阶段持续时间的早晚及埋深范围的大小取决于甲烷气排出门限的早晚及深浅，其基本特征是：源岩内部生成的烃量不能满足源岩自身各种形式的残留需要，处于一种欠饱和状态；源岩生成的油气只能以水溶的形式随压实水排出，只能在烃浓度差作用下以扩散的形式排出。由于水溶相排烃作用受源岩压实排出水量及烃在水中的溶解度（很小）控制，扩散排烃作用受烃在水中的溶解作用和烃分子的扩散系数等控制，它们能够排出的烃量非常有限。

（二）早期游离相天然气排运阶段

早期游离相天然气排运阶段指源岩进入排甲烷气门限后至达到排油门限前的油气排运阶段，也称天然气排出上窗。其基本特征是：源岩内部生成的甲烷气量已超过了源岩自身吸附等多种形式的残留需要，能够以游离相大量排出，液态烃仍然不能。这一阶段往往与未熟源岩因生化作用大量生成甲烷气阶段相一致。对于那些母质丰度低、类型差，很晚才达到或根本不能达到排油门限的源岩而言，这一阶段的持续时间很长，范围可以很宽。

（三）液态窗大量排油气阶段

液态窗大量排油气阶段指源岩达到排油门限后至液态烃因高温裂解消失为止的排油气阶段，也称液态烃排运窗。该阶段持续时间的长短及深度范围主要取决于液态烃排出门限的早晚。它的基本特征是油和气能以各种相态形式排出，对气而言有油溶气相排运，对油而言有气溶油相排运，以哪种形式为主取决于油和气的相对排量及温压介质条件。

（四）晚期游离相天然气排运阶段

晚期游离相天然气排运阶段指源岩达到液态烃高温裂解成气以后的排烃阶段，也称天然气排出下窗。该阶段持续时间的长短及深度范围与源岩自身条件无关，取决于研究区的地温场等。它的基本特征是源岩只排出高温裂解生成的游离相态的天然气。在实际地质条件下，此阶段往往与源岩过成熟热裂解大量生气作用对应一致。

三、排烃门限控制油气的排出效率

（一）排烃效率

排烃效率是指源岩排出烃量与生成烃量的分数，反映排烃条件，表达式为

$$R_e = \frac{Q_e}{Q_p} \tag{4-16}$$

式中，R_e 为单位体积源岩排烃效率，用百分数或小数表示；Q_e 为单位体积源岩排烃量；Q_p 为单位体积源岩生烃量。

影响烃的生成、残留和排运的一切因素都影响岩石的排烃效率。除此以外，还与烃源岩层的厚薄、邻接输导层、储集层的物性、水动力条件、生储层的组合形式和接触面积有关。一般说来，烃源岩层越薄，与储集层互层组合出现时排烃效率高；邻接储集层的物性越好、水动力条件越强和接触面积越大时，烃源岩排烃效率越高。

（二）排烃速率

单位体积烃源岩排烃量随地质时间或埋深的变化称为排烃速率，反映地史过程中源

岩的供烃强度，最大值对应着排烃高峰期。为讨论问题的方便，通常用 $1m^3$ 烃源岩在地史中 $1Ma$ 内或其埋深增加 $1m$ 期间的排烃量表示（液态烃用 kg，气态烃用 m^3），表达式为

$$V_e = \frac{\Delta Q_e}{\Delta t} = \frac{\Delta Q_e}{\Delta Z} \qquad (4-17)$$

式中，V_e 为单位时间或单位埋深条件下 $1m^3$ 源岩的排出烃量 $[m^3/(Ma \cdot m^3)$，$kg/(Ma \cdot m^3)]$；ΔQ_e 为某段时间（Δt）或某段埋深（ΔZ）条件下 $1m^3$ 源岩的排出烃量（m^3，kg）；Δt、ΔZ 为源岩在地史过程中经历的一段时间或增大的一段埋深（Ma，m）。

（三）排烃饱和度

排烃饱和度是指源岩排出流体总量中烃量所占百分数，表达式为

$$S_e = \frac{\Delta Q_e}{\Delta W} \qquad (4-18)$$

式中，S_e 为排出烃的量与排出流体体积的比率（kg/m^3，m^3/m^3）；ΔQ_e 为每立方米或每吨源岩在某一埋深（ΔZ）过程中的排出的烃量（kg，m^3）；ΔW 为每立方米或每吨源岩在某一埋深（ΔZ）过程中的排出流体总量（kg，m^3）。

松辽盆地梨一、梨二段源岩排油气过程特征的（图 4-26）研究表明：①排烃门限是控制源岩排烃过程特征变化的最重要因素之一。排烃量、排烃速率、排烃率和排烃效率均在源岩达到排烃门限后急剧增大，之后随埋深增大呈现规律性变化；②梨一、梨二段的排气效率随埋深增大而逐步增加，达到排气门限前，排气效率不足 10%，达到门限后，当埋深达 $1500m$ 左右时达到 65%，之后缓慢增加，至埋深 $2767m$ 时约为 70%；③排油效率的变化规律同排气，目前最大值为 35% 左右。梨一、梨二段的排油、气率最大分别为 $8kg/m^3$ 和 $20m^3/m^3$，这已远远超出了地层水对油、气的溶载能力，说明油、气主要是以游离态排出源岩的。需要特别注意的是，油的排出率随埋深不断变化，达到排油门限时为零，随后不断增大，至 $2500m$ 左右达 8%，之后变化缓慢。梨一、梨二段的排油气速率高峰期在古埋深为 $1750\sim2250m$，每立方米源岩在埋深每增加 $100m$ 时的排甲烷气、重烃气和液态烃的最大量分别为 $0.15m^3$、$0.08m^3$ 和 $0.085kg$。

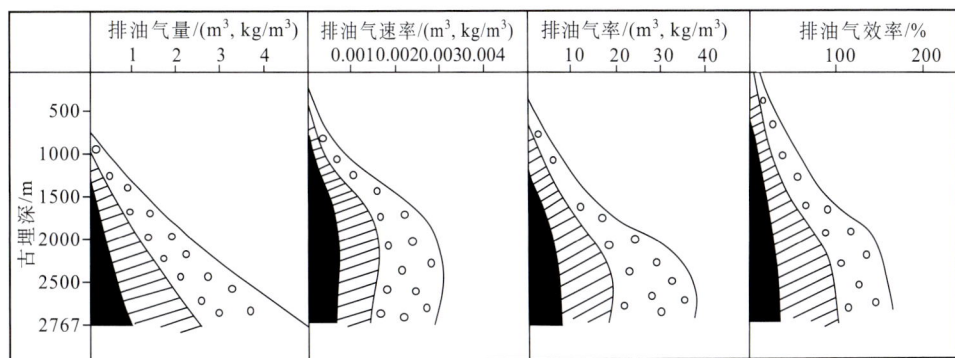

图 4-26　松辽盆地梨树断陷梨一、梨二段源岩排油气特征变化规律

四、排烃门限控制油气的排出总量

油气生成后自烃源岩向邻接的储集层或输导层的初次运移量称为烃源岩的排烃量。

烃源岩排烃量的大小定量地表述了烃源岩对油气运聚的贡献大小。排烃量的计算方法很多，根据利用的资料不同分为排烃系数法［式（4-19）］、生留烃量相减法［式（4-22）］、排烃率法［式（4-20）］、排烃效率法［式（4-21）］几种

$$Q_e = Q_r K_e \qquad (4\text{-}19)$$

$$Q_e = V_e S_e \rho_0 \qquad (4\text{-}20)$$

$$Q_e = Q_p R_e \qquad (4\text{-}21)$$

$$Q_e = Q_p - Q_r \qquad (4\text{-}22)$$

式中，Q_e 为岩石排烃量；Q_r 为岩石中的残留烃量；K_e 为岩石的排烃系数，排出烃量占残留的百分数；V_e 为岩石排出流体的总体积；S_e 为岩石排出流体中的含烃饱和量；ρ_0 为烃的密度；R_e 为岩石排烃效率，排烃量占岩石生烃量的百分数。

这几种方法中，生烃量（Q_p）、排烃系数（K_e）、排烃效率（R_e）和排烃率（S_e）几项参数的确定最困难，它们不仅与地质过程有关，而且还与研究者采用的方法有关。

在达到排烃临界条件前，源岩内部残留烃量没有得到最大限度地满足（$Q_r < Q_{rm}$），因此不能大量排烃，油气只能在浓度差的作用下以扩散相形式排出或随压实水带出，量非常有限。根据排烃临界条件理论可以建立源岩排油气量计算公式：

$$Q_e = Q_p - Q_r \begin{cases} < 0, & \text{源岩未达到排烃临界条件（只少量排出烃）} \\ = 0, & \text{源岩处于排烃临界条件点上（开始大量排烃）} \\ > 0, & \text{源岩已达到排烃临界条件（已大量排出烃）} \end{cases} \quad (4\text{-}23)$$

不难理解，式（4-23）计算获得的排烃量大小不仅说明源岩对研究区油气运聚成藏的贡献大小，而且表明源岩自身残留油气的状态和特征。

五、排烃门限控制着油气的排出模式

（一）模式一：源岩排气早于排油

源岩在转化过程中生成的油气概称为石油或烃类，它们主要由 C、H、O、N、S 五种元素组成，其分子大小、结构和性质都不相同。不同的源岩在不同的转化阶段生成、残留和排运的油气组分不同。这些不同组分的油气由于自身特征的差异，开始大量排出源岩的门限或临界地质条件不同。为讨论方便，本书将源岩生、留、排运的烃组分分为油（液态烃，C_5）、重烃气（CN，$C_{2\sim4}$）和甲烷气（CH_4，C_1）三类。气和油的生、留、排运特征有很大的差异，将二者分开进行排运门限的研究，对油源岩和气源岩的判别和评价具有重要的理论意义和实践价值。出于对下列原因的考虑，这里将天然气分为重烃气和甲烷气两种：①源岩生重烃气量的大小能够反映母质的类型和转化阶段。一般说来，Ⅰ类干酪根生成的烃类中重烃气含量高；在同一母质的转化过程中，成熟和

高成熟阶段产出的重烃气含量高，未熟、低熟以及过成熟阶段产生的重烃气含量低，甲烷气含量高。②源岩排重烃气量的大小能够反映研究区天然气的成因类型和可能的相态形势。排重烃气含量高的地区主要形成油型气藏，通常与油伴生或共生，构成油顶气或凝析气。排重烃气含量低或排甲烷气含量高的地区易形成生化型天然气藏和生成煤型干气藏。③重烃气含量高的地区利于开展液态烃勘探。

在甲烷气、重烃气和液态烃三种组分中，甲烷分子量小，活动性强，易排运不易残留。液态烃与之相反，重烃气介于二者之间。源岩在埋深演化过程中一般先排出甲烷气，然后是重烃气，最后是液态烃。

在一般的地质条件下，源岩生成的甲烷气除饱和源岩自身吸附、孔隙水溶和孔隙油溶外，还能以游离相形式优先排出，重烃气次之，液态烃最后，含Ⅲ类干酪根、母质丰度含量高的源岩这一特征表现尤其突出。在达到排甲烷气门限前，源岩只能以水溶相和扩散相排烃，且这些油气难聚集，大都散失掉。达到排甲烷气门限后至达到排油门限前，源岩内气态烃逐步饱和，除 CH_4 外，$C_{2\sim4}$ 都能以游离相等形式大量排出。液态烃在此阶段尚未饱和源岩残留需要，不能以游离相大量排出，因此称此阶段为气态烃早期排运阶段或气态烃排出上窗。源岩达到排液态烃门限后至液态烃因高温裂解排运结束称源岩大量排油排气阶段或液态烃排运窗。此阶段源岩生成的油气均已饱和源岩存留需要，并都能以游离相大量排出，因此对形成油藏、油气藏、气藏和凝析气藏均有利。液态烃排运结束后，源岩只能以游离独立相大量排气，利于形成深层干气藏，此阶段称气态烃晚期排运阶段或气态烃排运下窗。

源岩在演化过程中从不排烃到开始大量排甲烷气、重烃气和排液态烃，直至最后液态烃消亡结束，这是一个完整的过程。源岩母质丰度高、热演化程度高时一般能够经历上述几个阶段。母质类型差、丰度小和转化程度低的源岩一般不能经历上述四个完整的阶段。有的目前只能大量排甲烷气，有的只能大量排甲烷气和重烃气，有的虽然能排甲烷气、重烃气和液态烃，但彼此开始大量排出的门限相差较大。例如，一些源岩（煤系地层、含Ⅲ类干酪根丰富的地层）在未成熟阶段就开始大量排运甲烷气，但至高成熟阶段晚期才能排液态烃；一些源岩（主要是含Ⅰ类母质的烃源岩）在未成熟阶段开始大量排运甲烷气，同时也开始大量排运液态烃。甲烷气、重烃气和液态烃排出门限的差异性决定了干气藏、湿气和凝析气藏、油藏或油气藏在地层时空领域中的形成和分布规律（图 4-27）。

（二）模式二：源岩排油早于排气

在有机母质类型好、丰度较大的情况下，源岩生成的液态烃多，气态烃相对较少。液态烃饱和源岩自身存留需要后优先达到排运门限，开始以游离相大量排出。气态烃量相对较少，不能满足源岩吸附、油溶、水溶等形式的存留需要，因此一直不能以游离相的形式排出。在液态烃大量排出时，气态烃能随之以油溶相的形式排出，但这时的气由于未饱和液态烃，即便随油排出后也不能以独立的游离相出现，因此无法运聚成藏。欠饱和气的油排出后形成油气藏和气藏的前提条件是其二次运移距离较远，地层温压降低较快，油中溶解的天然气已过饱和并游离析出。基本模式如图 4-28。

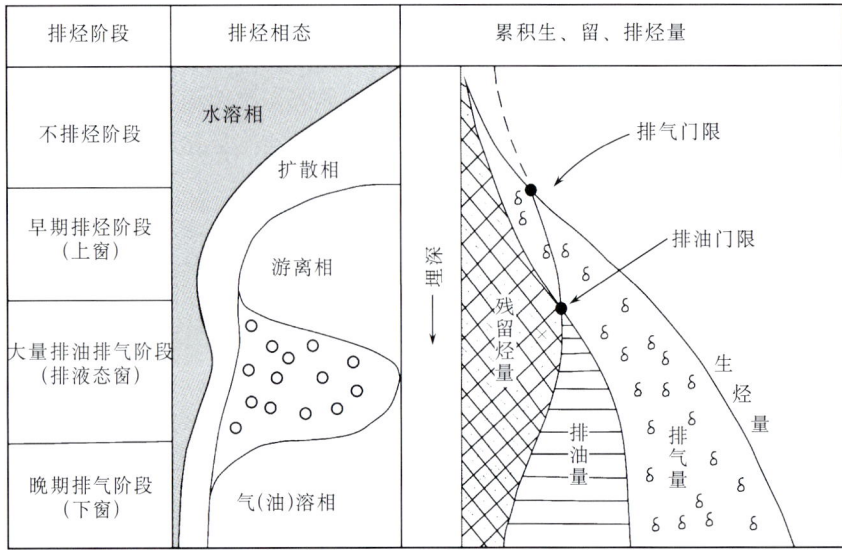

图 4-27　源岩排气早于排油地质模型

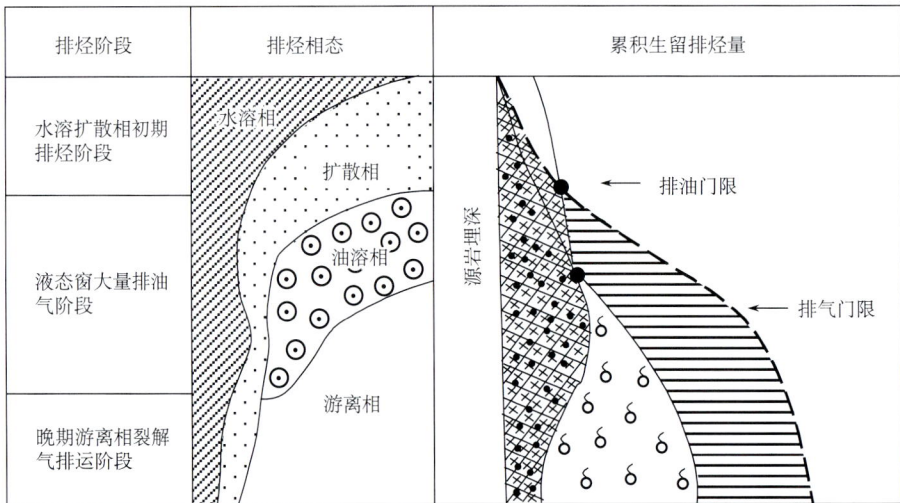

图 4-28　源岩先排油后排气地质模型

（三）模式三：源岩只排气不排油

源岩生成的油气组分由于各自生、留、排运特性不同，达到大量排运的门限也有差异。如有的源岩只能排甲烷气，有的既能排甲烷气，又能排重烃气（图 4-29），但不能排油。在这种模式中源岩生成的液态烃量尚未满足自身存留需要，因此不能以游离相大量排出（图 4-29）。

在源岩生留油量少而生气量大的情况下，甲烷气饱和源岩需要后以游离相形式排出，液态烃和重烃气不能满足源岩留存需要而不能大量排出（图 4-29）。这类源岩利于形成生化甲烷型气藏和干的纯甲烷气藏。

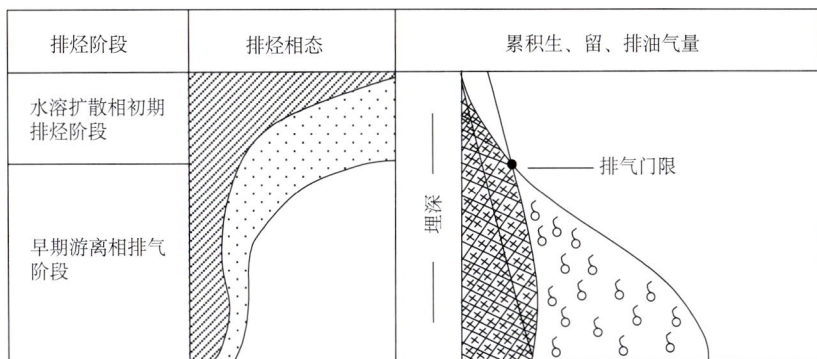

图 4-29　源岩排气无油的地质模式

在自然条件下，只排甲烷气而不排重烃气的源岩层少见，即便在生化作用下、生排天然气的源岩也要排出一定量的重烃气。因此模式三中的第一种情况（图 4-29）是少见的。中国陆相盆地大多数煤及煤系源岩、碳质页岩等的排烃情况符合这一模式。

（四）模式四：源岩排油不排气模式

母质类型特好的源岩生成的气量相对少，气无法饱和源岩自身吸附等形式的残留需要，因而不能以游离相形式排出。另一种情况是，源岩虽然在地史过程中生成了相对较多的气，但由于埋藏速率慢和延续的地史时间较长等原因，使天然气生成后不断地以扩散、水溶和油溶的形式排出，始终无法饱和源岩自身各种形式的存留需要，因而不能以游离相排出（图 4-30）。

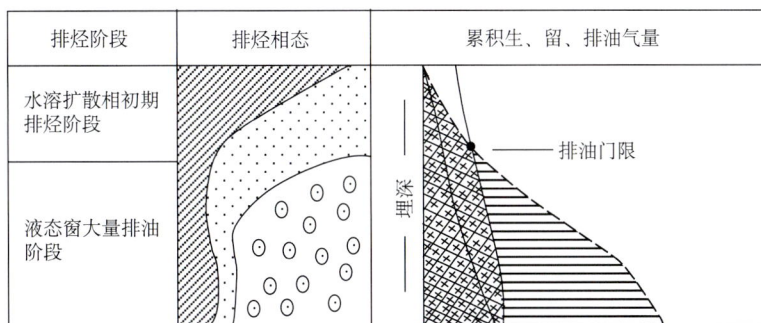

图 4-30　源岩排油无气的地质模式

（五）模式五：源岩既不排油也不排气

属于这种排烃模式的源岩均为非源岩或差源岩，它们或是母质类型差，或是转化程度低，或是母质丰度小。它们的生烃量不能满足自身各种形式的存留需要，因此无法达到排烃门限。这类源岩生成的油气除以水溶相和扩散相排出外，绝大多数都积聚残留于源岩内。这些积聚残留于源岩内的油气只有当源岩进入高温变质阶段（石油高温裂解阶段）后才能以干气（裂解气）的形式大量排出（图4-31）。

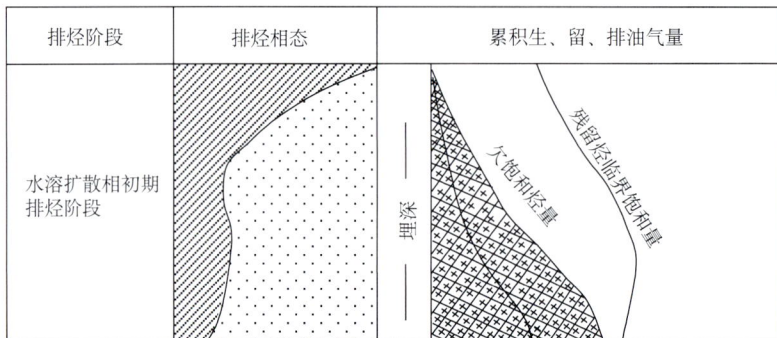

图 4-31　源岩不排油、不排气的地质模式

第五节　油气排出门限的研究意义

排烃门限概念的提出不仅表明源岩排烃临界地质条件存在的客观性，而且揭示生烃作用、残留烃作用和排烃作用与源岩排烃临界地质条件的相互关系。源岩的生烃作用是有机母质丰度、类型和转化程度等因素决定的。源岩的残留烃能力与实际地质条件下源岩对油气的吸附作用、水溶作用、油溶（气）作用及毛细管封堵作用有关。排烃门限概念及其判别标准定量地概括了上述各种地质因素和地质作用之间的相互关系，从而为排烃临界地质条件的定量研究开辟了路径。应用排烃门限理论可以解决上述国外学者提及的有关油气排运临界条件难题，诸如模拟计算源岩排烃的最小有机碳含量下限标准、排烃临界含油饱和度以及排烃临界含油饱和量等。此外，还可以应用排烃门限理论建立新的油源岩和气源岩概念，计算源岩排油气量并确定等级评价标准，研究源岩排油气相态并分析油气运聚机理和成藏模式，划分源岩排油气阶段并指导油气田勘探等。

一、判别有效烃源岩层

在判定出源岩的排烃门限后可以圈定有效源岩的分布范围，计算它们的排烃强度和排烃量，从而为有利区带优选和资源潜力评价提供理论指导。依据排烃门限可有效地确认排烃烃源岩的空间展布，并进一步寻找可能聚集油气的圈闭，提高勘探精度。如依据烃类化学成分对比，确认八面河油田的油气与沙四段2700m以下层段有较好的相关性，即2700m以下的烃源岩始终为主力排烃烃源岩，为有效的烃源岩层。这一临界点确定以后，就可避免在缺少与有效烃源岩连通的浅部地层寻找工业规模的油气藏，并提高油气资源评价的精度。

二、预测有利排油气区与相对资源潜力

在多套烃源岩发育的地区，需要对各类烃源岩的相对贡献量作出客观地评估。此外，根据排烃门限计算有效烃源岩的排烃范围，即可对烃源岩的排烃特征进行平面预测，结合排烃量计算结果，对资源潜力进行初步评价。

源岩在埋深过程中如果依次经历了水溶扩散相初始排烃阶段、早期游离相天然气排运阶段、液态窗大量排油气阶段和晚期游离相天然气排运阶段四个阶段，则属于一般的或总的排油气地质模式。在这种情况下，烃源岩都是热演化程度非常高的过熟烃源岩，它们的有效性需结合排油气过程的综合研究进行评价。

处在水溶、扩散相初始排烃阶段的烃源岩对油气勘探意义不大，因为这些源岩排出的烃量少，不可能聚集成有工业价值的油气藏。此外，它们主要以水溶相和扩散相排烃，排出的油气在常规地质条件下不能富集成藏。

处在"天然气排运上窗"烃源岩有利于开展天然气勘探，但不宜开展油勘探。此阶段的烃源岩往往热演化程度较低，先排出的天然气量有限，一般只能形成小规模的未熟或低熟生化甲烷气藏。

处在"液态窗"的烃源岩目前正在大量生油，也在大量生气，因此它们既有利于形成油藏，也有利于形成气藏和凝析油气藏。Ⅰ类母质发育区应以勘探石油为主，兼探天然气；Ⅲ类母质发育区应以勘探天然气为主，兼探石油；Ⅱ类母质发育区应同时注意油气的勘探。

处在"天然气排运下窗"的烃源岩有利于深层干气勘探，不宜开展石油勘探，除非地层压力过高抑制了液态烃的裂解。

第五章 油气聚集门限及其控油气作用

第一节 油气聚集门限的基本概念

　　油气聚集门限是以物质平衡理论为指导，综合考虑油气在运聚过程中的各种地质作用和地质因素，进行油气资源评价的新方法。该理论认为，油气是一种流体矿产，自形成后就处在一种散失和聚集的动态平衡之中。油气的散失途径包括源岩残留［吸附、孔隙水溶和油溶（气）］、储层滞留［吸附、孔隙水溶和油溶（气）等］、区域盖层形成前排失和运移过程中的流散（围岩吸附、压实水溶解流失和扩散等）及后期的构造破坏等。聚集起来的油气量等于生成量与各种耗散量之差。

　　油气聚集门限的地质过程可简述为：排出烃量在超过了上覆第一套区域盖层与源岩之间的储层滞留烃量、区域盖层形成前的排失烃量、系统内扩散损耗烃量及水溶流失烃量后达到聚集门限并成藏对应的临界地质条件。这实际就是研究油气运聚过程中，一次运移和二次运移过程中的各种形式的损耗烃量，从研究油气成藏的不利因素入手，分析油气成藏过程，从而进行油气资源评价。

　　研究油气聚集门限就是研究油气聚集成藏过程中的损耗烃量，其意义主要体现在三个方面：一是可以用于研究油气运聚效率，为油气资源评价提供关键参数；二是可以用于油气资源评价，优选最有利勘探目标；三是可以从另一个完全不同的角度揭示油气分布规律，指导勘探部署。

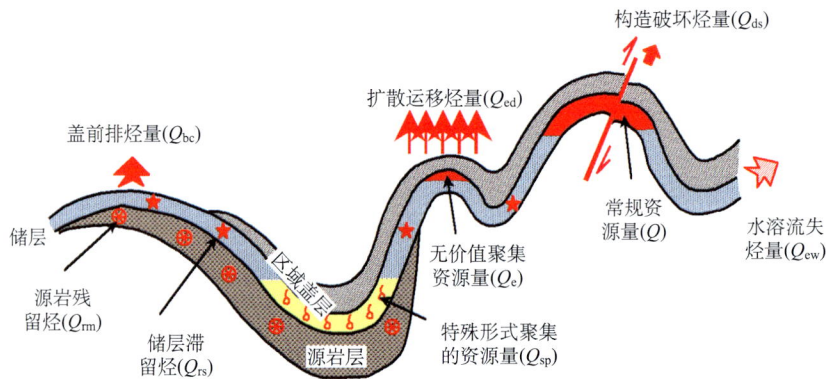

图 5-1　油气聚集门限控烃作用地质的概念模型（庞雄奇等，2000）

聚集门限实际上是一个临界地质条件（图 5-1 和图 5-2），满足这一条件，油气藏可以形成；不满足这一条件，油气藏不能形成。从物质平衡的角度讨论问题，这一条件代表了研究区油气排出源岩后还未进入圈闭成藏前的最低损耗量（Q_{lm}），也代表了研究区油气成藏所需的源岩最低生油气量。

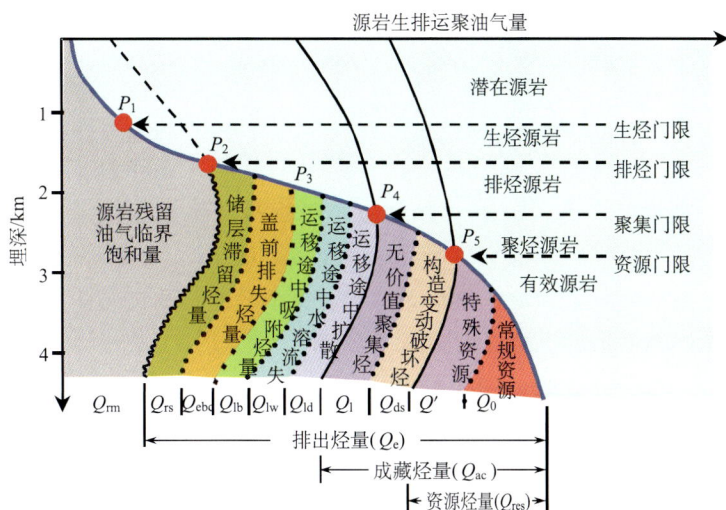

图 5-2 油气聚集门限及其控烃作用的定量概念模型（庞雄奇等，2000）

第二节 油气成藏体系划分

一、油气成藏体系的基本概念

在油气勘探实践中，石油地质工作者不断地总结和发现石油地质规律。20 世纪 60 年代，在研究松辽盆地油气分布规律时，我国石油地质工作者根据基本地球化学分析和地质分析，提出并成功地应用了"成油系统"的概念（胡朝元和廖曦，1996）；70 年代，在渤海湾盆地成功油气勘探实践的基础上，这一概念逐渐发展成为"源控论"（胡朝元，1982）；后来又有人提出了"源-盖共控论"（周兴熙，1997）。国外学者在 20 世纪 70 年代初提出了"含油气系统"理论（Dow，1974），90 年代，这一理论引入我国，受到了广大学者的青睐并应用于我国的油气勘探实践中。但在应用中发现经典的"含油气系统"概念不适合我国叠合盆地的油气勘探，对此，我国一些学者提出了"复合油气系统"、"叠合油气系统"和"混合油气系统"等概念，"油气成藏体系"的概念正是在此背景下由金之钧等（2001）提出的。

（一）油气成藏体系及内涵

油气成藏体系是油气聚集带和与其关联的一系列成藏要素（烃源岩、通道、圈闭）和成藏作用（生、排、运、聚、保）的有机组合。油气成藏体系以油气聚集带构造或圈闭的形成、演化为主线，以烃源岩形成、分布与演化规律为基础进行油气成藏规律的系统分析。

油气成藏体系内涵如下：

（1）在指导思想上，油气成藏体系将油气的成藏过程认定为一个自然系统，使用"元素-结构-功能"这一真正意义上"系统"的思想来进行石油地质研究，更有利于系统论思想与石油地质研究的紧密结合。

（2）在研究方法上，油气成藏体系研究强调油源、输导体系和圈闭之间相互关联、相互制约的"系统性"综合方法，突出具有纽带作用的输导体系研究。

（3）油气成藏体系概念具有普遍的适用性，它既可以是单烃源岩，也可以是多烃源岩；既可以是一期成藏，又可以是多期成藏。成藏体系是盆地内相对独立的油气生、运、聚单元，因此是最适合进行油气资源评价的地质单元。

（4）油气成藏体系是以"藏"为核心，或者说是以控制油气运移指向的构造单元为核心；在纵向上由区域性稳定分布的封隔层分隔开生储配置，其边界在剖面上为油气垂向运聚边界，即区域性分布的烃源岩层和盖层；在平面上由区域性盖层底面的向斜轴线、流体高势分界线及封堵面（封闭性大断层或盆地边界）分开。一个油气藏只能归属于一个成藏体系。

（5）含油气系统以"源"为核心，主要用于油气系统成因分析；油气成藏体系则以"藏"为核心，而且有具体的储集层段和圈闭结构，可以较为准确地预测油气资源量，并对油气藏规模序列分布进行评价。

（二）与（复式）油气聚集带概念的关联与差异

1. 复式油气聚集带的概念

复式油气聚集带是在 20 世纪 70 年代渤海湾盆地油气勘探实践中提出来的。复式油气聚集带是指不同构造层、多个含油层系、多种类型油气藏在时间上的叠加和在空间上的复合，它不仅包括受二级构造带控制的油气田带（或群），而且也包括在一定构造背景上地层—岩性因素控制的油气田带（或群）（陈景达，1980，1988）。复式油气聚集带主要受二级断裂构造带、区域性断裂带、区域性岩性尖灭带、物性变化带、地层超覆带和地层不整合等多种因素的影响，其中某一种因素在油气聚集和富集的过程中起主导作用。

2. 油气成藏体系与复式油气聚集带的关系

复式油气聚集带只是油气成藏体系中的一部分（图 5-3）。复式油气聚集带只关注油气聚集的场所，是静态的概念，而油气成藏体系不仅包括油气聚集带，它还以油气聚集带为中心，把油气的成藏要素和成藏作用组合为有机的整体。因此，油气成藏体系是一个有机的系统，而复式油气聚集带只是这个有机系统中的要素之一。

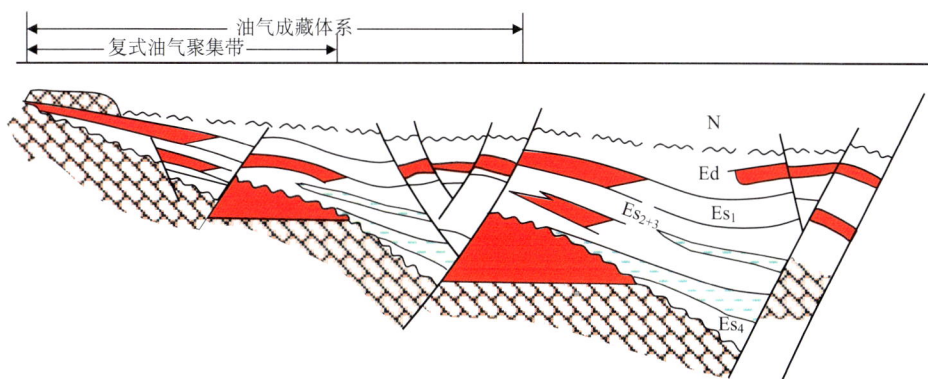

图 5-3 东营凹陷复式油气聚集带控油气模式剖面分布图

（三）与含油气系统概念的关联与差异

1. 含油气系统概念

自从 1972 年 Dow 首次提出"石油系统（oil system）"的概念之后，许多学者（Perrodon，1980，1983；Perrodon and Masse，1984；Magoon，1987；Magoon and Dow，1994）都给含油气系统赋予了大体相似的含义或者提出了类似的概念。

Magoon 和 Dow（1994）对含油气系统做出如下定义：这里把含油气系统定义为这样一个天然的系统，该系统包括成熟烃源岩和与此相关的所有石油和天然气，同时又包括了油气聚集存在所必需的所有地质要素和成藏作用。其中所指的有效烃源岩目前可能已不再有效或已耗尽（油气已排出）。这里的"油气"包括：①聚集在一起的在常规油气田、气水合物、致密气田、裂缝性页岩和煤中发现的热成因或生物成因气；②在自然界发现的聚集在一起的凝析油、原油和沥青。"系统"一词指构成存在油气聚集的地质单元的相互关联的所有基本要素和成藏作用。"基本要素"包括烃源岩、储集层、盖层和上覆岩层。"作用过程"包括圈闭的形成和油气的生成—运移—聚集。这些基本要素和成藏作用按一定的时间和空间顺序存在和发生，才使得烃源岩中的有机质最终转化为油气聚集。这些基本要素和成藏作用存在及发生的地方就是含油气系统所在的位置。

2. 油气成藏体系与含油气系统的关系

含油气系统和油气成藏体系都是强调油气的生成、运移、聚集成藏的石油地质条件和成藏过程。二者研究的要素和作用相似，研究的对象都是油气的形成和分布，研究的目的也都是预测和寻找潜在的油气区带和油气田。

油气成藏体系和含油气系统是两个完全不同的概念（窦立荣，1999）。二者最明显的差异是分析问题的角度不同：含油气系统强调烃源岩的形成、分布与演化，以烃源岩形成、分布与演化规律为主线进行系统分析，而油气成藏体系的着眼点在于以聚集单元为中心，这样就与勘探目标紧密地结合在一起。从划分区域来看，当油气成藏体系只有一个油气源时，油气成藏体系是含油气系统的亚一级单元；当一个油气成藏体系位于两个油气源之间时，这个油气成藏体系同时包含了两个含油气系统各自的部分（见图5-4）。在我国大多数盆地都存在多旋回构造演化、多套烃源岩、多次成藏、多次破坏和油源混淆等现象，很难找到一个单油源含油气系统，往往是一层多源（同一个储层会同时接受多套烃源岩生成的油气）或一源多层（同一套源岩的油气会提供给不同的储层），含油气系统划分存在问题，而油气成藏体系的划分可以解决这个问题。

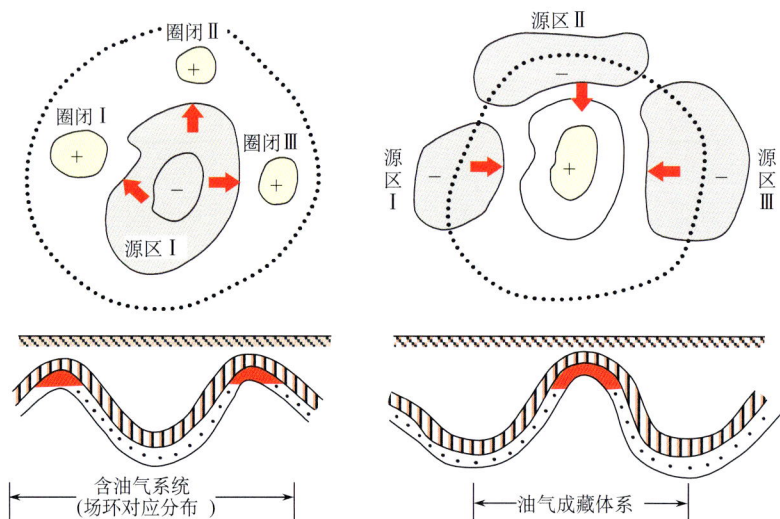

图 5-4　含油气系统和成藏体系的对比图

二、油气成藏体系划分原则

根据前述的定义，油气成藏体系由烃源体、疏导体和圈闭等三个基本元素所构成，每一个基本元素又构成了各自相对独立的子系统，即油气源子体系、油气疏导子体系和油气圈闭子体系，三个子体系间有效地匹配组合则构成油气成藏体系的结构，这一构成方式是成藏体系分类研究的基础。如果将三个子体系（元素）的属性特征以"元"来表征，将系统所产生的功能效应以"体"来表征，那么"三元一体"化的研究方法就适用于对所有成藏体系的分析。在油气成藏体系研究中，烃源是物质基础，它决定着成藏体系的基本属性。如果同时将元素的匹配和系统的结构特征以"位"来表征，那么对成藏体系的研究就具体表现为"源位匹配"化的思路方法。

根据独立烃源岩的发育情况，油气成藏体系首先可以有单源和多源之分（表5-1），其中的多源又有二源、三源等类型，表示了油气成藏体系作为系统特征的基本属性；根据三大元素的匹配组合关系，油气成藏体系又有一位、二位和三位特征之分，其中的位是指成藏体系三大元素在以不同方式进行匹配组合之后所产生的空间体系概念，决定了油气成藏体系的结构类型。从烃源、疏导体系到圈闭，由于每一元素均包含了自身的时间和空间概念，成藏体系的时间也就涵盖了从"源"到"疏导"，再到"藏"的基本过程，所以它们的匹配组合也就具有了表示油气成藏体系在时间和空间上分布规律的属性特征。

表 5-1　油气成藏体系结构分类（金之钧等，2001）

类型		一位	二位	三位
		单源一位	单源二位	单源三位
单源				
多源	二源	—	—	二源三位
	三源	—	—	三源三位
说明		⊕：烃源岩；⊖：圈闭；⊕：烃源岩+圈闭；➡：疏导体系		

在上述分类中，"一位"类型反映了油气成藏体系宏观总体上的"源储一体化"特征，即成藏体系中的三大元素在空间上是吻合一致的。与此相应，它们在时间上也就基本能够达到协调。在"一位"类型中，成藏体系中油气藏的类型特点更多地表现为非常规性质，如在烃源岩中发育的裂缝性油气成藏体系和位于烃源岩中的砂岩透镜体成藏体系等；"二位"类型在宏观总体特征上反映了油气成藏体系"源储相通相连"的基本性质，由于疏导作用发生或基本发生在烃源、圈闭或两者之间的叠合范围内，烃源与圈闭元素就基本上决定了作为系统的油气成藏体系的基本属性。在该类型的成藏体系中，油气藏类型较多地体现为特殊性质，如烃源岩与其上覆生物礁体构成的成藏体系和烃源岩与致密储层相接而构成的深盆成藏体系等；"三位"类型表现为成藏体系三大元素之间彼此独立的作用特点，油气成藏体系的"系统性"特征体现得更为明显，所形成的油气藏类型更为普遍。

油气成藏体系划分的一般性原则：

（1）在油气成藏体系划分时，兼顾烃源岩和主要的油气运移聚集区。

（2）一个具有统一油气水界面的油气藏只能属于一个油气成藏体系，要考虑油藏的整体性与不可分性。

（3）对于多套烃源岩、多期成藏的多旋回盆地，首先应当根据构造层、高压封闭层等特征对成藏旋回（生、储、盖、含油气组合）进行划分，然后据此实施油气成藏体系的类型划分。

（4）以聚油单元为核心，运移通道为主线，以供源区为边界进行成藏体系划分。

（5）在油气成藏体系内部，应有统一的温压场和水动力场。

（6）在断层十分发育的复式油气聚集区，烃源岩分布于下伏层系，油气主要富集于其上的不同层系，很难在纵向上将其截然分开。

金之钧等（1998）曾就一般性原则作过如下总结：

（1）划分油气成藏体系时烃源岩和主要油气运聚区兼顾。

（2）一个具有统一油气水界面的油气藏只能属于一个成藏体系。

（3）对于多套烃源岩、多期成藏的多旋回盆地，首先根据构造层、高压封闭层等划分成藏旋回（生储盖含油气组合），然后再在平面上划分成藏体系。

（4）对于每个成藏旋回，一般应以运聚单元为核心，以运移通道为主线，以供源区为边界对成藏体系进行划分。

根据单烃源岩和多烃源岩可以将成藏体系划分为单源成藏体系和多源成藏体系。根据油源分布、储层类型及圈闭类型等情况，可以把油气成藏体系进一步划分为多个亚油气成藏体系。对于单源油气成藏体系，主要根据储层类型及圈闭类型来划分亚油气成藏体系；对于多源油气成藏体系，可以根据油源条件来划分亚油气成藏体系。

三、油气成藏体系划分实例

油气成藏体系划分的具体方法主要是依据油气田所在盆地（拗陷）的上覆盖区古构造，编制流体势场图，参考供油气的烃源岩区，依分割槽确定其油气运移方向和运聚区，并将其与构造或圈闭的形成与演化相结合，划分出各油气田的油气成藏体系。根据上述油气成藏体系的概念及划分原则，在对某一研究区进行具体划分时，有如下两种具体方法。

（一）用分割槽理论划分油气成藏体系

用分割槽理论划分油气成藏体系的具体做法是：首先进行含油气系统划分，在含油气系统划分的基础上，将生油凹陷按分割槽原理，分成几个油气运聚方向，每一个方向所含括的生油岩与其上方的圈闭组合，或两个含油气系统中相向油气运聚方向所包括的生油岩与两者上方共有的圈闭的有机组合，就构成一个油气成藏体系（如图5-5）。

（二）用流体势场理论划分成藏体系

用流体势场理论划分成藏体系具体做法与用分割槽理论划分油气成藏体系相似（姜振学和付广，1994；姜振学等，1997），首先进行含油气系统划分，在含油气系统划分的基础上，将生油凹陷按流体势原理分成几个油气运聚区带，每一个区带所包括的生油岩（一个或多个）、其涉及的圈闭及其成藏作用的组合，构成一个油气成藏体系（图5-6）。在地史演化过程中，一个油气成藏体系的边界是随着自身流体势场特征的变化而变化的。

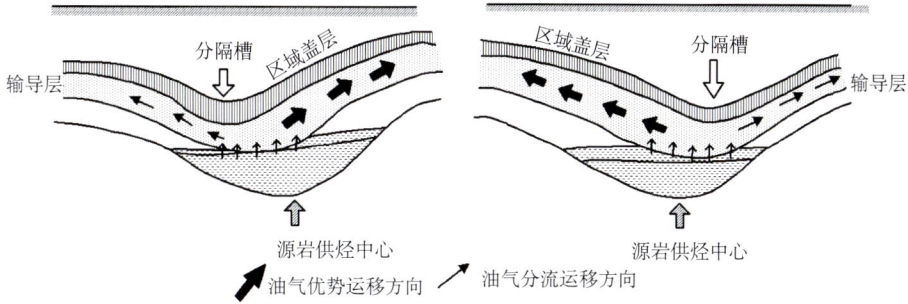

(a) 分隔槽向供烃中心左侧偏移，油气趋向右侧运聚　(b) 分隔槽向供烃中心右侧偏移，油气趋向于向左侧运聚

图 5-5　区域盖层分隔槽控制油气运移方向和划分油气成藏体系的地质概念模型（庞雄奇等，2002）

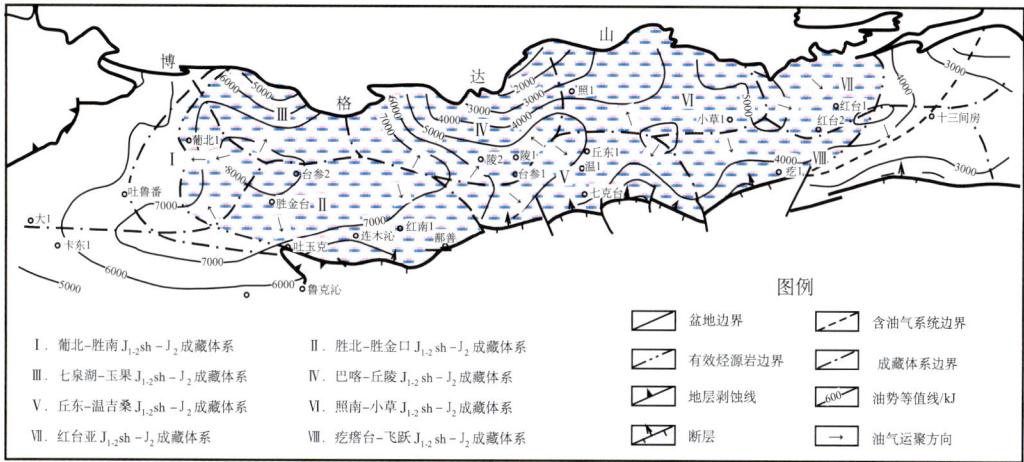

图 5-6　吐哈盆地北部凹陷带三间房组现今油势场分布
及 $J_{1-2}sh-J_2$ 成藏体系划分图（据姜振学等，1999）

第三节　油气聚集门限的研究方法

一、盖前排失烃量的计算

若源岩达到排烃门限之后其上覆盖层还没有形成，则其排出的油气将全部溢散掉。盖前排失烃量是指源岩层之上的第一套区域性盖层形成前源岩的排出烃量，这些烃量由于受不到保护而散失。图 5-7 为概念模型。

某一地区（运聚单元）内源岩盖前排失烃量计算模型为

$$Q_{ebc} = \int_{t_0}^{t_1} q_e S_n dt \qquad (5-1)$$

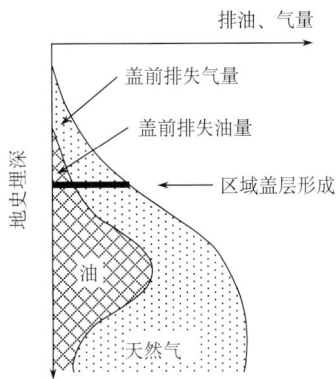

图 5-7 盖前排失烃量概念模型
（庞雄奇等，2000）

$$k_{ebc} = \frac{Q_{ebc}}{Q_e}$$

式中，Q_{ebc} 为盖前排失烃总量；q_e 为源岩排烃强度；S_n 为源岩层分布面积；t_0 为源岩达到排烃门限的时间；t_1 为第一套区域性盖层形成的时间；k_{ebc} 为源岩盖前排烃比率（％）；Q_e 为源岩累积排出烃量。

二、溶解烃量的计算

（一）水溶运移流失烃量的研究

油气在其生成、运移和聚集的整个过程中，始终与水处于同一系统内，即整个过程中油气与地层水发生相互作用并溶解于水中。地下油气的水溶流失作用主要指区域盖层形成后，从源岩排出的烃量在进入圈闭途中有一部分溶解在地层水中，并随地层水排出成藏体系而流失。

水溶运移流失烃量指油气以水溶相损耗的烃量，主要分为三部分：①油气随源岩压实排出的水溶解烃量；②游离态的烃在排出源岩后被区域盖层下伏储层孔隙水溶解后，再被压实而随水流失的烃量；③游离态的烃侧向运移到运聚单元内源岩分布以外的储层，并被孔隙水溶解的烃量（图 5-8）（石兴春等，2000）。

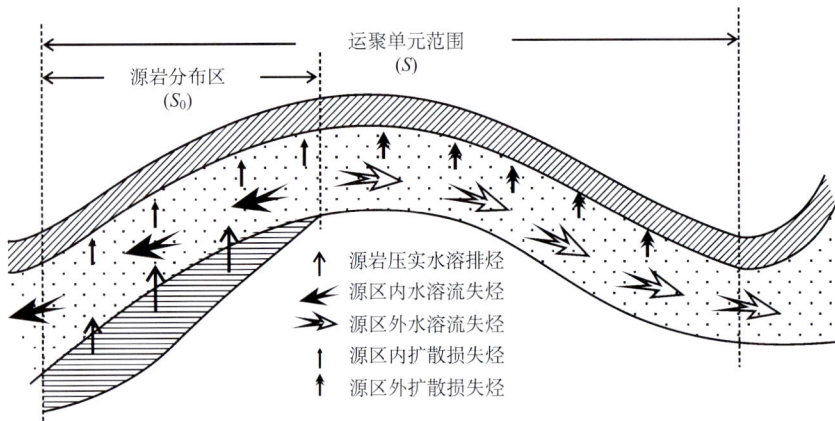

图 5-8 运移水溶扩散流失烃的地质概念模型

水溶相流失烃量计算主要考虑运聚系统内区域盖层下伏地层排失的水量以及烃在水中的溶解度，扩散相散失烃量计算主要考虑区域盖层形成后，其下伏地层的地层水与地表淡水之间的水溶烃浓度梯度、持续的时间以及运聚面积范围。计算模型如下。

1. 源岩层水溶相排失烃量

$$Q_{wd}^{ss} = H_{源} S_{源} q_e k_{ew} \tag{5-2}$$

2. 源盖之间储层水溶相排失烃量

$$Q_{wd}^{rr} = H_{储} S_{储} q_e k_{储} \alpha_{储} \tag{5-3}$$

3. 源盖间非生烃的泥岩等水溶相流失烃量

$$Q_{wd}^{nn} = H_{非} S_{非} q_e k_{非} \alpha_{非} \tag{5-4}$$

式中，$H_{源}$、$H_{储}$ 和 $H_{非}$ 分别表示运聚单元内源岩、储集层和非源非储地层的厚度（m）；$S_{源}$、$S_{储}$ 和 $S_{非}$ 分别表示运聚单元内源岩、储集层和非源非储地层的分布面积（m²）；q_e 为单位体积源岩的累计排出烃量（t）；k_{ew} 表示源岩排出水溶相烃的相对量（t）；S 表示运聚单元的面积（m²）；$\alpha_{储}$、$\alpha_{非}$ 表示储层和非生储地层排出水量与源岩层比较时的校正因子，实数；$k_{储}$、$k_{非}$ 为源岩区外储层和非生储地层面积占运聚单元面积比率，实数。

运聚单元内运移流散烃量是上述三种烃量之和：

$$Q_{wd} = Q_{wd}^{ss} + Q_{wd}^{rr} + Q_{wd}^{nn} \tag{5-5}$$

进一步整理简化为

$$Q_{wd} = (V_{源} + V_{储} \alpha_{储} + V_{非} \alpha_{非}) q_{ew} \tag{5-6}$$

式中，Q_{wd} 为运聚单元内水溶相流失烃量（t）；$\alpha_{储}$、$\alpha_{非}$ 为同条件下储层和非生储层压实排水量之比率，为实数；$k_{储}$、$k_{非}$ 为源岩区外储层和非生储地层面积占运聚单元面积比率，为实数；q_{ew} 为单位体积源岩层排出的水溶相流失烃量（t）。

一般情况下，$\alpha_{储} \approx 0.7$，$\alpha_{非} \approx 1.0$，$k_{非} \approx 0$，则有

$$Q_{wd} = (V_{源} + 0.7V_{储}) q_{ew} + (V_{源} + 0.7V_{储}) q_{ed} \tag{5-7}$$

（二）油溶运移天然气量研究

源岩中的油气除极少数以水溶的形式残留外，大都以游离相的形式存在。它们或以油滴、油斑的形式占据孔隙中心，或以吸着的形式吸附于矿物颗粒表面，或以吸收的形式富存于干酪根网络的孔隙空间。根据相似相溶原理，母质生成的低分子烃优先以溶解的形式富存于大分子烃集合体的网络空间中。低分子烃只有在其生成量超过了液态烃的溶解残留需要和水溶残留需要时，才能以游离的气态形式出现。

1. 影响因素

天然气在源岩内液态烃中的残留量取决于源岩的孔隙度（Φ）、残留烃临界饱和度（S_0）和天然气在油中的溶解度（q_{og}），不同的烃组分在源岩中残留的量不同，计算模型如下式所示：

$$Q_{og} = \Phi S_0 q_{og} \tag{5-8}$$

式中，Q_{og} 为单位体积源岩中残留烃量（mg）；Φ 为孔隙度（%）；S_0 为残留烃临界饱和度（mg）；q_{og} 为溶解度（%）。

1）孔隙度等因素对源岩残留油溶气量的影响

在其他条件不变的情况下，源岩孔隙度越大，残留的液态烃量越多，因此油溶残留气的临界饱和量越大。欠压实地层的渗透性较正常压实地层差，源岩内残留烃临界饱和度比正常压实地层的大，因此残留液态烃量较正常压实地层的偏大。

随埋深增大，源岩孔隙度减小，同时源岩内残留烃临界饱和度增大。二者作用的最终结果是源岩残留烃临界饱和量随埋深增加先增大，达到某一极值后再减小，呈大肚子曲线分布，源岩内的油溶残留气量也呈大肚子曲线分布。

2）温压介质条件对残留油溶气量的影响

在源岩残留液态烃临界饱和量一定的情况下，源岩残留油溶气量主要取决于温压介质条件和油、气的性质。据实验结果，随温度降低、压力升高，原油溶解气量增大。原油密度较小时，原油溶气量随温压增大的速率加快；原油密度较大时，原油溶气量随温压增大的速率变小。因此，压力是影响原油溶气量的一个重要因素。

3）原油密度和天然气组分对油溶残留气量的影响

源岩在不同阶段生成原油的物理性质和化学性质不同，它们对天然气的溶解作用也不相同。一般低熟和过熟阶段生成的液态烃密度小，易溶解分子量小的烃气。总体上，石油易溶解烃类气体，如甲烷在石油中的溶解度约是在水中溶解度的9倍，甲烷的同系物在油中的溶解度更大。对CH_4、C_2H_6、C_3H_8和C_4H_{10}几种轻烃而言，分子量越大的烃气在油中的溶解度越大；密度越大的原油溶气量越小。

地下原油采到地表后释放出的天然气中，一般总是CH_4含量高于C_2H_6，C_2H_6高于C_3H_8。这说明除甲烷气外，其他组分在原油中均未达到饱和。表5-2是世界上不同盆地的原油在饱和温压条件下的溶气总量及松辽盆地原油采到地表后在不同温压条件下的脱气量。可以看出，每立方米原油的溶气量为50~500m^3，松辽盆地如果按每立方米原油平均溶40m^3气计算，大庆油田的油溶气量在$4\times10^{11}m^3$以上。如果以50%的排烃效率计算，在松辽盆地各种形式的原油内，目前残留的气量在$8\times10^{11}m^3$以上。

表5-2　几个油田的溶解气量和体积系数（庞雄奇，1995）

油田名称	地层温度/℃	油层压力/MPa	饱和压力/MPa	溶解气量/(m^3/m^3)	体积系数	收缩率/%
赫列布诺夫卡（苏联）	23	7.2	7.2	50.5	1.12	10.7
罗马什金（苏联）	40	17	8.5	50.0	1.15	13.0
阿赫蒂尔卡（苏联）	58	16.2	15.2	96.7	1.28	21.8
新季米特里耶夫斯克（苏联）	103	34.5	23.8	216.7	1.68	40.5
爱尔克-茜齐（美）	82	30.7	23.8	506.0	2.62	61.9
大庆	45	7~12	6.4~11	45	1.09~1.15	8.3~13.0

2. 模拟实验结果分析

本次研究选取济阳拗陷的原油样品，并依照济阳拗陷古近系目的层的埋深、温度和压力开展溶解气物理模拟实验。实验采用的仪器、方法和原理与水溶气模拟实验相同。为了使模拟实验结果具有普遍的适用性，样品选取及模拟实验遵循以下几条原则：

（1）取样井位和取样层位尽可能扩大范围；

（2）油样的比重差别尽可能大，从 $0.84 \sim 0.97 \mathrm{g/cm^3}$ 都有（表 5-3）；

（3）油样在实验条件下的增温、升压设计参考实际温压条件（表 5-4）；

（4）实验用到的气体采用地质条件下采出的纯天然气。

表 5-3 原油样品来源及其密度特征

油田名称	区块/井号	产层	原油密度/(g/cm³)	测量温度/℃
郝家油田	史 115 区块	Es₃	0.8547	50
博兴油田	通 81 块	Es₄	0.8462	60
大芦湖油田	樊 7-斜 15	Es₃	0.9614	75
草桥油田	草 13-15	Ed	0.9701	70
临盘油田	临 33-2	Es₂	0.9031	50

表 5-4 油溶气物理模拟实验的温-压条件

温度/℃	38	56	74	92	110	128	146	164
压力/MPa	5	10	15	20	25	30	35	40

从图 5-9 可见：①油溶气量随温压增高而增大，每吨原油的溶气量最大可达到 $205 \mathrm{m^3}$ 左右，不同原油样品的最大溶气量也有差异；②油溶气量的大小与密度关系密切，一般而言，密度小的原油溶气量较密度大的大。如通 81 块原油密度（0.8462g/

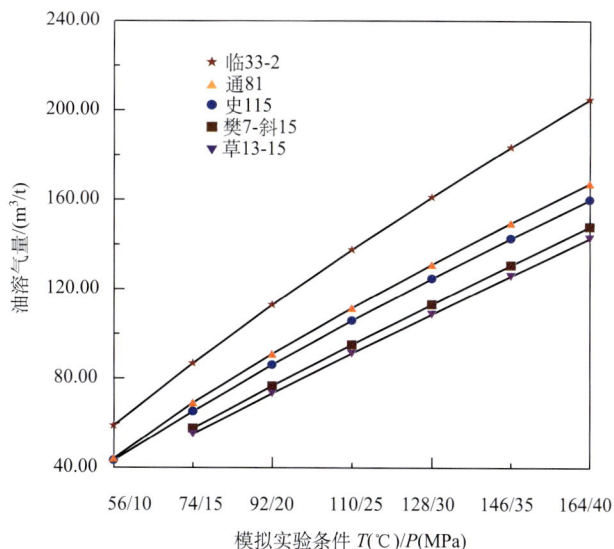

图 5-9 济阳拗陷原油溶解气量的模拟实验结果

cm³）小于草 13-15 井原油密度（0.9701g/cm³），但前者的溶气量（167.313m³/t）却大于后者（142.788m³/t）。也有例外，如临 33-2 井的原油密度（0.9031g/cm³）不是最小的，但溶气量（205.029m³/t）却是最大的。这说明，原油的溶气能力除与温-压条件和自身密度有关系，还受其他因素的影响。

三、储层滞留游离态烃量的计算

储层滞留烃主要指油气排出源岩后在运移至圈闭途中滞留在区域盖层下的储层中的烃量，包括吸附残留烃、水溶残留烃、油溶残留气和游离相残留气等多种形式（图 5-10 和图 5-11）。

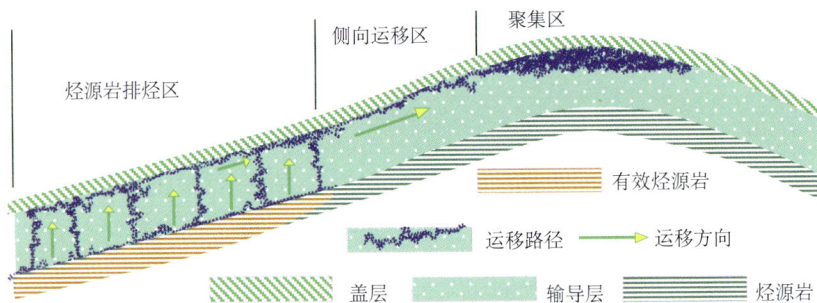

图 5-10　油气二次运移过程在剖面上的表现

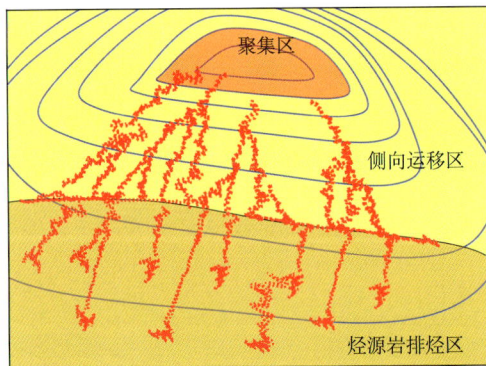

图 5-11　油气二次运移过程在平面上的表现

油气排出源岩后并非充满整个储层空间，而是有选择性地在有限的运载层空间中运移（Gussow，1954，1968；Schowalter，1979；England，1987；Dembicki and Anderson，1989；Catalan et al.，1992；Thomas and Clouse，1995；Rhea et al.，1994；Hindle；1997）。运移滞留烃量的大小与二次运移的过程紧密相关，油气在盆地内的二次运移是一个极不均一的过程（McNeal，1961；Smith，1966；Berg，1975）。即便是在均匀的孔隙介质内，油气的运移也只沿着通道范围内有限的路径发生，其体积只占全部输导层的 1%～10% （Schowalter，1979；Dembicki and Anderson，1989；Catalan et al.，1992；Hirsch and Thompson，1995）。

由实际盆地中油气的二次运移过程可以推断（图 5-10 和图 5-11），油气的二次运移路径可分两个部分：一部分是油气在烃源岩排烃范围内输导层中的垂直运移；另一部分是油气在盖层之下的输导层顶部的侧向运移。在后者中，烃源岩排烃范围内外的运移路径的空间分布是截然不同的。

罗晓容教授（2008）在实验模拟和数值模拟的基础上提出了计算油气运移滞留烃量的计算模型。

烃源岩灶的边缘向外的运移通道中的石油损失量可由下式给出：

$$\begin{cases} Q_3 = \Phi S_2 W L_d, & L_d \leqslant 0.125 \\ Q_3 = \Phi S_2 W \left(0.125 + 0.445 \int_{0.125}^{L_d} L^{-0.3853} \mathrm{d}L \right), & L_d > 0.125 \end{cases} \tag{5-9}$$

同时，在烃源岩范围内，运移通道上的损耗烃量可由下式给出：

$$\begin{cases} Q_{1+2} = \Phi S_r S_t S_c h / L_m + S_r S_2 S_t S_c \\ Q_{1+2} = S_r S_t S_c (\Phi h / L_m + S_2) \end{cases} \tag{5-10}$$

综上，可以提出盆地尺度上估算石油在运移途中的损失量 Q_m 的公式：

$$\begin{cases} Q_m = \Phi S_r S_t S_c h / L_m^2 + S_r S_2 S_t S_c + Q_3 \\ Q_m = S_r S_t S_c (\Phi h / L_m^2 + S_2) + Q_3 \end{cases} \tag{5-11}$$

式中，W 为烃源岩供烃范围的宽度（m）；S_2 为烃源岩范围边缘向外发生侧向运移时的平面径道比初始值；L_d 为距烃源岩范围边缘的特征距离（m）；Φ 为储层孔隙度（%）；S_t 为烃源岩范围的面积（m²）；S_r 为运移路径内残余烃饱和度（%）；h 为输导层厚度（m）；L_m 为独立运移单元的长度度量（m）；S_c 为实验室尺度上垂向运移路径占通道的平均比例。

四、储层内向外扩散烃量的计算

扩散现象是自然界物质转移的一种基本现象，是指由物理量梯度引起并使该物理量趋于平均化的物质迁移现象。由浓度梯度引起的该现象称为分子扩散，即当物质存在着浓度差时，物质就有从高浓度一侧向低浓度一侧转移的扩散现象发生，直到两侧浓度平衡为止。在漫长的地质演化过程中，随着烃源岩大量生成油气，使得成藏体系中烃浓度由下伏烃源层向上覆岩层逐渐降低，油气分子（主要是轻烃）开始通过岩石孔隙向上扩散，并且只要这种烃浓度差异存在，油气扩散就无时无刻不在发生。有关研究表明，在某些场合下轻烃扩散作用可导致地史过程中的扩散损失量远远超过现有储量。

油气扩散作用是由油气烃浓度梯度引起的油气分子扩散作用（郝石生等，1995；付晓泰等，1996）。只要存在烃浓度差，就会发生油气的扩散作用。自油气从源岩生成，油气分子就开始通过岩石孔隙向上扩散。

据菲克定律，扩散量与历经时间、扩散面积、浓度梯度和扩散系数正相关。考虑多种影响因素后建立扩散烃量计算模型为

$$Q_{ed} = \int_0^t SD \frac{dc}{dZ} dt \qquad (5-12)$$

式中，Q_{ed} 为扩散烃量（m^3）；dc/dZ 为烃浓度梯度（m^3/m）；D 为扩散系数（m^2/s）；S 为横截面积（扩散面积）（m^2）；t 为扩散时间（s）。

五、油气聚集门限综合判别与可供聚集量的计算

（一）据成藏体系内生烃量（Q_p）与损耗烃临界饱和量（Q_{lm}）判别聚集门限

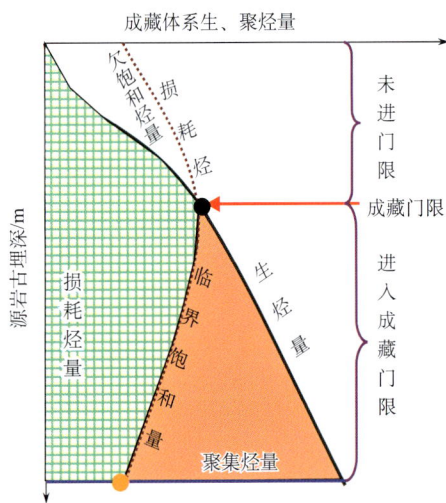

图 5-12　据成藏体系生烃量判别聚集门限

成藏体系内油气聚集并成藏是源岩生烃量和各种损耗烃量平衡的结果，达到聚集门限前，源岩内生成的烃量小于损耗烃临界饱和量，成藏体系处于欠饱和状态；达到聚集门限后，成藏体系内生烃量超过损耗烃临界饱和量，开始有游离态油气聚集。聚集门限是指在成藏体系中源岩生烃量从欠饱和损耗烃量到过饱和的转折点〔图 5-12 和式（5-13）〕。

$$Q_p \begin{cases} < Q_{lm}, & \text{未达到聚集门限} \\ = Q_{lm}, & \text{处在聚集门限} \\ > Q_{lm}, & \text{已达到聚集门限} \end{cases}$$

$$(5-13)$$

（二）据成藏体系内损耗烃量（Q_l）判别聚集门限

通过对成藏体系实际损耗烃量的测算和对不同地质条件下成藏体系内损耗烃临界饱和量的计算可以建立聚集门限的判别标准。成藏体系达到聚集门限前实际损耗烃量（Q_l）较其损耗烃临界饱和量（Q_{lm}）小；达到聚集门限后实际损耗烃量与其损耗烃临界饱和量相等。成藏体系内实际损耗烃量刚好满足各种损耗烃量对应的临界条件即为聚集门限。值得一提的是，聚集门限实际上是一个动态的概念，并且在地史过程中是不断变化的。即使成藏体系已经达到聚集门限，由扩散和水溶流失作用等造成的烃类损耗仍在进行，只是在相同时期内源岩生排烃量大于烃类损耗量，从而保证了成藏体系内仍不断有游离相的油气聚集，因此聚集门限的概念与油气运聚动态平衡是密切相关的〔图 5-13 和式（5-14）〕。

114

$$Q_1 \begin{cases} < Q_{1m}, & \text{未达到聚集门限} \\ = Q_{1m}, & \text{处在聚集门限} \\ > Q_{1m}, & \text{已达到聚集门限} \end{cases} \qquad (5\text{-}14)$$

（三）据成藏体系内油气相态变化特征判别聚集门限

成藏体系达到聚集门限后的根本特征是其内部油气过饱和，并开始有游离态的油气聚集。源岩排出的烃量在满足了地层水溶解作用、地下油溶（气）作用、扩散作用等多种形式的损耗需要后，开始有游离相（Q_{es}）油气聚集的转折点即为聚集门限（图5-14）。

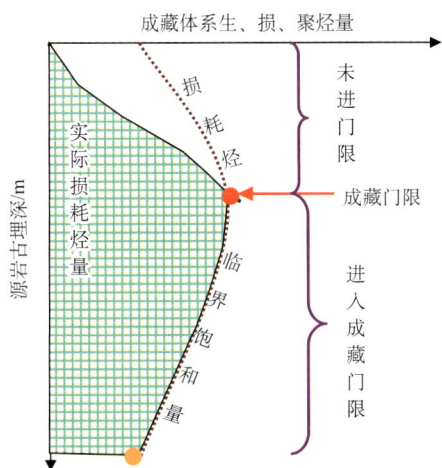

图 5-13　据成藏体系损耗烃量判别聚集门限

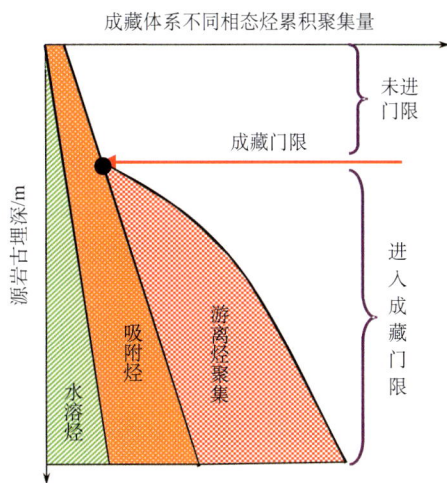

图 5-14　据成藏体系内油气相态变化特征判别聚集门限

根据物质平衡原理，在油气成藏体系内，油气生成总量等于油气以工业价值形式聚集起来的量与所有损失量之和，而油气排出源岩后至形成具有工业价值油气藏前的最低损耗量主要包括储层中的滞留量、盖层形成前的散失量、运移途中的损失量（水溶、扩散、吸附、滞留等）量和无价值的小规模聚集烃量四个方面。所以，油气成藏体系内形成油气藏的过程中所必须耗散的最小烃量（Q_{min}）可以表示为

$$Q_{min} = Q_{rm} + Q_{rs} + Q_{bc} + (Q_{lb} + Q_{lw} + Q_{ld}) \qquad (5\text{-}15)$$

而油气成藏体系内可供聚集烃量（Q_a）可以表示为

$$\begin{aligned} Q_a &= Q_p - Q_{min} = Q_p - Q_{rm} - Q_{rs} - Q_{bc} - (Q_{lb} + Q_{lw} + Q_{ld}) \\ &= Q_e - Q_{rs} - Q_{bc} - (Q_{lb} + Q_{lw} + Q_{ld}) \\ &= Q_m - (Q_{lb} + Q_{lw} + Q_{ld}) \end{aligned} \qquad (5\text{-}16)$$

式（5-15）和式（5-16）中，Q_{min} 为油气成藏体系内形成油气藏的过程中所必须耗散的最小烃量，即聚集门限；Q_p、Q_e、Q_m 和 Q_a 分别为源岩提供的生烃量、排烃量、运移烃量和可供聚集烃量；Q_{rm} 为源岩自身残留烃临界饱和量；Q_{rs} 和 Q_{bc} 为源岩达到运聚门

限前的储层滞留量和盖前排失量；Q_{ld}、Q_{lw} 和 Q_{lb} 分别为源岩进入运聚门限前以扩散、水溶流失和吸附三种形式损耗的烃量。

因此聚集门限判别方程可以表示为

$$Q \begin{cases} < 0, & \text{未达到聚集门限} \\ = 0, & \text{处于聚集门限} \\ > 0, & \text{达到聚集门限} \end{cases} \tag{5-17}$$

第四节　油气聚集门限的影响因素与研究内容

一、油气聚集门限随源盖之间储层厚度（H）不同而变化

吸附不仅是源岩残留油气的一种重要形式，也是储集层滞留油气的一种主要途径。岩石吸附残留油气量的大小与岩石性质、矿物组成、密度、湿度、变质程度以及温压介质条件等一系列因素有关。

油气吸着于岩石矿物或有机体表面而残留于岩石内称之为岩石吸附残留油气作用。严格意义上，岩石对油气的吸着作用分为吸附和吸收。无机矿物颗粒对油气的吸着作用主要表现为吸附，因为矿物颗粒自身结构紧密，有机烃类分子直径较大，很难直接进入；有机干酪根对油气的吸着作用可能主要表现为吸收，因为干酪根是一种带有众多侧链的芳香核团的集合体，在核团之间以及在侧链网架之间的空隙内油气组分都能存在，这些被干酪根吸着的油气不易脱离，具有吸收的特征，它们在随干酪根埋深的过程中可以熟化成烃或裂解成气。

物理模拟实验表明，在沉积盆地的温压条件下，每立方米砂岩吸附的甲烷气量为 $0.2 \sim 0.7L$，泥岩为 $0.5 \sim 3.5L$（金之钧等，2001）。因此，在油气自源岩排出后至聚集成藏的过程中，储集层的厚度越大，油气垂向运移距离越大，吸附烃量越多。而在这期间，由于孔隙水溶解和油溶解气会造成油气的损失，储层厚度越大，这些损失量也相应增大，油气聚集门限越高。

二、油气聚集门限随源盖之间储层面积（S）不同而变化

油气排出源岩后并非充满整个储层空间（围岩），而是有选择地、在有限的输导层空间中运移（Gussow，1954，1968；Dembicki and Anderson，1989；Hindle，1997），实验分析及实际地层测试资料都发现输导层内油气的运移具有明显的非均一性（图5-15）。

基于质量平衡所进行的油气长距离运移计算也表明，油气的运移路线主要是沿输导层内渗透性最好、毛细管阻力最小的方向，也有人称之为"优势通道"和"油气运移高速公路"。通道宽度占整个运载层的 $1\% \sim 10\%$，对于天然气可能更宽些。根据对我国东部断陷盆地的统计，古近系中的二次运移有效通道空间平均占整个输导层孔隙空间的 $5\% \sim 10\%$（李明诚，1994）。

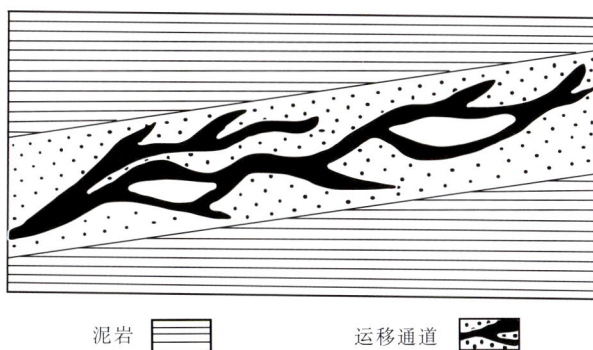

| 泥岩 | | 运移通道 |

图 5-15　储集层中油气运移通道剖面示意图

对于临界残留油饱和度，一般研究认为，油气运移需要一定的油气饱和度作为连续运移通道的代价，残余油饱和度越大，散失量也越大（图 5-16）。关于运载层的残余油饱和度的大小，存在着不同的看法。Schowalter（1979）认为其为 10% ～ 30%，McAuliffe（1979）认为至少 30%，England（1987）则认为高达 50%；Thomas 和 Clouse（1995）的模拟实验表明：垂向运移时，残余油饱和度为 5% ～ 10%；侧向运移时，为 12% ～ 15%。目前一般认为残留油饱和度为 20% 左右（郭秋麟等，1998），气达到 10% 即可。一些学者计算的油气运移临界高度为 0.304 ～ 16m（Berg，1975）。因此，源盖之间储层面积越大，油气运移的平面范围越大，由此导致的损耗烃量越多。

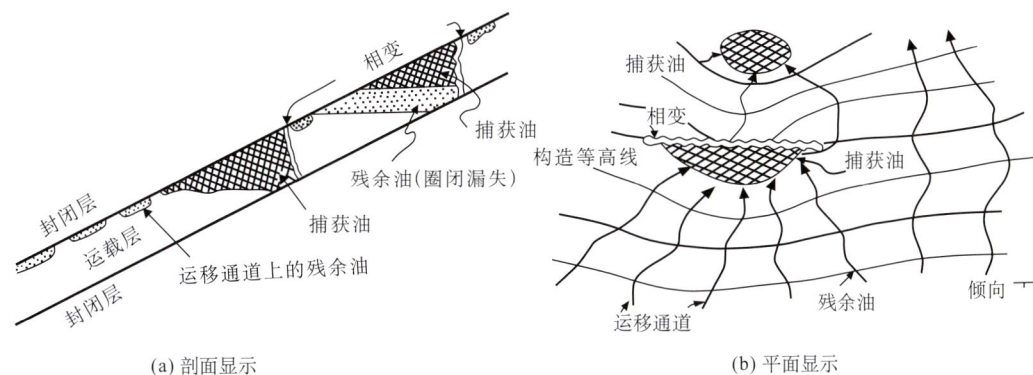

(a) 剖面显示

(b) 平面显示

图 5-16　运载层顶部残余油分布示意图（Schowalter，1979）

三、油气聚集门限随源灶外油气运移距离（L）而变化

油气排出源岩后，在聚集成藏以前，同样会遭受多种形式的损耗。其中主要包括区域盖层形成前的散失烃量和二次运移路径上的各种形式的损耗。这一阶段的油气损耗，主要发生在运移的过程中，除盖前排失油气量以外，损耗的烃量都被滞留在运移通道内。只有当源岩排出的烃量能够满足各种形式的损耗需要后，才能够形成有效地聚集，

达到聚烃门限。这一过程的损耗烃量受运移距离、储层岩性、盖层品质、构造形态等因素的影响。一般储层物性越好、运移路径越短、封盖条件越好和构造起伏越大，损耗烃量越少，反之则越大（庞雄奇等，2000；姜振学等，2002；周海燕等，2003）。

另外，从已有的物理模拟实验证实，受油气排出量、运移路径的影响，油气在二次运移路径上的损耗存在较大差别。张发强等（2003）采用玻璃管模拟实验发现，石油在玻璃管内均匀石英砂体的运移过程中，在运移路径上存在大量滞留油（图 5-17），说明油气在二次运移路径上会发生一定的损耗。

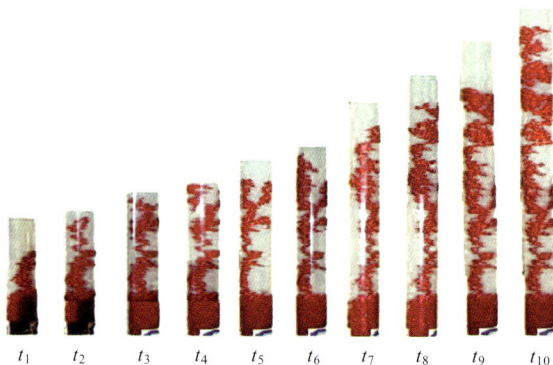

图 5-17　石油在二次运移路径上的损耗烃量（张发强等，2003）

在储层物性、构造形态、运移距离相同的情况下，排烃强度越大（实验中注油量大）的地区，路径上的损耗烃量越大（图 5-18）；在储层物性、排烃强度一定的情况下，随着运移距离的增加，储层中的滞留油量越大（图 5-19）；在其他条件相同的情况下，储层物性越好，油气运移过程中的损耗烃量越少。

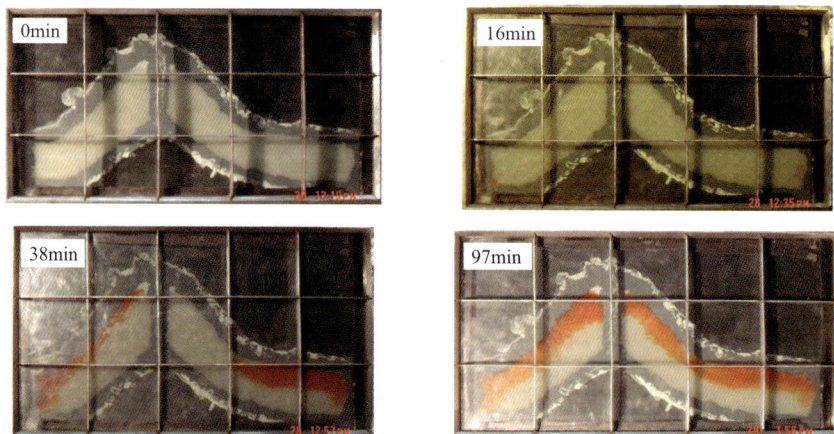

图 5-18　运移距离与损耗烃量关系的物理模拟实验（姜福杰等，2008）

利用逾渗模型进行油气二次运移过程的数值模拟，发现油气在运移过程中，路径上存在大量的损耗烃量（图 5-19）。这一损耗过程随着距离烃源灶的越远，损耗量越小。

在油气排出源岩的最初，主要以"面"式进行运移，运移一定的距离以后，油气开始优选有利的路径呈"指状"运移，遇到合适的圈闭开始聚集，如果在运移路径上没有圈闭捕获油气，则这一路径上油气则全部损耗了。

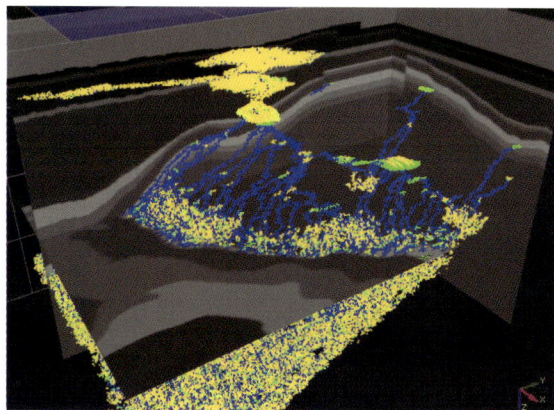

图 5-19　逾渗模型进行油气二次运移数的值模拟结果

四、油气聚集门限随油气排出源岩后的时间（t）而变化

二次运移烃量能否运聚成藏主要取决于源岩层上覆第一套区域性盖层的形成时间，及二者在时间和空间上的匹配关系，可分四种情况加以讨论（图 5-20）。

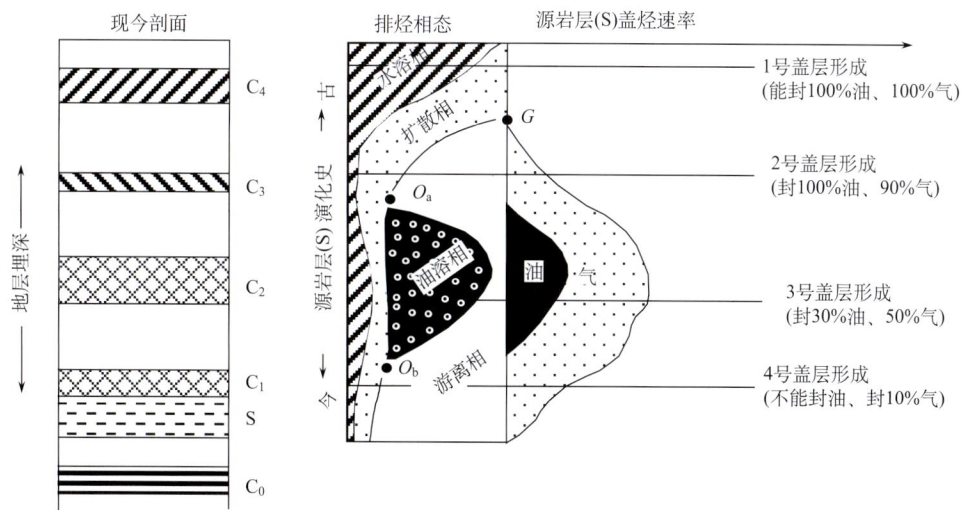

图 5-20　源岩排烃门限与盖层封烃门限匹配关系（庞雄奇，1993）

　　G. 排气门限；O_a. 排油门限；O_b. 油裂解门限；C_0. 盖层在干源岩 S 形成前形成，无地质意义；C_1. 盖层在干源岩形成后即时形成，几乎能封盖 S 排出的所有的烃；C_2. 干源岩到达排气门限后和达到排油门限前形成，能封盖 100％油、90％气；C_3. 干源岩达到排油气门限后形成，能封 30％油、50％气；C_1. 干源岩进入裂解气阶段形成，不能封油，能封 10％气

（1）源岩层上覆不存在区域性盖层或区域性盖层是在源岩层沉积前形成发育时，研究区二次运移烃量 100％趋于散失。

（2）源岩层上覆第一套区域性盖层形成很晚，是在源岩层排烃潜力完全枯竭的情况下才形成发育时，研究区二次运移烃量绝大多数趋于散失。

（3）源岩层上覆第一套区域性盖层形成较晚，是在源岩层达到排烃门限后和排烃潜力完全枯竭之前形成，则研究区二次运移烃量有相当一部分能够运聚成藏。

（4）源岩层上覆第一套区域性盖层形成较早，是在源岩层沉积之后即时形成或是在源岩达到排烃门限前形成，则研究区二次运移烃量的绝大多数可以成藏。

以吐哈盆地前侏罗系为例，其生油岩在纵向上可分成三套：桃东沟群、仓房沟群和小泉沟群。盖层以三叠系中上统郝家沟-黄山街组上部和克拉玛依组顶部泥岩封盖性能最佳，可作为区域性盖层；仓房沟群上部和桃东沟群上部泥岩、凝灰岩也可作为盖层，只是分布范围局限。三套烃源岩盖前排失烃量相对比率和排失烃量分别见表 5-5 和表 5-6。

表 5-5　吐哈盆地前侏罗系各源岩层盖前排失烃率

参数	小泉沟群	仓房沟群	桃东沟群
排失油率/％	0	0	2
排失气率/％	0	0	8

表 5-6　吐哈盆地前侏罗系各源岩层盖前排失烃量

参数	小泉沟群	仓房沟群	桃东沟群
排失油量/10^8t	0	0	0.9369
排失气量/10^8m³	0	0	9475

由于小泉沟群和仓房沟群生油岩的盖前排失烃率均为 0，故其生成的油气均被盖层封堵；桃东沟群生油岩的盖前排失油、气比例分别为 2％和 8％，结合排烃量计算结果可以得出其盖前排失的油、气量分别为 9.369×10^7t 和 9475×10^8m³。

第五节　油气聚集门限的控油气作用机制

一、控制油气大量聚集的时间

确定油气藏形成的时间，不仅对研究油气藏的形成及油气分布有重要的理论意义，还对指导油气田的勘探有重要的实践意义。如果在一个地区，我们能确定油气藏是在某一地质时代形成的，则在该时期以前形成的圈闭就对油气聚集有利。传统的石油地质理论中确定油气藏形成时间是根据各地区的地质发展历史，以及控制油气生成、运移、聚集的地质、物理、化学条件的分析来定性确定的。采用的方法主要有：①根据圈闭形成时间来确定油气藏的形成时间；②根据生油岩主要排油期确定油气藏的形成时间；③根据饱和压力确定油气藏的形成时间。实际上用上述的方法来确定油气藏的形成时间都是近似的，并不能准确确定油气藏的形成时间。

根据油气聚集门限的概念及判别方程式（5-17），我们可以准确地指出油气藏的形成时间。即当成藏体系内源岩提供的生烃量小于聚集门限时，不能形成油气聚集；当源岩提供的生烃量等于聚集门限时，开始形成油气聚集；当源岩提供的生烃量大于聚集门限时，已经形成油气聚集。

二、控制油气大量聚集的相态

烃源岩累积生成的烃量只有在满足了源岩各种形式的残留需要后才能达到排烃门限；排出烃量只有在超过了上覆第一套区域盖层与源岩之间的储层滞留烃量、区域盖层形成前的排失烃量、系统内扩散损耗烃量和水溶流失烃量后才能达到聚集门限并成藏。油气满足了这些各种形式、各种相态的耗散损失之后，才能够以游离相大量聚集成藏，从而控制油气大量聚集的相态。

三、控制油气聚集成藏的效率

在成油单元内，油气藏（田）的规模与个数服从一定的分布规律（如 Pareto 分布）。在勘探程度较高的盆地或地区主要是依据已经发现的油气藏规模和个数预测待发现的油气藏的规模和个数。该模型如图 5-21 所示。

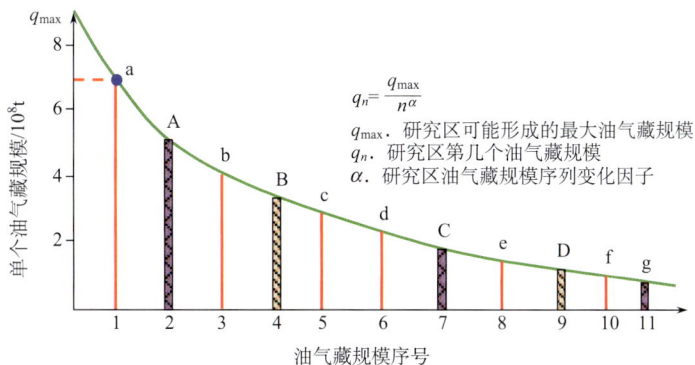

$$q_n = \frac{q_{max}}{n^\alpha}$$

q_{max}. 研究区可能形成的最大油气藏规模
q_n. 研究区第几个油气藏规模
α. 研究区油气藏规模序列变化因子

图 5-21　依据油气藏规模序列法确定可能形成的最大油气藏规模及油气藏个数（庞雄奇等，2000）
A、B、C、D. 已经发现的油气藏；a、b、c、d、e、f、g. 预测发现的油气藏

在某一油气成藏体系内，生烃量一定的情况下，如果聚集门限小，则可供聚集的烃量变大，那么根据规模序列法最大油气藏的规模变大，而且达到工业价值以上的油气藏个数增加。研究油气聚集门限，探讨油气聚集成藏过程中的损耗烃量，可以用于研究油气运聚效率，从而为油气资源评价提供关键参数。

121

四、控制油气可供聚集成藏的总量

根据物质平衡原理及图 5-20，油气成藏体系内的油气资源量（Q）可以表示为

$$Q = Q_p - Q_{rm} - Q_{rs} - Q_{bc} - (Q_{lb} + Q_{lw} + Q_{ld}) - Q_{ls} - Q_{ds}$$
$$= Q_p - Q_{min} - Q_{ls} - Q_{ds} \tag{5-18}$$

式中，Q 为油气成藏体系内资源量，包括常规资源量和非常规资源量；Q_{ls} 表示以非工业价值的形式聚集起来的资源量；Q_{ds} 为构造破坏烃量；其他参数的意义同式（5-15）和式（5-16）。

根据式（5-18），油气成藏体系内的油气资源量与聚集门限成反比。当其他参数不变时，聚集门限越大，油气资源量就越小；当聚集门限越小，油气资源量就越大。可见，聚集门限对油气资源量具有明显的控制作用。

依据物质平衡原理，在某一成藏体系内，总的生油气量是一定的，因此可供聚集烃量的大小就取决于聚集门限的大小，即在达到聚集门限之前的最低损耗烃量大，在成藏过程中有较多的油气损失，那么可供聚集的烃量就少，反之，在到达聚集门限之前的最低损耗烃量较小，在成藏过程中油气损失少，那么可供聚集的烃量就多。或者可以这样认为，当成藏体系内的生油气量达到聚集门限所需的量少，那么可供聚集的烃量大；反之，当成藏体系内的生油气量达到聚集门限所需的量大，那么可供聚集的烃量就小。

第六节　油气聚集门限的研究意义

一、判别有效运聚单元或成藏体系

油气运聚成藏过程中存在四个地质门限，即生烃门限、排烃门限、聚集门限和资源门限。油气运聚成藏系统达到任一门限都将损耗一部分烃量，只有当生成的烃量超过各地质门限损耗烃量之和才能形成具有工业价值的油气藏并构成勘探远景。油气聚集门限强调了对损耗烃量的研究。在生、排烃量相近的地区，损耗烃量越大，成藏条件越差，资源潜力越小；损耗烃量越小，资源潜力越大，越有利于油气勘探。在计算成藏体系内油气生成总量和成藏前需要损耗的烃量后，可以通过物质平衡方法求出体系内可供聚集成藏的烃量，它代表了研究区油气资源潜力的极限。

对于某一盆地或凹陷进行油气勘探与评价过程中，要依据生、排烃量的计算，结合聚集门限的计算结果，统计判别运聚单元是否具备可供聚集的烃量，以及资源潜力的大小，从而判别其前景。

二、确定油气大量聚集成藏时期

传统的成藏期次分析方法是通过对盆地的构造发育史、圈闭形成史和烃源岩生、排烃史的研究，根据烃源岩的主生油期、圈闭形成期和油藏饱和压力来分析油气藏形成

期，属于间接确定油气成藏期的方法。20 世纪 80～90 年代，一些新的分析技术和研究方法相继出现，如储层成岩作用分析、流体包裹体分析、储层固体沥青分析和成岩矿物定年等。这些方法、技术始终贯穿流体历史分析的思想，即以烃源岩所形成的烃类流体为研究主线，以烃源岩、储集层、圈闭、运移路径等静态条件为研究对象，直接或间接寻找记录油气从生成至最终成藏的证据，将有机岩石学、成岩矿物地质年代学和有机地球化学等实验研究与构造发展史、埋藏史、热演化史和沉积成岩史等地质历史分析相结合，研究烃类流体的运聚历史和过程，定性或定量判定油气成藏时间。近年来，油储磁性矿物定年、油田卤水碘同位素定年、油藏地球化学和聚集门限分析等新方法被应用到成藏期次研究中，并取得了一定的效果。

传统成藏期的研究方法，如主要依据包裹体确定其成藏时期，但并不能确定油气聚集的数量。而油气聚集门限代表了运聚单元内开始油气聚集的最小损耗烃量，这种方法研究油气运聚中初次运移和二次运移过程的各种形式的损耗烃量、后期构造运动等的破坏量，从研究油气成藏的不利因素入手，分析油气成藏过程，可以确定油气大量聚集成藏的时期，定量地确定油气聚集的数量，从而更有效地进行油气资源评价。

三、预测油气资源的有利领域与相对潜力

油气资源有利领域与相对潜力评价是在成藏体系划分的基础上进行的，因此，要在此基础上开展相关的研究。

聚集门限的研究可以用于研究油气运聚效率，为油气资源评价提供计算参数。在研究确定了某一成藏体系内的油气生成量（Q_p）、排出量（Q_e）以及运聚成藏前的最低损耗量（Q_{lm}）后，可以用下列二式直接求出体系中的油气运聚效率（K_m）和排运效率（K_{em}）。

$$K_m \leqslant \frac{Q_e - Q_{em}}{Q_e} \qquad (5\text{-}19)$$

$$K_{em} \leqslant \frac{Q_e - Q_{lm}}{Q_p} \qquad (5\text{-}20)$$

聚集门限的研究可以用于油气资源评价，优选最有利勘探目标。在求出源岩的排烃量和成藏体系内油气运聚成藏前的最低损耗量后，可以直接利用二者相减求取系统内可供聚集烃量。可供聚集烃量大的成藏体系其油气资源潜力大。

聚集门限的研究可以从另一个完全不同的角度揭示油气分布规律。目前我们在油气勘探中研究得最多的是源岩的地质特征和生烃量，而对油气生、排后的损耗作用和损耗烃量研究较少，常常用一个笼统的运聚系数表明。油气聚集门限强调了对损耗烃量的研究。损耗烃量越大的地区往往是成藏条件越差的地区，研究不同地质条件下油气损耗量的大小，对从另一个完全不同的角度揭示油气成藏特征分布规律具有重要意义。

123

第六章 油气资源门限及其控油气作用

第一节 油气资源门限的基本概念

一、油气资源及其分类

油气资源是在自然条件下生成并赋存在天然地层中，最终可以通过各种方式和方法被人类利用的石油和天然气的总体。油气资源也可以定义为已经发现的和尚未发现的，在目前技术条件下可以提供商业开采及未来技术条件下可供商业开采的油气的总称。地下的油气资源是客观存在的，不论它现在是否已经被发现，但它最终一定可以被发现，并且最终可以被开采利用。

已经发现的油气资源量称为储量，尚未发现的油气资源量称为未发现资源量，二者统称为油气资源量。根据我国油气资源分类规范，油气资源量是原地资源量和可采资源量的统称。原地资源量也称为地质资源量，是指根据不同勘探开发阶段所提供的地质、地球物理和分析化验资料，选择运用具有针对性的方法所估算的、已经发现和尚未发现的储集体中原始储藏的油气总量。可采资源量是指从原地资源量中可采出的油气数量。

通常人们最关心的是在近期或未来可以使人们获益的、能开采出来的石油与天然气的量，也就是"经济可采资源量"，即指通过经济可行性评价，依据当时的市场条件开采，技术上可行，经济上合理，环境等其他条件允许，储量收益能满足投资回报所需的那一部分可采资源量。由于经济形势在不断变化，采油（气）技术不断改善和提高，现在看来不经济的资源未来也许是经济的，现在不可采出来的油气未来可能可以采出来。

世界石油界对油气资源的分类有多种，但大体上沿用了苏联与美国的两大体系。20世纪50～60年代我国采用了 A、B、C 级储量分类系统，70 年代我国的储量划分采用了一、二、三级储量的分类系统。目前，我国储量的命名与分类系统已与世界石油大会的规定接轨。

油气勘探程序一般包括三个阶段（六个步骤），即区域勘探阶段（概查和普查）、圈闭预探阶段（预探准备和拟定预探井）和油田详探阶段（详探准备和详探布井）。与此对应的油气资源量也划分为五级，即推测资源量、潜在资源量、预测储量、控制储量和探明储量。它们反映了勘探程度和认识程度的逐渐提高。

推测资源量（Ⅴ级）是原地总资源量减去地质储量和潜在资源量的差值。原地总资源量是在区域普查阶段，对有含油气远景的盆地、拗陷、凹陷或区带等，根据地质、地球物理勘探或区域探井等资料估算的油气资源量，一般采用地质类比法、生烃量法（盆地模拟）或勘探效果分析法估算，它是提供编制勘探部署或长远勘探规划的依据。

潜在资源量（IV级）是指在圈闭预探阶段前期，对已发现的、有利含油气的圈闭或油气田邻近的区块（层系），根据石油地质条件分析和类比，采用圈闭法估算的资源量，也称为圈闭资源量。估算参数以类比为主，以概率统计估算出的资源量范围值可作为编制预探井部署的基本依据。

预测储量（III级）是在地震详查以及其他方法提供的圈闭内，经过预探井钻探获取油气流或获得油气层与油气显示后，根据区域地质条件分析和类比，利用容积法进行概率统计所估算的储量。储量参数是由类比法确定的，油层变化及油水关系尚未查明，预测储量是制定评价钻探方案的依据。

控制储量（II级）是某一圈闭的预探井发现工业油（气）流后，以建立探明储量为目的，在评价钻探过程中钻了少数评价井后所计算的储量。控制储量可作为进一步评价钻探、编制中期和长期开发规划的依据。

探明储量（I级）是在油田详探阶段完成或基本完成后所计算的储量，是在现代技术和经济条件下，可提供开采并能获得效益的可靠储量。探明储量是编制油（气）田开发方案、进行油（气）田开发建设投资决策和油（气）田开发分析的依据。

应该指出，我国的储量和资源量除专门注明的外，一般指可供开采的地下油气聚集量，即地质资源量和地质储量；而国际上的储量和资源量仅指油气聚集中可被采出的部分即可采资源量，它是在给定的经济、技术条件和政府法规下在特定时期内所估算的，预期能从储集体中最终采出的油气数量。所以，我国所采用的资源量必须乘以平均采收率（一般石油取 0.3，天然气取 0.6）后，才可与世界通用的资源量相对比。

二、油气资源门限的概念

系统内某一圈闭中聚集的烃量只有超过了某一临界下限值后才有经济意义，并构成具有工业价值的油气藏。事实上，聚集起来的烃量并非都能构成资源，只有那些达到一定规模，在当前或将来技术条件下能够开采并值得开采的部分才有意义。可供聚集起来的烃量可细分为无价值的聚集烃量、常规的油气资源量和特殊形式（如深盆气等）的油气资源量三部分。当油气生成量一定时，油气系统内损耗的烃量越大，则可供聚集成藏的烃量越小，油气资源前景越差。

也就是说，源岩累积生成的烃量减去所有无工业价值的油气聚集量之后，即为油气运聚成藏系统的工业门限或资源门限。在研究和计算出某一个油气运聚成藏系统中的油气生成量和各种形式的损耗量之后，就可以判断出该系统已经达到哪一个地质门限以及该系统最终可供聚集成藏的烃量大小。

油气资源门限的判别标准是油气运聚系统内有具有工业价值的油气藏形成。一个确定的油气成藏系统内何时形成具有工业价值的油气藏，以及能形成多大的有工业价值的油气藏取决于三方面因素：一是可供聚集成藏的烃量大小，它的数值越大，形成有工业价值油气藏的可能性越大、个数越多和最有工业价值的单个油气藏规模越大；二是构造破坏烃量的大小；三是形成无工业价值的油气藏个数及无价值聚集烃量大小。计算模型如下：

$$Q_{res} = Q_{ac} - Q_{ds} - Q_1 \begin{cases} < 0, & \text{未达到资源门限（非资源源岩）} \\ = 0, & \text{处于资源门限（临界资源源岩）} \\ > 0, & \text{达到资源门限（资源源岩）} \end{cases} \quad (6\text{-}1)$$

式中，Q_{res} 为油气资源量（m^3 或 kg）；Q_{ds}、Q_1 分别为构造破坏烃量和最小非工业价值聚集烃量（m^3 或 kg）。

第二节　油气资源门限的研究方法

一、工业油气藏规模下限的确定

工业油气藏是指在现有经济技术条件下，达到商业开采价值储量以上的油气藏。当油气藏储量小于某一临界经济下限值时，则不具备商业开采价值，不属于工业油气藏。其下限标准主要与当时的经济技术条件、国际油价、政治环境等因素有关。一般情况下，可根据国际油价及勘探开发成本来计算，这一经济下限会随着技术进步、油价升降等发生变化。

二、小规模无价值聚集烃量计算

无价值聚集烃量系指单个油气藏规模小于某一临界经济下限值的所有油气藏的储量之和。计算的基本原理是先应用油气藏规模序列方法（图 6-1）和经济评价方法确定出研究区的油气藏规模序列 q_i（$i=1, 2, \cdots$，代表油气藏序号）和工业油气藏最小下限标准 q_{min}，然后利用下列公式计算：

$$Q_{ls} = Q_a - \sum_{i=1}^{n} \frac{q_{max}}{i^{\alpha}} \quad (6\text{-}2)$$

式中，q_{max} 为研究区可能形成的最大的油气藏规模（t）；α 为油气藏规模序列变化因子，一般在 1～2 变化；n 为最小工业油气藏（q_{min}）对应的油气藏序号；Q_a 为研究区可供聚集的烃量（t），Q_a 的取值为前述方法的理论计算值，也可对已确定的油气藏规模序列统计求和计算，即

$$Q_a = \sum_{i=1}^{N} \frac{q_{max}}{i^{\alpha}} \quad (6\text{-}3)$$

式中，N 为研究区能够形成的油气藏总个数（实数）。

无价值聚集烃量确定的关键是首先确定油气藏的临界经济下限值，即现有经济技术条件下能够具有经济效益的最小油气储量。油气藏储量的经济下限标准需要结合国际石油价格、开采成本和需求量等来确定，并且会随着经济技术的进步这一标准发生变化。确定这一标准以后，可采用油藏规模序列法对这一下限标准以下的油气藏总数进行计算（图 6-1），进而确定无价值聚集油气总量，在资源量中减去这一部分油气量，即为有效

资源量。

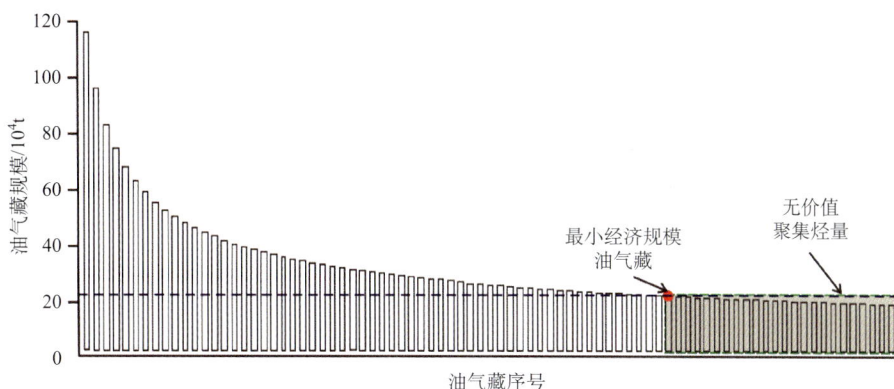

图 6-1　规模序列法确定无价值聚集烃量示意图

三、构造变动破坏烃量的计算

（一）地质剖析法

地质剖析法或体积法，即对已发现的被破坏油气藏的产状和地球化学特征进行剖析，应用各种指标来恢复古油藏的油水边界，确定古油藏体积来推测实际被破坏的油气量。以塔里木盆地志留系沥青砂岩为例来说明地质剖析法的具体步骤，塔里木盆地是一个典型的叠合盆地，存在多期油气的调整与破坏，志留系广泛分布的沥青砂岩正是油藏遭受破坏后的产物，通过对志留系沥青砂岩的石油地质特征进行剖析，来确定志留系的构造变动破坏烃量（吕修祥等，1996；汤良杰和金之钧，2000；蔡春芳等，2001）。

1. 典型油气藏古油水界面恢复

油气藏油水界面的变迁记录了油气藏形成以后调整、改造甚至破坏的历史（李星军等，1998；王显东等，2003）。恢复各地质时期的古油气水界面的位置，可以帮助我们确定地下烃类流体运聚成藏的时间，恢复流体成藏后的变迁、调整过程，帮助我们认识油气藏形成与分布的规律，进而计算构造变动破坏烃量（姜振学等，2006）。

由于构造变动或水动力条件的变化，油藏的油水界面要发生变迁；朱扬明（1999）提出了古油藏油水界面发生变迁的两种情形，一种是构造运动造成古油水界面发生变化［图 6-2(a)］，另一种是后期天然气排驱原油造成古油水界面发生变化［图 6-2(b)］。

确定现今油水界面的方法很多，通过测井资料和一些地球化学分析手段可确定现油藏油水界面，如综合应用气相色谱技术和热解的方法，压力-埋深交汇拟合方法和静压测试方法等。但是，对于古油水界面恢复的方法，有详细介绍的文献却很少，主要原因是古油水界面恢复比较困难，精确度难以保证。从目前的研究来看，比较常用的方法有

127

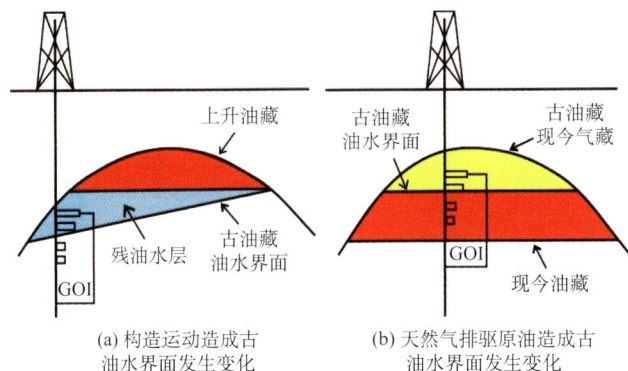

图 6-2 利用 GOI 数据恢复古油藏油水界面示意图

棒色谱（TCL-FID）方法、含油包裹体颗粒指数（GOI）方法及定量颗粒荧光技术（QGF）等，具体使用方法可参考相关文献，在此不再赘述。

应用含油包裹体颗粒指数方法和定量颗粒荧光技术，对塔里木盆地塔北地区的典型古油藏分析，认为塔北地区志留系古油藏古油水界面的位置低于现今沥青砂岩段底界的位置。沥青砂岩段底界并不是古油层的底界，在沥青砂岩段之下还有一段古油柱，在油藏破坏过程中，这部分原油运移至构造高部位，没有在原地留下沥青。沥青砂的厚度小于古油柱的厚度，这意味着古油藏的规模要大于现今油藏规模。

2. 体积法计算古油藏规模

确定了油藏的古油水界面之后，按体积法计算古油藏的规模。沥青砂岩反映了古油藏由于构造变动而遭受的破坏，基于以上的假设，可以估算沥青砂岩所代表古油藏被破坏的量：第一，古油藏原油的散失和破坏是轻组分（饱和烃和芳烃）损失，重组分（非烃和沥青质）残留；第二，沥青砂岩的分布面积、厚度代表了古油藏的分布面积和油层厚度。先计算沥青砂岩体积和沥青的质量，然后通过油气演化为沥青的恢复系数求取古油气藏破坏烃量，计算公式如下：

$$Q_s = 10^{-5} S_b h_b \rho_b B R_b \tag{6-4}$$

式中，Q_s 为古油藏破坏烃量（10^8 t）；S_b 为沥青砂岩分布面积（km²）；h_b 为沥青砂岩平均厚度（m）；ρ_b 为沥青砂岩密度（t/m³）；B 为沥青砂岩中沥青含量（kg/t）；R_b 为恢复系数。其中，S_b 根据沥青砂岩的显示范围确定，h_b、ρ_b、B 为统计和实测平均值，R_b 为沥青砂岩抽提物的非烃和沥青质的百分含量与正常比重原油的非烃和沥青质的百分含量之比。计算参数和结果如表 6-1 所示。

计算表明，志留系在海西早期的构造运动中至少损失了近 1.33×10^{10} t 的油气资源量。前人对塔里木盆地志留系沥青砂的破坏烃量重新计算，对上述模型进行了修改（姜振学等，2008）。计算模型如下：

$$Q_s = 10^{-6} S_b h_b \Phi B \rho_b R_b \tag{6-5}$$

式中，Q_s 为古油藏破坏烃量（10^8 t）；S_b 为沥青砂岩的分布面积（km^2）；h_b 为沥青砂岩的有效平均厚度（m）；Φ 为沥青砂岩的孔隙度（%）；B 为孔隙中沥青的含量（%）；ρ_b 为沥青的密度（t/m^3）；R_b 为恢复系数。各个参数的选取值及计算结果见表 6-1。

表 6-1　塔里木盆地不同地区志留系构造破坏烃量对比

学者	参数	巴楚凸起古董2井区	巴楚凸起乔1-巴东2井区	塔中地区	塔北地区	柯坪地区	合计
张俊等（2004）	沥青砂岩的面积/km²	323	9999	7419	7580	0	25321
	沥青砂岩平均厚度/m	5.5	6.3	22	31	0	—
	沥青砂岩密度/(t/m³)	2.52	2.52	2.52	2.52	0	—
	沥青含量/(kg/t³)	5.41	5.41	5.41	5.41	0	—
	恢复系数（R_b）	2.11	2.11	2.11	2.11	0	—
	构造破坏烃量/10⁸t	0.51	18.12	46.95	67.59	0	133.17
姜振学等（2008）	沥青砂岩的面积/km²	323	9999	7419	7580	2284	27605
	沥青砂岩平均厚度/m	5.5	6.3	22	31	30	—
	沥青砂岩平均有效厚度/m	3.3	3.78	13.2	18.6	18	—
	沥青砂岩平均孔隙度/%	13	13	13	13	13	—
	沥青的体积分数/%	4	4	4	4	4	—
	沥青密度/(t/m³)	1.06	1.06	1.06	1.06	1.06	—
	恢复系数（R_b）	4.91	4.91	4.91	4.91	4.91	—
	构造破坏烃量/10⁸t	0.29	10.23	26.5	38.16	11.13	86.31

与前人的计算方法相比，这个模型的应用方法关键在于采用岩心观察、物性测定、含油包裹体颗粒指数及定量颗粒荧光技术等方法，通过对沥青砂岩中的"黑砂"与"白砂"进行对比研究，得出"白砂"没有油气进入或进入的油气量很少（图 6-3），从而剔除沥青砂岩中的白砂部分来得到沥青砂岩的有效厚度。在志留系不同源原油、沥青物性大量资料分析的基础上，假定原油形成沥青过程中非烃和沥青质含量不变的原则，获得了原油形成沥青的恢复系数（姜振学等，2008）。其计算结果更科学和接近实际，计算得到形成志留系沥青砂岩的古油藏破坏烃量为 8.630×10^9 t，比前人的计算结果小，

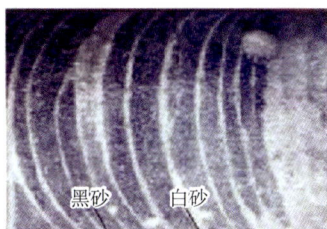

(a) TZ37井志留系"黑砂"与"白砂"岩心照片　　(b) 沥青段"黑砂"与"白砂"岩心取样点QGF指数对比

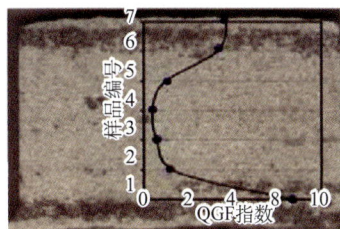

图 6-3　志留系含沥青"黑砂"与不含沥青"白砂"对比（姜振学等，2008）

从而预示志留系具有更大的勘探前景。

可靠性分析：地质剖析法从已发现的被破坏油气藏的产状（沥青、油气苗）和地球化学特征的剖析入手，计算古油藏的体积，操作简单方便。不足之处在于计算时假定沥青砂岩的分布面积、厚度代表了古油藏的分布面积和油层厚度；而没有考虑那些被破坏后没有留下任何痕迹的烃量，即油藏被剥蚀和油气散失而没有留下沥青的部分，因此计算结果为破坏烃量的最小值。利用含油包裹体颗粒指数法和定量颗粒荧光法则可以有效地弥补这一不足，这两个参数可以更准确地确定古油藏的油水界面，从而将古油藏中遭受破坏而没有留下沥青的那部分烃量计算出来，使计算结果更科学准确。

（二）理论模拟法

在一个运聚单元内，如果设定该单元内每一个圈闭运聚烃量的大小仅与圈闭有效容积（V）有关，则可以认为每一次构造变动（包括断裂和剥蚀）破坏的烃率与圈闭有效容积的破坏率（k_{ds}^t）线性相关（庞雄奇等，2002），它们之间的定量关系可用式（6-6）和图6-4、图6-5表示。

$$k_{ds}^t = f\left(\frac{V_{ds}}{V}\right) = \begin{cases} 0, & V_{ds} = 0 \\ 1, & V_{ds} = V \end{cases} \tag{6-6}$$

式中，V_{ds} 为构造变动破坏的圈闭容积。

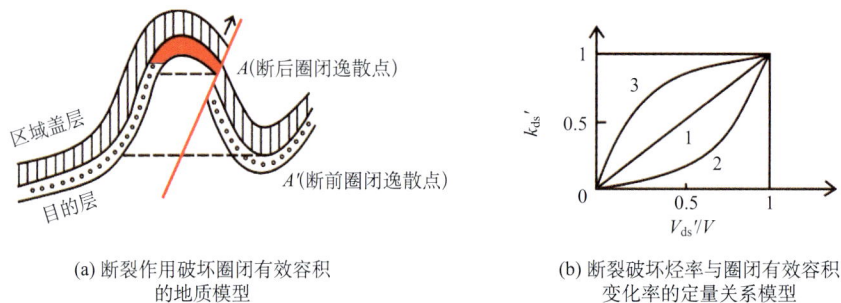

(a) 断裂作用破坏圈闭有效容积的地质模型　　(b) 断裂破坏烃率与圈闭有效容积变化率的定量关系模型

图 6-4　依据断裂对圈闭有效容积的破坏率确定构造变动破坏烃率的概念模型

在实际工作中应用这一方法确定构造变动破坏烃率的困难是无法准确地建立 k_{ds}^t 与 V_{ds}/V 的函数关系，建议近似地用线性关系模型代替。理论上线性模型的计算结果较实际模型偏大。实际地质条件下构造变动破坏烃率可能小于圈闭有效容积破坏率，因为构造变动前圈闭内并非全部充满了油气。另一困难是无法对那些目前尚未识别出的隐蔽圈闭的有效容积破坏率进行统计模拟，在这种情况下需依据已发现圈闭有效容积的破坏情况采用统计模拟的方法加以解决。

关于构造破坏烃量的计算较为复杂。本书主要考虑了构造变动强度、构造变动期次、区域盖层的性质和类型、构造变动期与油气运移烃门限和高峰期的匹配关系等。首先依据断距、剥蚀量和褶皱倾角确定出同一构造变动的裂度系数（k），分别记为 k_f、k_e 和 k_a。三方面特征均表现构造变动强烈的地区破坏的烃量大。$k = 1$ 表明全部破坏，

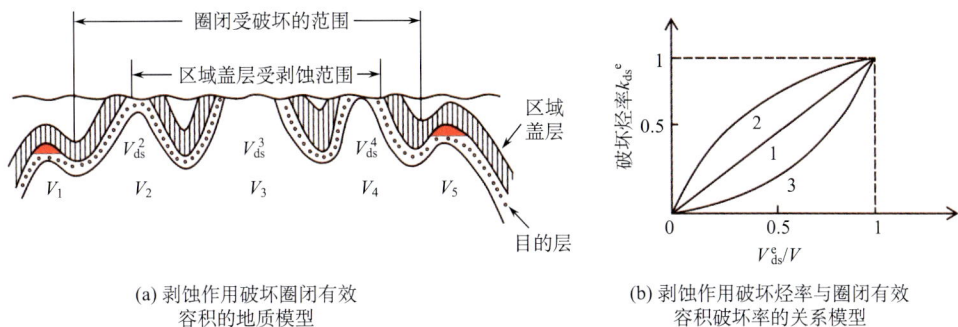

(a) 剥蚀作用破坏圈闭有效
容积的地质模型

(b) 剥蚀作用破坏烃率与圈闭有效
容积破坏率的关系模型

图 6-5　依据剥蚀对圈闭有效容积的破坏确定构造变动破坏烃率的概念模型

$k=0$ 表明完全不破坏；断裂、剥蚀和褶皱三种构造变动形式破坏的最大烃量不能超过 100%。设 $Q_\mathrm{m}^{(1)}$ 为第一次构造变动前运聚系统内的有效运移烃量，经过第一次断裂、剥蚀和褶皱三种形式的构造变动后剩余的烃量为 $\Delta Q_\mathrm{m}^{(1)}$，则

$$\Delta Q_\mathrm{m}^{(1)} = Q_\mathrm{m}^{(1)}(1-k_\mathrm{f}^{(1)})(1-k_\mathrm{e}^{(1)})(1-k_\mathrm{a}^{(1)})k_\mathrm{cap}^\mathrm{I} \tag{6-7}$$

式中，$k_\mathrm{cap}^\mathrm{I}$ 为源岩之上的第 I 套区域盖层保存烃量校正系数。对于同一次构造变动，区域盖层厚度和岩性不同，则剩余烃量可以完全不同，例如盐岩柔性大，在同样强度和方式的构造变动下能够保护油气的量远大于泥岩；对于不同盖层保护烃量校正系数的取值可以通过类比法确定，也可以通过物理模拟实验获得。

第二次构造变动后系统内剩余的烃量为第一次构造变动破坏后的剩余烃量 (ΔQ_m^1) 和第一次构造变动后系统内再次提供的有效运移烃量 $(Q_\mathrm{m}^{(2)})$ 共同受到第二次构造变动破坏后的剩余烃量 $(\Delta Q_\mathrm{m}^{(2)})$，计算模型为

$$\Delta Q_\mathrm{m}^{(2)} = (\Delta Q_\mathrm{m}^{(1)} + Q_\mathrm{m}^{(2)})(1-k_\mathrm{f}^{(2)})(1-k_\mathrm{e}^{(2)})(1-k_\mathrm{a}^{(2)})k_\mathrm{cap}^\mathrm{I} \tag{6-8}$$

依此类推：第 n 次构造变动后系统内的剩余烃量 $(\Delta Q_\mathrm{m}^{(n)})$ 为第 $n-1$ 次构造变动后的剩余烃量 $(\Delta Q_\mathrm{m}^{(n-1)})$ 和第 $n-1$ 次构造变动后系统内再次提供的有效运移烃量 $(Q_\mathrm{m}^{(n)})$ 同时受到第 n 次构造变动破坏后的剩余烃量 $(\Delta Q_\mathrm{m}^{(n)})$，计算模型为

$$\Delta Q_\mathrm{m}^{(n)} = (\Delta Q_\mathrm{m}^{(n-1)} + Q_\mathrm{m}^{(n)})(1-k_\mathrm{f}^{(n)})(1-k_\mathrm{e}^{(n)})(1-k_\mathrm{a}^{(n)})k_\mathrm{cap}^\mathrm{I} \tag{6-9}$$

整理后得到

$$\Delta Q_\mathrm{m}^{(n)} = \sum_{n=1}^{n}\left[Q_\mathrm{m}^{(n)} - k_\mathrm{ds}^{(n)}\sum_{i=1}^{n}Q_\mathrm{m}^{(i)}\prod_{\overline{r}=i}^{n-1}(1-k_\mathrm{ds}^{(\overline{y})})k_\mathrm{cap}^\mathrm{I} \right] \tag{6-10}$$

式中，$\Delta Q_\mathrm{m}^{(n)}$ 为第 n 次构造变动后系统内剩余的运移烃量；$Q_\mathrm{m}^{(i)}$ 为第 i 次构造变动前系统内提供的运移烃量，$i=1,2,\cdots,n$；$k_\mathrm{ds}^{(i)}$ 为第 i 次构造变动综合裂度系数；n 为构造变动的总次数。

当系统内存在多套区域性盖层和目的层时，则第一套区域性盖层受构造变动后破坏的运移量可作为第二套区域性盖层护盖下的第二套目的层的有效运移烃量，它们的破坏烃量计算方法同前所述。第三套、第四套区域性盖层下的目的层的运移烃量及破坏烃量

依此类推。

庞雄奇等（2002）采用剥蚀厚度的相对大小，区域盖层断距的相对大小，区域盖层的褶皱强度来分别表征剥蚀作用、断裂作用和褶皱作用的构造变动强度（图6-6）。

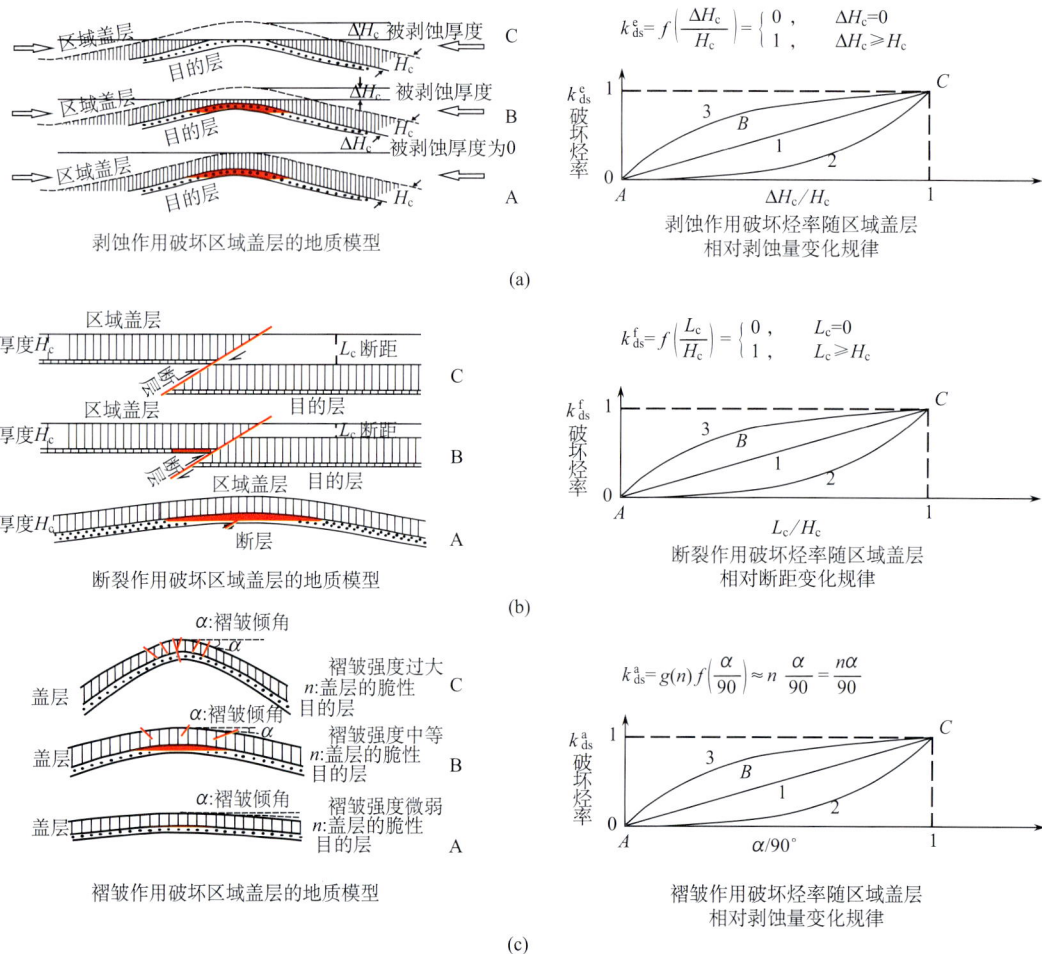

$$k_{ds}^{e}=f\left(\frac{\Delta H_c}{H_c}\right)=\begin{cases}0, & \Delta H_c=0 \\ 1, & \Delta H_c \geq H_c\end{cases}$$

(a)

$$k_{ds}^{f}=f\left(\frac{L_c}{H_c}\right)=\begin{cases}0, & L_c=0 \\ 1, & L_c \geq H_c\end{cases}$$

(b)

$$k_{ds}^{a}=g(n)f\left(\frac{\alpha}{90}\right)\approx n\frac{\alpha}{90}=\frac{n\alpha}{90}$$

(c)

图 6-6 构造变动强度地质模型（庞雄奇等，2002）

（三）统计模拟法

利用反演模拟法可以准确计算构造变动破坏烃量。反演模拟法适用于高勘探成熟区，其计算分两步：第一步，以成藏体系为构造单元，从门限控烃的角度反演模拟其构造破坏烃量；第二步，用逐步回归方法建立构造破坏烃量与地质要素之间的定量关系，确定构造变动破坏烃量的主控因素，进而应用于其他地区。

1. 应用门限控烃理论求取构造变动破坏烃量

在门限控烃理论指导下，可以建立成藏体系资源量计算的物质平衡方程：

$$Q = Q_p - Q_{rm} - Q_{rs} - Q_{bc} - Q_{lb} - Q_{lw} - Q_{ld} - Q_{ls} - Q_{ds} \qquad (6\text{-}11)$$

式中，Q 为资源量（t）；Q_p 为烃源岩总生烃量（t）；Q_{rm} 为烃源岩残留烃量（t）；Q_{rs} 为储集层滞留烃量（t）；Q_{bc} 为盖层形成前排失烃量（t）；Q_{lb} 为运移途中吸附烃量（t）；Q_{lw} 为运移途中水溶流失烃量（t）；Q_{ld} 为运移途中扩散烃量（t）；Q_{ls} 为小规模聚集烃量（t）；Q_{ds} 为构造变动破坏烃量（t）。

目前已可以较准确地模拟生烃量、资源量以及油气成藏体系在达到聚集门限时的各种损耗烃量，从生烃量中减去各种损耗烃量、小规模聚集烃量和资源量，就得出相应的构造变动破坏烃量：

$$Q_{ds} = Q_p - (Q_{rm} + Q_{rs} + Q_{bc} + Q_{lb} + Q_{lw} + Q_{ld}) - Q_{ls} - Q \qquad (6\text{-}12)$$

在此基础上，逐步回归成藏体系的构造变动破坏烃量与相关地质要素之间的关系，可以确定主控因素，建立构造破坏烃量反演定量模式（图 6-7）。

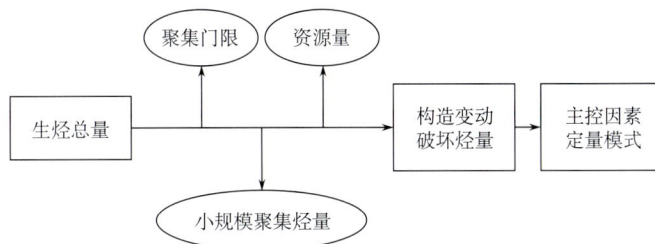

图 6-7　构造变动破坏烃量反演模拟流程图

以济阳拗陷 19 个高勘探程度油气成藏体系为例，从门限控烃的角度反演模拟其构造破坏烃量，模拟结果表明，济阳拗陷主要成藏体系的构造破坏烃量多为 $20 \times 10^8 \sim 40 \times 10^8 t$，不同成藏体系的构造破坏烃量差别很大。

2. 回归建立定量模型

用逐步回归方法建立构造破坏烃量与地质要素之间的定量关系，确定构造变动破坏烃量的主控因素是排烃强度、砂地比、储集层有效厚度、构造变动次数、目的层倾角和断层密度等。

$$Q_{ds} = -108.92 + 7.0353X_1 + 0.097047X_2 + 0.90277X_3 + 11.354X_4$$
$$+ 2.778X_5 - 71.794X_6 \qquad (6\text{-}13)$$

式中，Q_{ds} 为构造破坏烃量（$10^4 t$）；X_1 为排烃强度（$10^4 t/km^2$）；X_2 为砂地比（%）；X_3 为储集层有效厚度（m）；X_4 为构造变动次数；X_5 为目的层倾角（°）；X_6 为断层密度（条/km^2）。

济阳拗陷主要成藏体系构造破坏烃量的回归值与实际情况符合较好，可以应用公式（6-13）计算济阳拗陷其他成藏体系的构造变动破坏烃量。

可靠性分析：反演模拟计算构造破坏烃量的思路避开了对复杂构造过程的研究，将关键点放在聚集门限研究上。但油气成藏机理非常复杂，尤其是各种损耗烃量的计算模型和原理是否合理取决于石油地质理论的进展，因此该方法有待在应用中进一步检验、发展和完善。

将上述计算构造破坏烃量的公式应用于西部叠合盆地时，必须选择勘探程度较高的成藏体系对其进行检验和修正。

四、油气资源门限判别与远景资源量计算

（一）依据研究区油气藏最大规模判别

资源门限的判别标准是油气运聚系统内形成有工业价值的油气藏。形成有工业价值的油气藏取决于两方面因素：一是可供聚集成藏的烃量大小，它的数值越大，形成有工业价值油气藏的可能性越大，个数也越多，且最具价值的单个油气藏规模也越大；二是可能形成的无价值的油气藏个数及耗损烃量大小。后一问题可以应用油气藏规模序列法予以解决。

油气藏规模序列法是利用研究区已经发现的油气藏个数及大小进行规模序列分析，预测出研究区所讨论的油气运聚系统内潜在的油气藏个数（n）及每个油气藏的大小（Q_i，$i=1$，2，$\cdots$，n）。该方法适用于一个完整的、独立的石油体系，即该地质体系内的油气生成、运移、聚集以及而后的地质变迁都是在同一石油地质演化历史条件下形成的。在确定研究区最小经济价值的油气藏规模（Q_m）时，一般参照周边勘探程度较高的油气运聚系统来取值，如我国渤海湾盆地中，一般以 10^5t 规模的油气藏作为商业油气勘探开发的下限，10^5t 储量规模即为各油气运聚系统的最小油气藏规模。确定油气藏个数的理论基础是 Pareto 定律，其表达式如下：

$$\frac{Q_m}{Q_n} = \left(\frac{n}{m}\right)^k \tag{6-14}$$

式中，Q_m 为序号为 m 的油气藏的储量（t）；Q_n 为序号为 n 油气藏的储量（t）；k 为实数，双对数坐标中的斜率 k，即油气藏储量规模变化率；m、n 为整数序列中的任一数值，即油气藏规模序列号，但 $m \neq n$。对式（6-14）两边取对数，则有

$$\frac{\lg Q_m - \lg Q_n}{\lg m - \lg n} = -k \tag{6-15}$$

在双对数坐标网上进行绘图，则油藏数据点的连线即为斜率等于 $-k$ 的直线。对于已发现油气藏的地区，$-k$ 可以根据实际的油气藏数据进行拟合得到。对于尚未发现油气藏的地区，则可利用与其地质条件相似地区的 $-k$ 数值，再依据地质类比法对该值进行修正获得。由此可以获得研究区的最大油气藏规模以及油气藏的个数。如果实际勘探证实研究区没有商业规模聚集的油气藏，则该区尚未达到资源门限，则研究区的资源门限要大于理论计算的油气藏规模；若实际勘探证实研究区存在商业规模聚集的油气藏，则该区已经达到了资源门限，则研究区的资源门限等于或者小于理论计算的油气藏规模。因此，用油气藏的规模可以间接判别是否达到资源门限。

（二）依据相对聚集烃量判别及远景资源量计算

如果研究区所讨论的油气运聚系统内尚无油气藏发现，则可采用地质类比法借用相邻或相似运聚系统的统计结果来进行计算。其基本原理是：先确定类比系统内最大油气藏（Q_L）与可供聚集烃量（Q_{pa}）的对应关系，然后确定第 i 个油气藏规模（Q_i）与最大油气藏规模（Q_L）之间的关系，最后确定最小工业价值油气藏的规模（Q_m）。可供聚集烃量（$Q_{聚集}$）减去后期的构造破坏烃量（$Q_{破坏}$）和无价值的油气聚集量（$Q_{无价值}$）即可得到远景油气资源量（Q），需要特别注意的是，这里的远景资源量既包括传统意义上的常规油气资源量，又包括那些以特殊形式富集起来的远景资源量，如致密砂岩气、泥（页）岩气和沥青砂等。在地质条件下，只有聚集烃量大于或者等于构造变动造成的破坏烃量以及无价值的聚集烃量，其才达到了油气资源门限，该地区才可能存在油气资源。在实际运用中，可利用下式判别研究区是否进入资源门限。

$$Q_{聚集} - Q_{破坏} - Q_{无价值} \begin{cases} < 0, & 未达到资源门限 \\ = 0, & 刚达到资源门限 \\ > 0, & 达到资源门限 \end{cases} \quad (6\text{-}16)$$

式中，$Q_{聚集}$ 为可供聚集烃量；$Q_{破坏}$ 为构造破坏烃量；$Q_{无价值}$ 为无工业价值聚集烃量。

第三节 油气资源门限的影响因素与研究内容

一、随工业油气藏规模下限（Q_{min}）不同而变化

在一定的成本构成条件下，存在一个工业油气藏规模下限，低于该下限，油田没有经济价值，在该下限以上的临界区域内油田必须有一定规模才有经济价值。工业油气藏规模下限是确定评价对象经济资源量的基础，也是进行综合决策的依据。

工业油气藏规模下限随着技术的进步、政治和经济的发展程度而变化，其受到油价波动、技术进步等因素的影响。油价除受其价值本身制约外，还受国际政治和经济形势的影响，会有很大的波动。如在油价相对较高的情况下，工业油气藏规模下限标准就会随之降低，很多原来不具备工业价值的油气藏就变成了具有工业价值的油气藏，在此情况下，非工业价值聚集烃量随之减小，油气资源门限随之降低，评价单元内的油气资源相应增大。此外，勘探技术的进步同样会对其产生影响，随着勘探技术的进步，勘探成本降低，勘探效率提高，对油气藏的规模要求也相应变小。也使得很多不具备工业价值的油气藏具备开采的价值。另外，其还受国家政治体制的影响，在不同的阶段，工业油气藏规模下限也会发生变化。

工业油气藏规模下限可作为判断圈闭是否有经济价值的临界值，以此从经济角度对圈闭进行筛选，再结合圈闭的地质综合评价结果，从地质、资源和经济等几个方面对圈闭进行评价，可以提高勘探决策的成功率。

二、随构造变动破坏烃量（Q_s）不同而变化

构造变动破坏烃量的大小，对油气资源门限的影响较大。如在我国的西部盆地，由于构造变动次数较多，构造变动强度较大，导致构造变动的破坏烃量数量也较大，因此油气资源门限相对较高。

塔里木盆地每一次构造变动都导致早成油气藏的调整、改造与破坏。塔中 4 井区的油气藏在二叠纪末就已形成，经过后期多次构造变动后，它的油气储量逐步从一个 $3.5 \times 10^8 t$ 的大油气田变成了一个仅有 $1.2 \times 10^8 t$ 储量的中型油气田（韩晓东和李国会，2000）。在这一过程中，原成油气藏被破坏的油气一部分散失了，另一部分调整到上部地层中形成了更小规模的油气藏。塔里木盆地早成油气藏在构造变动过程中被调整和破坏的实例非常多，也非常普遍，如志留系大油气田形成后已变成了沥青砂（张俊等，2004），哈德逊大油气田形成后位置发生了迁移等（赵靖舟，2001）。

三、随生油气量计算结果（Q_o）不同而变化

油气勘探之初，主要以找到烃源岩作为油气勘探方向选择的依据。其中包括"源控论"、"含油气系统"和"石油液态窗"理论等。这些理论都是基于烃源岩对油气的控制作用而指导油气勘探方向选择的。但随着勘探程度的不断提高，人们对烃源岩的把握程度随之发生变化。主要表现在以往认为是烃源岩的，现在可能不是了，以往不被看作烃源岩的地层，现在通过评价可能具备了较好的生烃能力。卢双舫等（2009）认为松辽盆地主力烃源岩区、主力烃源岩层的生油门限深度并非过去以为的仅 1200m 左右，而可能为 1400～1700m；生油高峰深度也不是仅 1800m 左右，而应该大于 2000m。这可能会对滨北地区油气资源潜力评价产生重大影响。在其他盆地也有类似的情况，如以往认为东营凹陷沙三段具有很好的生烃潜力，但通过研究发现，沙四上亚段的生烃能力更好，而且目前大部分油气田的油气来源于这一层段。因此，当生烃量的计算结果发生变化时，会导致油气资源门限也随之发生变化。

四、随认知程度（Q_w）不同而变化

油气地质研究的过程，就是不断认识地下地质情况的过程。随着认识程度的增加以及资料的积累，人们对地下情况的认知程度也相应提高。油气工业的生命周期大致有 300 年（1880～2180 年）的历史，发展主要历经构造油气藏、岩性地层油气藏和非常规油气藏（场）勘探开发三个阶段和三大领域。油气藏分布方式分别有单体型、集群型和连续型三种类型。从构造油气藏向岩性地层油气藏转变是第一次理论技术创新，以寻找油气圈闭为核心；从岩性地层圈闭油气藏向非连续型油气藏转变是第二次理论技术创新或革命，以寻找有利油气储集体为核心，致密化"减孔成藏"机理新论点突破了常规储集层物性下限与传统圈闭找油的理念。随着勘探开发技术不断进步，占有 80% 左右资

源的非常规油气（一般将空气渗透率大于 $1\times10^{-3}\,\mu m^2$ 或地层渗透率大于 0.1×10^{-3} μm^2 储集层内的油气称为常规油气，把空气渗透率小于 $1\times10^{-3}\,\mu m^2$ 或地层渗透率小于 $0.1\times10^{-3}\,\mu m^2$ 的油气称为非常规油气）如页岩气、煤层气、致密气、致密油和页岩油等已引起广泛关注，并得到有效开发，在油气储、产量中所占比例也逐年提高。传统观点仅认识到页岩可以生油和生气，但没认识到页岩亦可储油和储气，更未认识到还能聚集工业性页岩油、页岩气。近年来，典型页岩气的发展尤为迅速，地质认识不断进步，优选核心区方法、实验分析技术、测井评价技术、资源评价技术、页岩储集层水平井钻完井和同步多级并重复压裂等先进技术获得应用，形成"人造气"是页岩气快速发展的关键因素。页岩气突破的意义在于：①突破资源禁区，增加资源类型与资源量；②挑战储集层极限，实现油气理论技术升级换代，水平井多级压裂等核心技术应用于其他致密油气等非常规和常规油气储集层中更加经济有效，可大幅度提高油气采收率；③带动非常规油气技术发展，推动致密油气和页岩油等更快成为常规领域。

第四节　油气资源门限的控油气作用机制

资源门限与油气运聚单元内聚集烃量达到商业开采标准时的规模对应一致，它控制油气聚集成具有工业价值油气藏的时间和最终有效资源的规模（图 6-8）。通过改进目前广泛得到应用的油气藏规模序列模型和研究区油气藏最大规模约束求解方法，解决无价值聚集烃量的计算问题，为资源门限的判别和最终有效资源量的计算提供了理论指导。开展油气藏规模系列研究，预测油气藏最大规模，判别资源门限。

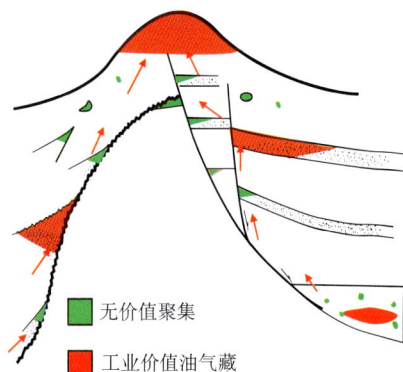

图 6-8　油气资源门限示意图

一、控制油气资源出现的时间

顾名思义，资源门限其涵义就是指油气聚集在圈闭中可以形成一定的规模，达到可利用的开采价值。在油气经过输导运移形成原生油气藏后，要经历多期构造变动的调整改造甚至是破坏作用，先期聚集在圈闭当中的油气藏，如果量足够大，那么有可能保留一部分油气规模，如果油气藏规模相对较小，在后期不断的构造变动中会被完全破坏，或仅聚集十分微小的规模，难以形成有价值的油气藏类型。这就要求在相同的构造变动情况下，有两种可能性使油气保留成藏，一种是早期聚集了大量的油气，经得起后期频繁地构造变动，形成多样性的晚期次生油气藏；另一种就是在构造变动相对平稳的后期，开始大量生、排烃，形成晚期原生油气藏。

二、控制形成工业性油气藏的储量规模

综合统计分析结果表明，盆地油气资源量的大小对盆地内油气藏的规模具有明显的控制作用，形成大中型油气藏要求有一定规模以上的油气资源量。

中国形成中型油田的盆地的资源量一般需要超过 $2 \times 10^8 t$；形成大型油田的盆地的资源量一般需要超过 $8.5 \times 10^8 t$。研究结果如图 6-9 所示。

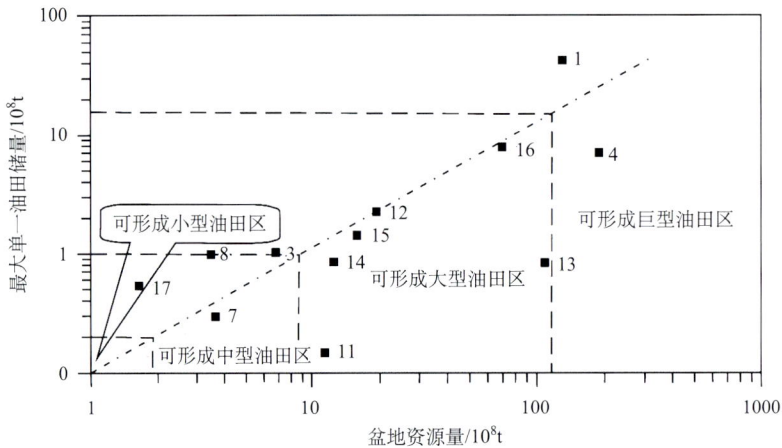

图 6-9　中国主要盆地资源量与最大单一油田储量关系图

1. 松辽；3. 二连；4. 渤海湾；7. 江汉；8. 南襄；11. 四川；12. 鄂尔多斯；
13. 塔里木；14. 柴达木；15. 吐哈；16. 准噶尔；17. 酒西

中国形成中型气田的盆地气资源量一般超过 $2000 \times 10^8 m^3$，形成大型气田的盆地气资源量一般超过 $15000 \times 10^8 m^3$，研究结果如图 6-10 所示。

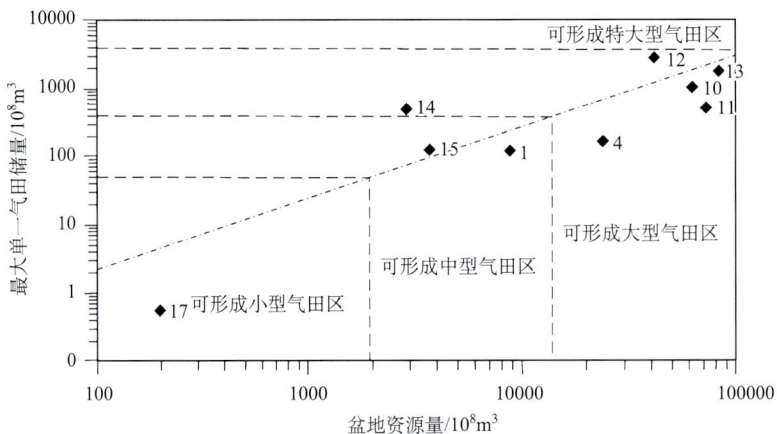

图 6-10　中国主要盆地资源量与最大单一气田储量关系图

1. 松辽；4. 渤海湾；10. 东海—珠江口—莺歌海；11. 四川；12. 鄂尔多斯；
13. 塔里木；14. 柴达木；15. 吐哈；17. 酒西

成藏体系是介于含油气系统和油气聚集带之间的一个过渡单元，它的时空发育对大中型油气藏的形成和分布起控制作用。尤其是成藏体系内的资源量必须达到一定的规模才能形成大中型油气藏。目前，中国已经发现的 41 个大油田分布发育在 32 个成藏体系，42 个大中型气田分布发育在 23 个天然气成藏体系中。形成中型油田的成藏体系的油资源量需要超过 2×10^8 t，形成大型油田的成藏体系的油资源量需要超过 8.5×10^8 t（图 6-11）；形成中型气田的成藏体系的气资源量需要超过 440×10^8 m³，形成大型气田的成藏体系的气资源量需要超过 3.1×10^{11} m³（图 6-12）。

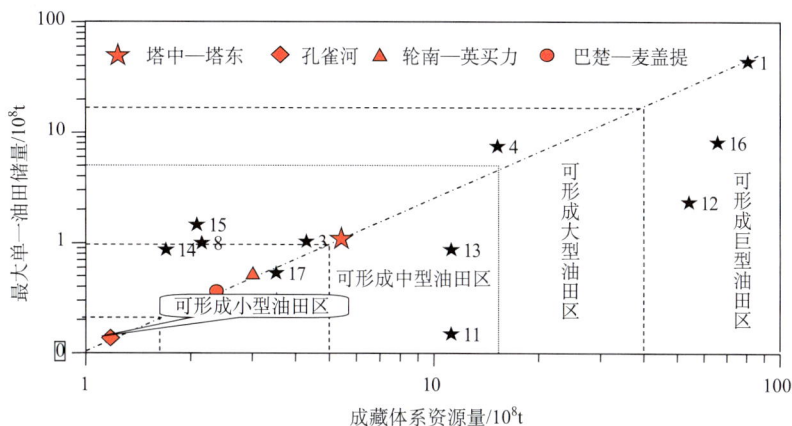

图 6-11　中国主要盆地成藏系统资源量与最大单一油田储量关系图
1. 松辽；3. 二连；4. 渤海湾；8. 南襄；11. 四川；12. 鄂尔多斯；13. 塔里木；
14. 柴达木；15. 吐哈；16. 准噶尔；17. 酒西

所谓"油气藏规模"是指油气藏的最终可采储量。如果某个含油气区经过详细勘探后，发现了全部油气藏，并且查明了每个油气藏的最终可采储量，那么，按最终可采储量由大到小进行排列，所得的顺序称为油气藏规模序列。

三、控制油气资源的理论最大值

油气资源门限是依据物质平衡原理，通过对运聚单元内的生烃量与各种损耗烃量的计算，结合计算的结果对油气资源的综合预测。这个预测考虑了油气生成、运移、聚集以及聚集后的各种地质作用的综合影响。其计算结果是在现有地质认识和地质资料的基础上，形成的对研究区油气资源的完整和系统的评价结果，这一评价结果代表了评价单元内能够聚集油气的数量，即油气资源的理论最大值。

四、控制油气资源分布的范围

众所周知，不少物理、化学和地质等科学规律均只在一定条件下适用。如牛顿的经典力学定律适于宏观世界，不适于原子内部微观世界等。地学具有地区特性，许多地学规律均只在特定地质环境内有效。因此，在总结松辽盆地油气田分布受源控作用控制

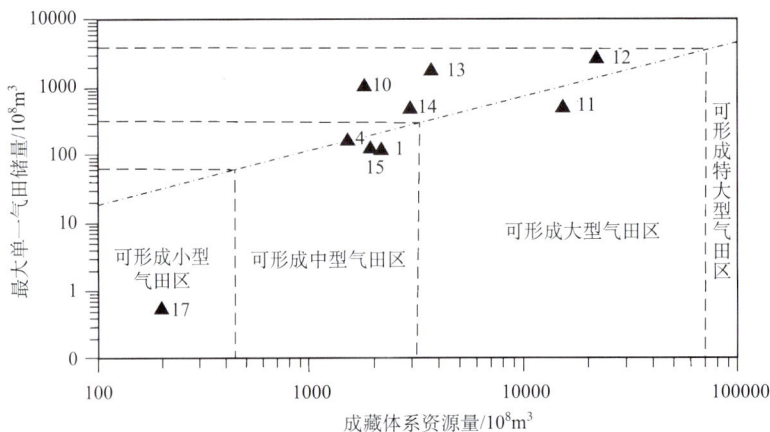

图 6-12 中国主要盆地成藏系统天然气资源量与最大单一气田储量关系图
1. 松江；4. 渤海湾；10. 东海—珠江口—莺歌海；11. 四川；12. 鄂尔多斯；
13. 塔里木；14. 柴达木；15. 吐哈；17. 酒西

时，推测最远油气运移距离为 60～70km，大庆长垣等地区为 20～30km；胡朝元（1982）根据新的资料，认为将源控论的适用范围推广到中国东部地区，至于西北地区的陆相盆地，除鄂尔多斯等中生界含油地层区域勘探较全面外，都只在局部完成了勘查工作，源控论是否完全适用于此，尚待今后进一步验证。

在 20 世纪 70～80 年代，渤海湾盆地油气勘探过程中，"源控论"的成油理论进一步深化，人们认识到渤海湾盆地油气分布也受生油凹陷控制，各生油凹陷有各自的油气地球化学特征，它们之间差异较大，主要与各凹陷生油岩母质类型和成熟程度有关。"源控论"强调"油气田环绕生油中心分布，并受生油区的严格控制"。也有人认为"油气田环绕生油凹陷都自成一个独立的沉积单元和生油中心，一个生油中心就是一个油气富集中心，即油气生成、运移和聚集完全受油气生成中心控制，油气藏分布围绕生油中心呈环带状分布"。在许多石油地质问题中，油气运移距离远近是一个争议很大的重点问题，既有认为原地生成，也有长距离运移的倡导者。这番争论自 20 世纪 30 年代起直到 21 世纪的今天，一直没有停歇过。国内外学者在争论的同时，也在孜孜以求地通过各种方式对油气运移距离进行更加深入地探索。从目前的研究成果来看，油气田基本位于有效生油区，即盆地中成熟生油岩的分布范围，因为在有效生油区内部、其上下层系和邻近地区的圈闭，具有"近水楼台"的优势，易于捕获油气形成油气藏（田）。陆相含油气盆地的有效生油岩区位于持续下沉的拗陷或凹陷及其邻近地区。由于陆相地层的岩性岩相横向变化较大，油气侧向运移距离较短，一般为 30km 左右，最大不超过80km。而世界油气田的分布数据统计资料也显示，油气运移距离一般都小于 60km，以20～40km 最多。

资源门限主要根据对油气运聚单元内油气资源的计算，确定评价单元内有无油气资源和资源有多少，从而实现对油气平面分布范围的预测。从另一个角度讲，如果评价单元内的油气数量未达到资源门限，那么该单元就不具备油气资源潜力，也就不具有继续勘探的价值。因此，从这一个角度来说，油气资源门限控制着油气资源分布的范围。

第五节 油气资源门限的研究意义

一、判别油气资源大量形成的时期

油气运聚单元中聚集的烃量达到聚集门限后，只有超过了某一临界下限值（具有工业价值量）后才有经济意义，构成具有工业价值的油气藏。聚集油气扣除非工业聚集和构造变动破坏烃量即为有效聚集烃量，它在理论上代表了研究区资源量的上限值。根据油田规模序列法预测油气田总规模及个数，可求得非工业聚集油气占可供聚集油气的比例，进而可求得有效聚集油气量。

油气资源门限标志着评价单元内是否形成了具有工业价值的油气聚集，因此，当评价单元内的供烃量和损耗烃量相平衡时，即代表该评价单元达到了形成油气资源的地质时期。在达到油气聚集门限之后，通过考虑构造变动时期确定构造变动烃量损耗时期，同时结合非工业价值聚集烃量的研究，可以确定油气资源形成的主要时期。因此，可以根据评价单元内可供聚集烃量、构造变动破坏烃量和非工业价值聚集烃量的评价结果对评价单元是否具有工业资源潜力进行判别。

二、确定油气资源的最大上限

常规油气资源评价的方法主要包括成因法、类比法和统计法。成因法是从有机质的沉积、演化过程出发，根据物质质量守恒的原理，估算有机质在各演化阶段的生烃量、排烃量、聚集量和保存量，从而预测出潜在区域的资源量。其主要包括盆地模拟法、沥青"A"法和生物气模拟法等；其主要优点是参数与结果的地质意义明确，成藏研究结果直接应用到资源量计算；缺点是运聚系数等取值困难，受主观因素影响大。类比法是由已知信息推测未知信息的地质思想，具有应用广泛而类比因素复杂多变的特点，既有成藏组合条件的综合类比，也有单一地质因素的类比。其优点是思路简单，回避了评价区因资料数据缺乏不能开展评价的矛盾，有利于对勘探工作的指导；缺点是类比的方法和过程很复杂。统计法是根据评价区本身的勘探历史和已发现的储量外推评价区未发现的资源量的方法，主要包括勘探趋势外推法和油田规模序列法。其优点是方法简单、结果可靠，对勘探决策指导意义大；缺点是仅适用于勘探程度较高的盆地，没有考虑未来可能出现的不可预见的油气藏类型的意外发现，也没有考虑经济技术条件的改善对资源量评价的影响，预测结果往往较为保守。

油气资源门限代表着评价单元内能够形成工业油气资源聚集的最小损耗烃量，在获得了评价单元内的资源门限值后，可根据可供聚集烃量的计算结果，对评价单元内的油气资源进行初步估算，该值确定后，评价单元油气资源的上限即可确定。因此，利用此方法可以更加准确地确定油气资源的最大上限。

三、预测油气资源有利领域

　　聚集起来的烃量只有那些达到一定规模，达到油气资源门限之后，在当前或将来技术条件下能够开采并值得开采的部分才有意义。可供聚集起来的烃量包括无价值的聚集烃量、常规的油气资源量和特殊形式的油气资源量三部分。油气资源门限控制着油气聚集成具有工业价值油气藏的时间和最终有效资源的规模。以油气成藏体系作为评价单元，在多个评价单元达到油气资源门限以后，可根据资源的形成时期和资源的数量，对不同成藏体系进行对比分析，从而优选出有利的油气资源领域。

第七章 运聚门限联合控油气作用评价油气资源潜力的研究特色

第一节 运聚门限联合评价油气资源量突破了经典地球化学理论评价源岩的束缚

一、不再将生烃门限作为源岩判别和评价的标准

生烃门限是 Tissot 和 Welte（1978）提出的有关油气成因方面的重要概念，其核心内容是：油气是动植物遗体埋藏后转化而成的（有机成因论）；动植物遗体埋藏后除少部分被生物改造成油气（早期成油）外，绝大部分成为一种固态的不溶有机母质——干酪根，工业性的油气主要由这种不溶的固态有机母质转化而成（晚期成油）；干酪根只有在转化程度达到某临界条件（门限）后才开始大量生油和生气；这一临界条件被普遍接受并称之为生烃门限，它一般与干酪根镜质组反射率（R_o）等于 0.5% 相对应（Tissot and Welte，1978）。

生烃门限这一概念在石油地质界应用广泛，主要是用于：①划分成熟的或有效的生油气岩；②计算生油气量；③用作"石油液态窗"顶界并依此指导油气田勘探。R_o 可以对烃源岩是否开始生烃作出判断，但该指标没有考虑烃源岩是否能够排烃这一关键要素，只有生烃量大于源岩残留烃量，才能够排烃，因此即使烃源岩能够大量生烃，但没有排出，源岩对油气成藏仍然没有意义。此时就需要考虑生烃量满足了源岩吸附、孔隙水溶解、油溶解（气）和毛细管封闭等多种形式的残留需要，并开始以游离相大量排运油气的临界地质条件，该地质条件即为排烃门限。排烃门限的提出考虑了源岩的排烃条件，克服了仅用生烃门限来判别和评价源岩的局限性。

二、不再将残留烃指标作为有效源岩判别和评价的标准

表征源岩残留有机质量大小的指标有三项，即有机碳质量分数（TOC）、氯仿沥青抽提质量分数（"A"）及总烃含量（"HC"）。根据岩石中残留烃量大小评价烃源岩的地质理论基础主要包括下列三点：①岩石中的残留烃量反映了岩石生成烃量的大小，岩石排出的烃量非常有限，最大不超过目前岩石中残留烃量的 10%，一般为 2%～5%；②岩石中的残留烃量反映了岩石排出烃量的大小，岩石的排烃作用是一个伴随生烃作用而发生的渐进过程，排出烃量约占源岩生烃总量的 2%；③岩石生成的烃量主要以孔隙水为介质，随压实作用而逐渐排出。源岩中的残留烃量既反映了源岩生烃量的大小，又反映了源岩排烃量的大小。

随着油气地质理论研究的深入和石油工业的发展，上述烃源岩评价方法依据的三点地质理论得到了完善和发展，越来越多的学者对岩石残留烃量指标评价源岩品质的方法提出了质疑，主要存在以下科学问题。

（一）TOC 不反映原始的有机母质丰度

源岩残留有机碳质量分数（TOC）不能完全反映源岩的生烃条件，也不能完全反映源岩生烃量大小，因此不能用于评价源岩品质。

TOC 系指源岩中各种有机质含碳质量分数之和，包括残留有机母质中的含碳量和残留烃量中的含碳量两部分。源岩实测的 C‰主要反映残留母质的含量。用源岩中残留母质含量的大小评价源岩品质并划分等级在理论和实践中存在下列问题。第一，残留母质含量受母质类型的影响。残留母质含量既不能反映源岩的生烃量，也不能反映源岩的排烃量。这是因为同样 TOC 的源岩，当其母质类型不同时，生烃量可以有很大的差异；在生烃条件相同的情况下，当排烃条件不同时，排烃量可以有较大差异。如有机质类型好的源岩排烃门限浅，因为这类有机质生烃量大，少量的有机质在变质程度较低或埋深浅的情况下生烃量就可以满足自身残留的需要。第二，残留母质含量随源岩转化程度的不同而改变。对于演化程度低的未成熟或低成熟的烃源岩，大部分有机质仍残留在源岩内，此时剩余有机碳含量可近似地表示原始有机质丰度；Tissot 和 Welte（1978）认为，高变质程度的有机母质丰度含量可能曾是它初始时刻的一倍，甚至两倍以上。前人的研究结果（方祖康等，1984；杨万里，1986）都表明，源岩中的有机母质丰度含量在地史过程中是不断变化的，总的趋势是减小。用源岩现今的母质丰度含量恢复初始时期的母质丰度含量需要乘以一个数值为 1~2 的常数因子，而数值大小又与源岩现今的母质丰度、母质类型（KTI）、母质演化程度（R_o）等因素有关，就使得仅乘数值来表征初始时期的母质含量缺乏可靠性。这说明，就源岩母质丰度含量这一参数而言，只有将它们恢复到沉积初始时期才具有对比意义，对评价源岩品质才有一定的意义。

（二）源岩内残留的烃量"A"不反映原始的生烃总量

源岩残留烃量"A"既不能反映源岩生烃量，也不能反映源岩排烃量，因此不能用于评价源岩品质。源岩残留烃量"A"系指用氯仿抽提出的岩石中的沥青量，它包括了烷烃、芳香烃和非烃等多种形式的组分。源岩残留烃量"A"不能反映也不能代表岩石中的生烃量和残留烃量主要表现在下列三个方面。

（1）排烃门限理论研究表明，在生烃岩达到排烃门限前，由于岩石自身吸附等形式的残留烃量没有得到满足，生成的烃量不能大量排出。岩石生成的烃量除极少数轻组分以水溶和扩散的形式排出外，绝大多数以吸附、水溶、油溶（气）和毛细管封堵等形式残留于源岩内。对这些没有达到排烃门限的生烃岩，残留烃量基本上反映了岩石的生烃量。它们没有排出，没有对油气藏形成作出贡献，因此不能依其大小评价源岩的品质。

（2）达到排烃门限后的生烃岩，残留烃量的大小主要反映源岩的残留烃能力。残留烃量越大意味着源岩排烃条件越差。在生烃条件或生烃量完全相同的情况下，源岩残留的烃量越大表明岩石排出的烃量越少，源岩的品质越差。

144

（3）源岩残留烃量实测值"A"不能用于评价源岩品质的另一根本原因是其本身并不能直接反映源岩中实际残留烃量。"A"是源岩取到地表且 C_{15} 以前的轻烃组分得到释放后的测试值，它较岩石在地下实际残留的烃量小。盛志纬（1986）的研究表明，含不同类型母质、处于不同转化阶段的烃源岩自地下取到地表后损失的烃量不同。这说明，"A"指标用于源岩品质的评价对不同地质条件下的源岩等级划分标准应该不同。

（三）用残留烃量评价烃源岩既不科学也不符合逻辑

生油气研究中的地球化学指标有数十种，甚至上百种之多，归纳起来可分为三类，即有机母质丰度指标、有机母质类型指标和有机母质转化程度指标，用残留烃量评价烃源岩既不科学也不符合逻辑；主要表现在以下三个方面。

1. 用有机母质丰度指标评价烃源岩及其局限性

这里的丰度指标主要包括三项：生烃岩有机碳质量百分数（TOC）、干酪根含量以及 MAB 抽提物质量百分数。这三种物质都被认为是形成油气的母质，经常用于评价源岩的品质。源岩中这类母质越多，生烃能力越强。

用这类指标或方法评价源岩品质的主要局限如下。

（1）没有考虑有机母质的质量，这里的质量我们通常称之为母质类型。在母质丰度相同的情况下，Ⅰ类母质生成的烃量可以比Ⅲ类母质高数倍，甚至上十倍。例如，Ⅰ类母质的最大生烃潜力可达 65% 以上，Ⅱ类母质不到 10%；煤岩中壳质组转化生烃量最大可达 80%～90%，丝质组不到 10%。这说明，母质类型不同的源岩，不能通过比较它们的生烃母质丰度大小评价其品质。

（2）没有考虑母质的转化程度，有机母质只有经受转化作用后才能生烃。源岩中的有机母质丰度再高，如果没有转化生烃也不能对油气藏形成作出贡献。对于演化程度低的未成熟或低成熟烃源岩，只有很少一部分有机质转化成油气，大部分仍残留在源岩内，此时剩余有机碳含量可近似地表示原始有机质丰度。但对于转化程度较高的源岩，原始生成的烃量大都排出，因此它目前的有机母质丰度不能反映初始时期开始生、排烃前的母质丰度。这说明，对于转化程度不同的烃源岩，不能通过比较它们的母质丰度大小进行品质评价。

（3）没有考虑源岩排烃条件，即使母质丰度、类型和转化程度完全相同的源岩，对油气藏形成的贡献大小也可能不同，这在一定程度上取决于源岩的排烃条件。烃源岩残留烃能力弱、排烃量高和排烃效率高的烃源岩比残留烃能力强、排烃量低和排烃效率低的烃源岩的贡献大，因而前者的烃源岩品质较后者好。

2. 用有机母质类型指标评价烃源岩及其局限性

有机母质类型指标较多，常用的有 H/C、O/C、I_H 和 I_O、干酪根镜下形态特征以及数值化的 KTI_1、KTI_2 等。类型好的Ⅰ类母质中 H 含量高，O 含量低，芳香核团结构上带有较多的长烷基侧链，转化过程中能够形成大量的烃，其中生成的油量较气量大。类型差的Ⅱ类母质中 O 含量高，H 含量低，芳香核团结构上带有较多的短烷基侧链，转化过程中主要形成甲烷气，液态烃较少，产出的烃总量远较Ⅰ类母质少，Ⅲ类母质介于Ⅰ类和Ⅱ类之间。基于这种原因，一些学者也常用母质类型这一指标评价烃源岩品质。而作为有效的烃源岩，首先必须具备足够数量的有机质和良好的有机质类型，并具有向油气演化的过程；在漫长的地质历史过程中，烃源岩生油气的演化条件复杂，因此评价烃源岩的品质好坏需要综合考虑有机母质类型、丰度和演化程度这三个指标，单一的考虑其中一个指标去评价烃源岩的质量必定具有局限性。所以用这有机质母质类型指标评价源岩品质的局限性是没有考虑母质的丰度、转化程度和排烃条件。

3. 用有机母质转化程度指标评价烃源岩及其局限性

有机母质转化程度表示沉积有机质向油气转化的热演化程度。由于烃源岩的热演化这一过程具有不可逆性，为了判断有机质是否达到成熟，是否开始生成油气，石油地质学家和地球化学家提出了许多表征有机母质转化程度的指标，常用的有镜质组反射率、TTI、OEP（奇偶优势比）和CPI（碳优势指数）等。

Tissot和Welte（1978）根据母质转化程度将源岩生烃过程划分为未熟生甲烷气、成熟生油、高熟生凝析油、油气和过成熟生干气四个阶段。四个阶段有机母质转化程度（R_o%）分别与$R_o < 0.5\%$、R_o介于$0.5\% \sim 1.3\%$、R_o介于$1.3\% \sim 2.0\%$和$R_o > 2.0\%$相对应，四个不同阶段生成油气量的成分和大小也会随演化程度发生改变。不能单纯地认为转化程度高的母质生油气量大，需要考虑有机母质的丰度和类型，有机质丰度低、类型差的烃源岩即使其转化程度高，生油气的量也会受到限制。因此，应用母质转化过程评价烃源岩品质的局限性是没有考虑母质的丰度、类型和源岩实际的排烃条件。

三、依据排烃门限科学地判别和评价源岩

（一）考虑生烃量和残留烃能力的关联性

源岩内残留的有机质含量随大量生成烃量的排出而减少，依据上述原理类推，包括C%和"A"在内的一切反映源岩残留烃特征的指标，如S_1和S_2等都不能直接用于评价源岩品质。

Tissot和Welte（1978）对巴黎盆地源岩的残留烃特征进行了详细的研究，得出了源岩残留烃量随埋深呈"大肚子曲线"变化的规律。这种规律在所有的盆地存在，埋藏浅的源岩生烃量少，单位母质有机碳残留的烃量少，随着埋藏深度的增大，源岩内残留的烃量增大，在$1500 \sim 3500m$的深度达到最大，然后随埋深增大，源岩内残留的烃量减小。这种"大肚子曲线"的变化规律，反映了源岩在埋深演化过程中，生烃量逐渐增大，残留烃能力逐渐增强，至某一阶段达到极大值后残留烃能力逐渐减弱。如果用呈"大肚子曲线"变化的残留烃量评价烃源岩，就会夸大处于残留烃能力较强阶段的源岩品质，忽视了那些生排烃量较多，但排烃效率高、目前残留烃量少的源岩对油气藏形成的贡献。

（1）排烃门限理论研究表明，生烃岩达到排烃门限前，由于岩石自身吸附等形式的

残留烃量没有得到满足，生成的烃量并不能大量排出。岩石生成的烃量除极少数轻组分以水溶和扩散的形式排出外，绝大多数以吸附、水溶、油溶（气）和毛细管封堵等形式残留于源岩内。对这些没有达到排烃门限的生烃岩，残留烃量基本上反映了岩石的生烃量。由于没有排出，没有对油气藏形成作出贡献，因此不能依其大小评价源岩的品质。

（2）达到排烃门限后的生烃岩，残留烃量的大小主要反映源岩的残留烃能力。残留烃量越大，则源岩排烃条件越差。在生烃条件或生烃量完全相同的情况下，源岩残留的烃量越大表明岩石排出的烃量越少，源岩的品质越差。

（3）源岩残留烃量实测值"A"不能用于评价源岩品质的另一根本原因是其本身并不能直接反映源岩的实际残留烃量。"A"是源岩取到地表且 C_{15} 以前的轻烃组分得到释放后的测试值，它较岩石在地下实际残留的烃量小。

（二）考虑油和天然气生、排作用的差异性

源岩在转化过程中生成的油气称为石油或烃类。这些产物主要由 C、H、O、N、S 五种元素组成，其分子大小、结构和性质都不相同。不同的源岩，在不同的转化阶段生成、残留和排运的油气组分不同。这些不同组分的油气由于自身特征的差异性，开始大量排出源岩的门限或临界地质条件不同。在甲烷气、重烃气和液态烃三种组分中，甲烷分子量小，活动性强，易排运不易残留。液态烃与之相反，重烃气介于二者之间。源岩在埋深演化过程中一般先排出甲烷气，继之重烃气，最后是液态烃。

在一般的地质条件下，源岩生成的甲烷气除饱和源岩自身吸附、孔隙水溶和孔隙油溶外，还能以游离相的形式优先排出，重烃气次之，液态烃最后。源岩在演化过程中从不排烃到大量排甲烷气、重烃气和液态烃，直至最后液态烃消亡结束是一个完整的过程。源岩母质丰度高、热演化程度高时一般能够经历上述几个阶段。母质类型差、丰度小和转化程度低的源岩一般不能经历上述四个完整的阶段。有的只能大量排甲烷气，有的只能大量排甲烷气和重烃气，有的虽然能排甲烷气、重烃气和液态烃，但彼此开始大量排烃的门限相差较大。例如一些源岩（煤系地层、含Ⅲ类干酪根丰富的地层）在未成熟阶段就开始大量排运甲烷气，但至高成熟阶段晚期才开始排液态烃；一些源岩（主要是含Ⅰ类母质的烃源岩）在未成熟阶段开始大量排运甲烷气，同时也能开始大量排运液态烃。甲烷气、重烃气和液态烃排出门限的差异性决定了干气藏、湿气和凝析气藏、油藏或油气藏在地层时空领域中的形成和分布规律。

（三）考虑不同盆地和地区油气地质的特点

不同的沉积盆地在不同的地史期大地热流值不同。在这种情况下盆地内古地温梯度（GT）和源岩母质的转化程度（R_o,%）随埋深的变化率也不相同。古地温和 R_o 随埋深的变化规律是一致的。当大地热流值高时，地温随埋深的变化梯度大，源岩母质的转化程度随埋深的变化率也大。

一般说来，热流高、地温大、转化程度高的源岩排烃门限浅。这是因为在其他地质条件相同时，转化程度高的源岩生成的烃量大，利于源岩吸附等形式的残留烃量提前得到满足并开始大量排出烃。

147

源岩在压实率大的沉积盆地内易排烃。在同样的深度条件下，压实率大的沉积盆地的烃源岩孔隙度小，孔隙中含水量少，水溶残留气量少。孔隙度小利于同样的生烃量达到较高的含烃饱和度，并提前达到排烃要求的残留烃临界饱和度而达到排烃门限。埋藏速率快的源岩利于油气达到排烃门限。沉积埋藏速率慢的源岩在达到排烃门限前以扩散相排出较多的烃，达到排烃门限前的耗散烃量越多，后生的油气越不容易饱和自身各种相态形式的存留需要，达到排烃临界条件。这说明在同样的埋深条件下，年代越老的地层越不利于油气（特别是天然气）以游离相排出和运聚成藏。烃气在水和油中的溶解度大小直接影响源岩水溶相和油溶相残留烃气量的大小，烃气在水和油中的溶解度越大，源岩残留烃能力越强，另外，在源岩达到排烃门限前以水溶相排出的烃量越大，排烃门限越晚。

（四）考虑有效烃源层排烃临界条件的互补性

生烃条件主要指源岩中有机母质的丰度、类型和演化程度。一般来说，有机母质丰度大和类型好的烃源岩排油气门限早。

源岩的有机碳含量（TOC，%）、有机质类型（KTI）和演化程度（R_o，%）三个指标对排烃门限具有互补作用。有机碳含量低的烃源岩，在有机质类型较好的情况下，可以与有机碳含量高、类型差的源岩在同样的演化程度下达到排烃门限。有机碳含量和有机质类型都小时，在有机质演化程度足够高时也能达到排烃门限。在有机质演化程度相同的情况下，有机质类型的互补作用较有机碳含量作用大，因为 KTI 和有机碳含量的增大都可以增加油气的生成量，促进源岩提前达到排烃临界饱和量的标准，但有机碳含量在增加源岩的生烃量的同时，也增加了源岩残留烃临界饱和量，推迟了进入排烃门限的时间。这说明，同样有机质丰度的源岩，在其所含有机质类型不同时达到排烃门限的早晚也不一样。

第二节　运聚门限联合评价油气资源量克服了运聚系数法受人为主观因素的影响

一、运聚系数的基本概念及其求取方法

运聚系数是指油气聚集量与生烃量的比值，一般以百分数表示。油气运聚系数求取的科学思路如图 7-1 所示。

（1）选择合适的类比刻度区。刻度区应满足"三高"要求，即地质认识程度高、勘探程度高和资源探明程度高；同时刻度区的油气地质条件类比参数、成藏条件和资源丰度已知。评价区与刻度区要有相似的盆地类型、构造单元类型、时代、岩性以及油气成藏条件。

（2）找出刻度区所有可能与运聚系数相关的地质因素，如排烃时间与盖层形成时间差、构造变动次数和平均排烃强度等。

（3）根据刻度区的地质参数与运聚系数分别进行单因素拟合，剔除拟合度低、没有

明显拟合规律的因素，选取拟合度高的参数，根据多因素回归确定其与运聚系数定量类比关系。

（4）将刻度区相应参数代入拟合的定量关系式进行回归验证，验证结果与已知运聚系数结果进行对比，若普遍出现大幅偏差，则重新进行多因素回归拟合。

（5）将评价区相应参数代入拟合的定量关系式，求取评价区各评价单元的运聚系数。

确定以上三项参数的选取后，采用多因素回归的方法，利用 SPSS 统计软件拟合出排烃高峰期与盖层形成时间、最大断距与盖层厚度、断层活动速率与运聚系数的定量关系，即

$$y = 59.137 - 1.242\exp x_1 - 22.658\ln x_2 - 11.843\ln x_3 \tag{7-1}$$

$$R^2 = 0.81$$

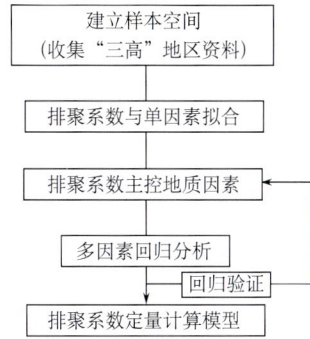

图 7-1 运聚系数求取流程图

式中，y 为运聚系数；x_1 为断距/盖层厚度；x_2 为排烃高峰期/盖层形成时间；x_3 为断层活动速率。从验证结果可以看出，预测运聚系数与实际运聚系数结果差别不大，表明该预测模型具有较高的准确性（图 7-2）。

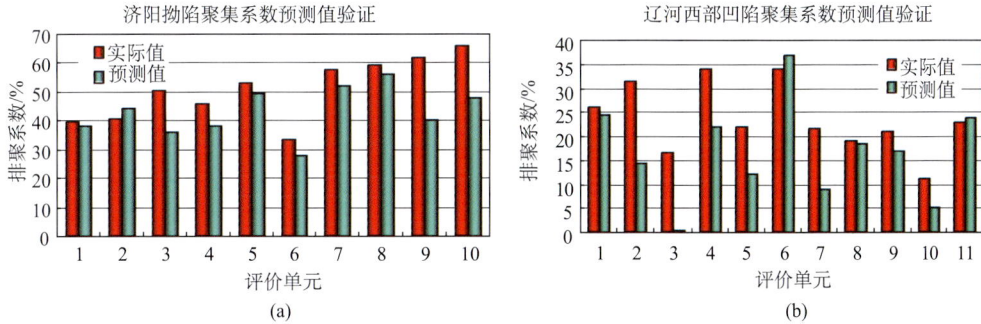

图 7-2 刻度区运聚系数预测值验证

二、运聚系数法评价油气资源量的方法原理简介

依据运聚系数乘以生烃量，即可获得评价单元的油气资源量，如式（7-2）。

$$K_a = \frac{Q_r}{Q_e} \times 100\% \tag{7-2}$$

式中，K_a 为排聚系数（%）；Q_r 为资源量（t，m^3）；Q_e 为排烃量（t，m^3）。

油气运聚是个十分复杂的过程，跨度时间长，影响因素众多，而且目前对其聚集的机理还有很多需要解决的问题，因此很难从简单的数学模拟上对运聚系数的选取进行准确的计算。即使能够建立起运聚系数与油气聚集的主控因素二者之间的定量关系模式，也很难保证定量关系的绝对准确性。

三、运聚系数法评价资源量存在的主要问题

运聚系数是成因法计算资源量的关键参数，在以往的资源评价中，主要依据研究区的油气成藏条件与高勘探程度区的类比，或根据评价者的经验选取。目前常用的运聚系数的求取方法有地质类比法、油藏规模序列法和专家打分模糊综合评价法等，或者是把几种因素仅通过线性拟合得到定量关系模型。但每种方法获取的运聚系数差别很大，运聚系数取值和相关资源量的计算存在以下三方面的问题。

（一）理论研究表明，资源量与生成量和排出量并非线性相关

油气从生成到最终形成有效的油气资源需要经过一个复杂的过程，油气的运聚成藏是一个非线性过程，它们不能百分之百地聚集起来形成资源，也不能依照一定的比例聚集起来形成资源。依据这一理论，可以认为我们长期以来采用运聚系数法评价油气资源是存在问题的，它们需要完善和发展。存在的主要问题是它们将油气资源量（Q）视为油气生成量（Q_p）或排出量（Q_e）的线性函数，认为它们在地质条件下是依照某一个固定的比例或排聚系数（K_{ea}）或运聚系数（K_a）聚集起来的。而由于油气聚集的地质因素繁多复杂，资源评价中运聚系数取值受人为因素的影响较大，所以依靠运聚系数得到的资源量是受人为因素影响、浮动较大的波动值。而且现有的盆地模拟（或含油气系统模拟）软件一般只能模拟出生、排油气量，在此基础上利用经验得出运聚系数，进一步计算油气聚集量，最大的问题是没有建立一个较准确的运聚系数求取方法，从而使得资源量与油气生成量或排出量并非呈线性相关关系。

同时，综合考虑如前所述的评价烃源岩品质的三个指标，生烃量与排出量也并非构成线性相关关系。源岩生烃量大时，可能由于有机质类型差、演化程度低造成排烃门限较高，残留烃量较大，排烃量反而会变小；源岩生烃量小时，由于有机质类型好、演化程度高使得排烃门限较低，残留烃量较小，使得排烃量会增大。这些说明，开展地质门限控油气作用研究可以揭示油气运聚成藏的非线性特征，为复杂地质条件下的油气资源评价开拓新的理论、方法和技术。

（二）实际应用表明，资源量随勘探程度提高而具有不确定性

油气资源量是油气成藏要素在漫长地质时期综合作用的产物，在地下是客观存在的，对人类有限的认识时间来说，其资源量大小应该是不变的。但是，我们对地下油气资源潜力的评价和认识不是一次完成的，而是经过了一个实践—认识—再实践—再认识这种不断循环、不断深化、不断逼近实际（真实资源量）的过程。从世界和全国历次资源评价的成果看，随着时间的推移和勘探时间的深入，油气资源评价结果总体上呈现不断上升的趋势（周总瑛，2011）。但随着勘探程度的提高和勘探技术的进步，探区勘探精度也在不断提高，对于资源量提高幅度具有不确定性，只是不断的逼近真实资源量，而且勘探程度提高到一定程度，勘探领域将由中浅层的构造油气藏转向深层的岩性油气藏，对勘探实践是一个巨大的挑战；但也会出现随着勘探技术提高，曾经一些无价值的

油气聚集量可以转变为有效资源，构成具有现实意义的有利勘探区。油气聚集本身是个十分复杂的过程，时间跨度长，影响因素众多，很难从简单的数学模拟上对运聚系数的选取进行计算，在资源量的求取及应用上也都存在着一定的局限性。

（三）方法检测表明，资源评价中的运聚系数取值受人为因素影响大

运聚系数是成因法计算资源量的一个关键参数，在以往的资源评价中，主要依据研究区的油气成藏条件与"三高"原则选定的刻度区类比得到，或者根据评价者的经验选取，但忽略了油气成藏条件之间的关联性，"生、储、盖、运、圈、保"六大成藏要素之间并非完全独立。如圈闭要素中包含了储盖的作用，保存要素中包含了构造与盖层的作用，运移中包含了各种动力的作用等。它们在应用时的方法和技术视研究者的不同而千差万别，得出的结论有时毫无关联，受人为因素的影响较大。影响油气聚集的地质因素繁多复杂，变化范围宽，石油的运聚系数主要与有效烃源岩的年龄和成熟度、圈闭的发育程度以及上覆地层的区域不整合个数等地质因素有关（柳广第等，2003），而这些因素确立的计算模型也带有一定程度的主观性，所以对于资源评价中常用的运聚系数因受到人为因素的影响，在应用上就产生了一定的局限性。

四、运聚门限联合评价资源量克服了运聚系数法的不足

（一）运聚门限联合评价资源量符合物质平衡学原理

油气自烃源岩生成后到开始聚集成藏的过程中，要发生大量的损耗。在对成藏体系烃源岩进行评价的基础上首先判别源岩是否达到生烃门限，而后判断源岩生成的烃量是否满足了自身残留的需要后开始向外排运，即是否达到排烃门限；最后判断从源岩排出的烃量是否满足储层的滞留需要，但仍需注意在区域盖层形成前排出的烃量也要损耗掉，在油气运移过程中，油气还要因为围岩吸附作用、水溶流失作用和扩散作用遭受损耗，当满足了上述各种形式的损耗需要后，成藏体系开始有游离态油气聚集，即达到聚集门限。聚集门限是指油气成藏体系内形成具有工业价值油气藏的过程中所必须耗散的最小烃量。从地史含义上讲，聚集门限系指油气开始聚集成藏的临界地质条件，满足这一条件，油气开始富集成藏（姜振学等，2002；庞雄奇等，2003）。达到聚集门限后，成藏体系中聚集的烃量在满足后期无价值聚集烃量和构造变动造成的散失烃量后，即达到资源门限。从上可看出油气的损耗依先后可分为烃源岩残留、储层滞留、盖前排失、围岩吸附、水溶流失、扩散损失和构造损失等。依据物质平衡学原理，从生烃量中减去各种形式损耗烃量可以计算成藏体系的可供聚集烃量和资源量，由此可见，地质门限控烃评价资源量符合物质平衡学原理。

（二）运聚门限联合评价资源量符合油气地质学原理

油气在满足烃源岩残留、储层滞留、盖前排失、围岩吸附、水溶流失和扩散损失这些损耗后，达到聚集门限，聚集成藏；聚集的油气在满足后期的构造破坏、无价值聚集的损失后，达到资源门限，满足资源门限后的可供聚集的这部分烃量称为远景资源量，

包括特殊资源量和常规资源量两部分。

油气地质学强调"生、储、盖、运、圈、保"六个成藏要素或条件对油气分布的控制，通过定性分析和逻辑推论解决了浮力作用下构造类油气藏的预测问题，而地质门限控烃理论在满足石油地质学原理的基础上，研究发现了可客观描述与量化表征的六个关键性功能要素（烃源灶、古隆起、有利相带、区域盖层、低势区和断裂带），实现了经典石油地质学理论中"生、储、盖"要素和"运、圈、保"过程的定量表征与客观评价。建立了功能要素组合控构造类、隐蔽类和潜山类油气藏时空分布模式，为有利成藏区带预测与评价提供了理论指导。因此，地质门限控烃评价资源量符合并深化了油气地质学原理。

（三）运聚门限联合评价资源量符合石油经济学原理

地质门限控烃评价资源量的方法，是通过对油气运聚过程中损耗烃量的计算获得资源量，只有当评价系统内的油气数量满足各个门限值，即最小损耗烃量以后，才能达到下一门限，当供烃量满足所有损耗烃量下限后，才能够形成具有工业意义的远景资源量。依据地质门限控油气作用预测出来的远景资源量，在理论上代表了研究区油气资源量的最高上限。但同时地质门限理论评价资源量也考虑到以下三方面：一是在实际地质条件下，油气富集成藏后它们要经历后期的构造变动，这种变动可能导致早期形成的油气藏的破坏，因此评价资源量，就需要从聚集量中扣除构造变动破坏的烃量；二是目前人类开展大规模勘探的油气资源都是从机制上阐明成因和分布规律的油气资源，还有一些油气资源的富集机制目前尚没有被人类所认识，它们的勘探和开发还有待在我们将来认识，现实有效的油气资源是远景资源量扣除这一部分资源量；三是还有一部分油气资源，虽然我们已经认识到了它们的存在和分布，但限于技术条件，目前尚不能经济开采，因此也应排除在有效资源之外。基于以上三方面的原因，现实有效的油气资源潜力要比理论油气资源量上限小，甚至小得多，这种预测评价资源量的方法符合石油经济学原理。

第三节 运聚门限联合评价油气资源量克服了规模序列法受阶段认识的局限

一、油气藏规模序列模型的基本概念及其建立方法

假设某个含油区经过详细勘探后，发现了绝大部分的油气藏，且探明了每个油气藏的储量，油气藏的储量按由大到小排列，所得的顺序称为油气藏规模序列。油气藏规模序列法的理论基础是 Pareto 定律（Lee and Wang，1985；赵旭东，1988；周总瑛，2007）。该方法是根据已发现的油气藏储量，应用 Pareto 定律，外推预测一个含油区带中尚未发现的油气藏储量以及区带内总的油气储量。

油藏规模序列是按油藏储量从大到小排列的一个储量规模序列。大量的勘探实践表明，在一个独立的石油地质体系内，以油藏规模的序号为横坐标，以油藏规模为纵坐

标，在双对数坐标系内大致形成一条直线，即其分布符合 Pareto 定律，在非对数坐标上为圆滑的指数曲线（图 7-3）。

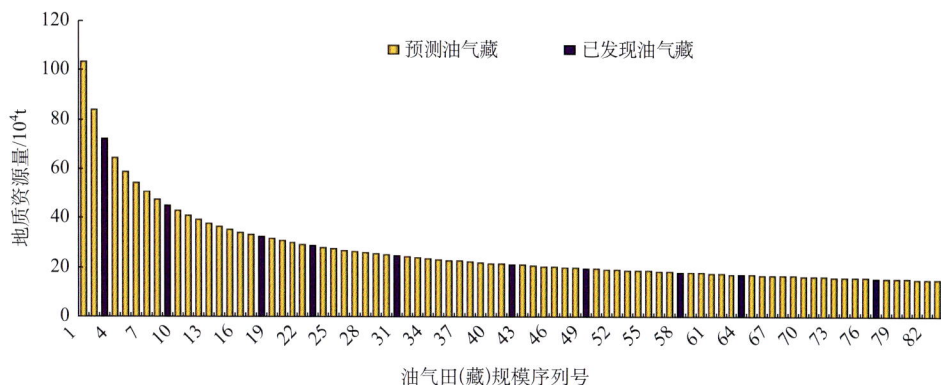

图 7-3　参数约束的油田（藏）规模序列法预测地质资源量模型

二、油气藏规模序列模型评价油气资源量的方法原理简介

Pareto 定律的表达式如下（Lee and Wang，1985）：

$$\frac{Q_m}{Q_n} = \left(\frac{n}{m}\right)^k \tag{7-3}$$

式中，Q_m 为序号等于 m 的随机变量（第 m 个油田的储量）；Q_n 为序号等于 n 的随机变量（第 n 个油田的储量）；k 为实数，即为双对数坐标中的斜率（油田储量规模变化率）；m、n 为 1，2，3，…的整数序列中的任一数值（油田序列号），但 $m \neq n$。

油藏规模序列递推公式为

$$Q_n = \frac{Q_{\max}}{n^k} \tag{7-4}$$

式中，$Q_{\max}$ 为研究区可能形成的最大油藏规模（10^8 t）。盆地的总资源量（Q）为

$$Q = Q_1 + Q_2 + \cdots + Q_b = \sum_{n=1}^{b} \frac{Q_1}{n^k} \tag{7-5}$$

式中，$Q_b = Q_m$ 为最小经济油藏规模。

计算时首先根据已经发现的油藏储量序列推算出油藏规模序列的 k 值，求出最大油藏规模 $Q_{\max}$；根据 $Q_{\max}$ 和 k 对已发现油藏的储量进行归位，求出序列中未发现油藏的储量；对已发现油藏和未发现油藏的储量求和得评价区的总资源量（王松桂，1999）。

该方法使用的前提条件（庞雄奇等，2004b；宋宁等，2005）如下。

（1）评价单元中，一定要有油气藏的发现，并且发现的油气藏的个数在 3 个以上，因此，该方法适用于中高勘探程度区的评价。

（2）油藏规模序列法适用于一个完整的、独立的石油地质体系。完整独立的石油地质体系是指油气生成、运移、聚集及以后演化都是在体系内进行的，与外界没有联系；

因此，盆地、拗陷、凹陷、油气系统、油气运聚单元和油气成藏体系都是这样的石油地质体系，都可以使用油藏规模序列法。

三、油气藏规模序列模型评价资源量存在的主要问题

（一）不能在勘探程度较低的地区应用

该方法一般适用于高勘探程度区的中、后期评价阶段，对于勘探早期来讲，评价结果的准确性较低，主要受已发现油气藏个数的限制，参数较少；其次，该方法预测的资源量，是建立在现有的技术水平、勘探程度和经济条件之上的，预测结果具有时间性，其精度随勘探程度的提高而提高，而且随着勘探理论的发展和技术方法的进步、认识程度的加深，资源量的数值也会变化。因此，在实际应用过程中要注意以下几点：首先应仔细分析评价区的勘探阶段及勘探程度，确保参数足够和质量可靠；其次，合理地划分评价单元，保证评价结果的可靠性；再次，根据评价区勘探难易程度及目前市场油气价格，合理确定最小经济规模油气藏，保证预测结果的时效性。

（二）只能对常规类油气资源进行评价

随着勘探程度的提高，发现了很多非常规的油气资源（致密砂岩气、页岩气、煤层气和页岩油等），它们在成藏机理、赋存状态、分布规律以及勘探开发方式等方面有别于常规的油气资源，因此资源评价方法也有别于常规油气资源。油藏规模序列法是油气资源评价中一种重要的方法。基于非常规油气聚集特殊的成藏机制和分布特征，很难应用规模序列法进行预测。

（三）最大规模油气藏的取值存在困难

油藏规模序列法在储量研究中应用比较广泛。但在实际应用中常有这样的问题：已发现的油藏规模序列只是完整的油藏规模序列的一部分，用这部分序列去预测完整序列的准确度有多大；目前在应用标准算法以最小标准差为原则选择 k 值的做法容易导致不合理的预测结果，预测序列存在不确定性，如用误差分析，小于误差的序列不止一个，且每个序列的资源总量差异大；最大单一油气藏具有不确定性，目前发现的油气藏是否就是该评价单元中的最大规模，还是第二、第三……，该怎么样确定？目前发现的最大油气田（藏）在预测规模序列中的位置对预测总资源量和序列具有重要的影响；油气藏个数的确定比较困难，由于预测序列的多解性使得预测的油气藏个数具有不确定性。

四、运聚门限联合评价资源量克服了规模序列方法的不足

（一）运聚门限联合评价资源量不受勘探阶段的限制

一般在油气资源评价的过程中，需要考虑油气勘探阶段，因为在早期阶段，勘探程

度低，需要类比勘探程度高的地区获取评价参数，但是由于地质条件存在差异造成评价的准确性降低；在晚期阶段，随着对评价区认识程度的加深，获取的评价参数较为精准。而利用门限理论评价资源量主要考虑油气生排运聚过程中的各个临界地质条件，获取如下参数：源岩吸附烃量、储层滞留烃量、水溶流失烃量、盖前损失烃量、构造破坏烃量等损耗烃量。生烃量满足了各级损耗烃量后，仍能够聚集，形成具有一定工业价值的油气藏，从而实现资源量评价的目的，由此可见，运聚门限联合评价资源量不受勘探阶段的限制。

（二）运聚门限联合评价资源量不受油气藏类型的控制

已有的规模序列法所依据的理论模型主要是在常规油气藏统计的基础上建立的，但对非常规类油气藏的评价存在一定偏差，而地质门限法解决了这个难题。不论是常规油气藏还是非常规油气藏，其资源量的评价都可以通过地质门限理论中的几个门限消耗层层推进来预测油气资源量。研究油气运聚过程中油气生成量与各种损耗量之间的平衡关系，分析系统内源岩层排油气临界条件、油气聚集临界条件、油气藏规模超过工业下限标准时的临界条件及其变化特征，阐明各种临界条件对油气运聚成藏的控制作用，建立油气远景资源量与排烃门限、聚集门限和资源门限之间的关联模式，该过程与油气藏类型无关。

（三）运聚门限联合评价资源量不受最大规模油气藏取值控制

规模序列法中取最大规模油气藏时，一般假定，评价区最大油田（或前几个最大油田）已经发现了第一、第二、第三、第四、第五……，此时可以根据前几个序号油田的储量，求出评价区油田规模序列的 k 值和规模序列，根据规模序列对已知其他油田进行归位，并求出评价区的预测油田的资源量，将已知油田的储量与预测油田的储量相加，得到评价区的总资源量。可见，规模序列法预测油气资源的关键因素之一是最大规模油气藏取值的确定，在以往的研究中，这一参数的确定存在很大难度，并往往导致评价结果的不准确性。地质门限法评价油气资源可为最大规模油藏的研究提供一定的依据，根据生烃量满足成藏过程中各个地质门限的消耗，最后依据可供聚集的资源量大小来推测油气藏的规模。

第四节 运聚门限联合评价资源量克服了
盆地模拟法受动力学模型的影响

一、盆地模拟法的基本概念

盆地模拟法主要是在干酪根热降解成烃原理的基础上，应用多学科知识，通过建立盆地埋藏史、热史、生烃史、排烃史、运移聚集史和综合评价六个模型，定量模拟含油气盆地的埋藏史、古热流史、古地温史、生烃史、排烃史和油气二次运聚史，从而进行油气资源评价，指出有利勘探区带。模拟系统的每一个模型中，从不同的地质条件和不同的地质机理出发，设计了不同的模拟计算方法（表7-1）。

155

表 7-1　盆地模拟系统的主要模拟方法

模型	模拟的功能	模拟的方法	适用范围
盆地埋藏史	沉积史 构造史	回剥技术	正常压实带
		超压技术	欠压实带
		回剥与超压相结合	正常压实带和欠压实带
热史	古热流史 古地温史	地球热力学法	可靠性较差
		地球热力学法与地球化学法相结合	可靠性较好
生烃史	烃类成熟度史 生烃量史	TTI-R_o法	勘探程度较高地区
		化学动力学法	勘探程度较低地区
排烃史	排烃量史 排烃方向史	压实法	孔隙度变化正常的情况（排油）
		压差法	孔隙度变化异常的情况（排油）
		渗流力学法	排油、排气、排水
运移聚集史	油气运移史 油气聚集史	二维二相渗流力学	垂直剖面、油水或气水
		三维三相渗流力学	立体空间、油气水共存

（一）地史模型

地史模型的功能是重建油气盆地的沉积史和构造史，而沉积史和构造史的恢复为后面热史、生烃史、排烃史和运移聚集史的模拟提供了一个时空模拟范围。采用的技术有两种：回剥技术和超压技术。

1. 回剥法

回剥法适用于正常压实带，关键参数为孔隙度-深度曲线，该曲线有三个条件：①各地层有自身的孔隙度-深度曲线；②将今比古；③多种岩石各有自身的曲线。根据沉积压实原理，从已知单井分层参数出发，按照地质年代逐层剥去，其间考虑沉积间断等现象，直至全部剥完为止。

2. 超压法

超压法适用于欠压实带，关键参数为渗透率，确切地说是超压地层顶底界的渗透率。其要点是避免了计算骨架有效应力和孔隙度的关系曲线。从古到今逐层计算超压厚度史，不断迭代调整计算地层的骨架厚度，直至拟合到与现今厚度吻合。

（二）热史模型

热史模型的功能是重建油气盆地的古热流史和古地温史，其进一步的目的是为后续的生烃史、排烃史和运移聚集史的模拟提供温度场。热史模型是建立在前面地史模型的基础上，它是盆地模拟的关键，因为地温史是烃类成熟度最重要的客观因素，其精度直接影响后面生烃史、排烃史和运移聚集史等三个模型的精度。

模拟盆地热流史和地温史的基本方法有两种：①基于大地热流的地球热力学法；②结合法。结合法一定程度上弥补了地球热力学法的缺点，是重建热流史和地温史的最可靠的方法。

（三）生烃史模型

生烃史模型的功能是重建油气盆地的烃类成熟度史和生烃量史。其主要方法为 TTI-R_o 法和化学动力学法。

TTI-R_o 法，适用范围为勘探程度较高的地区。

油气盆地生烃史动力学模型的建立以化学反应动力学理论为基础，利用开放系统和封闭系统的生油岩热解进行动力学模型的参数反演，从而确定模型的动力学参数，正确评价生油岩潜在的油气资源，使用范围为勘探程度较低的地区。

（四）排烃史模型

排烃史模型的功能是重建油气盆地的排烃量史和排烃流线史，排烃史又称为油气初次运移史（石广仁等，1989）。模拟排烃史的意义不仅在于计算排烃量和排烃方向，还在于为运聚史模拟提供烃类演化环境。国内外学者在排烃史模拟方面做了大量研究，也取得一定的进展，如基于压实作用孔隙度下降使烃源岩中含油饱和度超过临界排油饱和度的原理，对盆地排油事件进行模拟研究，模拟油气盆地的排烃量史和排烃流线史的方法有压实渗流排油法、压差渗流排油法、物质平衡排气法、渗流力学排烃法和达西定理法（石广仁和张庆春，2004）。模拟常用的基本方法有：①压实法，适用于排油时孔隙度变化正常的情况；②压差法，适用于排油时孔隙度变化异常的情况；③渗流力学法，适用于排油、排气、排水。

（五）运移聚集史模型

运聚史模型的功能是模拟油气自生油层进入储集层之后的一系列二次运移聚集过程。油气二次运聚模拟的过程是在研究、总结地质特征和地质规律的基础上，建立运聚地质模型，在地质模型的基础上，用运聚机理建立数值模型，目前建立模型的方法有二维二相和三维三相，每种方法又都有各自的适用范围。

具体评价中，需要根据评价目标的地质条件和资料状况，对各个模型中的计算方法做选择性地使用。

二、盆地模拟评价资源量的方法原理简介

由于对石油地质过程认识的局限性，盆地模拟五个模型的发展是不平衡的。埋藏史、热史和生烃史模型比较成熟，模拟结果既可以用于定性研究又可用于定量研究；排烃模型和运聚模型的结果一般多用于定性研究；资源量计算主要以生烃量的模拟结果为基础，对于低勘探程度的盆地，以盆地为单元计算地质资源量，对于中高勘探程度的盆地，以运聚单元为单位计算资源量，然后对各单元的资源量进行累加，作为盆地资

源量。

$$Q = \sum_{i=1}^{n} Q_i = \sum_{i=1}^{n} K_i q_i$$

式中，Q 为盆地资源量；Q_i 为运聚单元 i 的资源量；q_i 为运聚单元 i 的生烃量；K_i 为运聚单元的运聚系数，通过单元类比得到。

三、盆地模拟法评价资源量存在的主要问题

（一）当前的盆地模拟无法研究复杂的地质过程和地质作用

通过地史模拟得出的计算模型可以计算各地层在不同时代的厚度、沉积速率、埋藏史、来自地壳的沉降回返、构造圈闭的形成时间与规模及由侵蚀产生的不整合，分析盆地的构造成因，并为盆地模拟的后续工作提供重要的参数。地史定量分析中最重要的模型是地层压实校正模型和构造沉降模型，如在漫长的地质演化过程中，经常遇到多维地层被连续剥蚀甚至一组地层遭到多次剥蚀的现象，此时模拟处理会比较困难，大多数系统会采取简化或合并处理的方法，这无疑降低了地史分析的精度。且在地史模拟中未考虑埋藏过程中沉积物及其所含流体的运动与变化情况，未考虑断层、非渗透岩层和异常高压层等封闭界面对流体运动的影响（叶加仁等，1995）。在此基础上得出的往往是简化的地史模型，目前盆地模拟研究中所应用的地质模型主要是在简化的地史模型上进行的。

（二）当前的盆地模拟还只能研究单一动力作用下的油气成藏作用

对于原地聚集成藏的非常规油气藏［致密油（气）、页岩气等］的成藏机制、油气分布规律都有别于常规气藏，油气成藏动力并非浮力作用，而目前盆地模拟研究中已有的地质和数学模型，主要是基于浮力为油气运移的主要动力而建立的。因此，用于支持浮力作用下成藏过程的盆地模拟模型，对许多非浮力作用下形成的油气藏的模拟适用性很低。

（三）当前的盆地模拟研究受人为解释结果精度与可靠性控制

盆地模拟是涉及埋藏史、热史、压力演化史和生排烃史等多种地质过程和作用进行的综合模拟，但模拟过程中运聚系数和聚集系数的确定受人为因素的影响较大，因此，需要在对研究区的地质情况较清楚、掌握地质资料较多的情况下开展工作，才可提高评价结果的可靠性。

四、运聚门限联合评价资源量克服了盆地模拟法的一些不足

（一）无需在完全搞清复杂演化历史的基础上进行

运聚门限法评价油气资源主要是通过对影响油气聚集的不利因素的系统分析，计算

油气在运聚成藏过程中的各种损耗烃量，结合生排烃量计算结果，对远景资源量进行计算。该方法不需要对盆地的演化历史进行详细恢复，只需分析生烃量是否达到生排运聚过程中油气的各个门限值，若生烃量大于各种损耗烃量，剩余的油气即可聚集成远景资源，再根据物质平衡原理，计算出资源量，对其进行资源评价。避免了盆地模拟研究中的复杂环节及众多参数的获得，操作相对简单易行。

（二）无需考虑油气运聚成藏的动力学机制

目前盆地模拟研究中已有的地质和数学模型，需要考虑油气运聚成藏的动力学机制，其模拟模型主要是基于浮力为油气运移的主要动力而建立的。而运聚门限法评价油气资源所涉及的地质模型，主要依据油气在运移、聚集过程中的各种地质要素和地质条件进行考虑的，不涉及油气成藏的动力学机制，从而适用油气藏，因此，门限法评价资源量克服了盆地模拟法对油气藏动力有要求的不足之处。

（三）无需考虑油气生排运聚的全过程

叠合盆地油气藏形成和分布经历了早期多要素组合成藏阶段、中期多构造叠加改造阶段和晚期多条件耦合定位阶段三个主要阶段，而每一阶段或过程都对当前油气藏的分布及其剩余油气潜力产生影响，因此对油气资源的评价需要综合分析这三个阶段。而运聚门限控油气作用研究考虑了这三个过程及其叠加对最终油气藏分布及其剩余潜力的制约，主要针对每一阶段和过程中损耗的烃量进行分析计算，然后依据物质平衡原理，计算可供聚集的资源量，对其进行评价，保障了预测结果的科学性和可靠性，从而预测复杂地史过程中的油气藏形成与分布，无需考虑油气生、排、运、聚全过程。

第八章

生、排、运、聚门限联合控油气作用评价油气资源量的工作流程与应用实例

第一节 运聚门限联合研究评价油气资源量的工作流程

一、运聚门限联合评价油气资源量的工作步骤

油气成藏体系定量评价主要是依据物质平衡原理，采用数值模拟的方法，在地史和热史研究的基础上，依次模拟源岩的生烃量，确定生烃门限；模拟源岩残留烃量，计算排烃量，确定排烃门限；模拟油气盖前排失烃量和储层滞留烃量、模拟运移过程中的各种损失烃量（如围岩吸附、扩散和水溶流失等），计算可供聚集烃量，确定聚集门限；模拟构造破坏烃量和以非工业价值的形式聚集的烃量，计算资源量，确定资源门限。

二、运聚门限联合评价油气资源量的工作流程

运聚门限联合控油气作用在油气勘探中的应用流程如下：在对成藏体系烃源岩进行评价的基础上，首先判别源岩是否运聚生烃门限，并计算其生烃量（Q_p）；源岩生成的烃量在满足了自身残留的需要后开始向外排运，即运聚排烃门限，判别标准是排烃量（$Q_e = Q_p - Q_{rm}$）大于 0，其中 Q_{rm} 为源岩残留烃临界饱和量；从源岩排出的烃量（Q_e）通过成藏体系的输导体系在向圈闭运移过程中，必须首先满足储层的滞留需要（Q_{rs}），而且在区域盖层形成前排出的烃量（Q_{bc}）也要损耗掉，在油气运移过程中，油气还会因为围岩吸附作用（Q_{lb}）、水溶流失作用（Q_{lw}）和扩散作用（Q_{ld}）遭受损耗，当 Q_e 满足了上述各种形式的损耗需要后，成藏体系开始有游离态油气聚集，即运聚聚集门限（图 8-1）。进入聚集门限后，成藏体系中聚集的烃量（Q_m）在满足后期无价值聚集烃量（Q_{ls}）和构造变动造成的散失烃量（Q_{ds}）后，即运聚资源门限。从生烃量中减去各种形式损耗烃量可以计算成藏体系的可供聚集烃量（Q_m）和资源量（Q）。在确定了成藏体系的资源潜力后，可以指导勘探部署。

三、运聚门限联合评价油气资源量的参数选择

油气运聚门限研究的实质是结合研究区地质背景对不同地质过程中的损耗烃量进行模拟计算。方法原理主要是在对成藏体系进行地质剖析的基础上标定各项损耗烃量参数，根据损耗烃量的计算模型，模拟计算求得各种损耗烃量并确定各个地质门限，从而依据生烃量的计算结果，判别成藏体系运聚哪一级别的地质门限。由于该计算过程涉及

研究区地质条件剖析

源岩转化程度(R_o) ← $R_o - R^*$ → 进入生烃门限 → 生烃源岩

计算生烃量(Q_p)

源岩残留烃临界饱和量(Q_{rm}) ← $Q_p - Q_{rm}$ → 进入排烃门限 → 排烃源岩

计算排烃量(Q_e)

盖前排失烃量($Q_{rs} + Q_{bc}$) ← $Q_e - Q_{rs} - Q_{bc}$

计算运烃量(Q_m)

运移损耗烃量($Q_{ld} + Q_{lw} + Q_{lb}$) ← $Q_m - Q_{ld} - Q_{lw} - Q_{lb}$ → 进入聚烃门限 → 聚烃源岩

计算聚集烃量(Q_a)

构造变动散失烃量(Q_{ds}) ← $Q = Q_a - Q_{ds} - Q_{ls}$ → 进入资源门限 → 有效源岩

无价值聚集烃量(Q_{ls}) ← 计算资源量(Q) → 油气藏最大规模

确定勘探方向 → 油气藏个数

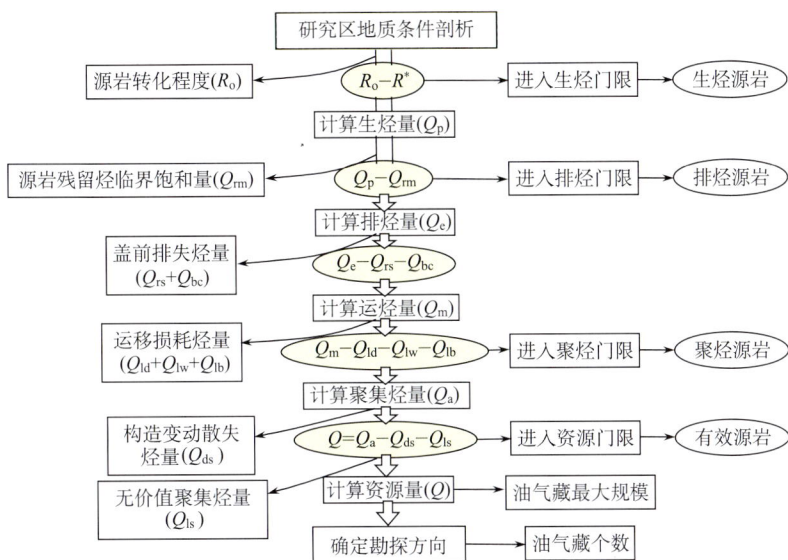

图 8-1　油气成藏体系定量评价工作流程图（庞雄奇等，2000）

R^* 临界成熟度，一般为 0.5

油气生成、运移、聚集、破坏的全过程，因此涉及的参数较多。主要通过对以下几个方面的综合研究获得。

1. 温压场特征

需要对研究区或评价单元的温压性质进行综合分析，明确地温场和地压力场的分布情况，尤其是对异常高压带和异常温度带进行识别，因为温度和压力对于油气的各种损耗都会产生重要的影响。

2. 岩石成分及组构特征

吸附不仅是源岩残留油气的一种重要形式，也是储集层滞留油气的一种主要途径。源岩吸附残留油气量的大小与源岩性质、矿物组成、有机母质类型、密度、湿度、变质程度以及温压介质条件等一系列因素有关。因此，在进行计算时需要考虑烃源岩、储集层的岩石性质、组成及相关地质特征。

3. 岩层孔喉结构特征

岩石的孔喉结构直接影响着毛细管力的变化特征。毛细管力封堵油气作用主要针对源岩而言，在源岩内产生和残留足够量的油气之前，毛细管力对油气排运起阻碍作用。

4. 地层水特征

油气在地层水中的溶解作用是客观存在的，这种溶解作用不但使一部分油气以水溶的形式残留于源岩中，还使一部分油气溶解于水后随压实水一起排出源岩外，直至排出成藏体系。

水矿化度对气体在水中的溶解度影响很大。据实验资料，当水中温度和压力分别为20℃和5MPa时，水对甲烷的溶解量随水中氯化钠含量的增大而减小，例如，含量为20g/L时的溶甲烷量为1.23cm³/cm³，含量为100g/L、200g/L、300g/L时的溶甲烷量分别为0.755cm³/cm³、0.433cm³/cm³和0.269cm³/cm³。对于所有的烃类气体，在不同的温压条件下都观察到了水的溶气量随水矿化度增大而降低的现象。此外，水中离子性质不同，烃的溶解能力也不同。甲烷气在氯化钙水中的溶解度低于在氯化钠水中的溶解度，其差别随矿化度升高而增加。

5. 石油的物理化学性质

源岩中的油气除极少数以水溶的形式残留外，大都以游离相的形式存在。它们或以油滴、油斑的形式占据孔隙中心，或以吸着的形式附于矿物颗粒表面，或以吸附的形式富存于干酪根网络的孔隙空间。根据相似相溶原理，母质生成的低分子烃优先以溶解的形式富存于大分子烃集合体的网络空间中。低分子烃只有在其生成量超过了液态烃的溶解残留需要和水溶残留需要时，才能以游离的气态形式出现。

天然气在源岩内液态烃中的残留量取决于源岩的孔隙度（Φ）、残留烃临界饱和度（S_o）和天然气在油中的溶解度（q_{og}），不同的烃组分在源岩中残留的量不同。

6. 岩石的扩散特征

扩散作用是自然界物质转移的一种基本现象，是指由物理量梯度引起并使该物理量趋于平均化的物质迁移现象。由浓度梯度引起的称分子扩散，即当物质存在着浓度差时，物质就有从高浓度侧向低浓度侧转移的扩散作用发生，直到两侧浓度平衡为止。在漫长的地质演化过程中，随着烃源岩大量生成油气，成藏体系中烃浓度由下伏烃源层向上覆岩层逐渐降低，油气分子（主要是轻烃）开始通过岩石孔隙向上扩散，并且只要这种烃浓度差异存在，油气扩散就无时无刻不发生。有关研究表明，在某些场合下轻烃扩散作用可导致地史过程中的扩散损失量远远超过现有储量。

分子扩散的速率可由费克定律计算得到。在稳态扩散条件下，即当扩散物质的浓度不随时间和空间变化时，扩散量与历经时间、扩散面积、浓度梯度和扩散系数成正相关。当前三个变量一定时，扩散量的大小就只与扩散系数有关。

第二节　运聚门限联合研究评价柴达木盆地油气资源

一、柴达木盆地地质条件简介

（一）盆地概况及大地构造背景

柴达木盆地是世界屋脊青藏高原内部最大的、沉积巨厚的山间盆地（图8-2），地处青藏高原北部，沉积岩总面积约为$1.2 \times 10^5 km^2$。柴达木盆地具有三角形几何形状，东北边界约为650km，南部边界约为700km，西北边界约为300km。地貌上，柴达木盆地周缘分别被祁连山、东昆仑山和阿尔金山所限，具有特殊的盆山构造格局和岩石圈板块地球动力学背景。构造上，柴达木盆地的西北边界是左行走滑的阿尔金断裂，东北边界为祁连山—南山逆冲断层带，南界为东昆仑山及其西部的祁漫塔格逆冲断层带。盆地划分为柴西拗陷、柴北缘块断带和三湖拗陷三大构造单元（图 8-3）。

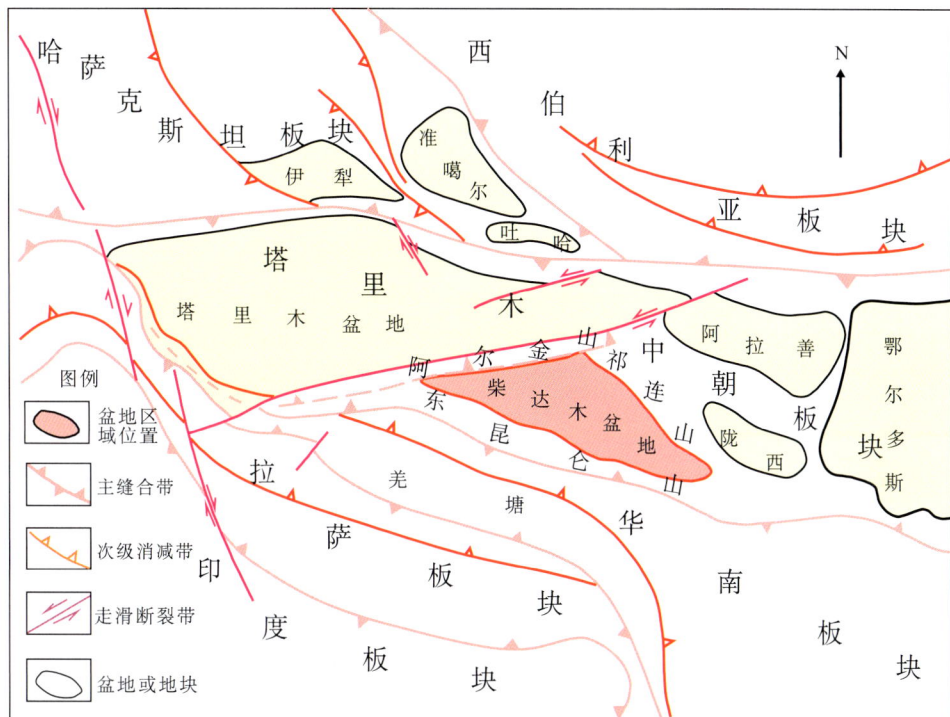

图 8-2　柴达木盆地大地区域构造位置图

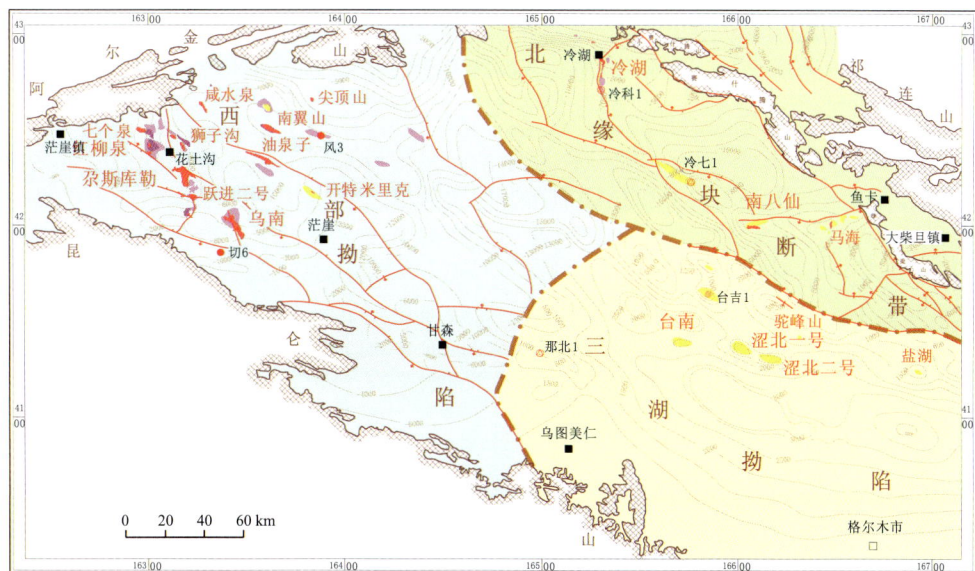

图 8-3　柴达木盆地油气勘探成果及一级构造单元划分图

163

（二）沉积地层及生储盖组合划分

柴达木盆地是我国西部一个大型的中、新生代叠合含油气盆地，具有多沉积物源，岩相复杂多变，构造活动频繁，保存了完整的中、新生代沉积作用记录，它的陆相中、新生界沉积厚度一般为 $6\sim7km$，部分地区可达 $10\sim17km$。柴达木盆地新生代沉积作用在西部首先沉积古新世和早始新世地层，然后向东扩展，在东部沉积了中新世和上新世地层，而其主要的沉积中心一直稳定地处在盆地的中部。

盆地地层发育齐全，新生界大部分已被钻探揭露，中生界主要分布于阿尔金山前缘和柴北缘地区，古生界及其以下地层见于周缘山区，柴西拗陷区是盆地内古近系—新近系最为发育的地区（图 8-4）。

侏罗系、古近系—新近系、第四系是盆地的三套主力烃源岩，分别分布在柴北缘块断带、柴西拗陷和三湖拗陷，同时已证实其为盆地的重要含油气层系。

柴北地区主要发育下生上储式生储盖组合，主要的烃源岩是侏罗系 J_{1+2}，有机质含量较高，有机质类型为Ⅱ-Ⅲ型。下侏罗统有机质类型最好，以Ⅱ型为主，分布于冷湖三号—五号地区，是潮湿气候下淡水断陷湖的产物。中侏罗统以Ⅲ型为主，靠山前赛什腾—鱼卡—德令哈断陷分布，为河流沼泽相的煤系地层，有机质丰度高，但类型差，烃转化率低。储集层主要有 E_3、N 和 E_{1+2} 等砂岩地层，其上覆泥岩地层为盖层。

柴西地区大致可划分出三种生储盖组合类型，即上生下储式的生储盖组合、自生自储式的生储盖组合、下生上储式的生储盖组合。①上生下储式组合：其主要生油层为 E_3^2 深湖相泥岩，储集层为 E_3^1 砂岩，盖层为 E_3^2、N_1 泥质岩，该类型组合主要分布于柴西南区、中区北部，北区东部、北部，及阿尔金区北部。②自生自储式组合：在深层，该类型的生油层主要为 E_3^2 泥质岩，储集层为自身发育的裂缝或灰岩孔洞，平面上分布于中区西部和南部，北区西部及阿尔金区南部；在浅层，该类型的生油层主要为 N_1，储集层为自身发育的裂缝，平面上分布于中区及北区南部。③下生上储式组合：其主要生油层为 E_3^2 及 N_1 深湖相泥岩，储集层为 N_2 砂岩和泥岩、泥灰岩裂缝，该种类型是该区发育最广泛的储盖类型。

下干柴沟组烃源岩主要分布于柴西南区、英雄岭—尖顶山—大风山一带，以英雄岭地区最厚，可达 1400m。上干柴沟组烃源岩主要分布于茫崖拗陷，最大厚度可达 600m。干酪根类型以Ⅱ和Ⅲ型为主，有机碳含量为 $0.4\%\sim0.6\%$，为咸化湖环境下较好的烃源岩。柴西古近纪—新近纪时期气候干燥，为典型的咸化湖，盐度和碳酸盐含量普遍较高，烃源岩转化率高达 13%，排烃量大，这是柴达木盆地古近系—新近系烃源岩的一大特点。

柴东生物气（$Q+N_{2\sim3}$）为自生自储自盖的成藏组合。烃源岩分布面积约为 $2\times10^4km^2$。烃源岩有机碳含量一般为 $0.15\%\sim0.46\%$，平均为 0.30%。R_o 一般为 $0.22\%\sim0.47\%$，处于未成熟阶段。有机质类型以Ⅲ型为主。新近纪末以来，盆地沉降中心迅速东移，在三湖地区形成了巨厚的未成岩沉积，在低温、高压、快速堆积条件下，有机质避免了浅表阶段的氧化降解。据试验，活性甲烷菌能在 1700m 及以下深度生存，产气率高达 $635m^3/(t\cdot C_{org})$，证明了第四系天然气属于厌氧细菌的生化成因甲

地层						地震标准层	岩性剖面	主要油气层	主要烃原岩
界	系	统	群　组	符号	厚度/m				
新生界	第四系	中更新统	达布逊盐桥组	Q_{3+4}	74				
			察尔汗组	Q_2	686				
		下更新统	涩北组	Q_1	800~2692	T_0			
	新近系	上新统	狮子沟组	N_2^3	300~2002	T_1			
			上油砂山组	N_2^2	3025~1817	T_2'			
			下油砂山组	N_2^1	600~2300	T_2			
		中新统	上干柴沟组	N_1	500~1205	T_3			
	古近系	渐新统	下干柴沟组	E_3	850~1568	T_5			
		古始新统	路乐河组	E_{1+2}	300~1037	T_R			
中生界	白垩系	上白垩系 下白垩系	犬牙沟组	K	200~1317	T_K			
	侏罗系	上	红水沟组 采石岭组	J_3	567~1281	T_T			
		中	大煤沟组	J_2	1027				
		下	小煤沟组	J_1	141				
古生界	石炭系	上	扎布萨尔秀组	C_2	764~547				
		下	怀头他拉组 城墙沟组	C_1	1348				
			阿木尼克组		203				
	泥盆系	上	牦牛山组	D_3	500~1292				
	奥陶系	上	滩间山群	O_3	1030~4955				
		中	大头羊沟组	O_2	1075~1712				
		下	石炭沟多 泉山组	O_1	228~1379				
	寒武系	上—中	欧龙布鲁克群	$\in_{2\text{-}3}$	965~1406				
			小高炉群	C	197				
新元古界	震旦系	上—下	全吉群	Z	924~1074				
			前震旦系						

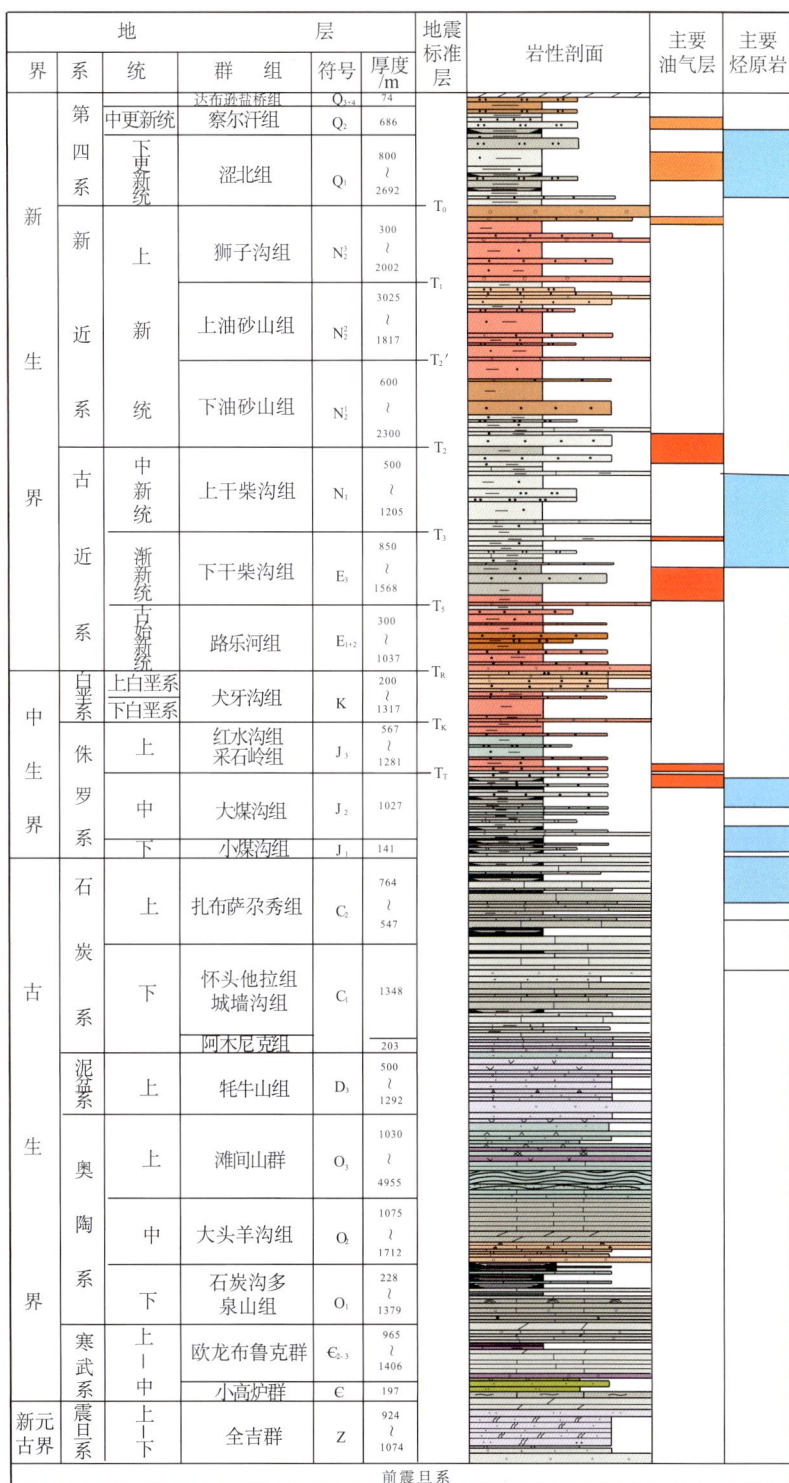

图 8-4　柴达木盆地地层综合柱状图

165

烷气，并且说明第四系气源岩具有较长时间的持续产气能力和较高的产气率，从而造就了世界上独特的大型生物气藏。

二、柴达木盆地运聚门限判别

（一）视排烃门限及源岩生、留、排烃量计算

1. 液态残留烃量的计算

由第二章分析可知，沥青"A"与深度关系并不明显，但"A"/TOC 随埋深变化统计关系良好，且随埋深增大有小—大—小的呈"大肚子"曲线变化的规律，这条曲线即为源岩残烃量随埋深变化的关系曲线。

对于液态烃残留量主要通过实测获得，然后进行轻烃补偿校正，一般采用如下校正数学模型：

$$Q_{轻烃补偿} = Q_{残} / [1 - (0.81 - 0.65R_o + 0.13R_o^2)] \tag{8-1}$$

轻烃补偿校正后的量与埋深回归即可求得各种埋深条件下残烃量。

通过实测"A"/TOC 及收集前人的测试资料，分别作了柴达木盆地北缘西区侏罗系、柴达木盆地新近系上干柴沟组、油砂山组和柴达木盆地第四系"A"/TOC 与源岩演化程度（或埋深）关系曲线图（图 8-5～图 8-8）。

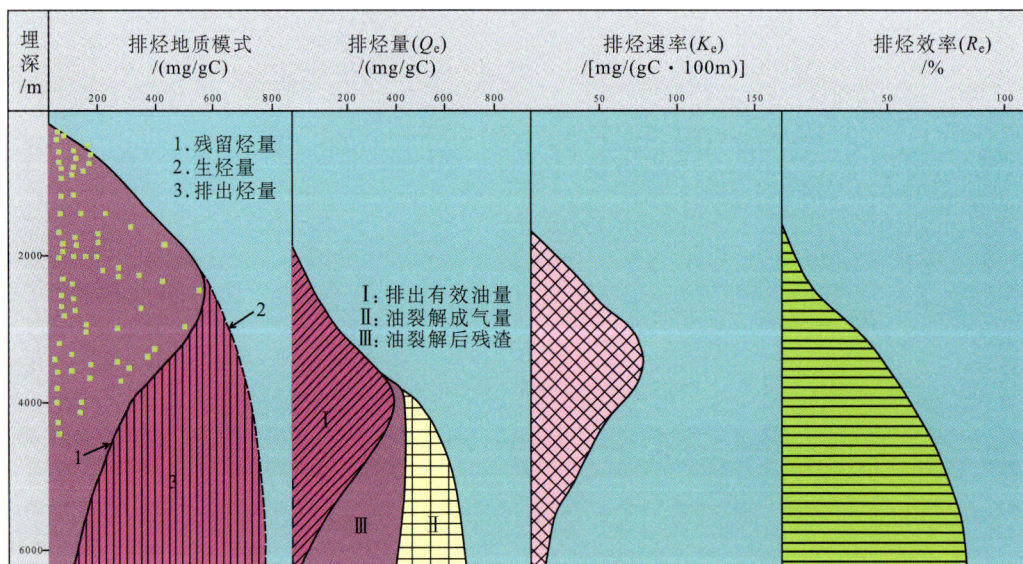

图 8-5　柴达木盆地北缘侏罗系源岩排烃地质模式图

从图 8-5～图 8-8 可以看出，"A"/TOC 都具有随埋深变化的"大肚子"特征，这与前人的认识是一样的。特别要指出的是：①柴达木盆地源岩"A"/TOC 比其他盆地大（氯仿沥青"A"含量高、有机碳丰度低所致）；②柴达木盆地第四系"A"/TOC 残

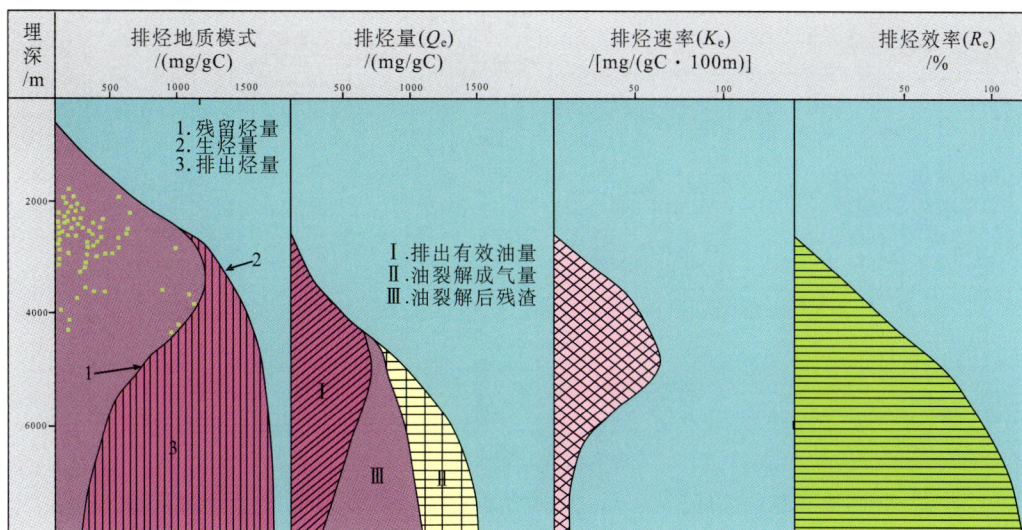

图 8-6 柴达木盆地北缘新近系上干柴沟组源岩排烃地质模式图

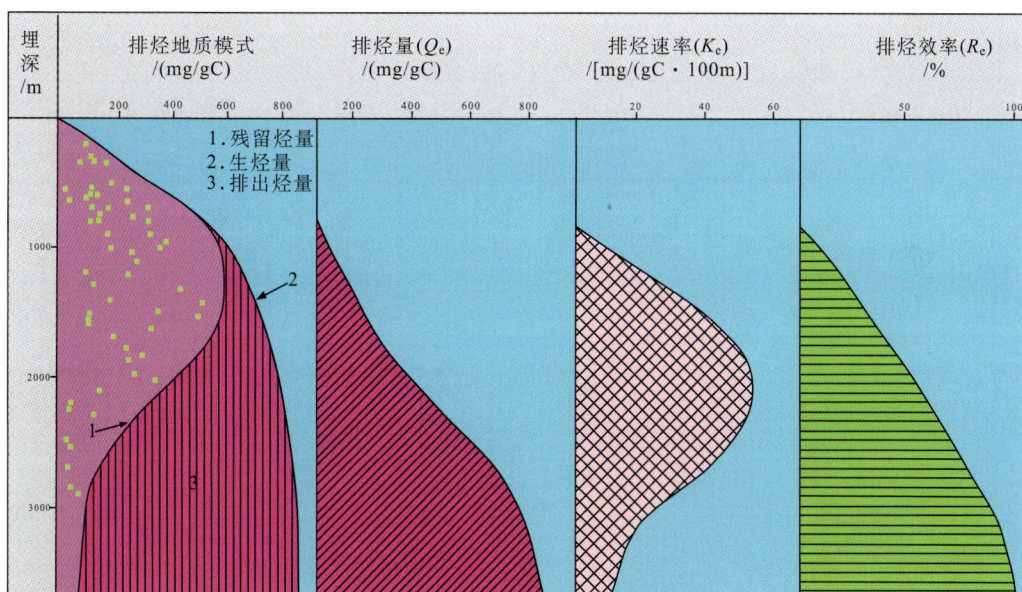

图 8-7 柴达木盆地北缘新近系油砂山组源岩排烃地质模式图

烃最大极值点较小。根据各源岩残烃与埋深所具有的小—大—小的特点，经轻烃补偿校正后，给定拟合数学模型为

$$q_{rm} = A e^{-\frac{(Z-Z_0)^2}{D(Z)}} \tag{8-2}$$

式中，q_{rm} 为单位有机碳残烃量（mg/gC）；A 为最大残烃极值点数值（mg/gC）；Z_0 为残烃最大极值点所对应的深度（m）；$D(Z)$ 为与埋深有关的一个多次函数（一般为一次

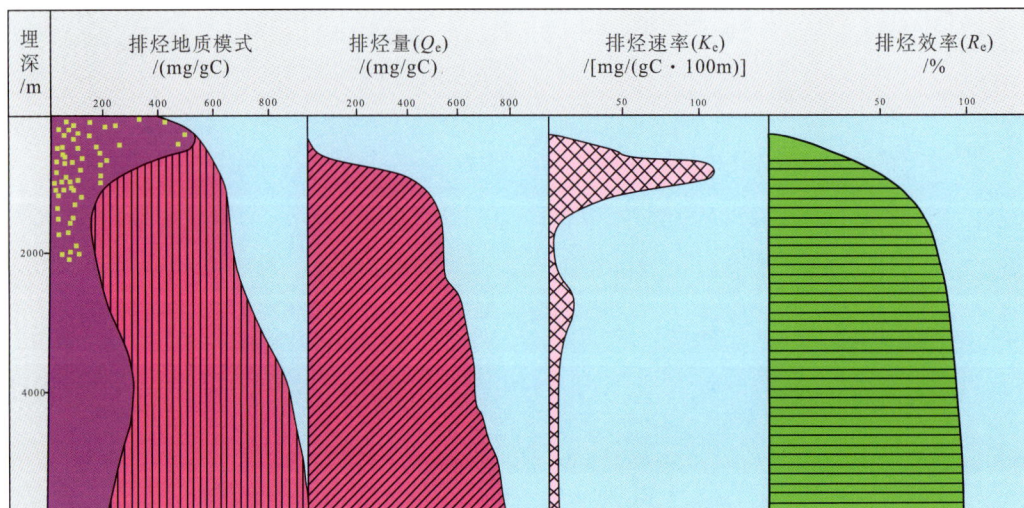

图 8-8 柴达木盆地北缘第四系上干柴沟组源岩排烃地质模式图

或二次）。

经拟合得到各源岩残烃的数学模型。

侏罗系：$A = 950$；$Z_0 = 2330$；$D(Z) = 1333930 + 791.174Z_0$。

上干柴沟组：$A = 1872$；$Z_0 = 2760$；$D(Z) = 3746260 - 733.07Z + 0.235034Z^2$。

下干柴沟组：$A = 1437.5$；$Z_0 = 3614.5$；$D(Z) = 8124270 - 3389.37Z + 0.457735Z^2$。

下油砂山组：$A = 1664$；$Z_0 = 3529.5$；$D(Z) = 3656930 + 2487.23Z - 1.17249Z^2 + 0.000122506Z^3$。

则源岩残烃量的计算模型为

$$Q_{rm} = q_{rm}VC\rho_r \tag{8-3}$$

式中，Q_{rm} 为源岩的残烃量（kg 或 m³）；q_{rm} 为单位有机碳的残烃量（mg/gC）；V 为源岩的体积（m³）；C 为有机碳含量，为小数；ρ_r 为源岩的密度（g/cm³）。

2. 天然气残留量的计算

天然气残留量主要包括油溶残气、水溶残气、吸附残气和游离残气。

地质条件下源岩各种形式气态烃残留量都无法直接测定，需借助实验室测得的参数进行计算，采用的一般方法是，统计分析实验条件下各种形式残留气量与各种实验条件（温度、压力等）的相关性，建立函数关系，根据这一关系计算相同地质条件下源岩残留气态烃量的临界饱和量。

1）源岩吸附烃量的计算

这里计算的吸附气仅包括 CH_4、C_2H_6、C_3H_8 和 C_4H_{10}，考虑的地质因素有温度（T）、压力（P）、岩石的演化程度（$R_o\%$）、有机母质丰度（TOC）、密度（ρ_r）以及湿度（K_w）。计算模型如下：

$$Q_{bi} = K_i \rho_{ri} K(TOC) \frac{K(R_o)}{K_w} \frac{a_i b_i p}{1 + b_i p} e^{-n(T-20)} \tag{8-4}$$

式中，$n = \dfrac{0.02}{0.993 + 0.0017p}$；$K(TOC) = 0.836 + 0.68TOC + 0.498TOC^2$，$K(TOC) = A_0 + A_1 TOC$；$K_w = 1 + 0.445\, e_{1-p}$；

$$K_i = \begin{cases} 0.079 \\ 0.00478 \\ 0.0066 \\ 0.0038 \end{cases}; \quad a_i = \begin{cases} 0.1170 \\ 0.723 \\ 1.309 \\ 1.833 \end{cases}; \quad b_i = \begin{cases} 5.320 \\ 0.15p + 0.30 \\ 3.04p + 0.68 \\ 8.7p + 1.06 \end{cases}; \quad i = \begin{cases} CH_4 \\ C_2H_6 \\ C_3H_8 \\ C_4H_{10} \end{cases};$$

Q_{bi} 为岩石吸附气量（m^3/m^3r）；ρ_r 为岩石密度（g/cm^3）；R_o 为镜质体反射率；TOC 为有机碳含量，为小数；P 为压力（Pa）；T 为温度（℃）。

每立方米岩石的吸附气量为 $0.01 \sim 0.15\ m^3$，它主要随埋深增大而减小，随有机母质丰度的增大而增大。

2）孔隙水溶残气量的计算

源岩中孔隙水溶残气量的大小主要取决于下列因素：孔隙度（Φ）、含水饱和度（S_w）、温度（T）、压力（P）、水矿化度（X_k）以及烃组分性质。温度、压力、水矿化度的影响主要表现在烃在水中的溶解度（q_w）上。一般来说，温度高、压力高、水矿化度低时，气在水中的溶解度大；在这些条件相同的情况下，分子小的烃在水中的溶解度大。

表 8-1 取自柴达木盆地六口井的样品所做的水溶解气的实验结果。实验表明，源岩孔隙中一般只有不足 30% 的空间被液态烃所占据，其余被水充满。由于水对烃的溶解作用，源岩生成的油气主要被溶解于水中，达到饱和后才有游离油气的存在。而以水溶形式溶解于水中的油气，其中一部分随着压实排水排出源岩，另一部分将残留于源岩中。

表 8-1　柴达木盆地部分井点地层水溶解气量统计表　（单位：m_g^3/m_w^3）

温度/压力	察地 2 $X_k=29.5g/L$	红柳泉 101 $X_k=141.4g/L$	涩 24 $X_k=350.5g/L$	冷中 12 $X_k=54.8g/L$	仙 5 $X_k=2.2g/L$	南 9 $X_k=294.7g/L$
18/50	1.04	0.56	0.25	1.19	1.27	0.24
34/100	1.64	0.83	0.44	1.63	1.74	0.42
71/200	1.89	1.14	0.75	1.86	1.95	0.73
80/250	2.14	1.35	0.91	2.13	2.23	0.88
95/300	2.48	1.64	1.11	2.57	2.57	1.06
111/350	3.06	2.09	1.38	3.05	3.17	1.29
125/400	3.88	2.68	1.71	3.86	4.00	1.58

经回归得到柴达木盆地水溶残气量与水矿化度和温度的关系式，即

$$q_{wg} = A_0 + A_1 T + A_2 T \tag{8-5}$$

式中，$A_0 = 1.50383 - 0.0041766 X_k$；$A_1 = -0.0109304 + 0.0000439309 X_k$；$A_2 = 0.00022604 + 0.000000140639 X_k$；$q_{wg}$ 为水溶残气量（m_g^3/m_w^3）；T 为第四系、新近系、古近系、侏罗系地层温度（℃）；X_k 为矿化度（g/L），$X_k = (208100 - 0.16174 Z) / 1000$；$Z$ 为埋深（m）。

水溶气量的计算模型为

$$Q_{wg} = q_{wg}(T, P, X_k) \Phi S_w V \tag{8-6}$$

式中，Q_{wg} 为源岩水溶气量（m^3）；q_{wg} 为每立方米水溶残气量（m^3/m_w^3）；S_w 为源岩孔隙含水饱和度，为小数；Φ 为源岩孔隙度，为小数；V 为源岩体积（m^3）。

3）油溶残气量的计算

源岩中孔隙油溶残气量的大小主要取决于下列因素：孔隙度（Φ）、含油饱和度（S_w）、温度（T）、压力（P）、油密度（ρ_o）以及烃气组分特征。温度、压力和油密度的影响主要表现在烃气的油溶解度上。一般来说，温度高、压力大、油密度小时溶解烃气量大。在这些条件不变的情况下，重烃气在油中的溶解度大。表 8-2 为取自柴达木盆地五口井油溶气的实验结果。

表 8-2　柴达木盆地部分井点油溶气量模拟实验结果统计表（单位：m_g^3/m_o^3）

温度/压力	油砂山 130 井	鱼卡油田	南 9 井	仙 5 井	冷湖 550 井
	$\rho_o = 0.8328 g/cm^3$	$\rho_o = 0.9081 g/cm^3$	$\rho_o = 0.7749 g/cm^3$	$\rho_o = 0.8239 g/cm^3$	$\rho_o = 0.8271 g/cm^3$
18/50	24.1	20.5	19.0	0.8	25.6
34/100	33.8	35.9	27.7	18.2	43.6
71/200	41.0	40.5	51.3	42.6	69.2
80/250	56.0	46.2	61.5	51.3	76.9
95/300	0.41	48.4	61.5	61.5	79.4
111/350	67.2	54.8	64.8	65.8	80.5
125/400	69.0	60.5	67.2	70.4	82.4

经回归得到柴达木盆地油溶气与原油密度和温度的关系式为

$$q_{og} = A_0 + A_1 T + A_2 T \tag{8-7}$$

式中，$A_0 = -98.9556 + 129.51 \rho_o$；$A_1 = 5.24061 - 5.29697 \rho_o$；$A_2 = -0.025918 + 0.028184 \rho_o$；$q_{og}$ 为油溶残气量（m_g^3/m_o^3）；ρ_o 为原油密度（g/cm^3），$\rho_o = 0.859 - 0.00001994 Z$。

油溶气量的计算模型为

$$Q_{og} = q_{og}(V, P, \rho_o) \Phi S_o V \tag{8-8}$$

式中，Q_{og} 为油溶残气量（m^3）；q_{og} 为单位体积油溶气量（m_g^3/m_o^3）；Φ 为源岩孔隙度，为小数；S_o 为源岩含油饱和度，为小数；V 为源岩体积（m^3）。

4）源岩游离气残留量的计算

烃源岩形成的天然气部分以游离相的形式富存于泥岩或砂岩的孔隙中，称为游离相滞留气，其含量主要取决于岩石中剩余孔隙度、温度、压力及天然气组分。一般岩石中游离相残留气临界饱和度不超过其孔隙度的 10%，即 $S_g \leqslant 10\% \varPhi$（$\varPhi$ 为岩石的孔隙度），经换算成地表体积后，可确定其滞留气强度大小为

$$Q_{sg} = S_g P_1 T_0 H / (P_0 T_1) \tag{8-9}$$

式中，Q_{sg} 为游离相滞留气强度（m_g^3/m_r^2）；S_g 为滞留气在地下体积（m_g^3/m_r^3）；P_0、P_1 分别为地层、地表条件压力（atm[①]）；T_0、T_1 分别为地层、地表条件温度（℃）；H 为源岩或储层厚度（m）。

5）源岩总残气量的计算

$$Q_{rm} = Q_m + Q_{wg} + Q_{og} + Q_{sg} \tag{8-10}$$

式中，Q_{rm} 为源岩总残气量（m^3）；Q_{rb}、Q_{wg}、Q_{og}、Q_{sg} 分别为源岩吸附残气量、水溶残气量、油溶残气量和游离残气量（m^3）。

3. 生油气量的计算

1）源岩生油量的计算

地质体中演化成烃的主要有机质是干酪根，在浅层还有氨基酸和少量可溶有机质，其主要元素组成是碳、氢、氧。在演化过程中，由这三种元素生成的主要产物是烃、二氧化碳和水，它们之间始终处于动平衡状态。不管怎样变化，物质不变，碳、氢、氧的总量也不变，因此可以用数学模型对生成的产物进行理论计算。这里主要采用物质平衡地质法。

依据残留烃量 "A"/TOC，再经过轻烃补偿校正后求得源岩生烃量，再依据生、留烃量相减求取排烃量、排烃门限、排烃高峰和排烃效率等。

根据这一原理和指导思想，在 "A"/TOC 随演化程度（或埋深）变化的 "大肚子" 曲线图基础上分别给出了柴达木盆地北缘西区侏罗系源岩，古近系下干柴沟组源岩、上干柴沟组源岩，下油砂山组源岩以及东区第四系源岩生烃量与演化程度（或埋深）的关系图，回归可分别得到产率与埋深的关系。

$$Q_p = R_p (R_o, \text{KTI}) V \rho_r \text{TOC} \tag{8-11}$$

式中，Q_p 为油气生成量（生油量的单位为 kg，生气量的单位为 m^3）；R_p 为当前埋深条件下单位有机碳累积生油气量（kg/t_c，m^3/t_c）；V 为源岩体积（m^3）；ρ_r 为源岩的密度（t/m^3）；TOC 为源岩的母质丰度，为质量分数。

2）源岩生气量的计算

不同类型干酪根，在同一演化程度上生成的气油比是不相同的，一般来讲，Ⅰ型干酪根以生油为主，Ⅲ型干酪根以生气为主。因此，不同干酪根同一演化程度的气油比也不同，一般来讲，Ⅲ型干酪根生成的气油比要大于Ⅰ型干酪根。

---

① 1atm=1.01325×10⁵Pa。

171

采集了柴达木盆地不同地区的泥、煤源岩样品，其实验结果见表 8-3。

表 8-3　柴达木盆地模拟（加水、不加水）实验产油气速率统计表

[单位：kg/t_c（油），m^3/t_c（气）]

KTI	R_o	不加水		KTI	R_o	加水	
		产油速率	产气速率			产油速率	产气速率
30	1.3	29.38	266.49	25	0.5	26.12	—
30	2.2	31.45	370.06	25	0.6	165.37	—
30	3.0	22.85	523.27	25	0.9	66.43	—
30	4.0	26.21	740.95	25	1.3	172.81	30.39
60	1.3	157.03	7.21	25	2.2	225.83	210.04
60	2.2	207.01	90.61	27	0.9	28.06	2.53
60	3.0	201.01	214.56	27	1.3	53.42	5.01
60	4.0	149.51	445.49	27	2.2	164.98	25.09
25	1.318	107.50	27.65	27	3.0	207.27	62.82
25	2.238	46.72	182.63	27	4.0	134.44	390.84
25	3.74	66.29	280.63	70	0.5	68.50	—
25	4.630	25.18	424.95	70	0.6	49.35	—
—	—	—	—	70	0.9	74.46	
—	—	—	—	70	1.3	187.08	
—	—	—	—	70	2.2	402.69	639.72
—	—	—	—	65	0.5	133.31	
—	—	—	—	65	0.6	440.61	
—	—	—	—	65	0.934	565.37	
—	—	—	—	65	1.318	222.56	
—	—	—	—	65	2.238	297.06	

对实验结果进行分析后，试图建立气油比与干酪根类型和演化程度的关系，但统计函数关系不理想。因此，在计算天然气生成量时采用庞雄奇（1995）的优化模拟结果，其数学模型为

$$R_p(i) = Q_m(i) \arctan[K(i)(R_o - 0.2)] \tag{8-12}$$

$$Q_m(i) = \begin{cases} -0.0178 KTI^2 + 4.92 KTI + 103, & i = CH_4 \\ 0.0262 KTI^2 + 1.186 KTI + 18.12, & i = CN \\ 0.01136 KTI^2 + 1.034 KTI + 32, & i = 油 \\ 0.00153 KTI^2 + 0.026 KTI + 139, & i = CO_2 \\ 0.00162 KTI^2 + 0.0229 KTI + 111, & i = H_2O \end{cases}$$

$$K(i) = \begin{cases} -0.00208\text{KTI} + 0.525, & i = \text{CH}_4 \\ -0.00320\text{KTI} + 0.6, & i = \text{CN} \\ -0.00194\text{KTI} + 0.9273, & i = \text{油} \\ -0.00082\text{KTI} + 1.073, & i = \text{CO}_2 \\ -0.00155\text{KTI} + 1.073, & i = \text{H}_2\text{O} \end{cases}$$

式中，$R_p(i)$ 表示干酪根的油气发生率；$Q_m(i)$ 和 $K(i)$ 分别是与干酪根（KTI）有关的函数。

因此可根据它的气体发生率（R_{pg}）与油的发生率（R_{po}）构造不同类型的干酪根在不同演化程度的气油比为

$$K_{g/o} = \frac{R_{pg}}{R_{po}} \tag{8-13}$$

式中，$K_{g/o}$ 为气油比；R_{pg} 为每吨有机母质天然气发生率（m^3/t_c）；R_{po} 为每吨有机母质油的发生率（kg/t_c）。

再根据源岩生油量就可计算源岩的生气量为

$$Q_{pg} = Q_{po} K_{g/o} \tag{8-14}$$

式中，Q_{pg} 为源岩生气量（m^3/m_r^3）；Q_{po} 为源岩生油量（kg/m_r^3）。

4. 源岩排油、气量的计算

根据物质平衡原理，有

$$Q_e = Q_p - Q_{rm} \tag{8-15}$$

式中，Q_p、Q_{rm}、Q_e 分别为源岩生、留、排油气量（kg/m_r^3，m^3/m_r^3）。

（二）排烃门限及排烃量计算

油气满足源岩各种残留，并以游离相开始排烃的地质条件称为排烃门限。源岩排气相态主要有水溶相排气、油溶相排气、扩散相排气和游离相排气，其计算方法见式(4-9)～式(4-12)。

（三）聚集门限的判别

1. 二次运移烃量的计算

油气在区域盖层形成后，油气以游离相进行二次运移的临界地质条件称运烃门限（个别系统不存在盖前排失，油气达到供烃门限同时达到运烃门限）。

源岩层供烃量参与油气的运移，在油气二次运移过程中，水溶相、油溶相排出的天然气由于埋藏变浅、温压降低而游离析出，这部分游离析出的油气也将加入到二次运移的有效烃量之中，计算模型为

$$Q_{ew}' = \Delta V_w' q_{ew}' \tag{8-16}$$

$$Q_{eo}' = \Delta V_o' q_{eo}' \tag{8-17}$$

式中，Q_{ew}'、Q_{eo}'分别为源岩水溶相、油溶相供烃量在油气二次运移过程中的释放烃量（m³）；q_{ew}'、q_{eo}'分别为单位体积水、油自源岩排出后至上覆第一套区域性盖层处释放的烃量（m³/m³_w，m³/m³_o）；$\Delta V_w'$、$\Delta V_o'$分别为二次运移过程中水体积、油体积的变化（m³）。

这样，油气二次运移烃量就为源岩有效供烃量与水溶相、油溶相供烃量在二次运移过程中游离释放烃量之和，即

$$Q_{pm}' = Q_{ep} + Q_{ew}' + Q_{eo}' \tag{8-18}$$

式中，Q_{pm}'为油气二次运移烃量；Q_{ep}为以游离相运离的烃量。

2. 盖前损失烃量的计算

盖前损失烃量的计算方法及模型已在第五章有过介绍，计算模型可采用式（5-1）。

通过收集柴达木盆地侏罗系、新近系、古近系、第四系盖层样品测试资料，并参考我国"八五"期间公开发表的有关盖层评价标准，分析得到侏罗系、新近系、古近系、第四系盖层埋深关系（表8-4）。侏罗系、新近系、古近系盖层样品封闭天然气的能力形成时间（封盖门限时间）较早（早于源岩排气时间），可以认为其封气是有效的。第四系天然气盖层约在500m埋深时才具有封闭能力，而第四系源岩排气门限深度只有300m，因此，第四系盖层对封闭第四系源岩生成的油气的有效性差些。

表 8-4　柴达木盆地侏罗系地层粉砂岩、泥岩物性参数统计表

岩性	深度 /m	颗粒大小 /mm	排驱压力 /MPa	孔隙度 /%	渗透率 /10⁻³μm²
云质砂质粉砂岩	3539.6	0.03～0.15	—	1.5	0.003
粉砂岩	4307.74	0.03～0.1	3.379	10	0.05
粉砂岩	4310.77	0.03～0.1	0.828	2.6	0.01
砂质粉砂岩	4311.31	0.03～0.25	2.759	2.2	0.01
含泥砂质粉砂岩	4312.33	0.03～0.5	0.517	1.9	0.005
含泥粉砂岩	4313.78	0.03～0.1	—		
细砂质粉砂岩	4317.19	0.05～0.2	—	8.4	0.016
粉砂岩	4318.11	0.03～0.1	1.586	5.7	0.02
含泥砂质粉砂岩	4379.16	0.03～0.5	—	4	0.08
含泥砂质粉砂岩	4380.2	0.03～0.4	—	2	0.13
含泥砂质粉砂岩	4381.2	0.03～0.3	—	1.6	0.002
含泥粉砂岩	4382.04	0.03～0.1	—	3.9	0.02
砂质泥岩	4382.3	—	—	2.4	0.82
含泥粉砂岩	4384.42	0.03～0.1	—	0.8	0.003
含泥粉砂岩	4413.51	0.03～0.7	—	3.5	0.005

续表

岩性	深度/m	颗粒大小/mm	排驱压力/MPa	孔隙度/%	渗透率/$10^{-3}\mu m^2$
泥质砂质粉砂岩	4414.46	0.03~0.5	—	1.6	0.004
粉砂质泥岩	4416.21	—	—	1.2	0.005
含泥砂质粉砂岩	4417	0.03~1.6	—	1.6	0.003
粉砂岩	4417.23	0.03~0.1	—	3.9	0.006

为讨论问题的方便，将源岩在上覆第一套区域盖层形成后的运移烃量称为有效运移烃量，其数学模型为

$$Q_{pm} = Q_{pm}{}'(1 - k_{cbc}) \qquad (8\text{-}19)$$

式中，Q_{pm} 为有效运移烃量（kg，m^3）；k_{cbc} 为盖前损失烃系数。

（四）资源门限的判别

油气达到聚集门限并满足构造破坏烃量和无价值聚集烃量以后，开始有具有资源意义的油气聚集时的临界地质条件称为资源门限。计算模型已在第六章有过介绍［式(6-7)～式(6-10)］。

侏罗系盖层褶积作用系数最大频率分布范围在 0.1～0.25，剥蚀作用系数最大频率数值区间也是 0.1～0.25，断裂作用系数最大频率分布区间是 0.2～0.45，可以看出断裂作用系数较褶积作用系数和剥蚀作用系数要大些。对于白垩纪构造破坏作用对侏罗系源岩生成油气的影响，主要统计了褶积作用，其系数最大频率值区间为 0.1～0.25（表8-5）。

从新近系和古近系四个区块构造破坏系数看，断裂作用系数都略大于褶积作用系数，从作用强度上看，Ⅲ区（小梁山凹陷区）断裂作用系数频率最大；Ⅳ区（一里坪凹陷区）断裂作用系数频率最小；Ⅰ区（尕斯断陷-东柴山断阶地区）、Ⅱ区（狮子沟-油砂山背斜带、干柴沟-红沟子断鼻带、茫崖凹陷）断裂作用系数频率介于Ⅲ区和Ⅳ区之间；褶积作用系数频率四个地区基本相同，都为 0.1～0.2（表8-5）。

表 8-5　柴达木盆地构造破坏系数统计表

系数	侏罗纪	白垩纪		古近系、新近系			
		82232测线以东	82232测线以西	Ⅰ区	Ⅱ区	Ⅲ区	Ⅳ区
褶积系数	0.224	0.216	0.187	0.159	0.165	0.159	0.158
断裂破坏系数	0.571	0.618	—	0.503	0.389	0.518	0.238
剥蚀破坏系数	0.313	0.252	—	—	—	—	—
综合破坏系数	0.7313	0.776	0.187	0.582023	0.489815	0.594638	0.358396

从三个层位比较看，褶积作用系数最大频率分布对应的系数分布区间相差不大，一般都为0.1~0.25，侏罗系断裂作用系数和新近系和古近系Ⅲ区断裂作用系数频率最大（0.25~0.35），新近系和古近系Ⅳ区（一里坪凹陷区）断裂作用系数最小。

三、柴达木盆地运聚门限控油气作用研究

（一）排烃门限控油气作用研究

1. 控制着油气的来源

柴北缘早—中侏罗统主要为沼泽-湖泊等含煤建造，主要发育了小煤沟组和大煤沟组两套生油岩系，其中小煤沟组厚度大，主要分布在昆特依-冷湖断陷内；大煤沟组受北西和北东两组断陷的控制，零散分布，厚度相对较小。总体上讲，柴北缘侏罗系生油岩主要为深灰色砂质泥岩、黑色炭质泥岩及劣质煤层，其中冷湖断陷区以砂质泥岩和炭质泥岩为主，鱼卡地区以深灰色泥岩和炭质泥岩为主，小煤沟组中灰黑色泥页岩比较发育。

排烃门限计算结果显示，柴北缘下侏罗统烃源岩有效排油气范围较大，从该区侏罗系源岩排油气强度来看，大煤沟组源岩平均排烃强度为$55 \times 10^4 t/km^2$（图8-9），小煤沟组源岩平均排烃强度为$1600 \times 10^4 t/km^2$（图8-10）。二者相差近30倍，说明柴达木盆地北缘的油气应主要来自小煤沟组。

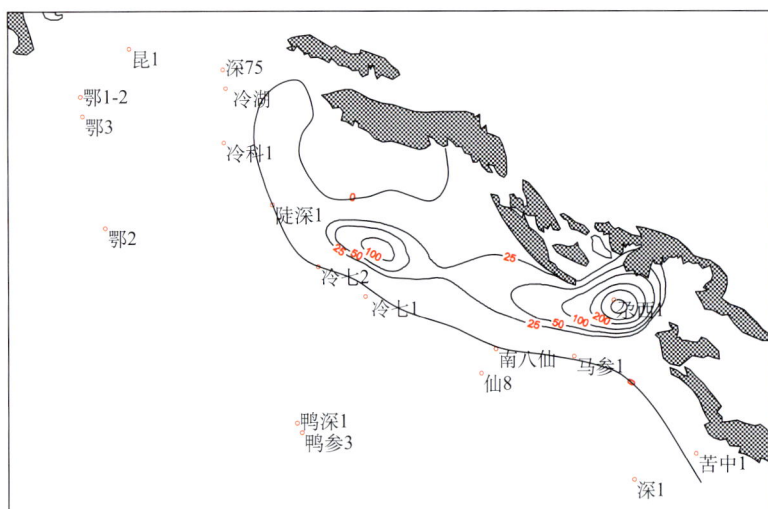

图8-9 柴北缘中侏罗统（大煤沟组）烃源岩现今排烃强度（单位：$10^4 t/km^2$）

2. 控制着油气的成藏期次

图8-11和图8-12反映了侏罗系源岩各个地史时期的排油气量。在柴北缘西部地区的一般地质条件下，侏罗系源岩通常在路乐河组沉积前就已经达到了生油、气门限；但

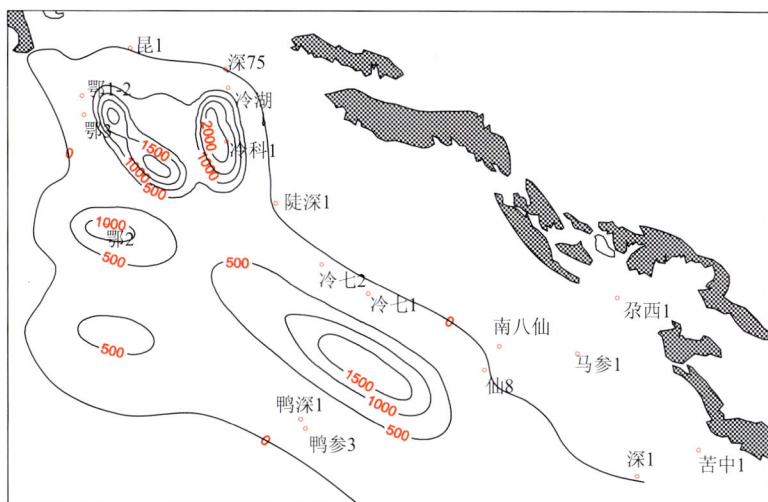

图 8-10   柴北缘下侏罗统（小煤沟组）烃源岩现今排烃强度（单位：$10^4 t/km^2$）

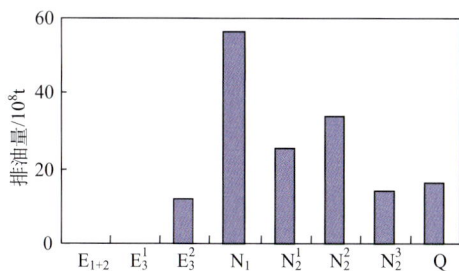

图 8-11   柴北缘侏罗系源岩各时期排油总量

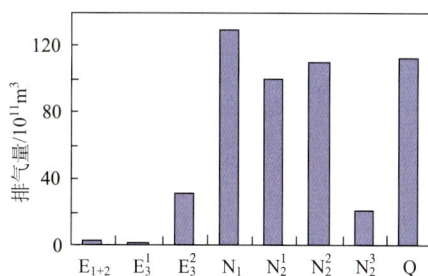

图 8-12   柴北缘侏罗系源岩各时期排气总量

在上干柴沟组沉积时才达到排油和排气门限。在生油气条件方面，源岩有着相当高的有机碳含量和有机母质演化程度，按照排烃门限理论，这样的源岩具有极好的生油条件，模拟计算的结果也显示出这一规律。尤其是该区源岩以 Ⅱ、Ⅲ 型干酪根为主，因此，在生气方面该区源岩也具有极好的条件。比较计算的结果可以看出，下侏罗统源岩具有五个生油气中心，生油强度最大值出现在鸭湖地区，中侏罗统源岩具有两个生油气中心，生油气强度最大值出现在鱼卡凹陷，但中侏罗统源岩的生烃量较下侏罗统源岩要少得多。在排油气条件方面，本书研究和评价的结果是：小煤沟组源岩优于大煤沟组源岩，其中在排油品质方面，小煤沟组源岩多为较好或好，大煤沟组源岩多为较差或较好，这两组源岩部分层段已进入最好源岩的范畴，尤其在排气品质方面；从源岩排油气属性评价的结果来看，这两层源岩都是以排油气并重为主，部分源岩偏重于以排气为主。从这个评价结果来看，该区侏罗系源岩具有极好的排油气条件，为该区油气运聚提供了良好的物质基础。

3. 控制着油气的量

从供油气量方面看，两套源岩总的供油量为 $140.94 \times 10^8 t$，供气量为 $354233.6 \times 10^8 m^3$。这一结果表明该区侏罗系源岩具有相当数量的供油气量。

从各时期排烃量直方图（图 8-13）可以看出，中侏罗统烃源岩在下干柴沟组沉积时才开始排烃，排烃量持续增长，下油砂山组沉积后进入排烃高峰，直到现今。这个时期的排烃量达 $14.2 \times 10^8 t$，占整个中侏罗统烃源岩总排烃量的 78%。鱼卡凹陷的中侏罗统烃源岩现今仍处于排烃高峰期，而且成熟度较低，主要以排油为主。表 8-6 是侏罗系烃源岩各个时期的累积排烃量。

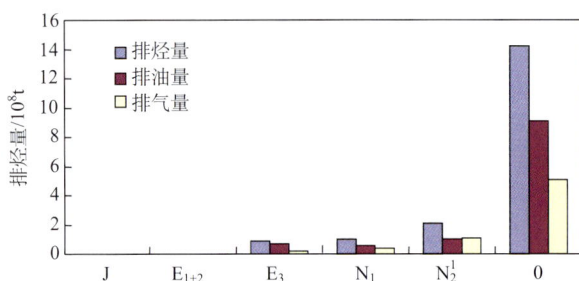

图 8-13 柴北缘中侏罗统烃源岩各个时期排烃（油、气）量

表 8-6 柴北缘侏罗系烃源岩各个时期的累积排烃（油、气）量

（单位：$10^8 t$，气为油当量）

层位	项目	J末	E_3末	N_1末	N_2^1末	现今
下侏罗统	排油量	10	116.3	153.9	114	50
	排气量	3	76.7	191.1	257.3	338
	排烃量	13	193	345	371.3	388
中侏罗统	排油量	0	0.7	1.3	2.3	11.4
	排气量	0	0.2	0.6	1.7	6.8
	排烃量	0	0.9	1.9	4	18.2

4. 控制着不同时期烃源灶的迁移演化

1）下侏罗统烃源岩

下侏罗统烃源岩在侏罗系沉积末期，鄂博梁—鸭湖—伊北地区为凹陷区，其余的大部分地区埋深都小于 4000m，没有达到排烃门限。在这个凹陷区里，只有伊北凹陷的东部小部分烃源岩达到了排烃门限，排烃面积很小，最大排烃强度为 $1000 \times 10^4 t/km^2$，此时的累积排烃量为 $13 \times 10^8 t$（图 8-14）。

这个时期的有机质处于低熟-成熟阶段，因此排出的烃类主要为油，排油量为 $10 \times 10^8 t$，排气量为 $3000 \times 10^8 m^3$。

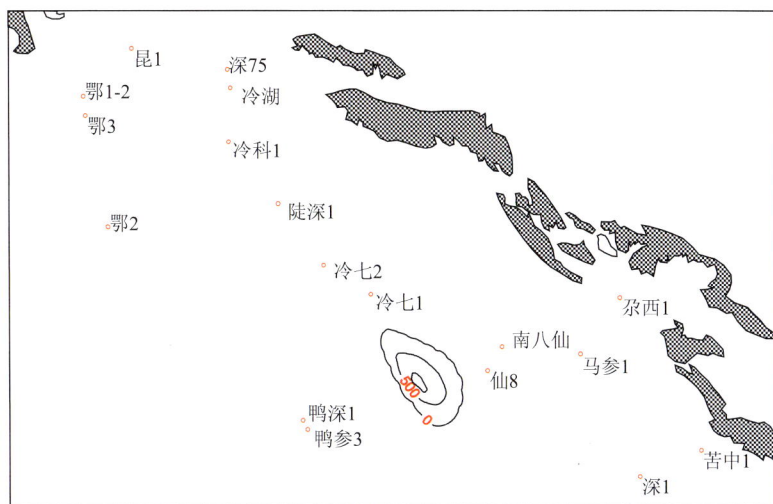

图 8-14　柴北缘下侏罗统烃源岩 J 末排烃强度（单位：$10^4 t/km^2$）

下侏罗统沉积之后，柴北缘地区经历了一次构造运动。冷湖-伊北地区抬升隆起，其东北部地区遭受严重剥蚀，致使下侏罗统在冷湖—南八仙一带向北东方向尖灭；其南西部地区的鄂博梁—鸭湖一带此时埋深加大，但最大埋深也不超过 3000m。随后，以冷湖-南八仙构造带为界线，西南部地区抬升，东北部地区下沉，接受了中上侏罗统和白垩系沉积。之后，整个地区开始下降，中生界之上沉积了古近系的路乐河组沉积，从侏罗系开始抬升剥蚀，到路乐河组沉积，整个地区的侏罗系烃源岩埋深都小于排烃门限深度，因此这个时期没有发生排烃作用。

下干柴沟组沉积时，柴北缘基底迅速下沉，烃源岩埋深迅速加大。整个地区的构造格局从北东到西南部地区埋深逐渐加大，而且大部分烃源岩埋深都超过了门限深度，其中伊北凹陷的埋深最大，超过了 7000m。这个时期的烃源岩埋深大多对应 4000～7000m 的最大排烃率，因此，从下干柴沟组沉积开始，下侏罗统烃源岩进入了第一个排烃高峰期，排烃范围迅速扩大，覆盖了冷湖—南八仙以南的广大地区，排烃中心也迅速扩展到五个。伊北凹陷排烃范围进一步扩大，最大排烃强度为 $1200 \times 10^4 t/km^2$，昆特依凹陷、葫南凹陷、冷湖地区已经开始大量排烃，最大排烃强度为 $1200 \times 10^4 t/km^2$，鄂博梁南凹陷也开始成为排烃中心，排烃强度达 $800 \times 10^4 t/km^2$，基本形成了现今的排烃格局（图 8-15）。整个下干柴沟组沉积时期是下侏罗统烃源岩最重要的排烃期，这个时期的排烃量高达 $180 \times 10^8 t$，占下侏罗统烃源岩累积排烃总量的 46.4%。

这个时期，烃源岩的埋深大，多小于 7000m，处于演化的成熟期，以排油为主。只有伊北凹陷的东部地区，埋深超过 7000m，演化程度较高，以排气为主。这个时期的排油量为 $106.3 \times 10^8 t$，排气量为 $76700 \times 10^8 m^3$。各主要的排烃中心都以排油为主，而主要的排气中心为伊北凹陷。

上干柴沟组沉积时期是下侏罗统烃源岩的另一个排烃高峰期。构造格局依然是西南部低，东北部高，几个排烃中心的埋深加大，排烃范围进一步扩大，排烃强度都有一定

179

程度的增大，尤其是冷湖地区，最大排烃强度迅速增大为 $2500 \times 10^4 t/km^2$（图 8-16）。整个上干柴沟组沉积的 N_1 时期，下侏罗统烃源岩的排烃量为 $152 \times 10^8 t$，占下侏罗统烃源岩累积排烃总量的 39.2%。

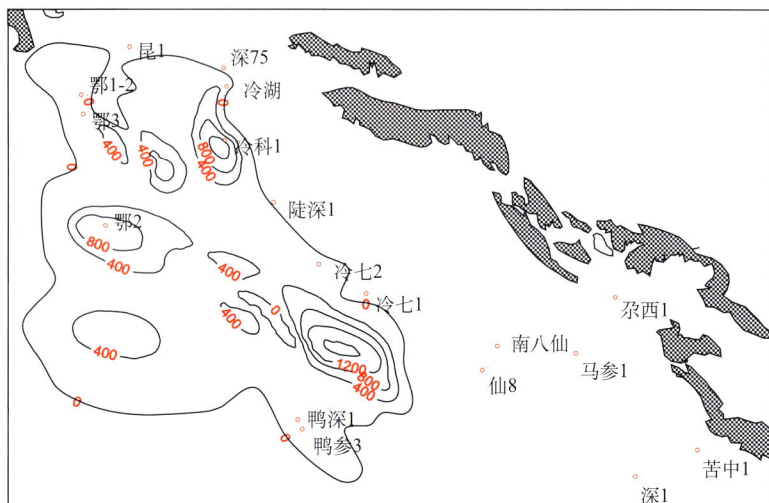

图 8-15 柴北缘下侏罗统烃源岩在 E_3 末排烃强度（单位：$10^4 t/km^2$）

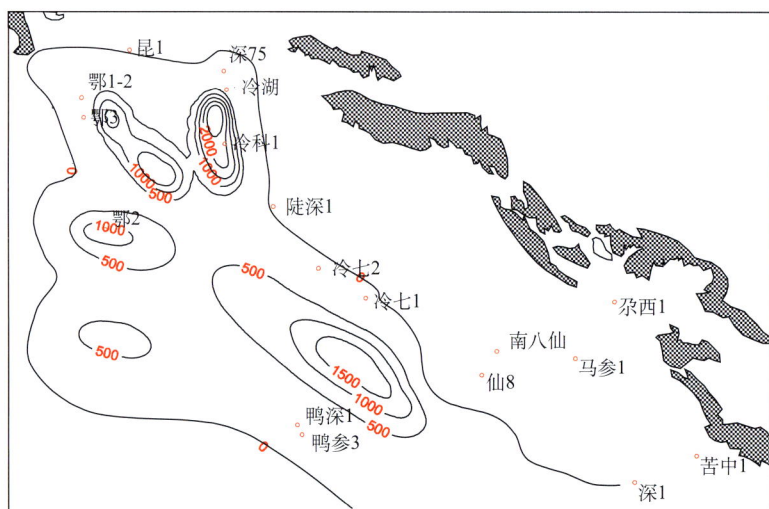

图 8-16 柴北缘下侏罗统烃源岩 N_1 末排烃强度（单位：$10^4 t/km^2$）

这个时期最主要的排烃特征是，随着烃源岩埋深的增大，成熟度变高，已经有相当一部分油热裂解成气，累积排油量减少，排出的烃类开始变成以气为主，排油、排气中心开始分异。其中，排油中心以北部成熟度相对较低的冷湖地区和昆特依凹陷为主，排气中心分布在葫南凹陷以及鄂博梁南部凹陷，伊北凹陷依然是油气的中心，但此时排气强度已经大于排油强度，原因是过大的埋深导致有机质演化过成熟，排出的油裂解成气。

此后，从上干柴沟组沉积末期至今，下侏罗统烃源岩过了排烃高峰期，达到了排烃稳定期。这个时期的排烃量很少，仅为 $26.3 \times 10^8 t$，只占整个现今累积排烃量的 6.8%。下油砂山组沉积时，油继续裂解成气，累积排油量继续减少。排油中心继续向北部迁移，南部地区以排气为主（图 8-17）。伊北凹陷的排油强度减小，排气强度增大。此后，下侏罗统烃源岩的排油能力继续下降，伊北凹陷、冷湖地区、昆特依凹陷的排油强度逐渐减小，这个趋势一直延续至今。现今，排油中心主要为冷湖地区，最大排油强度为 $1200 \times 10^4 t/km^2$，其他地区则以排气为主（图 8-18）。

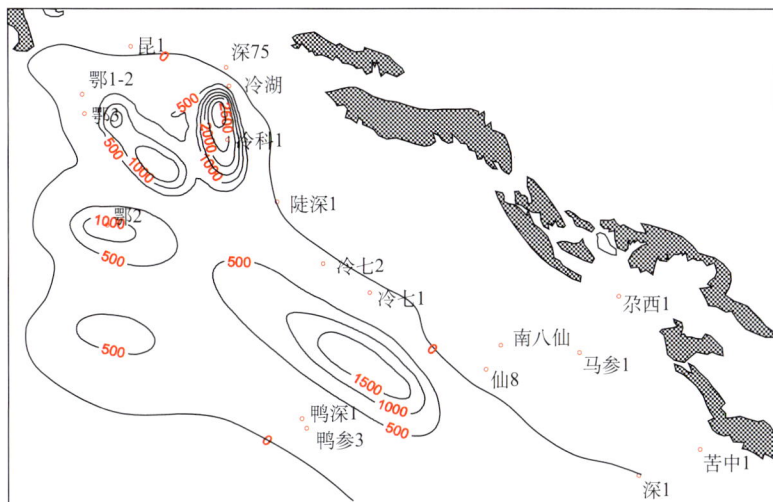

图 8-17　柴北缘下侏罗统烃源岩 N_2^1 末排烃强度（单位：$10^4 t/km^2$）

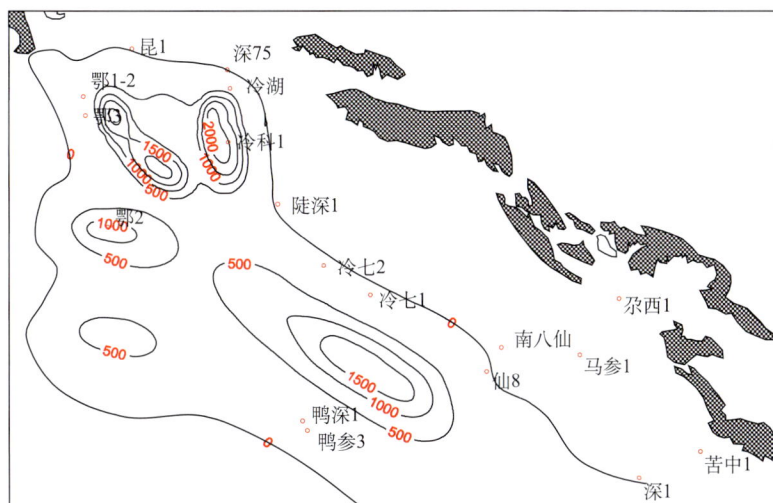

图 8-18　柴北缘下侏罗统烃源岩现今排烃强度（单位：$10^4 t/km^2$）

从各时期的排烃量直方图（图 8-19）可以看出，排烃的高峰期为下干柴沟组和上干柴沟组。上干柴沟组沉积之后，排烃趋于稳定，最大的排油期为下干柴沟组。上干柴沟组沉积之后，排出的油开始裂解成气，累积的排油量也开始下降，一直至今。这个过程与物理模拟实验的过程相似，原因就是有机质的演化程度过高，导致了裂解气的生成，而排气量在排烃高峰期迅速上升，在排烃稳定期，由于裂解气的生成，排气量依然有较大的增长。

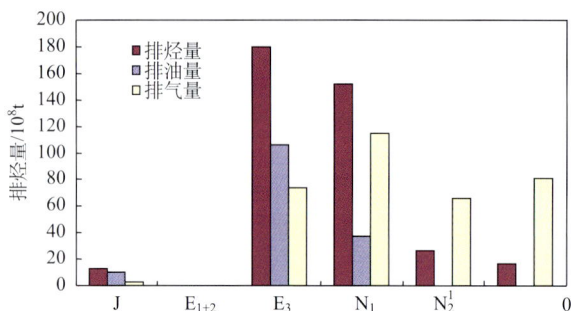

图 8-19 柴北缘下侏罗统烃源岩各个时期排烃（油、气）量

2）中侏罗统烃源岩

由于构造的控制，中侏罗统烃源岩直到下干柴沟组沉积时，只有冷湖六—七号、北部赛什腾凹陷的部分烃源岩达到排烃门限，并开始排烃。最大的排烃强度为 $100 \times 10^4 t/km^2$，其他地区烃源岩都没有发生排烃作用（图 8-20）。此时的排烃范围很小，排烃量仅为 $0.9 \times 10^8 t$，其中排油量为 $0.7 \times 10^8 t$，排气量为 $200 \times 10^8 m^3$。

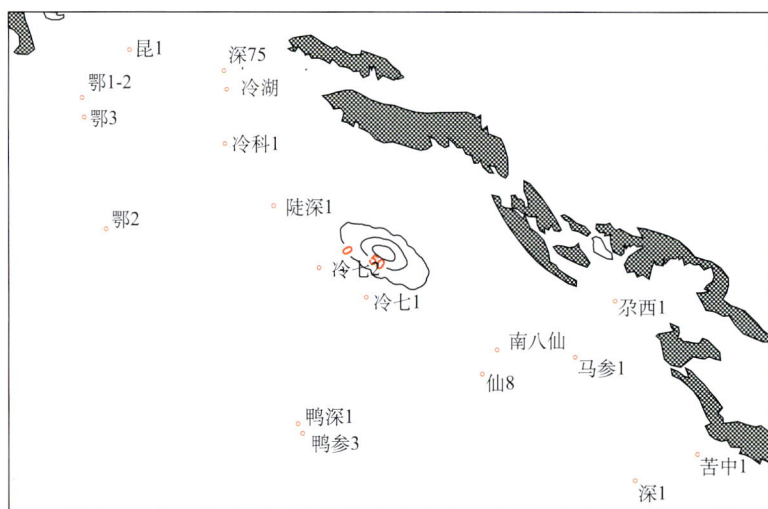

图 8-20 柴北缘中侏罗统烃源岩 E_3 末排烃强度（单位：$10^4 t/km^2$）

上干柴沟组沉积时，赛什腾凹陷埋深加大，排烃面积扩大，排烃强度变大，而鱼卡凹陷在这个时期仍然没有发生排烃作用（图 8-21），这个时期的排烃量为 $1.0 \times 10^8 t$，其中排油量为 $0.6 \times 10^8 t$，排气量为 $400 \times 10^8 m^3$。

下油砂山组沉积时期，排烃中心逐渐向东部鱼卡凹陷迁移。但此时鱼卡凹陷只有小

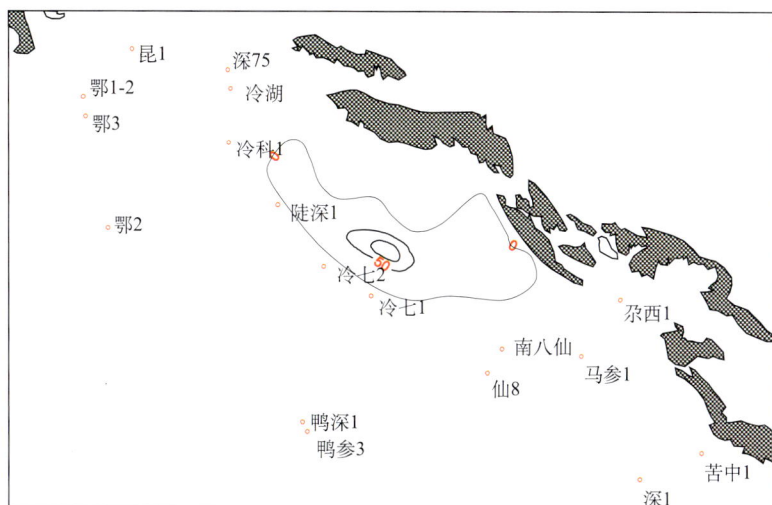

图 8-21　柴北缘中侏罗统烃源岩 N_1 末排烃强度（单位：$10^4 t/km^2$）

部分烃源岩排烃（图 8-22），主要的排烃中心还是赛什腾凹陷。这个时期的排烃量为 $2.1 \times 10^8 t$，其中排油量为 $1 \times 10^8 t$，排气量为 $1100 \times 10^8 m^3$。

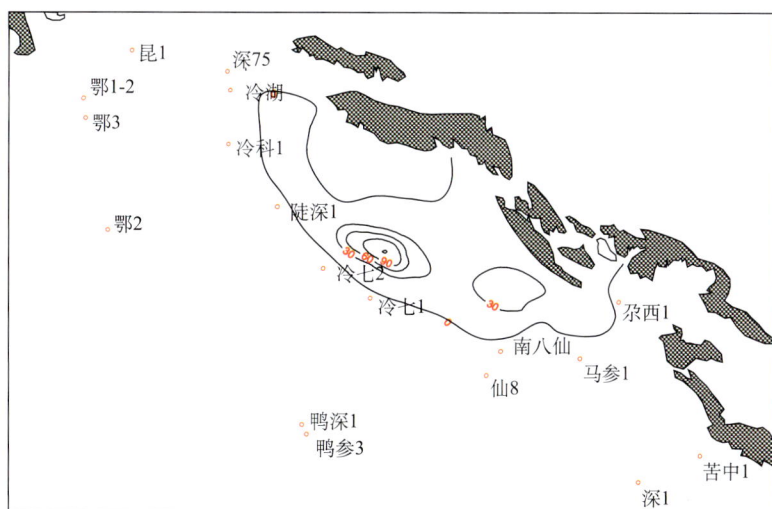

图 8-22　柴北缘中侏罗统烃源岩 N_2^1 末排烃强度（单位：$10^4 t/km^2$）

从上油砂山组沉积后，鱼卡凹陷开始排烃，并在其后进入了排烃高峰期，鱼卡凹陷开始成为中侏罗统烃源岩的排烃中心，一直延续至今（图 8-23）。最大排烃强度为 $500 \times 10^4 t/km^2$，从上油砂山组沉积至今，中侏罗统烃源岩的排烃量为 $14.2 \times 10^8 t$，其中排油量为 $9.1 \times 10^8 t$，排气量为 $5100 \times 10^8 m^3$。

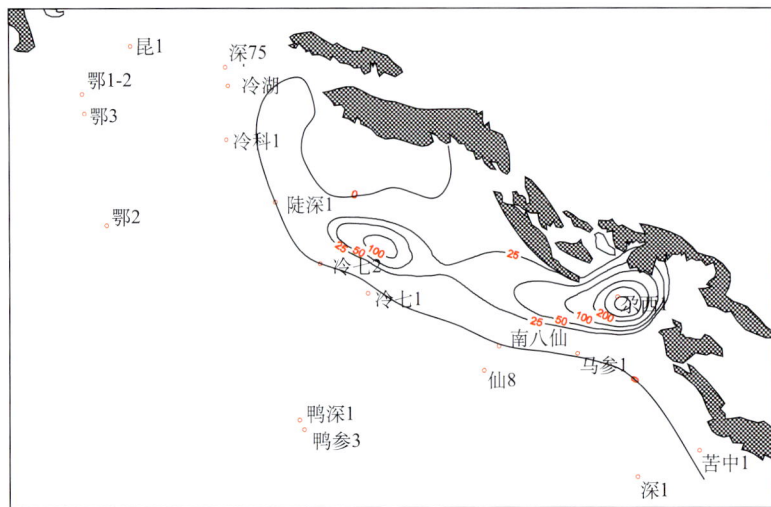

图 8-23　柴北缘中侏罗统烃源岩现今排烃强度（单位：$10^4 t/km^2$）

（二）聚集门限控油气作用研究

在柴达木北缘西区侏罗系源岩的生油期主要集中在下油砂山组沉积前，此期的石油生成量为 $169.55 \times 10^8 t$；该区生气也主要集中在下油砂山组沉积以前，此期的生气总量为 $434511.4 \times 10^8 m^3$。依据聚集门限判别公式，计算出来的各成藏体系的可供聚集油气量差异较大，依据可供油气量可以初步优选出有利的勘探区带。

（三）资源门限控油气作用研究

由于天然气逸散性大于石油，因此在计算可供聚集气量时给定油盖层保护系数为 0.95，天然气盖层保护系数为 0.65，计算结果如表 8-7 所示。柴北缘西部油气量分布如图 8-24 和图 8-25 所示。

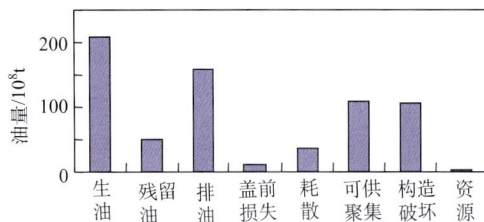

图 8-24　柴北缘西部油量分配直方图

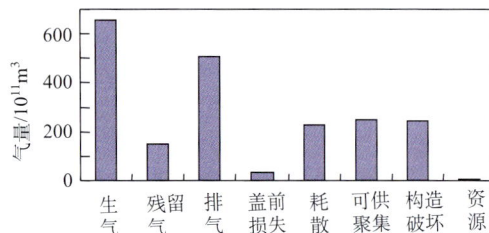

图 8-25　柴北缘西部气量分配直方图

表 8-7　柴北缘西部地区生、排资源量统计表

（单位：10^8 t，气为油当量）

资源量	种类	Ⅰ	Ⅱ	Ⅲ	Ⅳ	Ⅴ	Ⅵ	总量
生烃量	油	42.79	37.37	107.4	13.66	1.38	5.11	207.71
	气	141671	131641.3	328088.4	36431.3	4762.7	13398.4	655993.1
排烃量	油	29.73	31.52023	84.71221	8.4864	0.89235	2.1973	157.541
	气	98633.6	118315.6	263262.8	20512.7	3067.2	4734.1	508526
盖前损失	油	0.004	7.0894	5.2378	0	0	0	12.3312
	气	18920	16516.1	0	0	0	0	35436.1
可供聚集烃量	油	20.429	22.15	58.13	5.497	0.5788	1.731	108.52
	气	68954.8	79124.14	95368	1772.44	193.21	2550.88	247963.5
远景资源量	油	0.510	0.243	3.424	0.043	0.023	0.015	4.258
	气	1178.26	593.12	3843.33	9.484	5.29	14.92	5644.41

四、柴达木盆地油气资源评价结果与讨论

1. 第四系天然气资源评价结果分析比较

物质平衡法计算的第四系天然气资源量为 $21363 \times 10^8 \text{m}^3$，大约是生烃率法的计算结果（$7962.2 \times 10^8 \text{m}^3$）的三倍。本书认为生烃率法得到的资源量更接近客观实际。原因是：①物质平衡法得到的是一个可供聚集气量，它包括常规资源量、非常规资源量和无工业价值聚集的烃量，理论上应该较运聚系数得到的资源量（常规资源量）大；②生烃率法计算资源量时，生气率较源岩实际的生气率偏小；③天然气运聚系数取值较保守。考虑到一里坪地区的资源量（$1767.4 \times 10^8 \text{m}^3$）和炭质泥岩提供的资源量（$49.22 \times 10^8 \text{m}^3$），柴达木盆地第四系天然气资源总量取为 $9778.82 \times 10^8 \text{m}^3$。

2. 古近系和新近系天然气资源评价结果比较分析

应用四种方法对古近系和新近系资源量进行了评价，其中物质平衡法得到的天然气资源量最大（$17106 \times 10^8 \text{m}^3$），其次为排烃门限法（$10679 \times 10^8 \text{m}^3$），再次为盆地模拟法（$2099 \times 10^8 \text{m}^3$），最小为生烃率法（$1508 \times 10^8 \text{m}^3$）。物质平衡法得到的值代表了区内天然气资源量的理论上限值，理由如前所述；生烃率法得到的值最小，不能反映实际情况，因为这种方法在应用时采用的生气率本身偏小，没有考虑有机母质在未熟和低熟阶段源岩生成的气量；排烃门限法得到的结果可能与实际最接近，因为它将那些传统上被认为是非源岩（TOC<0.4%）、但已达到排气门限的源岩的贡献全部考虑在内；盆地模拟法得到的资源量可能较实际偏小，因为其采用的运聚系数仅为 2.78‰。综上所述，古近系和新近系热解天然气资源总量为 $2099 \times 10^8 \sim 10679 \times 10^8 \text{m}^3$，平均为 $6389 \times 10^8 \text{m}^3$。另外，古近系和新近系排出了大量的石油，这些石油有相当一部分是在 $R_o <$

185

1.5%后生排出来的，它们将因高温裂解成气，转化成天然气资源。依原油裂解成气实验成果（王涵云和杨天宇，1982），每吨原油最多约能转成860m³的甲烷气。上列五种方法计算出的古近系和新近系油资源总量平均值为21.6×10⁸t，其中6.6×10⁸t油可裂解转化成气资源。裂解气资源总量约为3773.3×10⁸m³。包括油溶气资源量（504.8×10⁸m³）在内，柴达木盆地古近系和新近系热解气和裂解气资源总量约为10667×10⁸m³。

3. 侏罗系天然气资源评价结果比较分析

通过生烃率法、排烃门限法和物质平衡法评价柴北缘西段天然气资源量，得到的结果分别为1558×10⁸m³、9238×10⁸m³和6231×10⁸m³。需要特别注意的是，物质平衡法理论上得到的结果是研究区可供聚集的天然气量，代表了资源量的极大值，但在这里远小于排烃门限法得到的资源量。作者认为，造成这一现象的根本原因是侏罗系生排出来的天然气在后期构造变动期间损失过大，物质平衡法计算结果较为客观。排烃门限法得到的资源量偏大，因为这一方法将所有源岩，包括TOC>0.4%和TOC<0.4%的源岩的生排气量对资源量的贡献全考虑在内；另外，在运聚系数的选择上，对侏罗系沉积后期的抬升剥蚀和沉积间断对天然气资源造成的破坏作用考虑不够。生烃率法获得的天然气资源量偏小，根本原因是生气率在取值时没有考虑未熟和低熟阶段的成气作用。

综上所述，柴达木盆地北缘西段热解天然气资源量为（1558～6231）×10⁸m³，平均为3895×10⁸m³。

第三节　运聚门限联合研究评价塔里木盆地油气资源

一、塔里木盆地地质条件简介

（一）区域概况

塔里木盆地夹持在天山山脉和昆仑山、阿尔金山山脉之间，面积约为56×10⁴km²，是我国最大的沉积盆地。塔里木盆地是一个由古生界克拉通盆地和中新生界前陆盆地组成的大型复合叠合型盆地，具有古老陆壳基底和多次沉降、隆起的复杂构造发育史，地下地质条件复杂，形成了"三隆四拗"的构造格局：塔北隆起、中央隆起、塔南隆起、库车拗陷、北部拗陷、西南拗陷和东南拗陷。

塔里木盆地有海、陆相两类油气资源，大型油气田发育，油气资源分布复杂。塔里木盆地经历了三大演化阶段，不同时代的盆地结构与演化特征制约了油气资源的空间分布，形成了以克拉通和前陆盆地为主体的勘探对象。台盆区油气资源主要分布在古隆起及其斜坡带，以大型地层岩性油气田为特色，油气资源丰富。前陆区大型逆掩构造带控油气，以大型构造圈闭为特征，天然气资源丰富。

（二）盆地构造演化

塔里木盆地是塔里木板块的核心稳定区，其构造发展受板块活动控制。塔里木盆地演化史可分为 7 个阶段，其中发生了 9 个构造变动事件，它们以隆起和不整合为特征，往往是盆地演化的转折点：前震旦纪基底形成阶段、震旦纪—奥陶纪克拉通边缘拗拉槽阶段、志留纪—泥盆纪周缘前陆盆地阶段、石炭纪—二叠纪克拉通边缘拗陷和克拉通内裂谷阶段、三叠纪—前陆盆地阶段、侏罗纪—古近纪断陷盆地阶段、新近纪—第四纪复合前陆盆地阶段（贾承造，1999）。

（三）沉积地层及生储盖组合

塔里木盆地演化是一个海-陆相沉积的完整沉积序列，其中又包括了众多的小沉积旋回，因此形成了塔里木盆地多套生、储、盖组合。

1. 源岩分布特征

塔里木盆地主要生油气层为古生代早期和晚期与盆地周缘拉张环境相对应的盆地相和向盆内过渡的台地相沉积的寒武系—奥陶系、下石炭统—下二叠统海相生油层，以及中生代早期以前陆盆地为代表的三叠系、侏罗系陆相生油层。寒武系—奥陶系是塔里木盆地发育的重要油气源岩。

2. 储层分布特征

塔里木盆地具有良好的储集层条件，目前已在寒武系—古近系共 11 个层系发现了工业油气流。

储集岩有砂岩和碳酸盐岩。砂岩分布于石炭系、三叠系、侏罗系、白垩系及古近系。储集类型为孔隙型，物性好。孔隙类型以原生孔隙为主，次生孔隙主要为粒间溶孔和粒内溶孔。碳酸盐岩储集类型包括岩溶-裂缝型和白云岩晶间孔。岩溶型储层分布于奥陶系潜山顶部风化壳，裂缝型储层分布于隆起构造顶部。志留系的砂岩也是一个值得重视的储集层。

3. 盖层分布特征

分布面积广、封堵能力强的盖层是形成大油气田的关键因素之一。塔里木盆地沉积巨厚，古生界、中生界、新生界均有盖层，岩性以泥质岩为主，另有膏质泥岩及碳酸盐岩。作为区域性盖层的有中上奥陶统、下志留统、下泥盆统、石炭系—二叠系、下白垩统和新近系。

二、塔里木盆地油气成藏体系划分

塔里木盆地油气成藏体系划分依据分隔槽理论，将塔里木盆地共划分为八个油气成藏体系（图 8-26），即塔中-塔东成藏体系（Ⅰ）、巴楚-麦盖提成藏体系（Ⅱ）、轮南-英买力成藏体系（Ⅲ）、孔雀河斜坡成藏体系（Ⅳ）、克拉苏成藏体系（Ⅴ）、秋里塔格成藏体系（Ⅵ）、塔东南成藏体系（Ⅶ）和塔西南成藏体系（Ⅷ）。

187

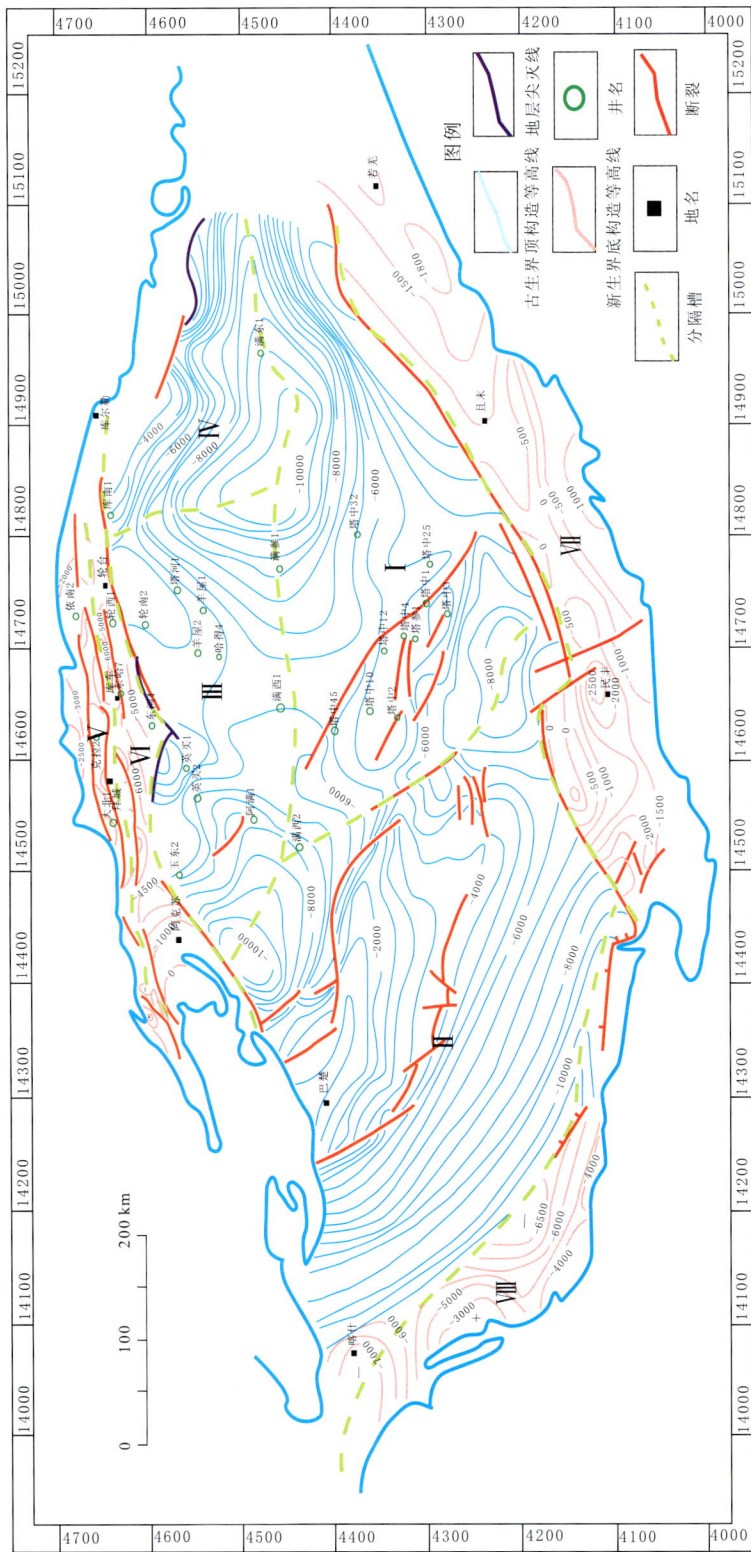

图 8-26　塔里木盆地成藏体系划分

Ⅰ. 塔中-塔东成藏体系；Ⅱ. 巴楚-麦盖提成藏体系；Ⅲ. 轮南-英买力成藏体系；Ⅳ. 孔雀河斜坡成藏体系；Ⅴ. 克拉苏成藏体系；Ⅵ. 秋里塔格成藏体系；Ⅶ. 塔东南成藏体系；Ⅷ. 塔西南成藏体系

三、塔里木盆地运聚门限判别

（一）烃源岩的排烃门限

烃源岩能够生烃，但不一定能够排烃，达到排烃门限的早晚，取决于烃源岩的类型、丰度及烃源岩的演化程度。

在区域地质条件不变的情况下，烃源岩的排油气门限（R_o）随 TOC 增大和有机质母质类型指数（KTI）增大而提前（R_o 变小），三者具有互补关系。例如，TOC＝1％和 KTI＝80 的古生界碳酸盐岩烃源岩，当其演化程度为 R_o＝0.25％时，就可以达到排气门限，R_o＝0.27％时，就可以进入排重烃气门限，而只有 R_o＝0.74％时才能达到排油门限。同一烃源岩要达到排甲烷气、重烃气和油的门限的演化程度逐渐增高，有机质丰度相同但类型不同的烃源岩达到同一门限对烃源岩演化程度的要求也不同。TOC＝1％、KTI＝80 的烃源岩，当其演化程度 R_o＝0.74％时，即可达到排油门限；而 TOC＝1％、KTI＝40 时，烃源岩的热演化程度 R_o＝0.98％才能达到排油门限。母质为腐泥型的烃源岩达到排油门限的演化程度低，腐殖型烃源岩达到排油门限的演化程度高。天然气和重烃气的排烃门限变化规律与排油门限一样。KTI＝80、TOC＝0.5％时，演化程度 R_o＝0.83％也能够达到排油门限。而 KTI＝80、TOC＝0.2％时，演化程度 R_o＝1.0％也能达到排油门限。有机质丰度越低，达到同一地质门限要求烃源岩演化程度越高。经统计分析得到，寒武系—下奥陶统烃源岩有机质类型主要为 I 型（KTI＝70～100），烃源岩演化程度 R_o＝1.64％～2.45％，据此满加尔凹陷及周缘碳酸盐岩烃源岩有机质丰度下限为 0.15％即可满足烃源岩排油气地质条件（图 8-27、表 8-8 和表 8-9）。

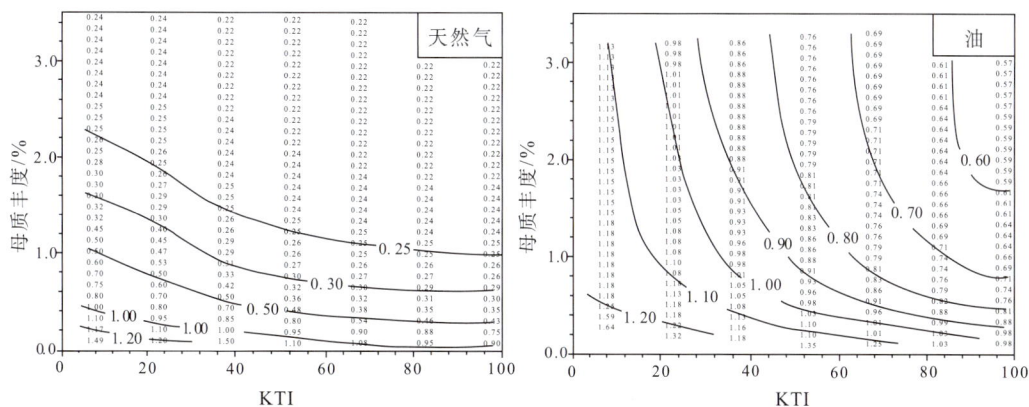

图 8-27　塔里木盆地碳酸盐岩源岩排烃门限理论图版

物理实验模拟结果表明，烃源岩的排油门限滞后于生烃高峰期，依据这种原理和实际地质剖面中烃源岩残留的氯仿沥青"A"的变化趋势，确定出塔里木古生代碳酸盐岩的排油门限约为 4500m。

表 8-8　塔里木盆地中上奥陶统源岩达到各地质门限有机质丰度下限统计表

（各门限单位:%）

地质门限		母质类型指数			
		0～25	25～50	50～75	75～100
排烃门限	CH$_4$	0.15	0.15	0.15	0.15
	CN	0.2～0.5	0.2	0.15	0.15
	油	0.2～0.3	0.2	0.15	0.15
运烃门限	CH$_4$	0.2～0.15	0.15	0.15	0.15
	CN	0.3～0.5	0.2	0.15	0.15
	油	>1.5	0.6～0.7	0.5～0.6	0.3
聚集门限	CH$_4$	0.2～0.5	0.2	0.15	0.15
	CN	0.4～0.6	0.2	0.15	0.15
	油	>1.5	0.7～0.9	0.7～0.5	0.4
资源门限	CH$_4$	0.3～0.5	0.2	0.2～0.15	0.15
	CN	0.4～0.6	0.2	0.15	0.15
	油	>1.7	0.7～0.9	0.7～0.5	0.4～0.5

注：CN 为重烃气。

表 8-9　塔里木盆地寒武系—下奥陶统源岩达到各地质门限有机质丰度下限统计表

（各门限单位:%）

地质门限		母质类型指数			
		0～25	25～50	50～75	75～100
排烃门限	CH$_4$	0.15	0.15	0.15	0.15
	CN	0.2～0.5	0.2	0.15	0.15
	油	0.3～0.2	0.2	0.15	0.15
运烃门限	CH$_4$	0.15	0.15	0.15	0.15
	CN	0.2～0.4	0.2	0.15	0.15
	油	0.6～0.8	0.4～0.6	0.3	0.2
聚集门限	CH$_4$	0.2	0.2	0.15	0.15
	CN	0.2～0.4	0.2	0.15	0.15
	油	0.6～0.9	0.5～0.6	0.3～0.4	0.2
资源门限	CH$_4$	0.2	0.2	0.15	0.15
	CN	0.2～0.4	0.2	0.15	0.15
	油	0.6～1.0	0.5～0.6	0.3～0.4	0.2

（二）运烃门限研究

运烃门限是烃源岩排出的油气满足第一套区域盖层内围岩残留烃的能力，因此运烃门限影响因素主要取决于烃源岩的性质、类型、丰度、厚度、盖层围岩残留烃的能力及盖层形成时期等。从模拟结果来看（图 8-28），运甲烷、重烃气和油的门限（演化程度 R_o）均比排烃门限有所提高，但各自提高的幅度有所不同，运甲烷气和重烃气门限 R_o 增加幅度较小，而运油门限 R_o 增加的幅度较大。有机质丰度 TOC＝1％、KTI＝80 的烃源岩的排油门限需烃源岩 R_o 为 0.74％，而运油门限需 R_o 达到 0.83％，且干酪根越偏近腐殖型，烃源岩 R_o 增加的幅度越大。同样在 TOC＝1％、KTI＝20 时，达到排油门限需要 R_o 为 1.08％，而运油门限则需烃源岩 R_o 达 1.42％。

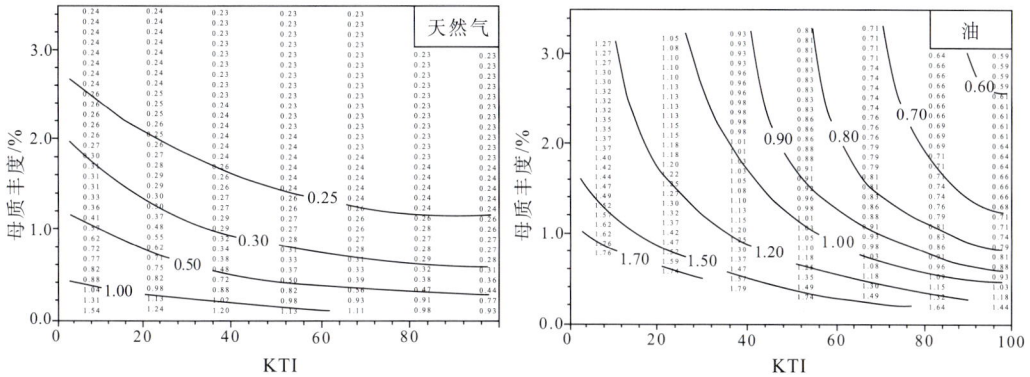

图 8-28　塔里木盆地碳酸盐岩源岩运烃门限理论图版

通过模拟计算，由于受烃源岩厚度和演化程度的影响，寒武系—下奥陶统烃源岩运烃门限与中上奥陶统烃源岩运烃门限略有不同，即同一干酪根类型，不同演化程度要求最小有机质丰度下限不同。寒武系—下奥陶统烃源岩，因演化程度高，类型偏腐殖型，要求最小有机质丰度下限相对较低。厚度为 100m、KTI＝80 时，有机质丰度均大于 1.3％，最小有机质丰度下限为 0.2％，烃源岩即可达到运油门限；而厚度为 100m、KTI＝80 的中奥陶统烃源岩则要求有机质丰度必须大于 0.4％才能达到运烃门限。两套烃源岩达到运油门限最小有机质丰度下限（表 8-8 和表 8-9）。

对于 II$_A$（KTI＝25～30）、III 型干酪根（KTI＜25），寒武系—下奥陶统烃源岩最小有机质丰度下限必须大于 0.4％才能达到运油门限；对于中上奥陶统烃源岩，最小有机质丰度的下限必须大于 0.6％才能达到运油门限。而对于 I 型干酪根（KTI＞75），寒武系—下奥陶统烃源岩有机质丰度为 0.2％～0.3％就可以达到运油门限；对于中上奥陶统烃源岩则要求有机质丰度必须达到 0.3％～0.6％才能达到运油门限。

运油门限和排烃门限的差异主要取决于烃源岩与上覆第一套区域性盖层之间的时空间距，它们之间的储集层厚，则耗散烃量多，它们之间的时间间距长，则扩散损耗烃量也大。研究表明，在烃源岩排烃量一定的情况下，储集层厚度越大，持续时间越长，越不利于烃源岩达到运烃门限。

（三）聚集门限研究

烃源岩成藏地质门限主要受两方面的影响：一是烃源岩的条件，包括烃源岩的性质、厚度、烃源岩的地化特征（丰度、类型、演化程度）等；二是运移过程中散失烃量的影响。从模拟的结果看（图 8-29），聚集门限相对运烃门限要求烃源岩演化程度均有大幅度增加。TOC＝1％、KTI＝80％的烃源岩，达到运甲烷气、重烃气和油的门限 R_o 分别为 0.27％、0.30％、0.81％；而达到聚集甲烷气、重烃气和油的门限要求的 R_o 分别为 0.60％、0.63％、0.86％，特别是腐殖型干酪根，达到聚油门限要求烃源岩演化程度提高的幅度更大；在 TOC＝1％、KTI＝20 时，达到运油门限要求烃源岩 R_o 为 1.42％，而达到聚油门限要求的 R_o 需达到 1.54％。

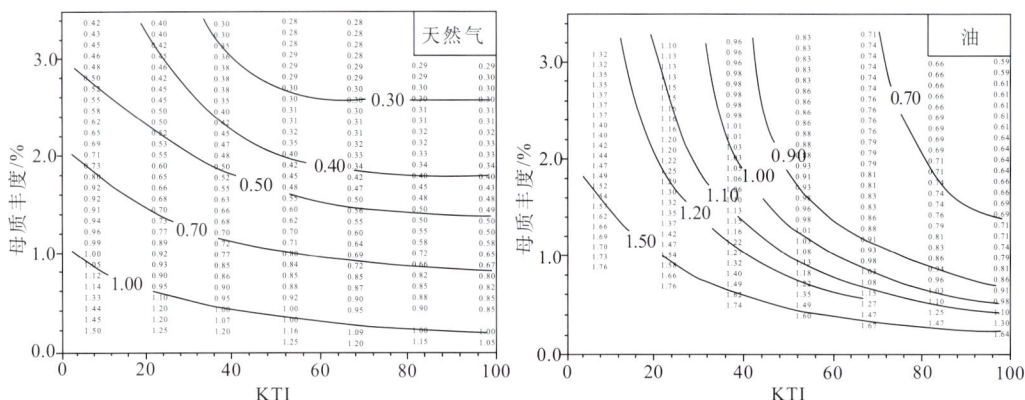

图 8-29　塔里木盆地碳酸盐岩源岩聚集门限理论图版

根据古生界烃源岩的类型及演化特征，对烃源岩达到聚集门限进行了统计（表 8-8 和表 8-9）。对于聚气门限要求的下限丰度一般为 0.15％～0.40％，对于聚重烃气要求的有机质丰度下限、寒武系—下奥陶统烃源岩的有机质丰度为 0.15％～0.40％，而中上奥陶统有机质丰度下限要求为 0.15％～0.6％。聚油门限要求的有机质丰度下限必须大于 0.4％。对于 Ⅲ 型干酪根，寒武系—下奥陶统烃源岩要求有机质丰度下限为 0.6％～0.9％，而中上奥陶统烃源岩的有机质丰度下限必须大于 1.5％。

（四）资源门限研究

聚集油气扣除非工业价值聚集和构造变动破坏烃量即为有效聚集烃量，它在理论上代表了研究区资源量的上限值，根据油田规序序列法预测油气田总规模及个数，可以求得非工业聚集油气占可供聚集油气的比例，进而可求得有效聚集油气量。

从模拟结果看，油气资源门限比油气聚集门限演化程度略高。TOC＝1％、KTI＝50 的烃源岩达到天然气、重烃气、油聚集门限的 R_o 分别为 0.82％、0.71％、1.08％；而达到天然气、重烃气、油资源门限的 R_o 分布为 0.8％、0.77％和 1.1％（图 8-30）。

根据寒武系—下奥陶统和中上奥陶统两大套烃源岩的类型及演化程度对其进入各门限要求的有机质丰度的下限进行了统计（表 8-8 和表 8-9），寒武系—下奥陶统偏腐泥型泥岩达到天然气、重烃气资源门限最小有机质丰度下限为 0.15％，达到油资源门限最小有机质丰度的下限为 0.2％。而中上奥陶统，偏腐泥型烃源岩达到天然气和重烃气气资源门限要求的最小有机质丰度是 0.15％，达到油资源门限最小有机质丰度下限要求

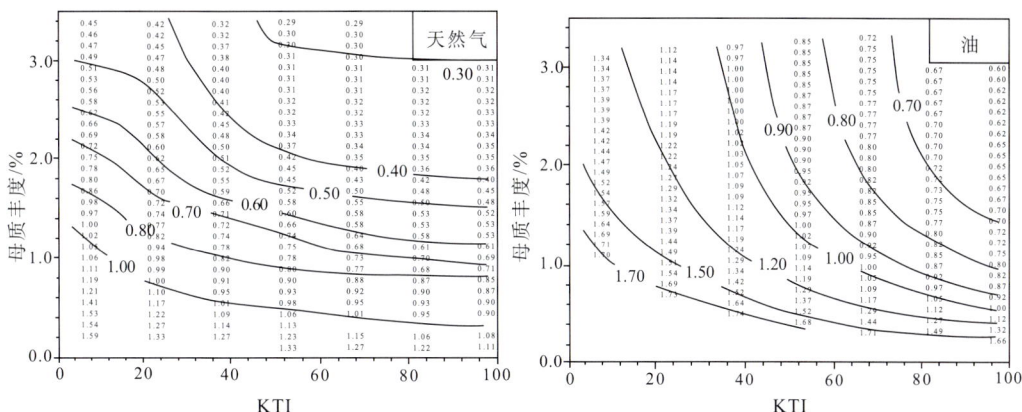

图 8-30　塔里木盆地碳酸盐岩源岩资源门限理论图版

为 0.4％～0.5％；腐殖型的烃源岩达到气资源门限要求最小有机质下限为 0.3％～0.5％，达到重烃气资源门限要求有机质下限为 0.4％～0.6％。

总而言之，烃源岩不存在一个放之四海而皆准的有机质丰度下限标准，同一烃源岩在同一演化程度时达到不同地质门限的最小有机质丰度下限不同，同一烃源岩在不同演化程度时达到同一地质门限要求的最小有机质丰度下限也不相同。另外，在其他地质条件不变的情况下，烃源岩的厚度越大，可使烃源岩达到同一地质门限时间提前。对于同一丰度的烃源岩，油气达到各地质门限时间由先到后，演化程度逐渐增强；同一丰度烃源岩类型不同时，随着烃源岩类型由腐泥型向腐殖型转变，其达到同一地质门限要求演化程度增强。

四、塔里木盆地运聚门限控油气作用研究

（一）排烃门限控油气作用研究

排烃门限控油气作用主要体现在以下几个方面。

1. 控制着油气的来源

烃源灶是油气藏形成的物质基础，控制着油气的来源。塔里木盆地主要存在两套有效烃源岩，即寒武系—下奥陶统与中上奥陶统烃源岩。中下寒武统源岩广泛分布于整个台盆区，沉积相包括边缘拗陷与台地内拗陷盆地两大体系，发育两种高丰度烃源岩有机相类型，即边缘拗陷饥饿盆地浮游藻类有机相和台地内拗陷蒸发潟湖盐藻有机相。饥饿盆地浮游藻类有机相主要分布于塔东地区，蒸发潟湖盐藻有机相主要分布于塔北隆起西部、阿瓦提凹陷、巴楚地区—麦盖提斜坡和塘古孜巴斯凹陷地区，面积约为 20 × $10^4 km^2$ ［图 8-31(a)］。中上奥陶统烃源岩分布面积小，单层厚度薄。有机质丰度较

193

(a) 中下寒武统烃源岩厚度

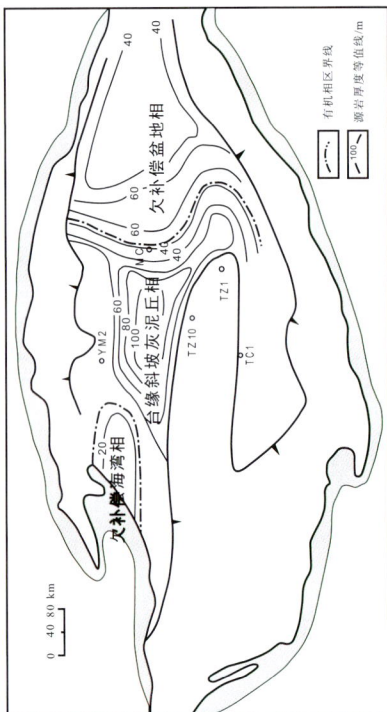

(b) 中奥陶统烃源岩厚度

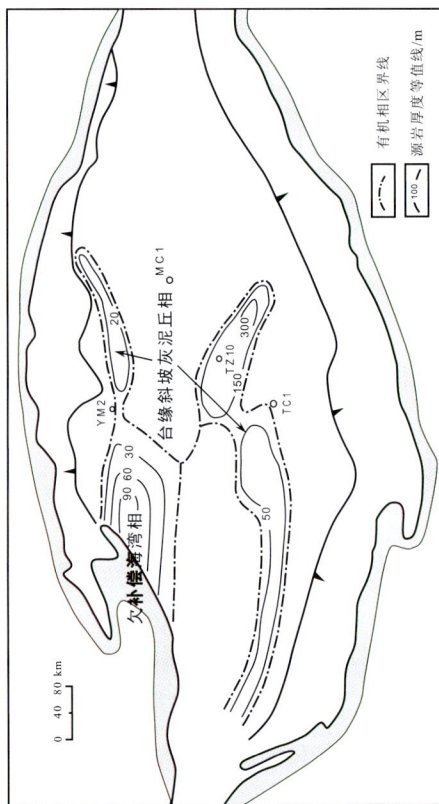

(c) 上奥陶统武—奥陶系烃源岩厚度

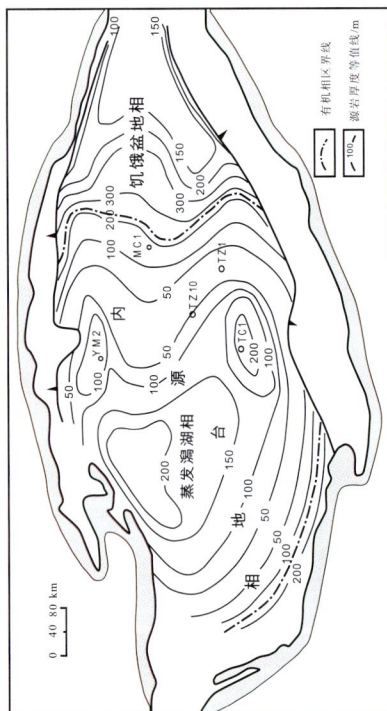

图 8-31 塔里木台盆区寒武—奥陶系烃源岩（TOC≥0.5%）厚度图

194

高的优质生油岩为发育在台缘斜坡灰泥丘—欠补偿陆源海湾相中的台缘斜坡灰泥丘复合藻有机相和欠补偿陆源海湾浮游藻有机相。前者主要分布于塔中低隆、巴楚断隆和轮南低隆斜坡区上奥陶统沉积的下部层序，以及古城鼻隆的中奥陶统和巴楚断隆西部的中上奥陶统，主要的发育区集中于塔中低隆；后者主要分布于柯坪断隆和阿瓦提凹陷主体的萨尔干组（$O_{2-3}s$）和印干组（O_3y）[图 8-31(b)、图 8-31(c)]。

2. 控制着油气的成藏期次

叠合盆地普遍存在多套烃源岩，它们一般都经历了不同的热演化阶段，产生多次生排烃，从而形成多期油气成藏，即烃源灶控制着油气的成藏期次。研究表明，两套源岩共有四个主要排烃期：加里东早期（$\in$—O）、加里东晚期（S—D）、晚海西期（C—P）和燕山期—喜山期（K—Q），但中下寒武统和中上奥陶统两套源岩的排烃史明显不同，在四个主要排烃期的贡献大小不同。中下寒武统源岩在四个主要排烃阶段的排烃量，分别占该套源岩总排烃量的 59.5%、8%、31.0% 和 6.4%，由此可见，中下寒武统源岩排烃时间早，排烃高峰期在中晚奥陶世—志留纪，石炭纪—三叠纪排烃量也很大，是早期成藏的主要来源。中上奥陶统源岩排烃时间晚，从石炭纪才开始大量排烃，石炭纪—三叠纪和侏罗纪至今是其排烃高峰期，排烃量分别占该套源岩总排烃量的 35.5% 和 63.0%，是晚期成藏的主要贡献者（图 8-32）。

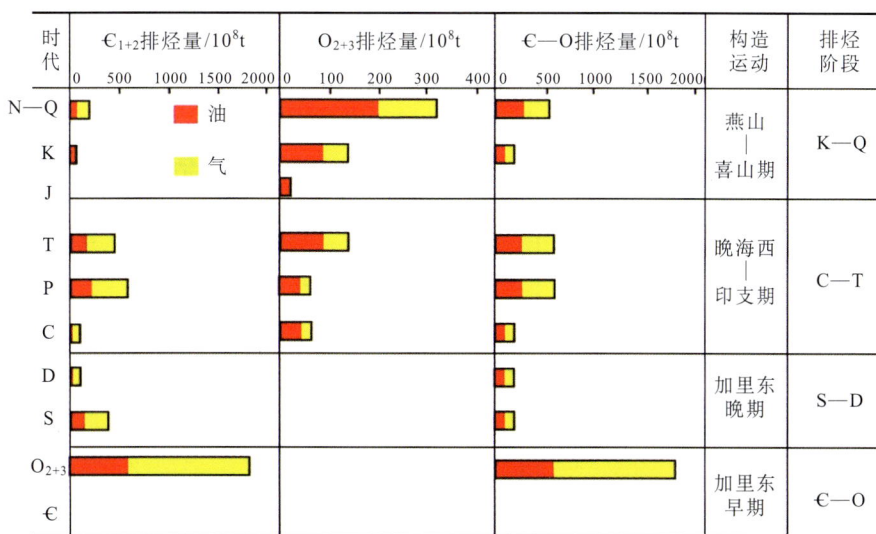

图 8-32 塔里木盆地台盆区油气排烃特征确定成藏期次

3. 控制着油气的量

结合上述寒武系和奥陶系烃源岩厚度分布特征和有机碳分布特征的研究成果，利用有关中下寒武统和中上奥陶统源岩埋藏历史研究，根据生烃潜力法得到的排烃曲线拟合公式求得源岩在各个地质时期对应的排烃率；根据已有公式计算得到两套有效源岩在每一个地质时期对应的排烃强度和排烃量（图 8-33）。结果表明，台盆区中下寒武统有效

图 8-33 寒武系—奥陶系烃源岩累计排烃强度及各历史时期排烃量

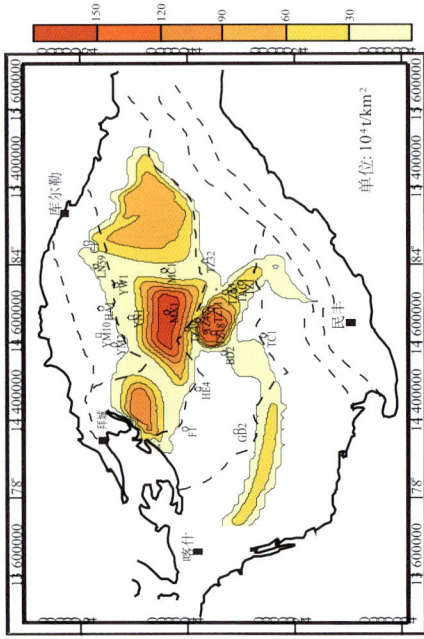

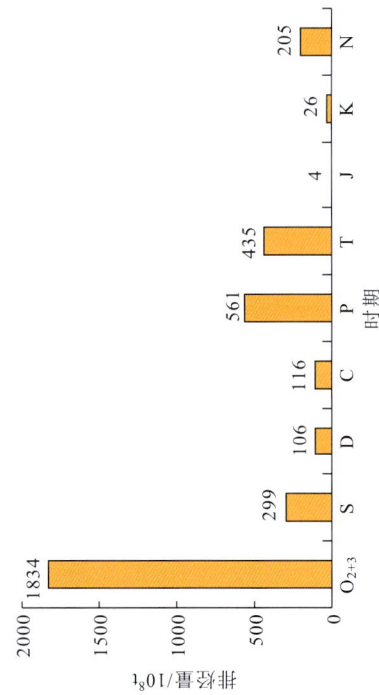

(a) 中下寒武系源岩累计排烃强度及各历史时期排烃量

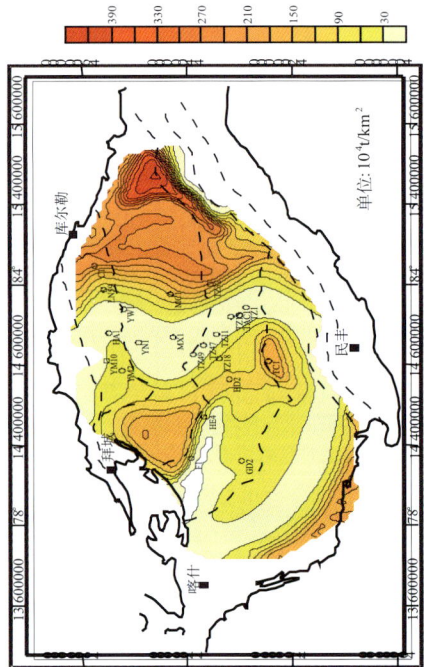

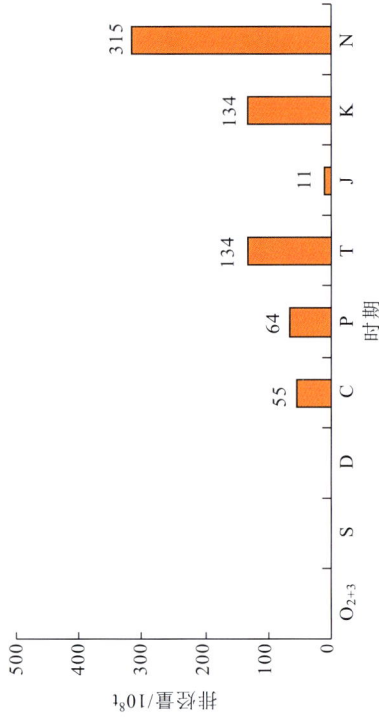

(b) 中上奥陶统源岩累计排烃强度及各历史时期排烃量

源岩排油气量为 $3586 \times 10^8 t$，中上奥陶统有效源岩排油气量为 $713 \times 10^8 t$。

4. 控制着不同时期烃源灶的迁移演化

图 8-34 是寒武系和奥陶系的排烃强度分布与烃源灶迁移演化图。

从源岩在各个地质时期的排烃强度分布可以看到源岩排烃中心的变迁即烃源灶的演化。由于受到构造变动的影响，同一源岩层在同一时期各地区埋深不同。埋深过大的地区生气，埋深适中的地区生油，埋深较浅的地区尚未成熟。在地质历史过程中，两套源岩层在同一时期的供烃中心（或烃源灶）不同；同一源岩层在不同时期的烃源灶显示出有规律的迁移特征。研究表明，寒武系和奥陶系源岩层在加里东期的生排油气中心主要在满加尔坳陷；在海西期，生排油气中心主要在西南坳陷等地；在印支期，它们迁移到阿瓦提和塔中一带。不同时期有利的油气成藏区带随烃源灶的迁移而改变（图 8-34）。

（二）聚集门限控油气作用研究

图 8-35 是塔中隆起演化过程中油气聚散研究的综合成果。

不难看出，塔中隆起在地史过程中发生过四期成藏和三期调整、改造和破坏。在四期成藏过程中分别有 $10.96 \times 10^8 t$、$7.62 \times 10^8 t$、$15.23 \times 10^8 t$ 和 $19.13 \times 10^8 t$ 油气到达塔中隆起聚集，第一期、第二期和第三期进入到隆起中聚集的油气又分别受到了后期三次、二次和一次构造的调整、改造和破坏，被破坏的烃量分别累积为 $7.45 \times 10^8 t$、$2.44 \times 10^8 t$ 和 $2.82 \times 10^8 t$。

（三）资源门限控油气作用研究

通过研究，塔里木盆地满加尔凹陷及周缘塔北、孔雀河斜坡、塔东和塔中四个成藏体系中的古生界烃源岩生成的烃量在扣除了各种损耗量后最终提供的可供聚集量能够形成大中型油气藏（田），分别达到了Ⅱ级到Ⅲ级标准（图 8-36 和图 8-37）。对天然气成藏体系而言，除塔北隆起和塔中隆起外，塔东尤其值得注意。这三个成藏体系中可供聚集气量均超过 $4000 \times 10^8 m^3$，它们都可望形成规模超过 $300 \times 10^8 m^3$ 的大中型气田。孔雀河斜坡天然气成藏体系也可望形成大中型气田，但与前三个系统相比，可能性小得多。就源岩而言，仍然是 $\text{€}—O_1$ 的贡献明显大于 O_{2+3}，后者单独存在时不能形成大中型气田。

从图 8-36 和图 8-37 中不难看出，塔北隆起和塔中隆起是最好的石油成藏体系，它们能够提供的可聚集烃量可达 $10 \times 10^8 \sim 12 \times 10^8 t$，可望形成 $1 \times 10^8 t$ 以上的大中型油田。孔雀河斜坡和塔东成藏体系较差，只能形成 $1 \times 10^8 t$ 以下的中小油田。就源岩而言，$\text{€}—O_1$ 的贡献明显大于 O_{2+3}。后者不能形成大油田。

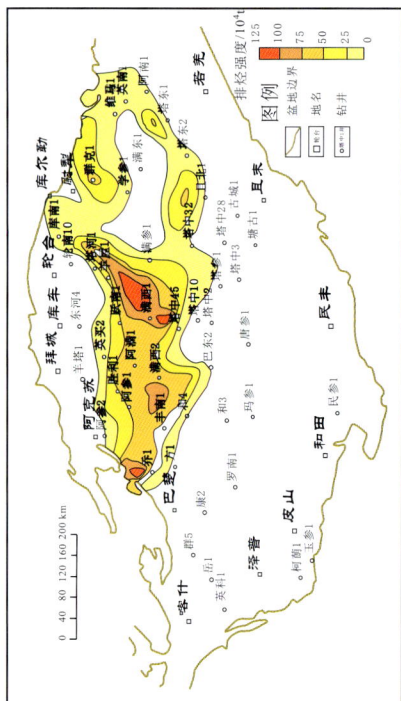

(b) 第二成藏期

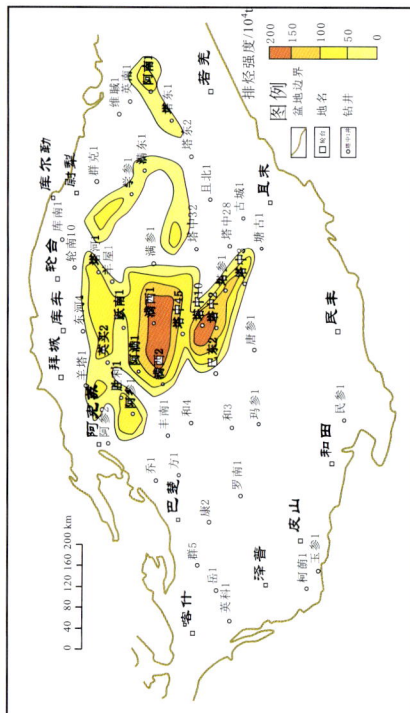

(d) 第四成藏期

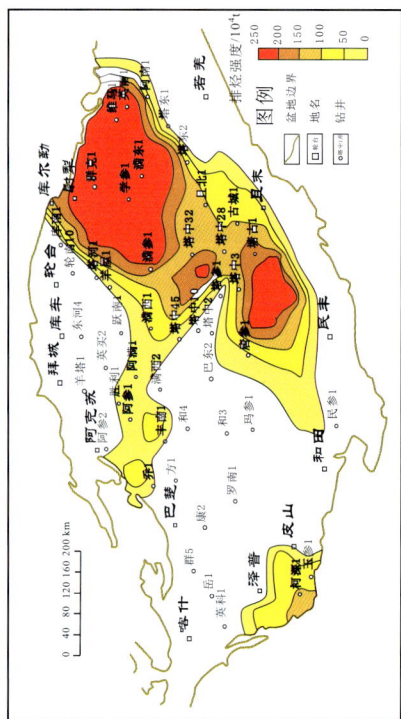

(a) 第一成藏期

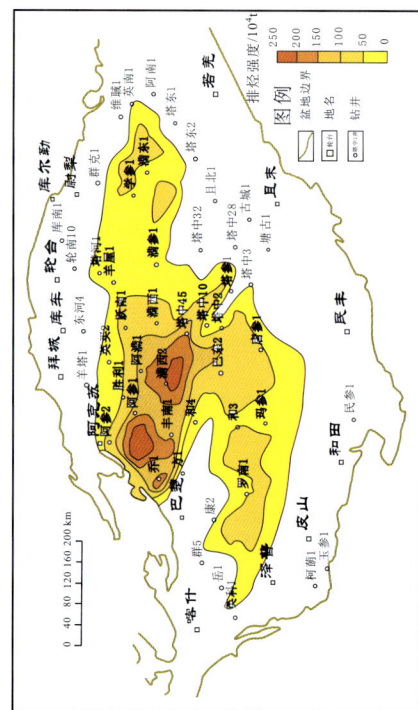

(c) 第三成藏期

图 8-34　寒武系和奥陶系在不同地质历史时期的排烃强度分布与烃源灶迁移演化

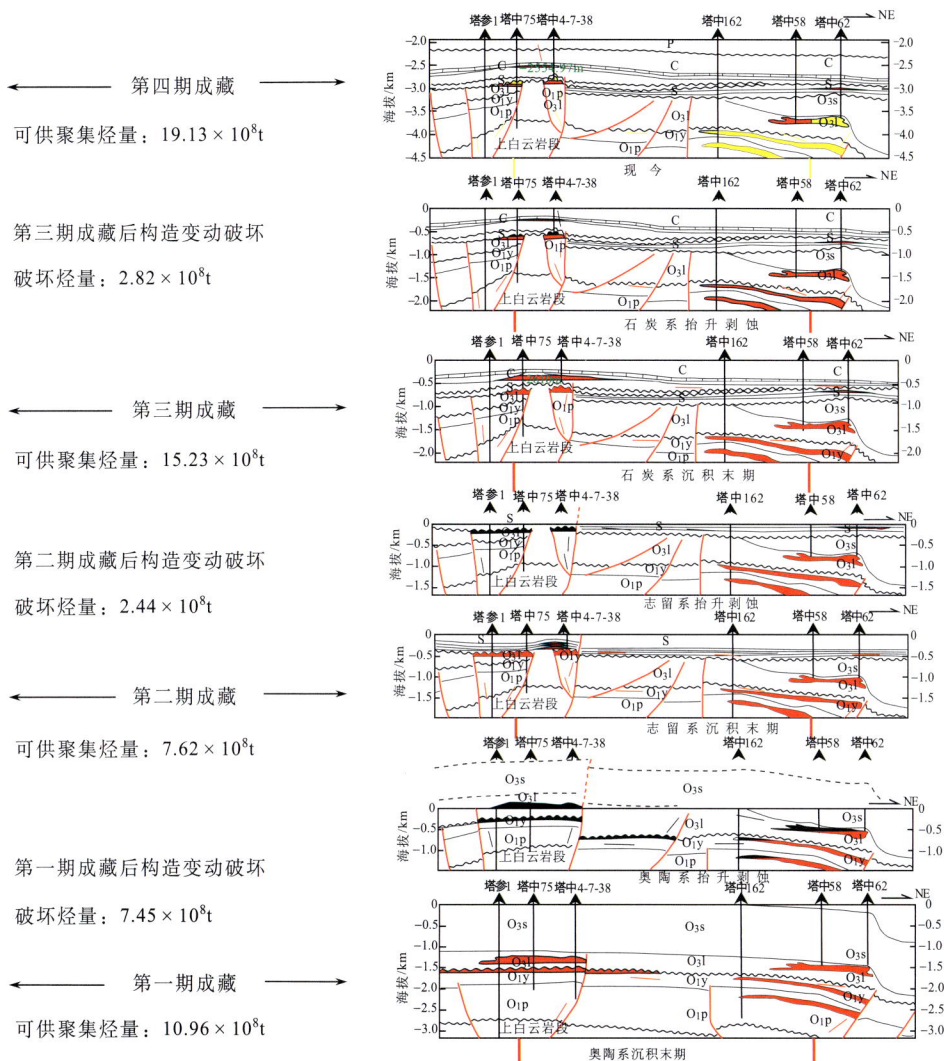

第四期成藏

可供聚集烃量：19.13×10^8t

第三期成藏后构造变动破坏

破坏烃量：2.82×10^8t

第三期成藏

可供聚集烃量：15.23×10^8t

第二期成藏后构造变动破坏

破坏烃量：2.44×10^8t

第二期成藏

可供聚集烃量：7.62×10^8t

第一期成藏后构造变动破坏

破坏烃量：7.45×10^8t

第一期成藏

可供聚集烃量：10.96×10^8t

图 8-35 塔里木盆地塔中隆起油气聚散过程定量研究

199

五、塔里木盆地油气资源评价结果与讨论

（一）近几年塔里木油气勘探进展与认识

目前，塔里木油田公司在盆地内发现库车、塔西南两个前陆油气富集区，塔北、塔中两个大型含油气古隆起，发现含油气构造 61 个。塔里木盆地自 2005 年以来的勘探进展情况如表 8-10 所示。

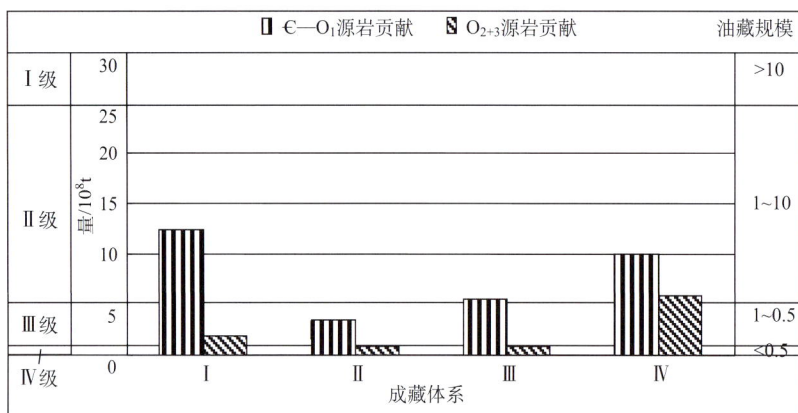

图 8-36　塔里木盆地满加尔凹陷石油成藏体系定量评价等级与划分（庞雄奇等，2000）

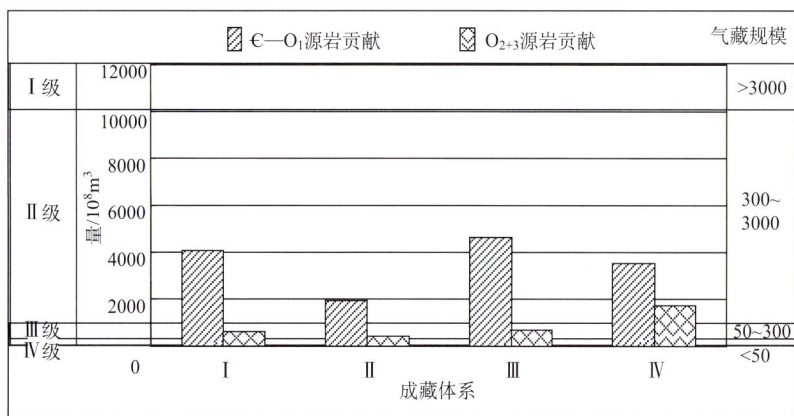

图 8-37　塔里木盆地满加尔凹陷天然气成藏体系定量评价等级与划分（庞雄奇等，2000）

表 8-10　塔里木盆地自 2005 年以来的勘探进展情况

年度	重要突破	重要发现	重要进展	重要苗头
2006	2 个：塔北志留系（英买 34、哈得 18C）；塔中下奥陶统不整合岩溶（塔中 83）	3 个：神木 1、轮南 631、塔中 72	5 个：迪那、大北、塔中 I 号坡折带、轮古潜山、牙哈—英买力潜山	2 个：哈 6、古城 4
2007	1 个：大北 3（E）	3 个：迪那 2（K）和迪那 3（E）；中古 2（O_3）、中古 17（O_1）	5 个：大北 1 气藏评价、阿克莫木气藏评价、塔中 83 井区（O_1）、轮古奥陶系、塔北碎屑岩	—
2008	1 个：克深 2（K）	3 个：大北 201（K）；中古 5、8、21（O_1）；群 7（C_{III}）	5 个：轮古奥陶系（轮东 1、轮古 34、轮古 45）、英买力奥陶系（英买 32、英买 204）、塔中奥陶系（塔中 83、塔中 86）、塔北中新生界碎屑岩（玉东 1、羊塔 3、轮古 21）、阿克莫木气藏评价	—

200

年度	重要突破	重要发现	重要进展	重要苗头
2009	1个：哈拉哈塘奥陶系	2个：英买2油藏西部、哈得逊奥陶系	4个：塔中奥陶系鹰山组评价、大北气田评价、轮古东评价、阿克气藏评价	—
2010 上半年	4个：柯东1、新垦6、中古43、克深5井	3个：哈6区块、中古15井区、塔北西部碎屑岩	3个：英买2、轮古、塔中东部试验区	1个：克深1井见良好气测显示

2009年底三级油气储量当量为$32.68 \times 10^8 t$，探明地质储量石油为$6.69 \times 10^8 t$，天然气为$1.14 \times 10^{12} m^3$；控制地质储量石油为$3.33 \times 10^8 t$，天然气为$0.52 \times 10^{12} m^3$；预测地质储量石油为$4.52 \times 10^8 t$，天然气为$0.62 \times 10^{12} m^3$；三级地质储量石油为$14.54 \times 10^8 t$，天然气为$2.28 \times 10^{12} m^3$，具备加快建设大油气田的资源基础。

由表8-10可见，塔里木油田确定了库车、塔中、塔北三个阵地战，此后塔里木油田的天然气储量稳步增长。库车主要是克深气田和大北气田取得重要突破：克深气田控制储量天然气为$1290 \times 10^8 m^3$，大北气田的三级天然气地质储量达到了$1960 \times 10^8 m^3$。塔中地区2003年以来的油气勘探主要围绕着奥陶系两大目的层系，一是上奥陶统良里塔格组礁滩体，二是下奥陶统鹰山组风化壳，天然气勘探已经进入了一个蓬勃发展的时期。探明天然气地质储量为$2666 \times 10^8 m^3$，控制量为$983 \times 10^8 m^3$，预测量为$572 \times 10^8 m^3$，累计三级储量达到$4221 \times 10^8 m^3$，奥陶系勘探成果显著。塔西南地区已经探明的天然气超过了$1000 \times 10^8 m^3$，天然气勘探的主要三大领域包括南天山山前冲断带、西昆仑山前冲断带和麦盖提斜坡东段。

(二) 塔里木盆地各成藏体系定量评价

1. 对评价结果的认识

油气是一种流体矿产，它自形成后就处在一种散失和聚集的动态平衡之中。油气的散失包括源岩残留［吸附、孔隙水溶和油溶（气）］、储层滞留［吸附、孔隙水溶和油溶（气）等］、区域盖层形成前排失、运移过程中流散（围岩吸附、压实水溶解流失、扩散等）、构造变动破坏等。聚集起来的油气量等于生成量与各种耗散量之差。事实上，聚集起来的烃量并非都能构成资源，只有那些达到一定规模，在当前或将来技术条件下能够开采并值得开采的部分才有意义。按照物质平衡法，源岩生成的油气量只有在满足了运聚成藏过程中必经的生烃门限、排烃门限、运烃门限、聚烃门限和资源门限的损耗量需要后才能形成资源。源岩生烃量与各种损耗烃量之差为可供聚集烃量，研究区油气远景资源量在理论上不超过可供聚集烃量。可供聚集烃量越大的地区勘探潜力越大。表8-11列出各成藏体系烃源岩的生烃量、排烃量、储层滞留烃量和构造破坏烃量。

201

表 8-11　塔里木盆地生、留、排、运、聚量统计

成藏体系		生成烃量		排烃量		储层滞留量		构造破坏量		地质资源量	
符号	名称	油/10^8 t	气/10^{12} m³	油/10^8 t	气/10^{12} m³	油/10^8 t	气/10^{12} m³	油/10^8 t	气/10^{12} m³	油/10^8 t	气/10^{12} m³
Ⅰ	塔中–塔东	1350	3600	1147.5	2736	202.5	720	607.5	1260	16.50	13.39
Ⅱ	巴楚–麦盖提	1200	4650	1020	3534	180	930	540	1627.5	10.50	6.61
Ⅲ	轮南–英买力	500	1800	425	1368	75	360	225	630	25.00	13.07
Ⅳ	孔雀河斜坡	1050	800	892.5	608	157.5	160	472.5	280	0.15	0.64
Ⅴ	克拉苏	440	3750	374	2850	66	750	198	1312.5	2.50	48.37
Ⅵ	秋里塔格	58	2000	49.3	1520	8.7	400	26.1	700	3.50	31.87
Ⅶ	塔东南	—	500	—	380	—	100	—	175	1.20	1.67
Ⅷ	塔西南	1300	370	1105	281.2	195	74	585	129.5	0.89	1.22
合计										60.24	116.84

整体上看，油的运聚系数为 1‰～10‰，轮南–英买力体系系数较大，孔雀河斜坡体系系数较小，全盆地范围平均值为 5‰左右；气的运聚数整体相对于油来说较小，这是由气的地质特点所决定的，其平均值为 0.5‰左右。

2. 与前人评价结果对比

整体上看，该油气地质资源评价的结果，与前人的评价结果基本一致。其中，油的资源量与三次资评的结果基本一致，盆地范围内的油气勘探程度很低，依然具有很乐观的勘探前景（图 8-38）。

原油按资源量排队，依次为Ⅲ＞Ⅰ＞Ⅱ＞Ⅵ＞Ⅴ＞Ⅶ＞Ⅷ＞Ⅳ，即塔北塔中地区依然是将来勘探的重点，巴楚地区也有很大的勘探潜力。天然气按资源量排队，依次为Ⅴ＞Ⅵ＞Ⅰ＞Ⅲ＞Ⅱ＞Ⅶ＞Ⅷ＞Ⅳ，即塔里木盆地依然有大量的天然气资源，库车的天然气尤其丰富，是以后很长一段时间内勘探的重点。而气的资源量与三次资评的结果相差较大，Ⅴ、Ⅵ是气资源最丰富的两个成藏体系。产生差异最主要的原因是本书考虑了库车拗陷（主要包括Ⅴ、Ⅵ两个成藏体系）中大量存在广泛分布的非常规气藏。库车拗陷普遍发育致密天然气藏 [孔隙度≤12％、有效渗透率≤$0.1 \times 10^{-3} \mu m^2$（绝对渗透率≤$1 \times 10^{-3} \mu m^2$）]。"先成藏后致密型"气藏的成藏机理是气体在浮力的作用下由高势区（构造低部位）向低势区（构造高部位，隆起圈闭）聚集成藏；"先致密后成藏型"天然气藏也即深盆气，主要分布于深部凹陷、盆地向斜中心或构造斜坡带上，气藏的类型主要取决于天然气成藏时期和储层致密时期二者之间的匹配关系。

根据三次资评的结果，库车拗陷中气的地质资源量为 3.16×10^{12} m³，主要为常规气藏，以构造圈闭为主。该评价结果则为 10.7×10^{12} m³，包括常规气藏（这也是三次资评的常规气藏结果）、常规致密气藏与深盆气藏。深盆气藏与致密气藏是该评价气资源量增加的主要来源，这两种类型的气藏对资源的贡献十分可观。尤其是深盆气藏较大范围内的低密度分布，富气点处局部集中，可以满盆含气，所蕴资源总量可大幅度超过

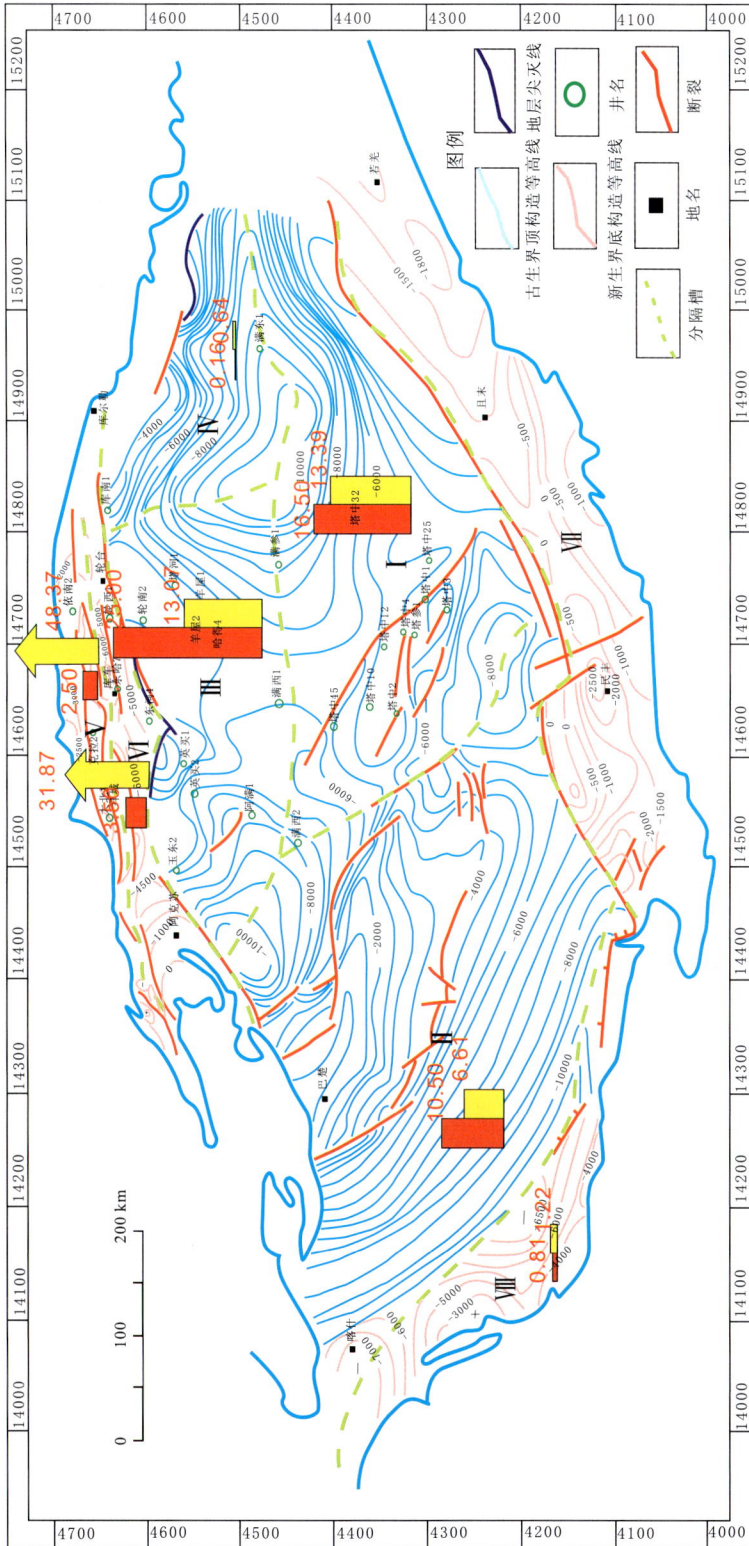

图 8-38 塔里木盆地油气资源分布图

Ⅰ. 塔中-塔东成藏体系；Ⅱ. 巴楚-麦盖成藏体系；Ⅲ. 轮南-英买力成藏体系；Ⅳ. 孔雀河斜坡成藏体系；Ⅴ. 克拉苏成藏体系；Ⅵ. 秋里塔格成藏体系；Ⅶ. 塔东南成藏体系；Ⅷ. 塔西南成藏体系

常规气藏。对非常规资源的勘探和利用应该放在比较重要的位置，我国未来能源应该适时适度地向非常规资源转移。

第四节　运聚门限联合研究评价辽河西部凹陷油气资源

一、辽河西部凹陷地质条件简介

（一）区域概况

辽河盆地是在一个长期存在的古隆起背景上发育起来的裂陷型大陆裂谷，是渤海湾裂谷系北隅的组成部分。辽河盆地主要充填沉积地层为新生界，深水沉积发育，生油潜力大；储集层丰富，同时具有盆地外部和内部物源；各类圈闭极其发育，石油地质条件优越，含油丰度高，油气资源丰富。

辽河盆地断裂十分发育，控制了凹陷的形态特征和二级构造带的特点；派生断裂系有数百条之多，其与主干断裂系组合在一起形成了丰富的局部构造样式。不同期次、不同性质、不同级别的断裂交错发育和形变组成了辽河盆地复杂的三维构造空间。按照前古近系基岩层面起伏特点和构造沉积基本特征，辽河盆地陆上部分可进一步划分为西部凹陷、东部凹陷、大民屯凹陷、沈北凹陷、中央凸起、西部凸起和东部凸起等七个一级构造单元（图 8-39）（胡朝元和廖曦，1996）。

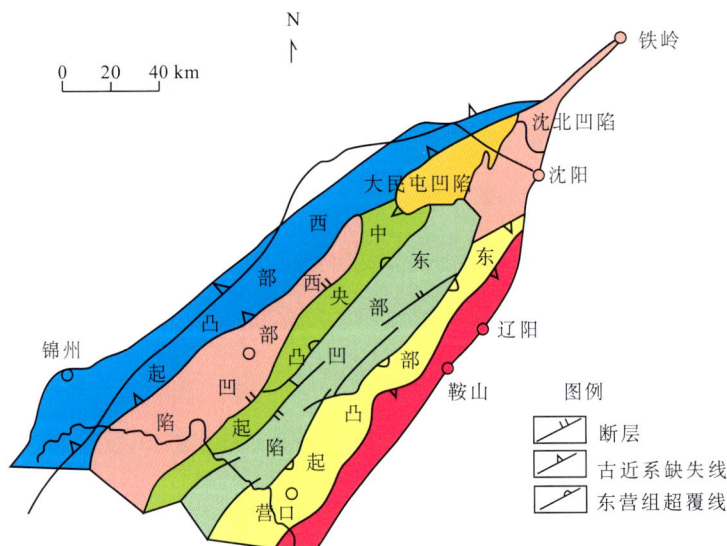

图 8-39　西部凹陷构造单元划分图

西部凹陷是辽河断陷三个凹陷中最大的一个，是一个东断西超、东陡西缓的箕状断陷，呈北东走向，长约 115km，宽约 22km，面积约为 2530km² 。其主要含油气层位是古近系沙河街组，其次是元古界、古近系东营组，再次是中生界、古生界、新近系馆陶组和明化镇组。该区自 1969 年兴 1 井喜获高产油流之后，一直是辽河油田勘探开发的重点地区，探明石油地质储量已超过 $16 \times 10^8 t$，发现了曙光、欢喜岭、冷家堡、高升、兴隆台、牛心坨、大小洼、双南、双台子、海外河等十个油气田。

（二）构造特征及演化

在西部凹陷最主要的断裂是台安-大洼断裂，是中国东部最大的郯庐断裂系在辽河区新生代的主要分支断裂。其特点是呈北东方向展布，延伸长，断层落差大，多期发育，分段展布，性质多变。与其相伴生的主干断层主要有两期，一期是早期以伸展作用为主的反向补偿正断层，是大型的地质块体陷落或翘倾旋转的调节断层；另外一期是晚期以走滑作用为主的张扭性或挤压-逆冲断层。它们从宏观上控制了凹陷地层的空间展布，使西部凹陷沿着地质历史逐步形成北部抬升，南部沉陷，总体上呈箕状的凹陷形态特征。

西部凹陷自北向南发育有三个次一级负向构造单元：牛心坨-台安洼陷，基底最大埋深为 5600m；盘山-陈家洼陷，基底最大埋深为 6000m；清水-鸳鸯沟洼陷，基底最大埋深为 7000m。它们分布在主干断层的下降盘一侧，是断裂分段性活动的直接结果。同时，由于其发育的长期性和裂陷活动的不均一性，这些地方往往也是地史时期的沉积中心部位，根据裂陷中心的迁移可以指导油气勘探的大方向。受主干断裂系的控制，西部凹陷大体上分为缓坡带、深陷带和陡坡带。在陡坡带一侧主要是带状展布的断阶，陡坡带和深陷带间可有逆冲断裂构造带发育（冷家堡地区），深陷带是洼陷最深的部位，常有断裂背斜构造（兴隆台地区），缓坡带的下倾部位发育同生滑脱构造和断块披覆构造，在缓坡的上倾部位多为断阶。

西部凹陷新生代的演化经历了地壳拱张、裂陷和拗陷三个阶段。其中裂陷阶段又进一步分为初陷期、深陷期和持续衰减期三个发育期。

1. 拱张阶段（古新世）

古新世早期，该区地壳处于区域性拱张状态，进入新一幕裂谷发育的初始阶段，沿中部古隆起区东西两侧产生了一系列北北东向和北西西向的张性断裂系统。北北东向形成控制裂谷盆地发育的主干断裂，如牛心坨断裂、台安断裂、大洼断裂。它们都具有深断裂性质，伴有多期次碱性玄武岩喷发。

2. 裂陷阶段（始新世—渐新世）

1）初陷期（始新世中期）

随着牛心坨、台安主干断裂活动依次增强，基底断块发生差异裂陷。处于下降盘的基底断块依次陷落，沉降中心紧靠主干断裂。初陷期基本上是浅湖沉积环境，沉降中心在牛心坨地区。

2）深陷期（始新世中晚期）

沙三段沉积时期是进一步快速扩张、大幅度下陷的深陷时期。牛心坨、台安、冷家堡、大洼断裂在这时期已先后连成一个整体，形成主干断裂系。主干断裂的拉张陷落，使凹陷东侧大幅度沉降，形成典型的箕状凹陷。

3）持续裂陷—衰减期（渐新世早期—中晚期）

相当于沙一、二段—东营组沉积时期。渐新世早期，区域拉张裂陷再次增强，由沙二期至沙一期水体逐渐扩大，沉降幅度达到 1800m。到东营组沉积期，再度扩张，但沉降速率相对较小，明显表现为南段大于北段。渐新世晚期，区域应力场发生变化，使主干断裂系的不同地段产生正断层与逆冲断层转换、派生断裂雁行排列和逆冲断层等多种形式。这一时期凹陷的正向和负向构造带均已发育成现今的形态。到东营组沉积末期，裂陷阶段趋于停止，古近系经历了 6～8Ma 的抬升剥蚀。

3. 坳陷阶段（新近纪至今）

馆陶组巨厚砂砾岩、砾岩覆盖在古近纪不同时代的地层之上，呈区域不整合接触。主干断裂仍在活动，但强度较小，断距一般为 50～100m；控制凹陷边界的主干断裂，往往有反向活动。构造形态起伏较小，基本呈现由北向南倾斜。

（三）地层发育特征

凹陷内自下而上发育的地层分别为太古界，元古界，古生界，中生界，古近系房身泡组、沙河街组四段和三段（简称沙四段、沙三段）、沙河街组一段和二段，东营组，新近系馆陶组、明化镇组和第四系等（图 8-40）（胡朝元和廖曦，1996）。

（四）石油地质特征

1. 烃源岩分布及发育特征

西部凹陷烃源岩分布层位多，存在中生界煤型气源岩及古近系油气源岩。沙四段呈北厚南薄分布，牛心坨洼陷烃源岩厚 700m，清水洼陷厚约 350m。沙三段是主力烃源岩，分布面积广，厚度大，南厚北薄，清水洼陷烃源岩厚达 1200m，台安洼陷厚约 800m，其平均厚度为 500m。沙一、二段烃源岩发育都比沙三段差，烃源岩厚度一般为 250m 左右，烃源岩最厚在清水洼陷，厚度均达到 600m。

1）有机质丰度

从表 8-12 可看出，沙四段最高，其次为沙三段，沙一、二段，东营组最低。而差的生油岩，并不等于是差的气源岩，因为在一定范围内，不利于生油的源岩，却可能有利于生气，甚至是较好的气源岩。

表 8-12　西部凹陷古近系暗色泥岩地球化学指标均值表

层位	有机碳 /%	氯仿沥青 "A" /%	总烃 /ppm	S_2 /%	H/C /%	"A" /C /%	烷烃/芳烃
东营组	1.07	0.0219	60	0.17	0.710	2.81	1.42
沙一、二段	1.85	0.1103	358	0.54	1.588	6.25	1.29
沙三段	1.99	0.1375	543	0.59	2.590	6.13	1.62
沙四段	2.83	0.2167	1142	0.42	3.920	7.65	1.72

地层 界	系	统	组	段	厚度/m	深度比例	岩性剖面	绝对年龄/Ma	岩性描述	沉积环境 相	亚相	层序	生储盖组合 生油层	储层	盖层	油层
新生界	新近系	中新统 中新统			0~304	~500		24.6	浅灰、灰白色厚层-块状砾石及砂砾岩为主，夹绿、黄绿色泥岩、砂砾岩，成分复杂，大小混杂，底部砾石含量增高，电性为块状高阻，在区域上为一对比标志层		河道亚相					
新生界		渐古新	东营组	一段	0~1829			30.8	灰绿、浅灰、灰白色砂岩，长石砂岩，含砾砂岩、砾砂岩与灰绿、浅灰色泥岩互层			Sq11				
				二段		~1000		33.5	浅灰、灰白色粉细砂岩与浅灰色泥岩互层，组成1~3个韵律层	泛滥平原相	泛滥盆地	Sq10 Sq9				
				三段		~1500 ~2000		36.0	上部为灰色泥岩，下部为灰色砂泥岩互层			Sq8				
生近界	生近	始新统	沙河街组	一段	0~670				灰、深灰色泥岩为主，夹绿灰色砂岩及顶部砂砾岩	辫状河三角洲		Sq7				于楼
								38.0	灰、浅灰、褐灰色泥岩夹棕褐色砂砾岩，浅灰色、深灰、黄灰色含砾砂岩、粉砂岩	扇三角洲	扇三角洲前缘	Sq6				
				二段	0~133	~2500			以灰、棕黄、灰白色砂砾岩，长石砂岩、砂岩为主，夹深灰、绿灰色泥岩							兴隆台
				三段	0~1821.3	~3000			上部为灰色、深灰色泥岩，下部为深灰色泥岩，深褐灰色、灰白色砂岩，深灰色砂砾岩互层	湖底扇	扇三角洲前缘	Sq5				热河台
									上部为深灰色泥岩，下部为灰黄色砂砾岩，层间为深灰色、黄灰色砂岩、深灰色泥岩			Sq4				大凌河
						~3500		43.0	上部为深色、深灰色泥岩夹灰灰色钙质页岩、油页岩，下部为褐灰、棕褐色砂砾岩、含砾砂岩、砂岩夹绿灰色泥岩	湖底扇		Sq3				莲花
				四段	0~1179	~4000			上部为深灰色泥岩与灰白色油页岩、钙质页岩、白云质灰岩互层，下部为棕灰、灰褐色含砾砂岩、砂岩、粉砂岩夹棕褐、棕灰色泥岩	扇三角洲	扇三角洲前缘	Sq2				杜家台
									上部为灰色泥岩，下部为褐灰色泥岩，钙质页岩、油页岩、白云质灰岩与鲕灰岩、泥晶灰岩			Sq1				高升
		古新统	房身泡组		0~1204	~4500		45.4	以灰绿、深灰、褐灰色泥岩为主，夹深灰、褐灰色玄武岩							牛心坨
									以深灰、灰绿、深紫色厚层玄武岩为主，夹灰褐色、深灰、棕深色泥岩							
中生界					0~939				主要为火山碎屑岩和砂岩	火山爆发相 浅湖相						
元古界					313											
太古界					236											

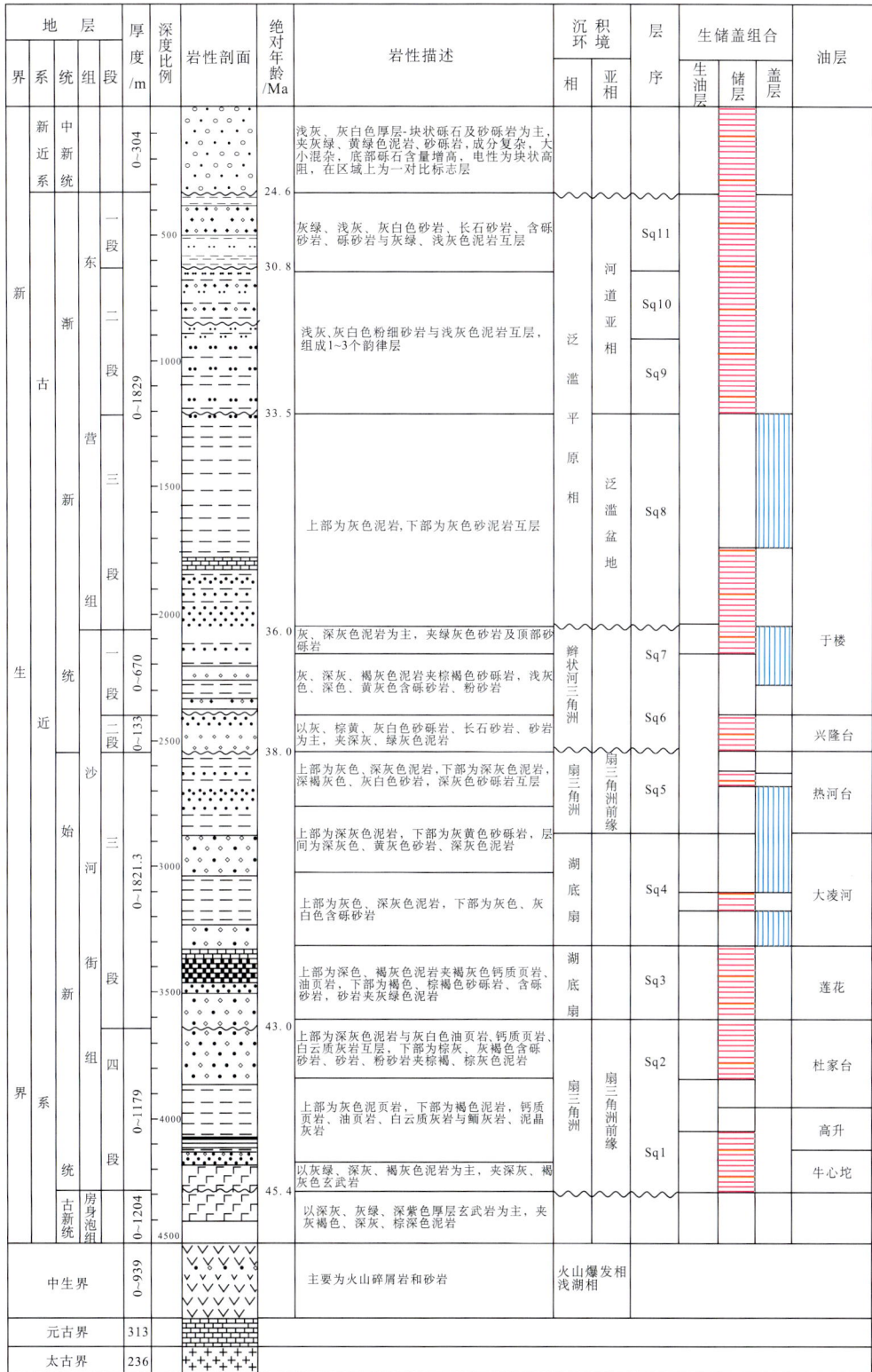

图8-40 辽河断陷西部凹陷地层综合柱状图

2）有机质类型

凹陷内存在四种主要母质类型，即腐泥型、混合 A 型、混合 B 型和腐殖型，各层位类型如表 8-13 所示，Ⅲ型干酪根主要分布在东营组，沙三段亦有局部分布。

表 8-13　西部凹陷古近系干酪根显微组分含量表

层位	类质体 /%	壳质体 /%	镜质体 /%	惰质体 /%	类型指数	类型
东营组	37.9	8.0	51.9	2.2	0.6	Ⅲ、Ⅱ$_2$
沙一、二段	55.9	5.7	34.9	3.6	28.8	Ⅱ$_2$
沙三段	66.9	5.0	25.8	2.4	48.5	Ⅲ、Ⅱ$_1$
沙四段	71.5	3.5	21.8	3.2	53.7	Ⅱ$_1$

3）有机质热演化特征

西部凹陷热演化程度与深度的对应关系如表 8-14 所示。凹陷有一些继承性深洼陷，多数基底埋深在 5000m 以下，即沙四、沙三段主力生油气源岩有较大体积处于过成熟热演化状态，构成西部凹陷从未成熟至过成熟的完整热演化系列。

表 8-14　西部凹陷热演化程度与深度关系表

演化阶段	未成熟	成熟	高成熟	过成熟
R_o/%	<0.5	0.5～1.3	1.3～2.0	>2.0
平均深度/m	<2800	2800～4500	4500～5300	>5300

2. 储层特征

西部凹陷有多种类型储层。按层系主要有基岩潜山储层和中生界、古近系和新近系储层；按储层岩性可分为混合花岗岩、石英岩和变余石英砂岩、火山岩、碳酸盐岩和碎屑岩等储层。它们绝大多数是既储油又储气，为盆地油气的大规模聚集提供广阔的空间。

古近系和新近系碎屑岩，特别是砂岩储层，是盆地分布最广泛、最重要的储层。由于凹陷块断活动的阶段性和持续性，决定了在裂谷发育的不同时期，形成各有特色的沉积体系，它们在平面上自湖盆边缘向中心伸展，在纵向上相互叠置构成多层次、大面积分布的储层条件。古近系和新近系碎屑岩具有多物源、近物源、快速堆积和多旋回的沉积特征，成分成熟度和结构成熟度低，凹陷小，沉积砂体规模一般也小，在横向上，相带窄、递变快，凹陷深。不同时期沉积体系继承性发育，导致砂岩储层在垂向上的多层系分布特征和平面上不同层系可迭合连片，Es$_3$、Es$_{1+2}$ 储集层主要为低孔低渗，Ed$_3$、Ed$_2$ 以中孔低渗为主，Ed$_1$ 以高孔中渗为主。

3. 生储盖组合特征

古近系沉积的多旋回性，导致多层次的生、储油层的广泛分布，而生油层经成岩作用、排烃后，本身即是良好的区域性盖层。根据盆地各含油层生储盖组合的配置方式，可划分为两大类成油组合：新生古储成油组合，或称不整合面分隔的成油组合；自生自储成油组合，或称连续沉积的成油组合。

新生古储成油组合是由古近系生油，中上元古界碳酸盐岩和太古界混合花岗岩储油的倒灌式成油组合。一般是沙四、沙三段生油层位于潜山不整合面之上，或超覆于潜山之顶，或分布在潜山周围，或以断层面与潜山直接接触，使古近系的油气进入潜山储层，而这些生油层同时又是良好的盖层，形成新生古储成油组合。这类新生古储的成油组合是盆地内十分重要的成油组合。

自生自储成油组合是古近系最重要的成油组合，以沙四、沙三段组合为代表，其次是沙二、沙一段及东营组成油组合。它们主要是属扇三角洲、浊积扇体系中的生、储、盖组合关系，以侧变式和交互式为主要形式。由于构造活动和沉积作用的旋回性，古近系大部分层段在纵向上砂泥岩分异较好，每个岩性段内可形成若干个生储盖的组合形式。

总之，裂谷发育阶段，由于多期块断活动，形成了以旋回式为主体的多层次的成油组合，并具有大面积区域分布特点，为多种油气藏的形成奠定了基础。而构造活动的长期性、衰减性和持续沉降的特点，又为古近系的油气提供了较好的保存条件。

二、辽河西部凹陷运聚门限判别

（一）成藏体系的划分

首先按照流体势场理论分析油气的主要运移方向，划分油气成藏体系的边界；考虑主要断裂的特征，如果断裂作为油气藏的遮挡，那么在主要成藏期，断裂应为封闭的，可以作为油气成藏体系的边界，如果断裂在主要成藏期是开启的，则可以作为油气运移的通道，不应该作为油气成藏体系的边界，而应作为成藏体系内的输导体。根据主应力方向与断层走向的关系，本书认为辽西的北东走向断裂在东营期和明化镇期具有较好的封闭性，若中新世、更新世以来断裂活动不是很强烈，在中深层将具有较好的聚油条件。所以北东向断层可以作为成藏体系的边界。

上部、下部油气成藏体系的划分结果分别如图 8-41 和图 8-42 所示，按各个成藏体系所包括的油田的名字为其命名，上部油气成藏组合平面上分为牛心坨、高升、曙北、欢齐锦、兴冷和双海月六个油气成藏体系；下部油气成藏组合平面上分为牛心坨、高升、杜曙、欢齐锦和冷洼海五个油气成藏体系。

（二）排烃门限的判别

1. 排烃地质模式

在烃源岩演化过程中，随着埋深的加大，热演化程度的加深，烃源岩中的有机质总量由于消耗而不断减少。由于辽河西部凹陷内各种母质类型都有分布，主力烃源岩沙三段和沙四段以Ⅰ型和Ⅱ型为主，有机质类型是烃源岩质量优劣的反映，直接决定烃源岩

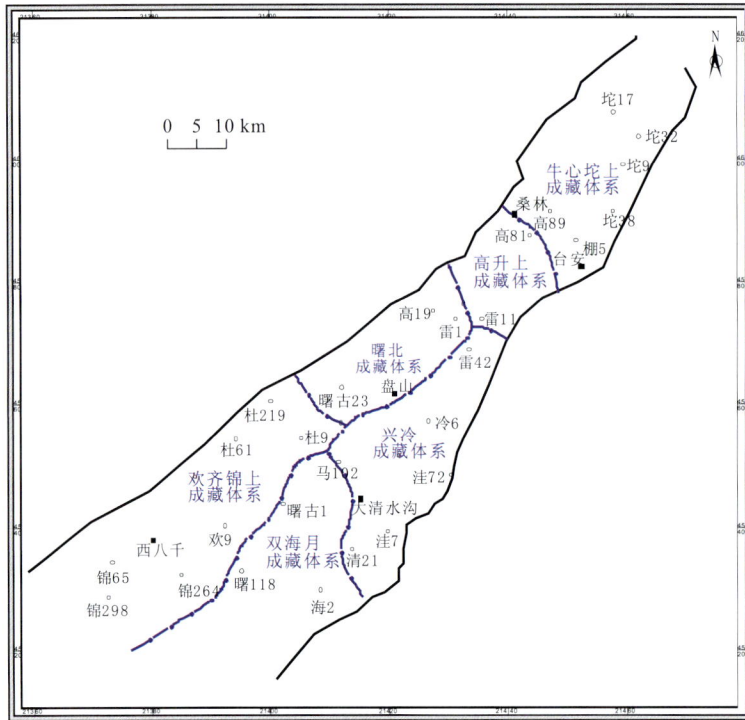

图 8-41　辽河西部凹陷上油气成藏组合油气成藏体系划分

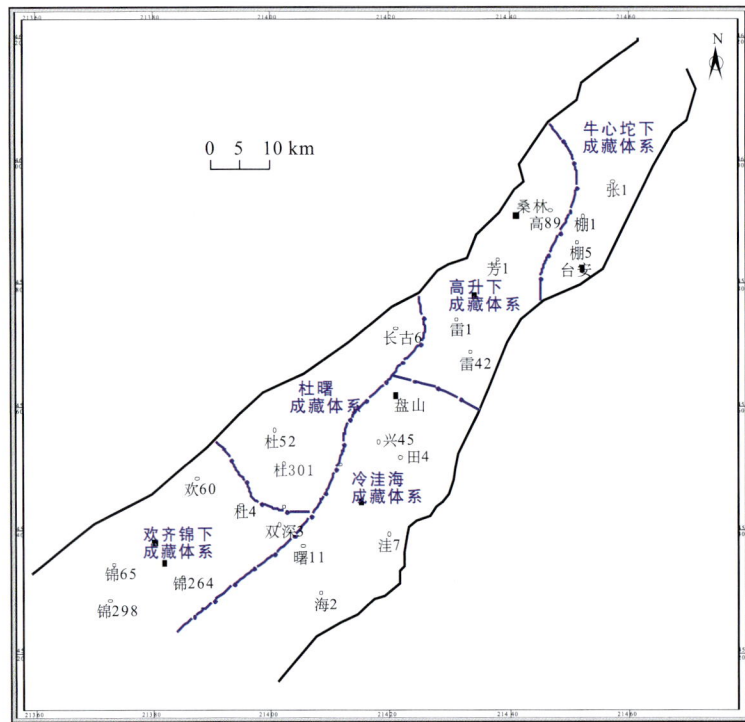

图 8-42　辽河西部凹陷下油气成藏组合油气成藏体系划分

的生烃潜力。在有机质丰度和热演化状态相同时，Ⅰ型和Ⅲ型有机质排烃量差异很大，Ⅰ、Ⅱ型有机质以产液态烃为主，Ⅲ型有机质以产气态烃为主。而从微观角度看，有机质类型不同是因为有机质的显微组分组成有差异。大量的研究表明，不同的显微组分，由于来源、成因及所处的生物化学环境不同，各自具有不同的生排烃模式。

根据 HI-T_{max} 关系图版对收集到的辽河西部凹陷的热解数据进行有机质类型的划分（图 8-43），然后对每种有机质类型分别作出生烃潜力指数图，确定排烃门限，并进行原始有机碳的恢复，建立排烃地质模式（图 8-44～图 8-47）。

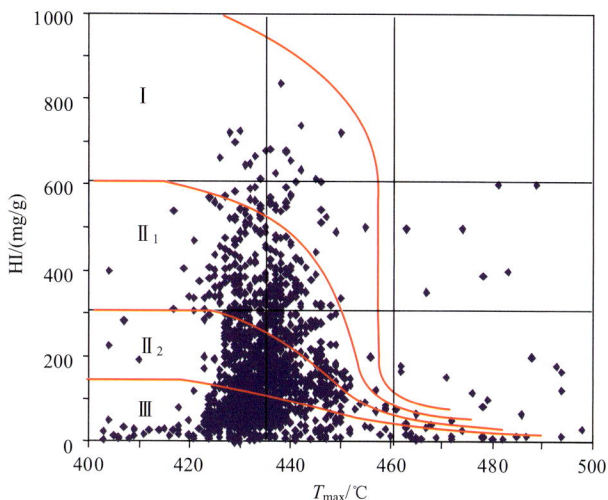

图 8-43 辽河西部凹陷古近系烃源岩有机质分类图版

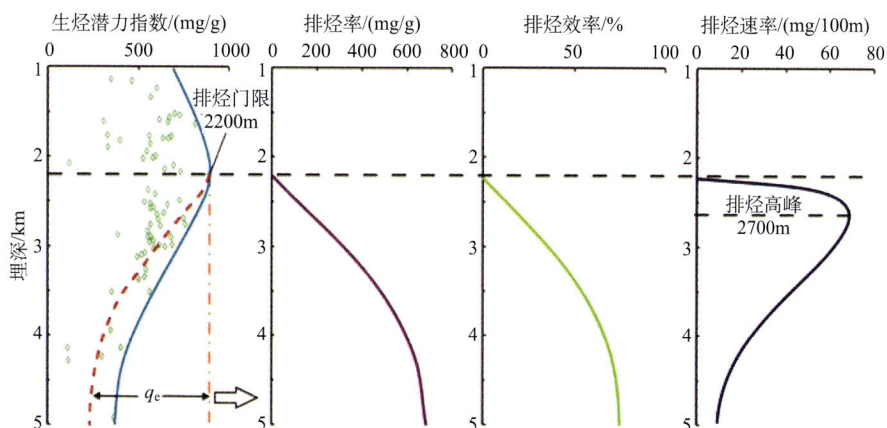

图 8-44 辽河西部凹陷Ⅰ型有机质排烃模式

根据不同类型有机质排烃模式图可知，不同类型有机质烃源岩生烃潜力指数和排烃速率随着埋深的增大，整体上呈现出先增大后减小的变化趋势，排烃率和排烃效率随着埋深的增大而增大，但具体变化特点又各不相同，表明不同有机质类型排烃特征有着较大

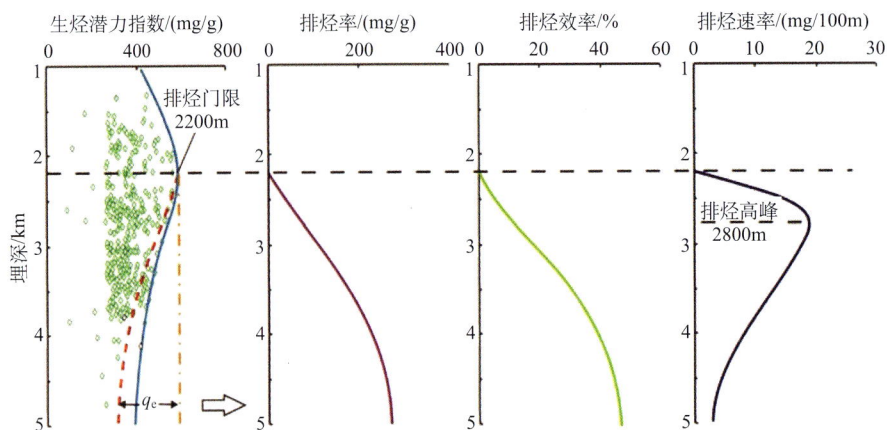

图 8-45 辽河西部凹陷 II$_A$ 型有机质排烃模式

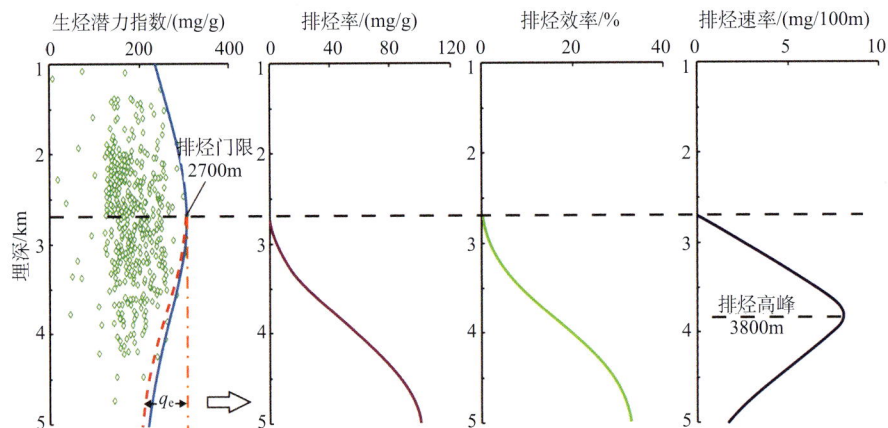

图 8-46 辽河西部凹陷 II$_B$ 型有机质排烃模式

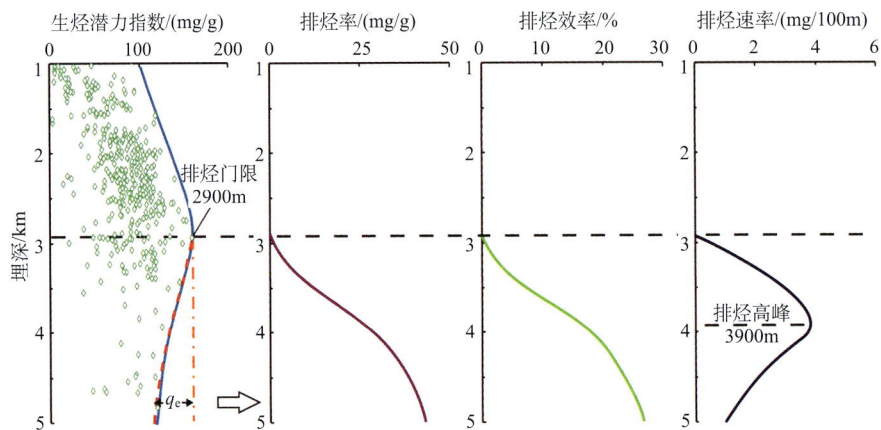

图 8-47 辽河西部凹陷 III 型有机质排烃模式

差异。

从Ⅱ型和Ⅲ型有机质排烃率和排烃效率曲线中可以看到，其存在明显的拐点（曲线上二阶导数等于 0 的点），即Ⅱ$_B$型和Ⅲ型有机质埋藏深度超过排烃门限以后，随着深度的增加，其排烃率和排烃效率也逐渐增加，但增加的速度整体上呈现出先增大后减小，直至趋于平缓的变化趋势。而Ⅰ型有机质排烃率和排烃效率曲线不存在拐点，其增加的速度是逐渐变小的，直至曲线趋于平缓，Ⅱ$_A$型有机质处于两种情况的过渡状态。

从排烃速率曲线可以看出，Ⅰ型和Ⅱ$_A$型有机质埋藏深度超过排烃门限以后，迅速达到排烃速率高峰，之后又迅速减少，直至曲线平缓，其中Ⅰ型有机质尤为突出。而Ⅱ$_B$型和Ⅲ型有机质排烃速率曲线却出现截然相反的特点，排烃高峰前后曲线对称，并且斜率变化不大。由此总结出以下几点认识。

（1）有机质类型越好，排烃门限越浅。其中Ⅰ型和Ⅱ$_A$型有机质的排烃门限深度最小为 2200m，Ⅱ$_B$型为 2700m，Ⅲ型为 2900m。

（2）在相同埋深条件下，有机质类型越好，排烃率越大。如烃源岩演化到 5000m 深度时，Ⅰ型有机质排烃率为 675mg/g，Ⅱ$_A$型有机质排烃率为 272mg/g，Ⅱ$_B$型有机质排烃率为 100mg/g，而Ⅲ型有机质烃源岩演化到同一深度时的排烃率仅为 43mg/g。

（3）在相同埋深条件下，有机质类型好，烃源岩排烃效率高。烃源岩演化到埋深 5000m 时，Ⅰ型有机质烃源岩的排烃效率为 74.6%，Ⅱ$_A$型为 46.6%，Ⅱ$_B$型为 32.9%，而Ⅲ型仅为 26.9%。

（4）有机质类型越好，达到排烃高峰期越早，对应的埋深越浅。Ⅰ型有机质烃源岩达到排烃门限以后，迅速达到排烃高峰，对应埋深为 2700m；Ⅱ$_A$型有机质烃源岩排烃高峰对应埋深为 2800m；而Ⅱ$_B$型和Ⅲ型有机质分别为 3800m 和 3900m。

得到每种类型有机质排烃率与深度的关系后，再根据每个层位有机质类型分布图和埋深图可以得到每个层位的排烃率平面分布图，结合烃源岩密度、厚度、有机质丰度等资料，根据式（8-26）即可求得西部凹陷各烃源岩层段的排烃强度，绘制成排烃强度平面的等值图（图 8-53～图 8-56），对排烃强度图进行面积积分，即可得到各套烃源岩的排烃量为

$$E_{hc} = \int_{Z_0}^{Z} q_e(Z) H \rho(Z) TOCdZ \qquad (8-20)$$

各套烃源岩在各地质时期的最大排烃强度、累计排烃量如表 8-15 所示。

表 8-15 西部凹陷各套烃源岩各地质时期累计排烃量、最大排烃强度

地质时期	东营组		沙一、二段		沙三段		沙四段	
	排烃量 /10^8t	最大排烃强度 /(10^6t/km²)	排烃量 /10^8t	最大排烃强度 /(10^6t/km²)	排烃量 /10^8t	最大排烃强度 /(10^6t/km²)	排烃量 /10^8t	最大排烃强度 /(10^6t/km²)
沙一、二末	—	—	—	—	0.04	0.5	0.57	5.0
东营末	—	—	0.37	0.5	53.47	28.7	22.84	9.5
馆陶末	—	—	2.04	2.1	69.71	31.7	30.94	16.5
明化镇末	0.01	0.03	9.53	5.5	87.57	33.1	50.84	20.7
平原至今	0.39	0.48	18.87	11.9	99.87	33.7	67.08	23.2

由表 8-15 分析可知，东营组烃源岩在明化镇期开始有少量烃排出，由于东营组烃源岩类型以Ⅲ型为主，而且埋藏时间短，埋深浅，有效烃源岩厚度小，所以排烃强度和排烃量很小，排烃范围比较局限，排烃中心在清水洼陷附近，现今的最大排烃强度也只有 $48 \times 10^4 t/km^2$，累计排烃量为 $0.39 \times 10^8 t$，约占总排烃量的 0.3%。

将各个洼陷的排烃量分配到各个油气成藏体系，得到各个成藏体系的排烃量，如表 8-16 所示。

表 8-16　西部凹陷各成藏体系排烃量

(a)

下部成藏体系	欢齐锦	杜曙	冷洼海	高升	牛心坨	合计
排烃量/10^8t	7.01	15.26	6	8.93	15.07	52.27

(b)

上部成藏体系	欢齐锦	双海月	兴冷	曙北	高升	牛心坨	合计
排烃量/10^8t	31.08	42.86	29.55	10.67	6.41	1.64	122.21

（三）聚集门限的判别

在计算出西部凹陷各个成藏体系的排烃量之后，按照物质平衡原理，只要求出各个成藏体系的地质门限，如储层滞留油量、储层滞留气量、盖前排失烃量、水溶流失烃量、扩散损失烃量，即可判别聚集门限。从生烃量中减去各种形式损耗烃量，可以计算成藏体系的可供聚集烃量（Q_m）和资源量（Q）。储层滞留烃量、盖前排失烃量、水溶流失烃量、扩散损失烃量、无价值聚集烃量在第五、六章已有相关论述，可根据相关公式来计算求取。本节重点介绍以下几个损耗烃量。

1. 关键参数的求取

参数的变化对计算结果影响很大，本书以油气运移机理及方式为基础，以新的思路将数学模型与油气运移的地质过程结合起来，阐述以下几个对于求取损耗烃量比较关键的参数的求取方法。

1）油气流域的求取

油气运移不仅贯穿于油气生、运、聚、散的各个环节，而且总是沿着一定的通道进行。油气排出源岩后并非充满整个储层空间，而是有选择性地、在有限的运载层空间中运移（Gussow，1954，1968；Schowalter，1979；England，1987；Dembicki and Anderson，1989；Catalan et al.，1992；Rhea et al.，1994；Larter and Aplin，1995；Thomas and Clouse，1995；Hindle，1997），通道宽度占整个运载层的 $1\% \sim 10\%$。也就是说，在平面上油气并非在整个储层中运移，而是通过优势通道运移，只有优势通道上才有油气残留量，优势通道分布的范围即"油气流域"，以往将运聚单元的面积简单乘以经验系数作为"油气流域"的作法是不科学的，受主观因素影响很大。较科学的方法是根据孔隙度、渗透率与含油饱和度的关系，确定油气运移的孔隙度、渗透率下限值，只有孔渗达到临界值的储层才可以作为运移通道。然后结合沉积相，将砂体分布与孔渗分布区域叠合起来，确定油气流域的面积。

首先根据统计确定各个层位的油气运移临界饱和度，根据孔隙度和渗透率与临界饱和度的关系，确定油气运移的孔渗下限值，只有满足了孔渗下限值的区域才能输导油气。西部凹陷各个层位的油气运移临界饱和度、孔隙度、渗透率下限值如表 8-17 所示。

表 8-17　油气运移通道孔渗下限值

层位	油气运移临界饱和度 /%	孔隙度下限 /%	渗透率下限 /$10^{-3} \mu m^2$
Ed	26	12.32	19.88
Es_{1+2}	36	9.87	24.16
Es_3	16	11.79	10.41
Es_4	9	9.45	9.35

根据孔隙度和渗透率的平面等值线分布图圈定出大于下限值的范围 [图 8-48(a)]，再根据沉积相图圈定出可以作为连续通道的范围 [图 8-48(b)]，将孔渗图与沉积相图进行叠合 [图 8-48(c)]，重叠区即为油气流域 [图 8-48(d)]。

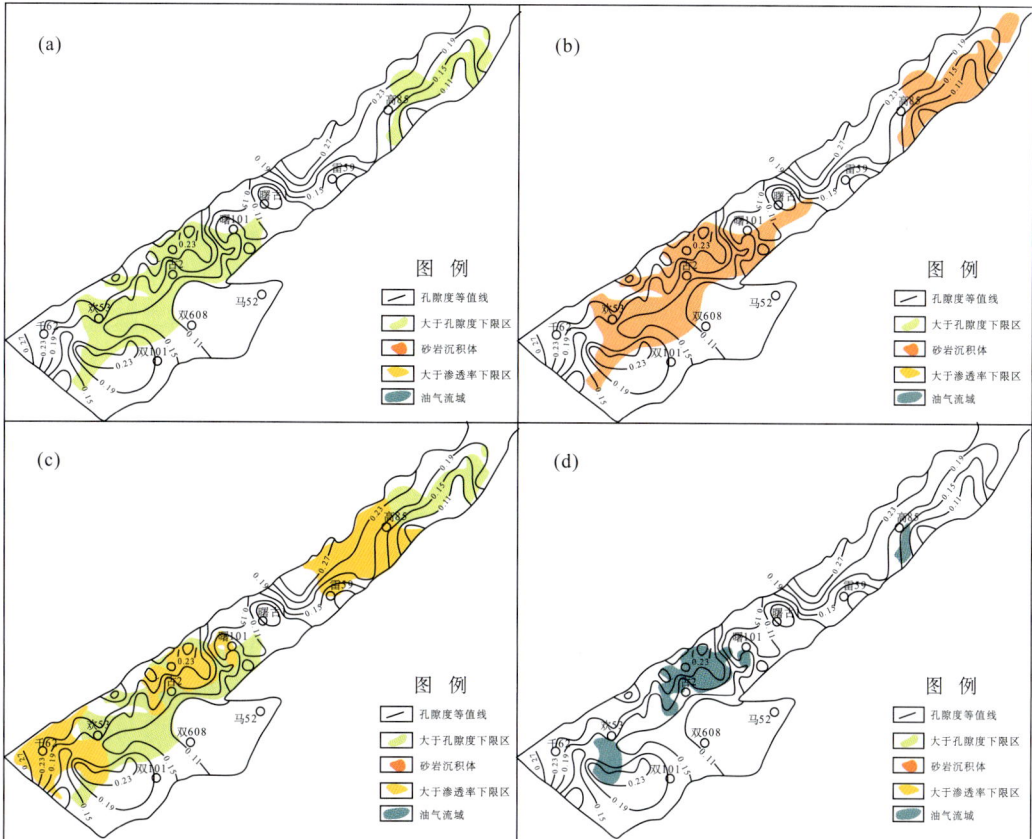

图 8-48　油气流域确定方法示意图

2）运载层厚度的计算

在油气运移的过程中，油气首先通过垂向运移进入烃源灶之上的储层中，当储层中的油气浮力大于烃源灶范围外储层的毛细管压力时，油气才可能排替水进入烃源灶之外的储层，因此烃源灶内外的运载层厚度并不都等于储层厚度，在烃源灶范围内的运载层厚度等于储层厚度，而烃源灶范围外的运载层厚度应等于临界油柱高度（图8-49）。

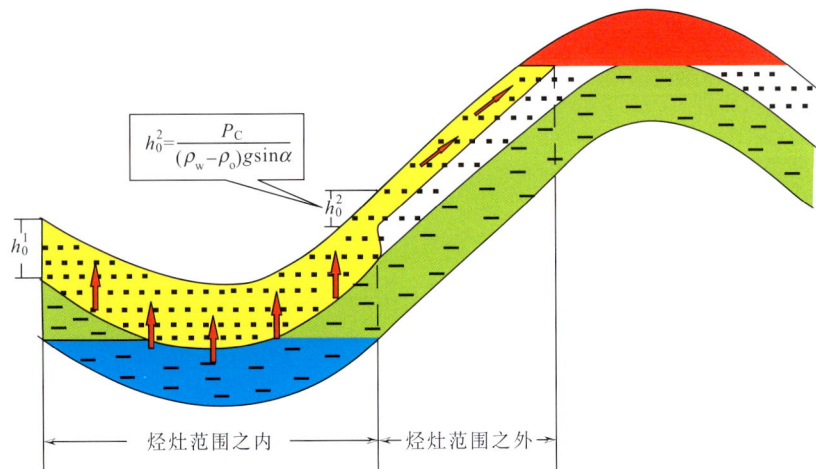

$$h_0^2 = \frac{P_C}{(\rho_w - \rho_o)g\sin\alpha}$$

烃灶范围之内　　烃灶范围之外

图 8-49　油气运移过程烃源灶内外残留油柱高度计算模式图

h_0^1 为源岩范围内储层残留烃厚度（m）；h_0^2 为源岩
范围外储层残留烃厚度（m）；P_C 为毛细管力

3）残留油饱和度的计算

对于一定的岩石，油气运移需要一定的油气饱和度作为连续运移通道的条件，一般残留油饱和度为 20%～30%，气饱和度达到 10% 即可，但在不同地质情况下残留油饱和度不同。残留油饱和度不但与孔隙度有关，还与孔隙连通情况和岩石性质有关，目前最常用的方法就是统计研究区运移通道的残留油，储层氯仿沥青"A"是残留油的一种表示方法，可以根据储层抽提的氯仿沥青"A"建立它的计算模型。

储层抽提的氯仿沥青"A"在一定程度上可以代表储层的残留油，统计发现氯仿沥青"A"，与岩石的物性，即孔隙度和渗透率有明显的相关关系，另外还和岩石性质有关，而孔隙度和渗透率都是深度的函数，因此氯仿沥青"A"与深度有明显的拟合关系（图8-50）。

根据各个层位的埋深等值线图即可计算各层的氯仿沥青"A"等值线图，西部凹陷东营组的残留油饱和度为 26%，沙河街组一、二段为 36%，沙河街组三段为 16%，沙河街组四段为 9%。可见如果按照经验取值，将会产生很大误差，与实际情况不符。

2. 各级损耗烃量的确定

通过计算得出各级损耗烃量强度分布的平面等值线图，将强度图积分就可以计算各个成藏体系各级损耗烃量，各成藏体系各种损耗烃量如表8-18所示。辽河西部凹陷烃

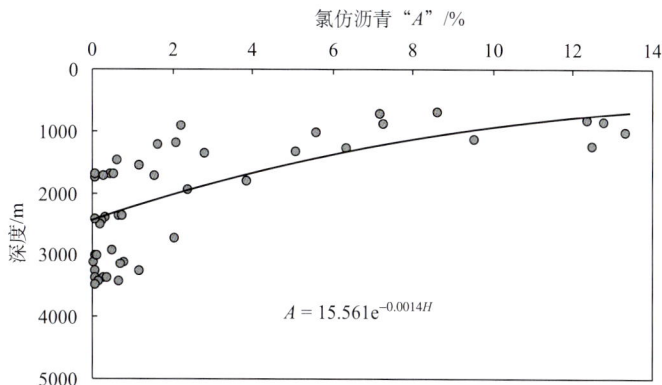

图 8-50   西部凹陷岩样氯仿沥青 "A" 含量与深度的关系

源岩的主要生排烃期为东营末期，此时沙三段、沙一段、沙二段和东营组的巨厚泥岩盖层已经形成，所以盖前排失烃量很小，可以忽略。

上部成藏体系地质资源量为 $29.85 \times 10^8 t$，其中双海月、欢齐锦上和兴冷油气成藏体系资源最大，占上部成藏体系资源的 81.2%；下部油气成藏体系总资源为 $9.54 \times 10^8 t$，其中杜曙和牛心坨下油气成藏体系最大，占下部成藏体系总资源的 58.9%。从残留烃量来看，构造破坏烃量最大，储层滞留烃量次之。上部成藏体系构造破坏烃量占排烃量的 37.53%，储层滞留烃量占排烃量的 27.3%；下部成藏体系构造破坏烃量占排烃量的 43.91%，储层滞留烃量占排烃量的 18.7%。

（四）资源门限的判别

确定聚集门限以后，可以计算出各成藏体系的可供聚集烃量、无价值聚集烃量和构造破坏烃量，即可判别资源门限，得到各个成藏体系的资源量。

1. 构造破坏烃量

辽河断陷发生过多期构造运动，断裂系统复杂，断层数量多。另外，在东营末期发生过强烈的抬升，遭受强烈的剥蚀。实际上，断裂和剥蚀并不是独立存在的，而是相伴相生的，但为了研究方便，单独对断裂和剥蚀的影响进行了研究。根据构造破坏系数的计算公式［式 (6-7)～式 (6-10)］，通过统计大量断层不同位置的断距、剥蚀厚度和盖层厚度，计算出不同位置的断裂破坏系数和剥蚀破坏系数，以层位为单位，制作了各个层位的断裂破坏系数和剥蚀破坏系数的分布频率图（图 8-51 和图 8-52）。

从图 8-51 可以看出，东营组［图 8-51 (a)］，沙一、二段［图 8-51 (b)］和沙三段［图 8-51 (c)］虽然断裂多，但破坏强度不大，断裂破坏系数主要集中在 0.2～0.4，而沙四段［图 8-51 (d)］断裂数量少，但破坏强度大，断裂破坏系数大，为 0.6～0.9。

从图 8-52 可以看出，沙一、二段［图 8-52 (b)］和沙三段剥蚀破坏系数［图 8-52 (c)］主要集中在 0.15～0.3，而东营组剥蚀破坏系数变化大［图 8-52 (a)］，在 0～1 均有分

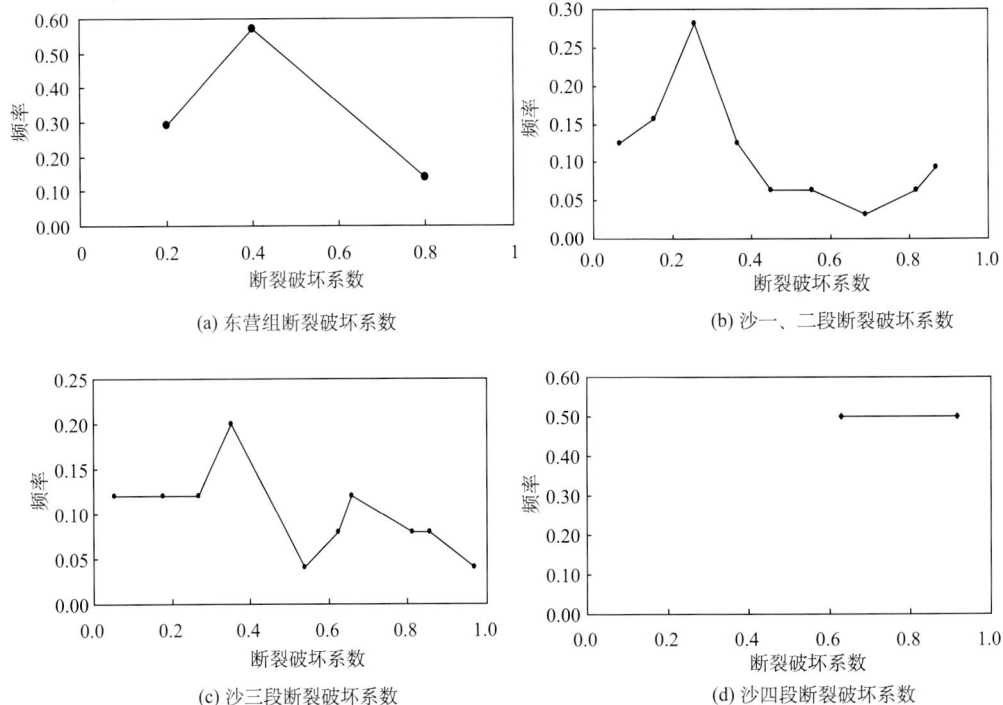

(a) 东营组断裂破坏系数

(b) 沙一、二段断裂破坏系数

(c) 沙三段断裂破坏系数

(d) 沙四段断裂破坏系数

图 8-51　西部凹陷各层位断裂作用破坏系数分布频率图

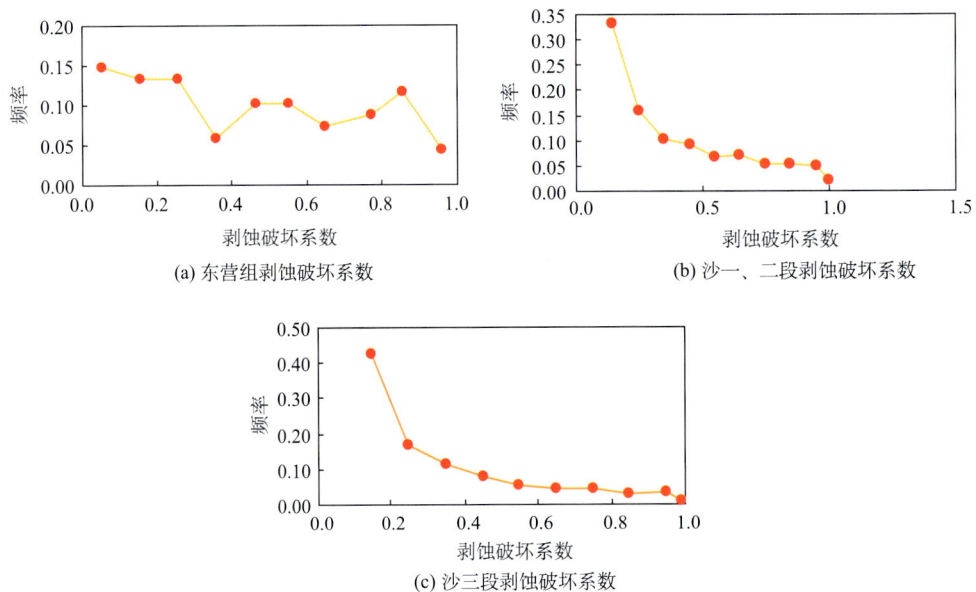

(a) 东营组剥蚀破坏系数

(b) 沙一、二段剥蚀破坏系数

(c) 沙三段剥蚀破坏系数

图 8-52　西部凹陷各层位剥蚀作用破坏系数

布。可见，剥蚀区域广，剥蚀厚度变化大，各地不等。

根据无价值烃量具体计算公式获得无价值聚集烃量以后，确定各评价单元的资源门限及资源量，评价结果如表 8-18 所示。

表 8-18　西部凹陷各成藏体系各级损耗烃量及资源量

［单位：10^8 t（油当量）］

	成藏组合	排烃量	储层滞留油	储层滞留气	水溶流失烃	扩散烃	可聚集烃量	无价值聚集烃量	构造破坏烃量	资源量
上部	高升上	6.41	1.88	0.732	0.007	0.00094	3.79	0.89	0.76	2.14
	欢齐锦上	31.08	7.83	1.614	0.006	0.00082	21.63	0.98	12.55	8.1
	曙北	10.67	1.94	0.588	0.01	0.00019	8.13	0	5.53	2.6
	双海月	42.86	11.77	2.7	0.018	0.00093	28.37	1.75	18.44	8.18
	兴冷	29.55	9.52	1.563	0.041	0.0001	18.43	1.97	8.48	7.98
	牛心坨上	1.64	0.43	0.244	0.001	0.0006	0.96	0	0.12	0.84
	合计	122.21	33.37	7.441	0.083	0.0036	81.31	5.59	45.87	29.85
下部	高升下	8.93	1.17	1.753	0.001	0.00001	6.01	0.58	3.61	1.82
	杜曙	15.26	2.92	2.747	0.001	0.0001	9.59	0.34	6.23	3.02
	欢齐锦下	7.01	1.71	0.642	0.001	0.00055	4.66	0.36	2.8	1.5
	冷洼海	6	1.13	0.053	0	0.00072	4.81	0	4.22	0.59
	牛心坨下	15.07	2.84	2.973	0.009	0.0001	9.24	0.54	6.1	2.6
	合计	52.27	9.78	8.17	0.01	0.00	34.31	1.82	22.95	9.54

三、辽河西部凹陷运聚门限控油气作用研究

（一）排烃门限控油气作用研究

1. 控制着油气的来源

辽河西部凹陷共发育东营组，沙一、二段，沙三段和沙四段四套烃源岩，从排烃门限判别结果来看，四套烃源岩都已达到排烃门限，但排烃范围存在较大差异（图 8-53～图 8-56）。其中，沙三段烃源岩排烃范围最大，几乎遍布整个凹陷，其次是沙四段，沙一、二段和东营组排烃范围相对局限，主要局限在凹陷的南部。由此不难看出，辽河西部凹陷的北部油气应主要来自于沙三段和沙四段，南部油气则更多是四套烃源岩的混源贡献。

2. 控制着油气的成藏期次

从排烃的时期来看，各套烃源岩排烃期基本相同，与生烃期相似，主要也有两期生烃，第一期（主要排烃期）在东营组抬升遭受剥蚀前，排烃量为 92.31×10^8 t，约

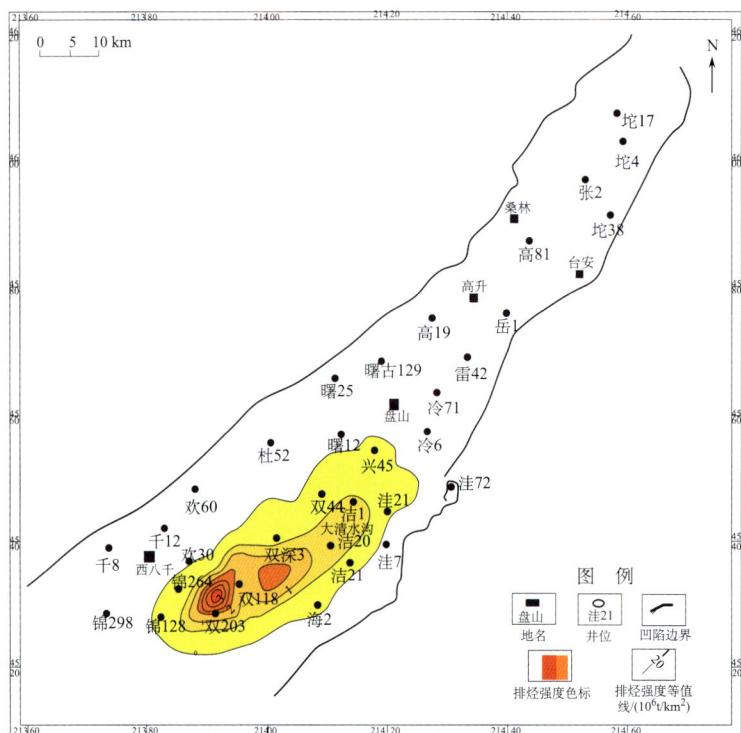

图 8-53 辽河西部凹陷东营组烃源岩排烃强度图

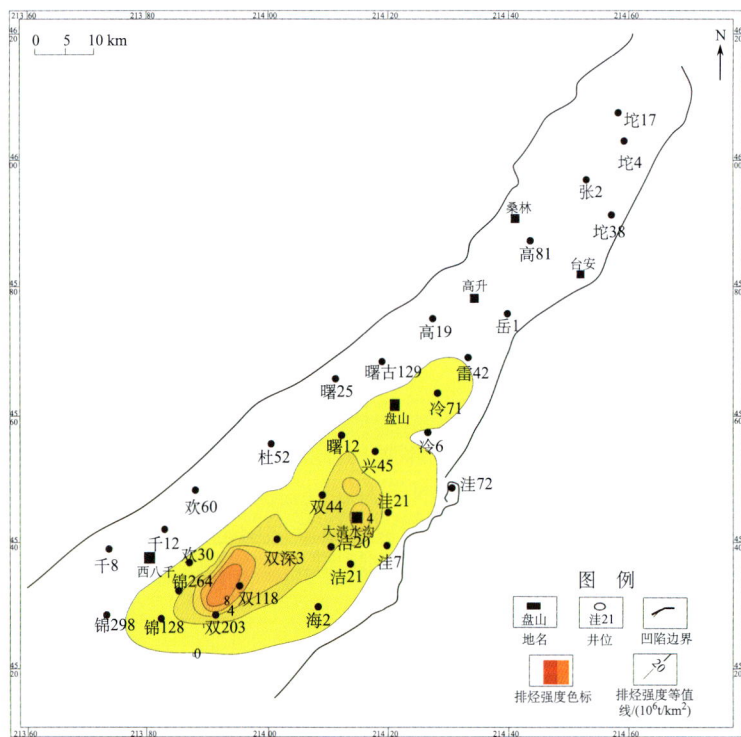

图 8-54 辽河西部凹陷沙一、二段烃源岩排烃强度图

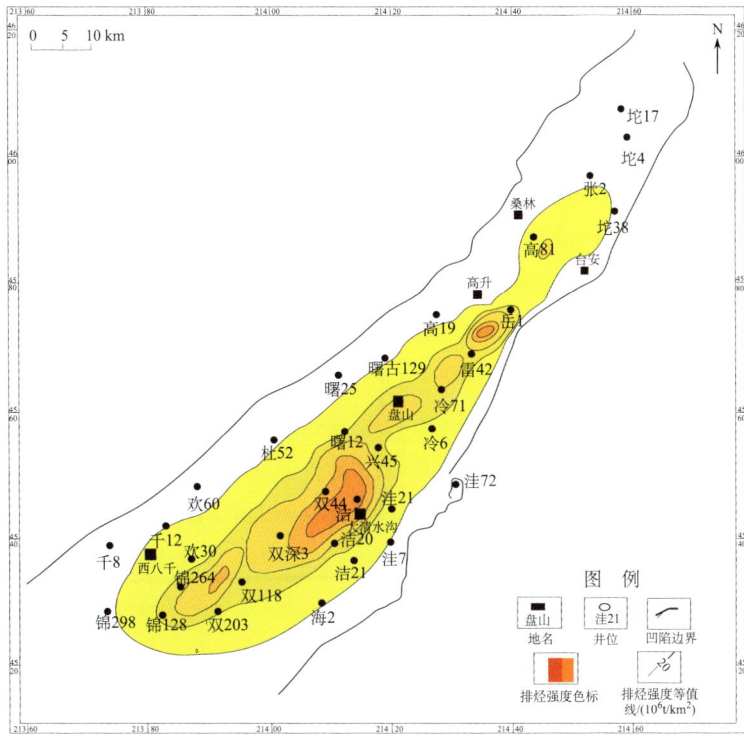

图 8-55　辽河西部凹陷沙三段烃源岩排烃强度图

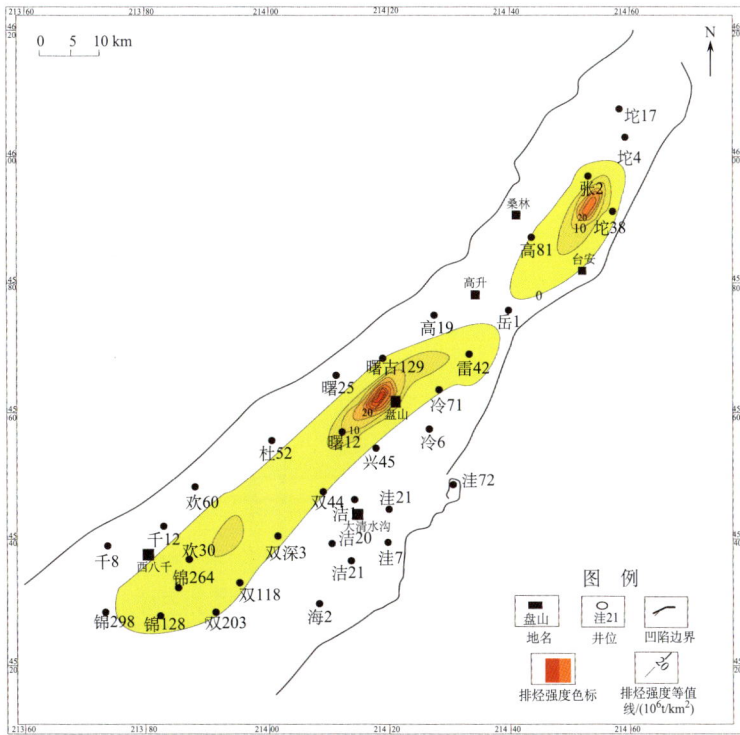

图 8-56　辽河西部凹陷沙四段烃源岩排烃强度图

占总排烃量的 59.1％；第二期经抬升冷却，随着进一步沉降并恢复加热后再次排烃，主要是明化镇组沉积期至今，排烃量为 40.44×10^8 t，约占总排烃量的 25.9％；在沙三期、沙一二期和馆陶期只有少量烃排出。图 8-57 是西部凹陷各套烃源岩的排烃史图。

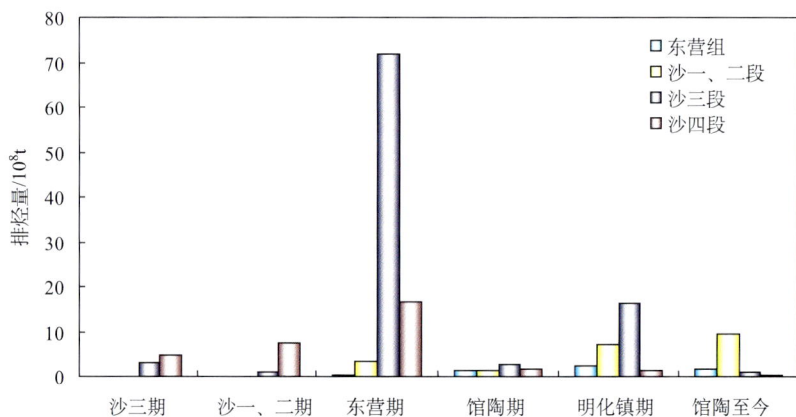

图 8-57 西部凹陷各套烃源岩常规油气排烃史

3. 控制着油气的量

从图 8-58 可以看出，沙三段和沙四段是西部凹陷的主力烃源岩，排烃量分别为 96.14×10^8 t 和 33.05×10^8 t，约占总排烃量的 61.5％和 21.2％，其次是沙一、二段，排烃量为 21.46×10^8 t，约占总排烃量的 13.7％，东营组排烃贡献最小，排烃量为 5.58×10^8 t，约占总排烃量的 3.6％。表 8-15 和表 8-16 给出了各套烃源岩和各个成藏体系的排烃量。

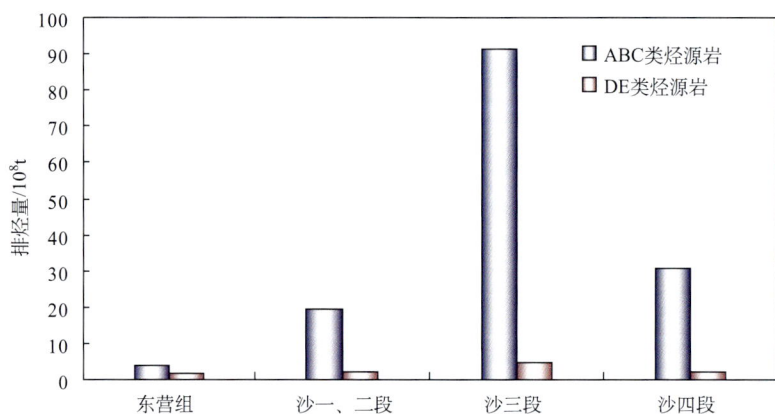

图 8-58 西部凹陷不同类型烃源岩排烃量对比图

4. 控制着不同时期烃源灶的迁移演化

由于沉积埋藏过程及地质条件的影响，各套烃源岩的排烃过程存在较大差异。

东营组烃源岩在东营组沉积期开始有少量烃排出，由于东营组烃源岩类型以Ⅲ型为主，而且埋藏时间短，埋深浅，烃源岩厚度小，所以排烃强度和排烃量很小，排烃中心在清水洼陷附近，最大排烃强度只有 $0.4 \times 10^6 t/km^2$；馆陶沉积期最大排烃强度为 $0.6 \times 10^6 t/km^2$；直到现今排烃中心没有发生变化，清水洼陷的最大排烃强度为 $3.2 \times 10^6 t/km^2$，现今累计排烃量为 $5.58 \times 10^8 t$（图 8-59）。

沙一、二段烃源岩在沙一、二段沉积期开始达到排烃门限，但此时排烃量很小，直至东营组沉积末期才开始大量排烃，但排烃范围比较局限，主要位于清水洼陷地区，最大排烃强度为 $2.2 \times 10^6 t/km^2$，在馆陶期和明化镇期排烃强度逐渐增大，直至现今，沙一、二段烃源岩清水洼陷的最大排烃强度为 $12.5 \times 10^6 t/km^2$，累计排烃量为 $21.46 \times 10^8 t$（图 8-60）。

沙三段烃源岩在沙三沉积末期达到排烃门限，但此时范围很小，只局限在清水洼陷的中心地区，最大排烃强度为 $2.1 \times 10^6 t/km^2$；沙一、二沉积期排烃范围有所增加，清水洼陷最大排烃强度为 $3.4 \times 10^6 t/km^2$；随着沉积埋深的增加，东营组沉积期的排烃范围和排烃强度迅速增加，排烃中心仍为清水洼陷，其最大排烃强度为 $20.6 \times 10^6 t/km^2$，此时排烃范围和排烃强度已基本稳定并延续至今；由于南部清水洼陷地区有机碳含量高，暗色泥岩厚度大，达到排烃门限深度以下的有效烃源岩的厚度也大，所以排烃中心主要为清水洼陷，清水洼陷现今最大排烃强度为 $24.2 \times 10^6 t /km^2$，累计排烃量为 $96.14 \times 10^8 t$（图 8-61）。

沙四段烃源岩在沙三段沉积期达到排烃门限，排烃范围主要集中在牛心坨洼陷，最大排烃强度为 $21.5 \times 10^6 t/km^2$；沙一、二沉积期排烃范围变化不大，排烃中心仍然是牛心坨洼陷，排烃强度有所增加；至东营组沉积期存在牛心坨洼陷和陈家洼陷两个排烃中心，最大排烃强度分别是 $26.5 \times 10^6 t/km^2$ 和 $25.4 \times 10^6 t/km^2$，此时排烃范围已基本稳定；之后牛心坨洼陷的排烃强度增加变化不大，至现今排烃中心仍然是牛心坨洼陷和陈家洼陷，但陈家洼陷已成为主要的排烃中心，现今最大排烃强度分别是 $29.3 \times 10^6 t/km^2$ 和 $40.2 \times 10^6 t/km^2$，累计总排烃量为 $33.05 \times 10^8 t$（图 8-62）。

（二）聚集门限控油气作用研究

聚集门限用来评价单元是否形成油气聚集，通过对辽河西部凹陷进行评价，结果显示该凹陷上、下两套成藏组合 11 个成藏体系均已达到聚集门限，但可供聚集烃量存在较大差异。其中，上部成藏组合的双海月、欢齐锦上和兴冷成藏体系可供聚集烃量较大，在 $18 \times 10^8 t$ 以上，其余成藏体系可供聚集烃量较少，牛心坨上仅为 $0.96 \times 10^8 t$，因此，依据可供聚集烃量，可以准确把握有利的勘探区带。相对于上部成藏组合而言，下部成藏组合可供聚集烃量总体偏低，依据可供聚集烃量，可以确定杜曙和牛心坨下成藏体系是有利的勘探区带。表 8-18 统计了西部凹陷各成藏体系各级损耗烃量。

223

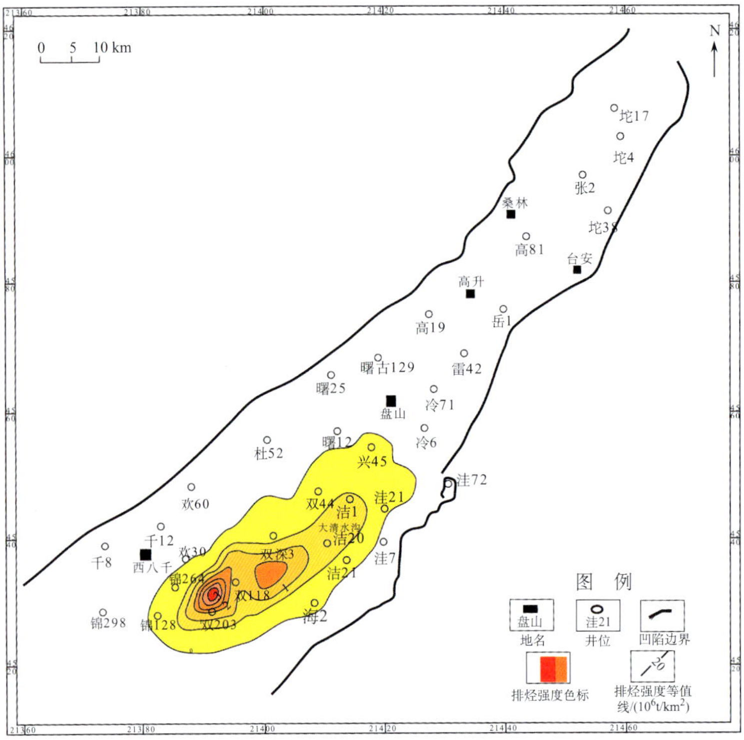

(a) 现今排烃强度图

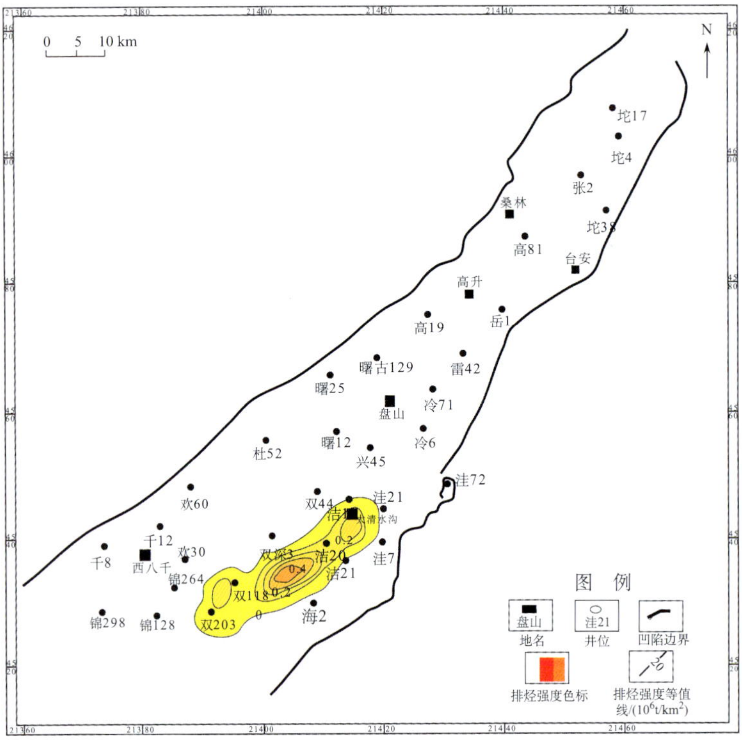

(b) 明化镇末排烃强度图

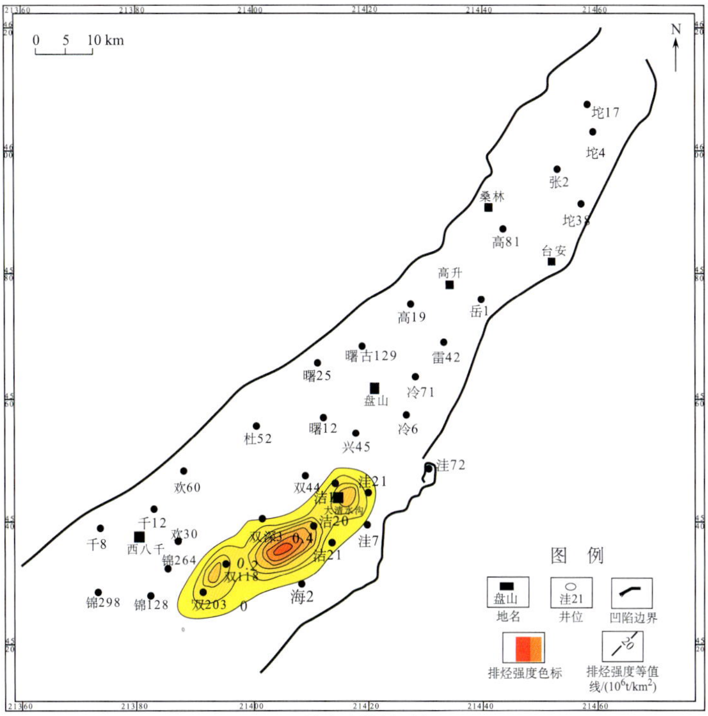

(c) 馆陶末排烃强度图

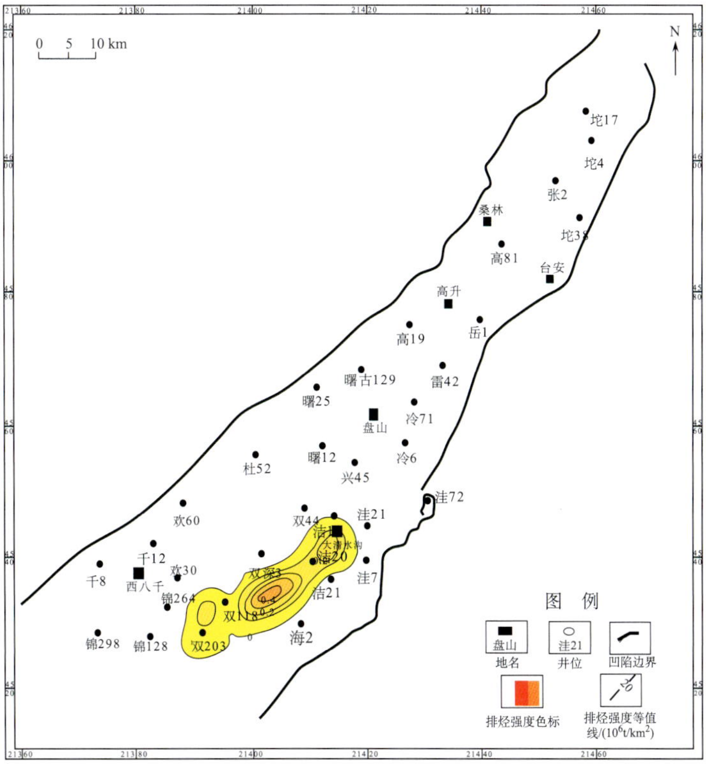

(d) 东营末排烃强度图

图 8-59 辽河西部凹陷东营组烃源岩不同时期排烃强度图

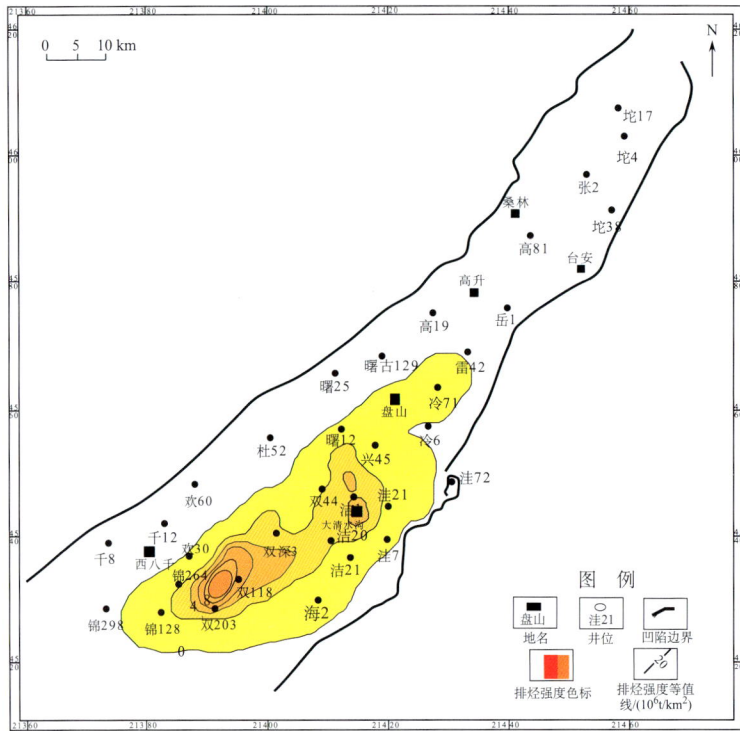

(a) 现今排烃强度图

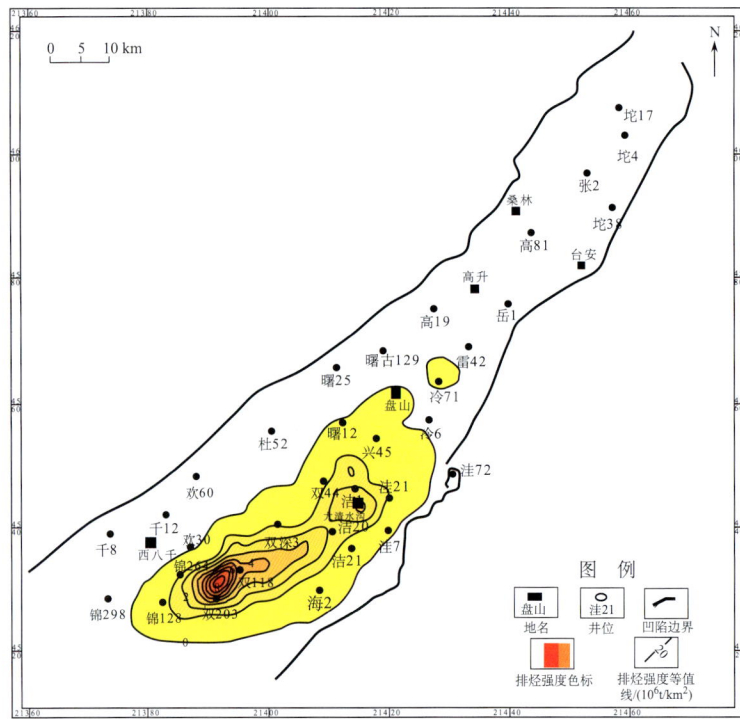

(b) 明化镇末排烃强度图

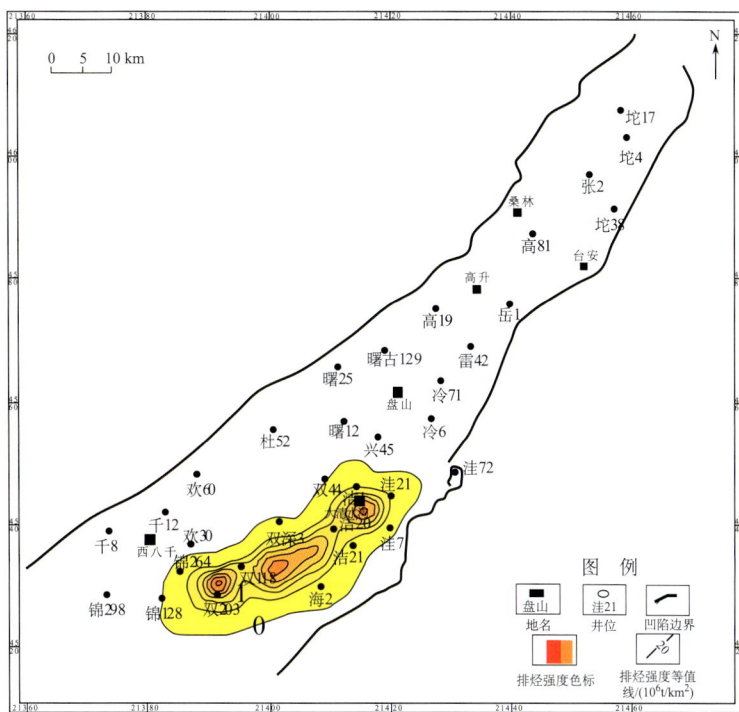

(c) 馆陶末排烃强度图

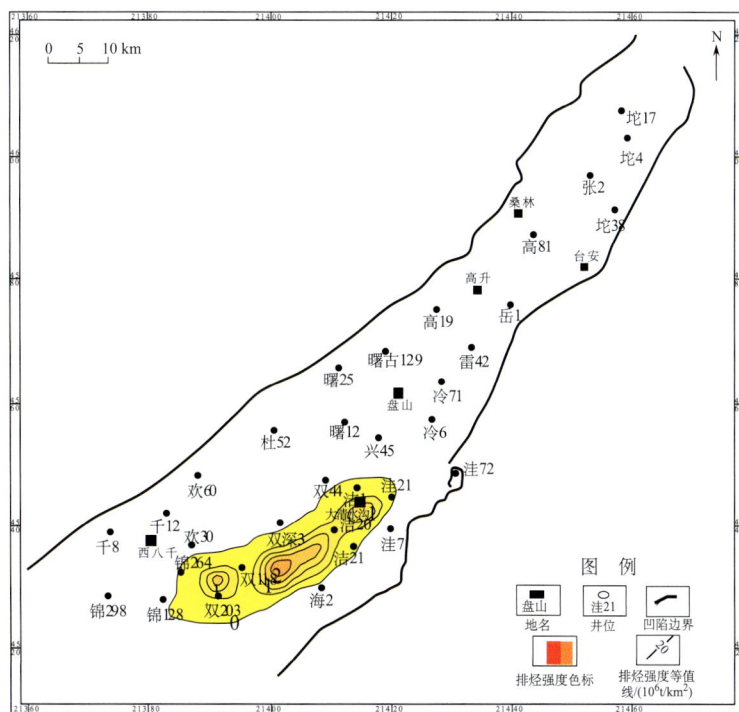

(d) 东营末排烃强度图

图 8-60　辽河西部凹陷沙一、二段烃源岩不同时期排烃强度图

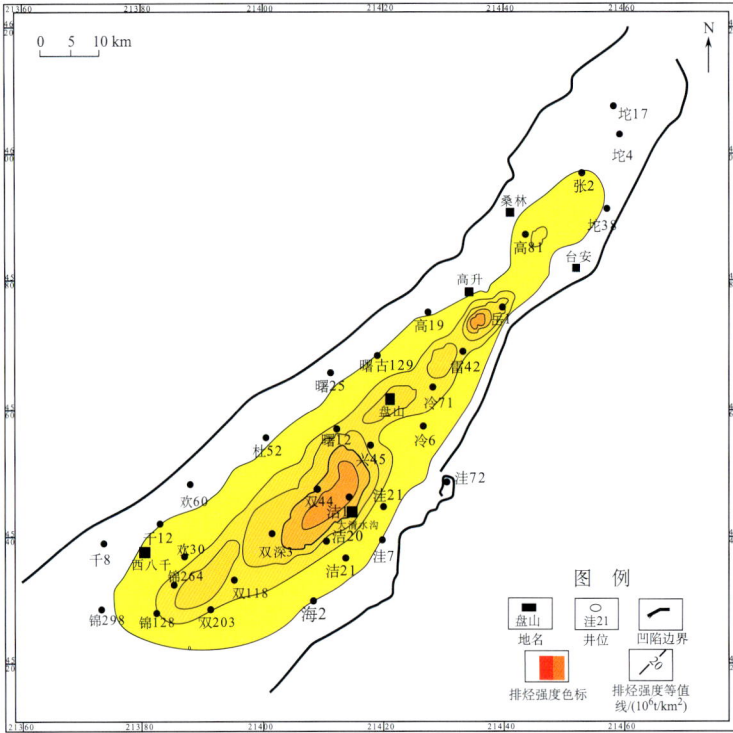

(a) 现今排烃强度图

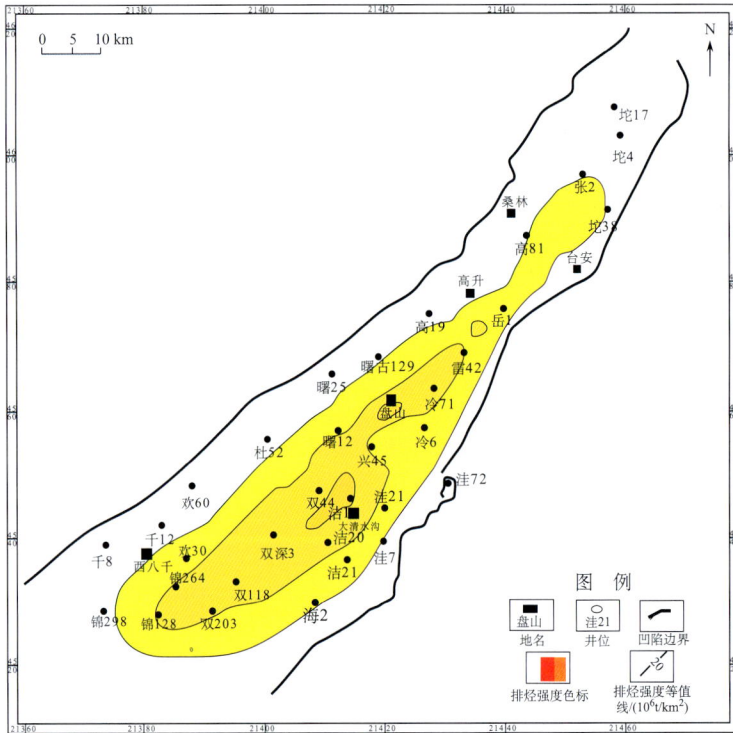

(b) 明化镇末排烃强度图

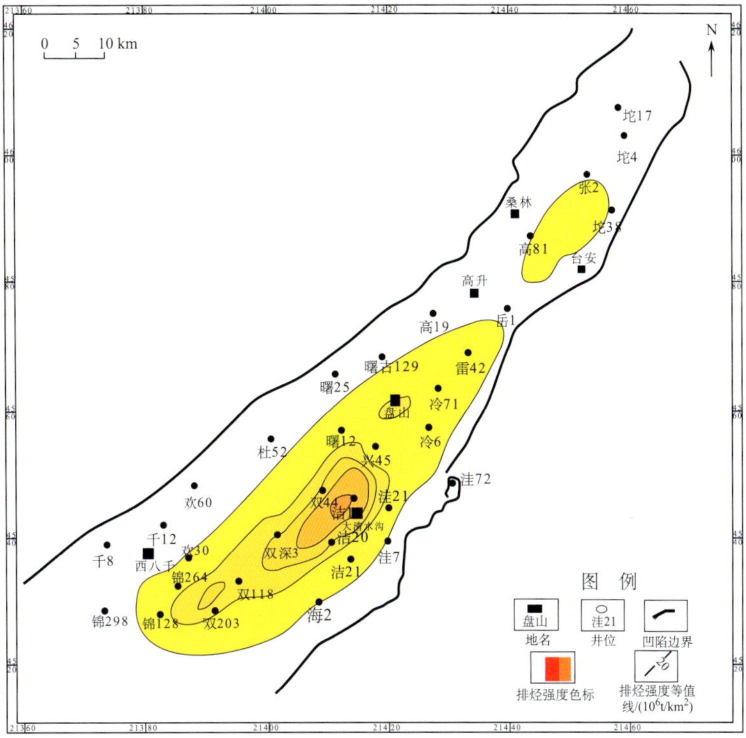

(c) 馆陶末排烃强度图

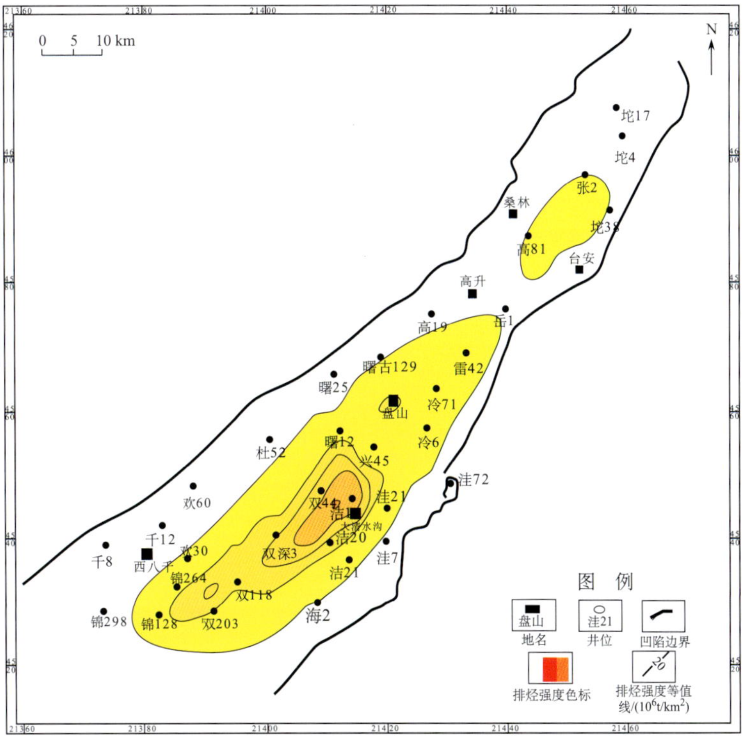

(d) 东营末排烃强度图

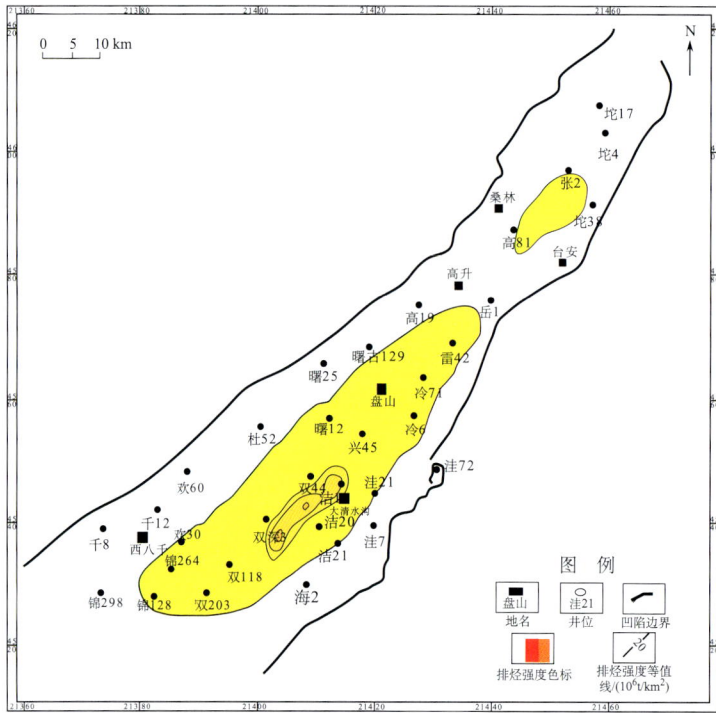

(e) 沙一、二末排烃强度图

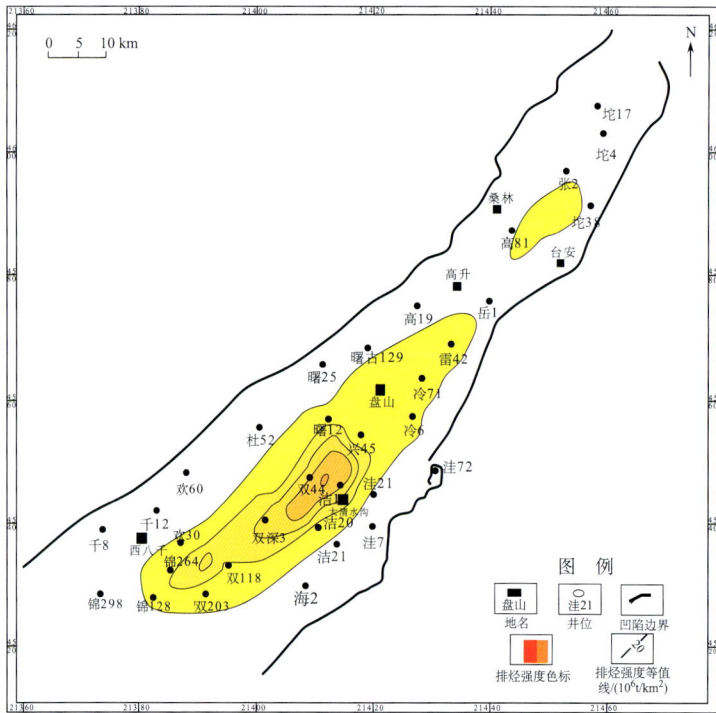

(f) 沙三末排烃强度图

图 8-61　辽河西部凹陷沙三段烃源岩不同时期排烃强度

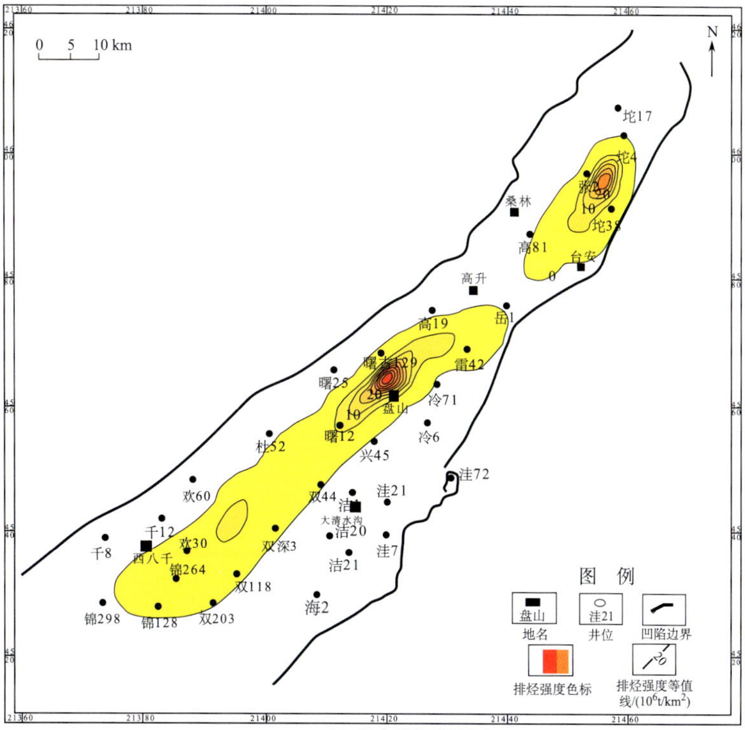

(a) 现今排烃强度图

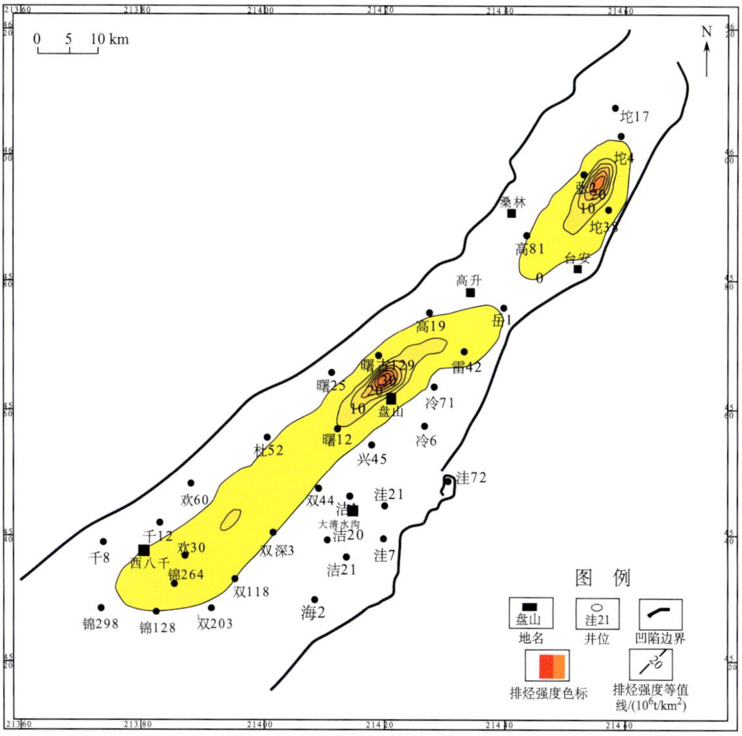

(b) 明化镇末排烃强度图

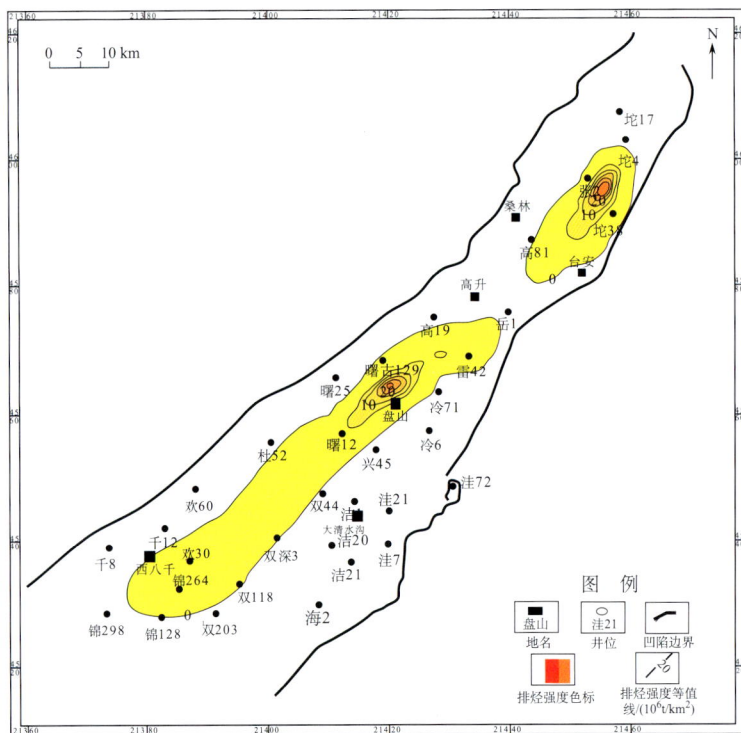

(c) 馆陶末排烃强度图

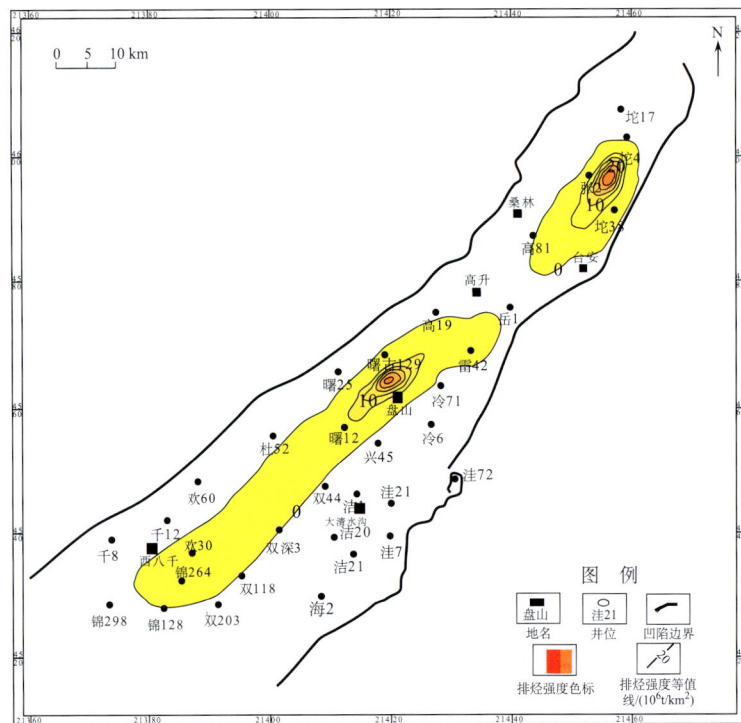

(d) 东营末排烃强度图

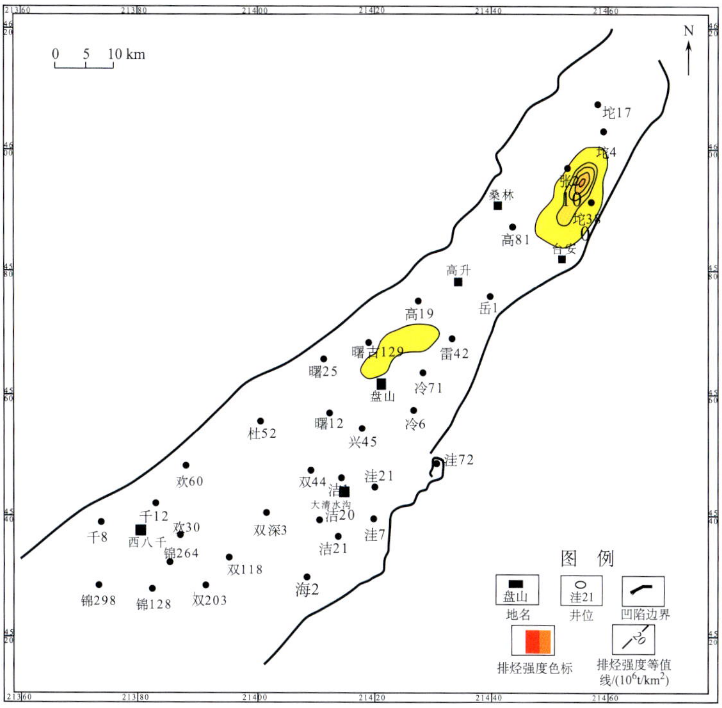

(e) 沙一、二末排烃强度图

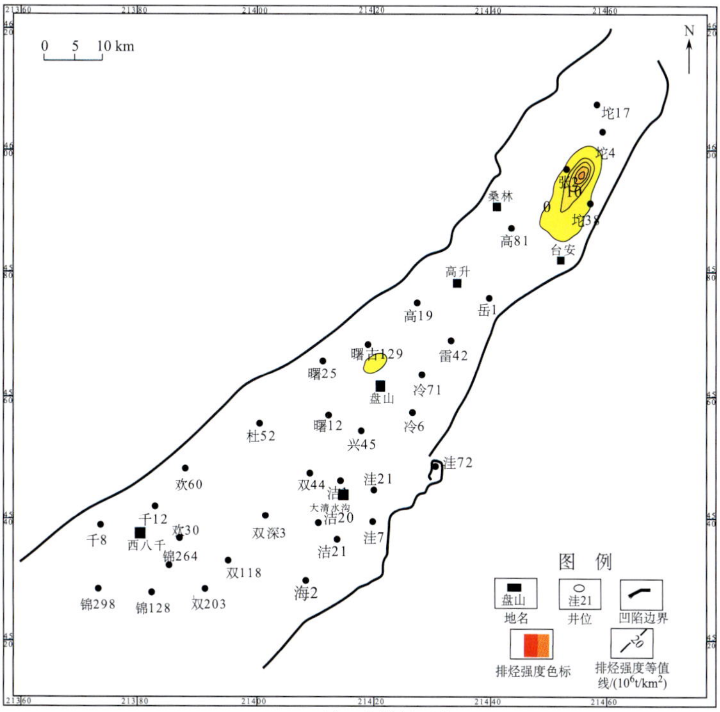

(f) 沙三末排烃强度图

图 8-62　辽河西部凹陷沙四段烃源岩不同时期排烃强度图

（三）资源门限控油气作用研究

1. 控制着剩余资源的分布区带

资源门限用来评价单元内油气是否具有工业价值，从辽河西部凹陷的计算结果来看，其剩余地质资源量为 $17.42\times10^8 t$，主要集中在双海月、欢齐锦上、曙北、牛心坨下和兴冷等几个成藏体系中，其中双海月成藏体系勘探开发程度很低，已发现的储量很小，剩余地质资源量最多，为 $4.37\times10^8 t$，应是今后勘探开发的重中之重。杜曙成藏体系由于勘探程度已经很高，虽然地质资源量很多，但剩余的地质资源量比较小，牛心坨上和冷洼海成藏体系剩余地质资源量最少。表 8-19 和图 8-63 是辽河西部凹陷各成藏体系剩余地质资源量分布情况。

表 8-19　各成藏体系剩余地质资源量

油气成藏组合	上部油气成藏组合						
成藏体系	高升上	欢齐锦上	牛心坨上	曙北	双海月	兴冷	合计
剩余资源量/$10^8 t$	0.84	2.55	0.22	2.48	4.37	1.98	12.44

油气成藏组合	下部油气成藏组合					
成藏体系	杜曙	高升下	欢齐锦下	冷洼海	牛心坨下	合计
剩余资源量/$10^8 t$	0.54	1.07	0.89	0.49	1.99	4.98

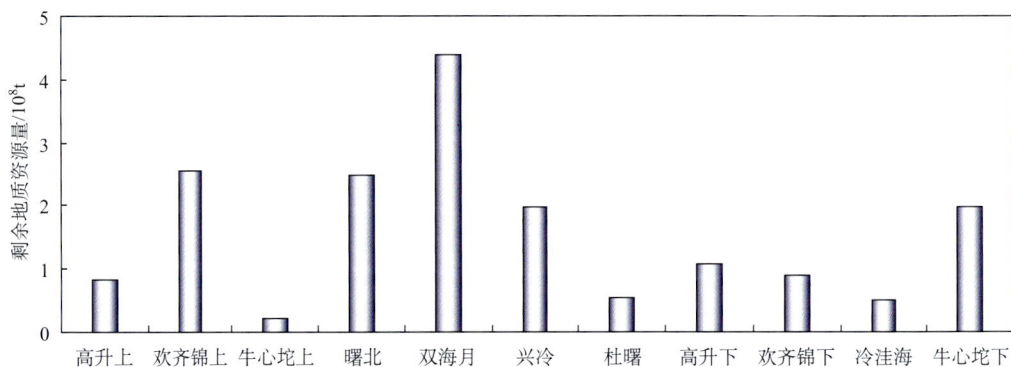

图 8-63　辽河西部凹陷各成藏体系剩余地质资源量统计图

2. 控制着剩余资源的分布层位

在对油气资源的平面分布预测的同时，依据各成藏体系在各层位已发现的储量，并与各成藏体系的地质资源量相减，即可获得各成藏体系在各层位上的剩余地质资源量（表 8-20 和表 8-21）。

从成藏体系上看，剩余资源量最大的为双海月（$4.370\times10^8 t$），其次是欢齐锦上（$2.550\times10^8 t$），再次是曙北成藏体系（$2.480\times10^8 t$）。上部成藏体系总剩余资源为

$12.441 \times 10^8 t$，下部成藏体系总剩余资源为 $4.982 \times 10^8 t$。辽河西部总剩余资源为 $17.423 \times 10^8 t$（表 8-20、表 8-21、图 8-64）。

表 8-20　上部油气成藏组合各成藏体系各层位剩余资源量　（单位：$10^8 t$）

层位	高升上	欢齐锦上	牛心坨上	曙北	双海月	兴冷	小计
东营组	0.002	0	0	0	1.359	0.266	1.627
沙一、二段	0.210	1.317	0.025	1.019	1.673	0.525	4.769
沙三段	0.628	1.233	0.195	1.461	1.338	1.190	6.045
合计	0.840	2.550	0.220	2.480	4.370	1.981	12.441

表 8-21　下部油气成藏组合各成藏体系剩余资源量　（单位：$10^8 t$）

层位	杜曙	高升下	欢齐锦下	冷洼海	牛心坨下	合计
沙四段	0.539	1.074	0.889	0.487	1.992	4.982

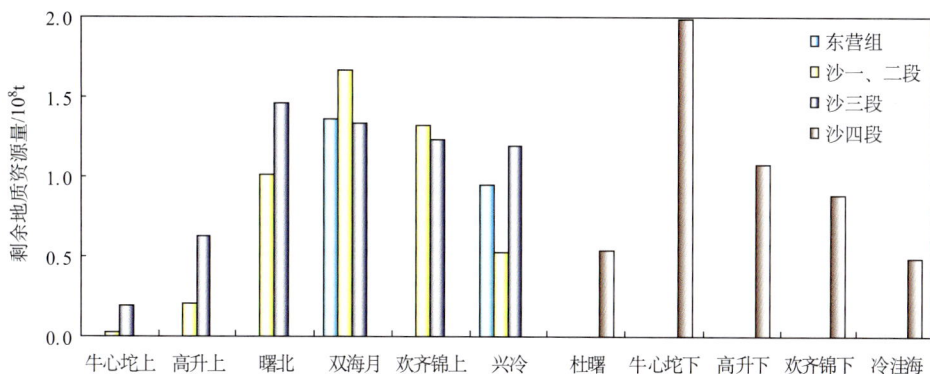

图 8-64　辽河西部凹陷各成藏体系各层位剩余地质资源量统计图

从层系上看，沙三段的剩余资源量最多，为 $6.045 \times 10^8 t$，其次为沙四段，为 $4.982 \times 10^8 t$，再次为沙一、二段，为 $4.769 \times 10^8 t$，东营组剩余资源量最少，为 $1.627 \times 10^8 t$。其中剩余资源量最多的为下成藏组合沙四段的牛心坨，为 $1.992 \times 10^8 t$，其次为双海月成藏体系的沙一、二段，为 $1.673 \times 10^8 t$，剩余资源量超过 $1.0 \times 10^8 t$（含 $1.0 \times 10^8 t$）的还有双海月的沙三段、东营组，欢齐锦上的沙三段和沙一、二段，曙北的沙三段和沙一、二段，兴冷的沙三段及高升下沙四段。

四、辽河西部凹陷油气资源评价结果与讨论

（一）历次资源评价结果比较分析

辽河探区已完成多次油气资源评价研究，但是以往的资源评价是针对主要含油气盆地，要求以盆地评价为基础，以整个辽河探区为评价对象，而 2008 年的研究是应用新

235

的理论、新的资料、新的认识对西部凹陷各成藏体系重新评价，并将资源量、剩余资源量分配到各层位，对资源的空间分布进行了详细的分析，对各成藏体系进行了综合评价，指出了有利的勘探方向，使评价成果更深入、更细致，更有利地指导西部凹陷油气勘探。

2008 年辽河西部凹陷地质资源量的计算结果为 31.31×10^8 t，比历次资源评价结果都高（表 8-22 和图 8-65）。从资料来看，这次的资料比三次资源评价丰富，由于资源评价对资料敏感，为了使结果更准确，这次在应用成因法时采用的数据是建立在辽河现有的地球化学分析资料之上的，而且应用统计法补充了 2002～2006 年的储量报告中的内容，同时对以往的资料进行处理，使其更加反映客观实际。例如在以往的资评中，某一层段有机碳含量的估算都采用平均值，但是在烃源岩中有机碳存在很强的非均质性，即存在大段的有机碳含量很低的无效烃源岩，也存在厚度很薄的优质烃源岩，所以对其进行加权平均取值能够更加客观地反映某一层段的有机质丰度。从方法上看，这里采用多种计算方法综合对辽河西部凹陷资源量进行计算，成因法中的运聚系数和聚集系数的选取更加科学，采用层次分析法避免了人为给定所导致的误差，另外，生烃量的求取采用生烃化学动力学来计算化学动力学参数正演地质过程，排烃量的计算选取了不同有机质类型的烃源岩，分别建立排烃地质模式，不同类型烃源岩排烃门限不同，产烃率有很大差异，并且对原始有机碳含量进行了恢复，而采用统计法在勘探程度高的地区应用效果比较好的是油藏规模序列法和勘探效益法。

表 8-22 辽河西部凹陷历次油气资源量评价统计表

计算单位	年份	计算方法	油气资源量/10^8t
辽河油田勘探开发研究院	1977	沥青"A"法	13.54
	1978	刘宝泉法	9.68
	1980	沥青"A"法	6.77
	1984	热模拟法	14.10
	1985	热模拟法	14.00
	1986	数字模拟	18.27
	1988	数字模拟	14.36
	1993	盆地模拟	21.00
	1994	蒙特卡洛	21.00
	1994	蒙特卡洛	20.94
	2002	多种方法综合	23.30
	2002（三次资源评价）	特尔菲概率加权	22.49
中国石油大学（北京）	2008	特尔菲概率加权	31.31

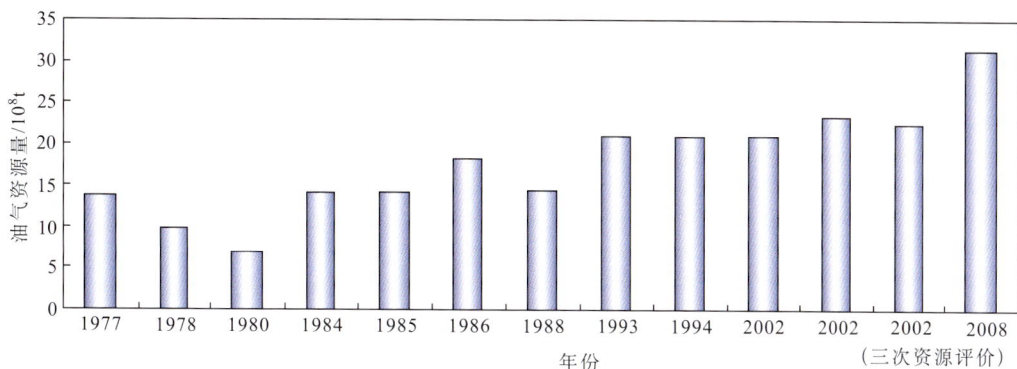

图 8-65 辽河西部凹陷历次油气资源量评价统计图

（二）油气成藏体系综合定量评价

1. 综合评价方法原理

在评价一个成藏体系的勘探潜力时，不但要从剩余资源潜力出发，还要考虑各个成藏体系的成藏条件，对石油地质条件和资源潜力进行综合分析，这样评价结果才更客观更可靠。

根据计算的成藏体系的地质资源量系数和地质评价系数来求取地质排队系数 R，进行分析排队。R 的计算公式如下：

$$R = \sqrt{\alpha^2 + \beta^2} \tag{8-21}$$

式中，α 为地质评价系数；β 为成藏体系资源量归一化系数。

2. 有利勘探方向预测

综合排队结果如表 8-23 所示。通过对各成藏体系综合评价后，得出双海月、曙北、欢齐锦上、兴冷、牛心坨下油气成藏体系为最有利的勘探区，排在前五位，这 5 个成藏体系勘探面积大，地质条件有利，紧邻生油洼陷；烃源岩厚度大，有机质类型好，丰度高；沉积相带有利，储集层发育，储层物性好；圈闭体积大，圈闭幅度高，含油面积大，输导体系发育，保存条件好；生储盖组合数多，资源潜力大，地质风险小，应为辽河盆地今后勘探的主攻方向。其中欢齐锦上、兴冷成藏体系虽然勘探程度已经很高，但地质条件十分优越，仍具有很大的潜力；而双海月、曙北和牛心坨下勘探程度还不高，特别是双海月成藏体系虽然地质评价并不是很有利，但是剩余地质资源量为各成藏体系中最多，因此潜力很大。

杜曙成藏体系地质条件十分有利，但由于勘探程度较高，剩余资源量较小，因此影响了其排队结果；欢齐锦下和高升下成藏体系由于地质条件和剩余资源量都一般，所以排队结果也为中等；高升上、冷洼海和牛心坨上成藏体系由于储集条件不利，剩余资源潜力小，因此成为不利地区。

237

表 8-23 成藏体系综合评价和排队结果

成藏体系	地质评价系数	剩余地质资源量 /10^8t	综合评价系数	排队结果
双海月	0.41	4.37	1.081	1
曙北	0.64	2.48	0.84	2
欢齐锦上	0.59	2.55	0.814	3
兴冷	0.64	1.98	0.768	4
牛心坨下	0.63	1.99	0.761	5
杜曙	0.6	0.54	0.605	6
欢齐锦下	0.58	0.89	0.602	7
高升下	0.53	1.07	0.569	8
高升上	0.49	0.84	0.512	9
冷洼海	0.31	0.49	0.317	10
牛心坨上	0.31	0.22	0.31	11

另外，结合各层位评价结果和资源层位分配情况，研究表明，双海月各层位，曙北沙一、二段和沙三段，欢齐锦上沙一、二段和沙三段，兴冷沙一、二段和沙三段，牛心坨沙四段是最有利的勘探区，应为今后勘探的主力地区。

鉴于辽河西部凹陷已历经几十年的油气勘探开发，大型构造油藏发现率大幅下降，各种特殊类型及隐蔽性油气藏在年探明石油地质储量中的比例大幅上升，多数地区的勘探目标已从以构造为主的油气藏转向更为隐蔽的岩性圈闭等类型油气藏。因此在明确辽河西部凹陷各成藏体系资源潜力的同时，要根据成藏体系的具体情况，有针对性地寻找以岩性和地层油气藏为主的隐蔽油气藏，为辽河油田的"增储上产"作出更大的贡献。

第五节 运聚门限联合研究评价济阳拗陷油气资源

一、济阳拗陷地质条件简介

（一）区域概况与勘探现状

济阳拗陷位于渤海湾盆地东南部，总面积为 $2.62 \times 10^4 \text{km}^2$，由东营、惠民、沾化、车镇四个主要凹陷和若干个分隔凹陷的凸起组成。拗陷西北侧由埕宁隆起与黄骅拗陷相隔，东南侧与鲁西-胶东隆起区相邻，东北侧伸入渤海而过渡到渤中拗陷，西南侧则与临清拗陷相接。拗陷总体走向为北东向，且向北东撒开、南西收敛（图 8-66）。拗陷内主要发育有北东向、北西向和近东西向三组基底正断层，它们在空间上彼此交错并构成古近纪凹陷的锯齿状边界断层。济阳拗陷地质结构十分复杂，拗陷内大小断裂有 1500 多条，构成断裂网络系统并控制了拗陷、凹陷、洼陷的范围和分布。东营等四个凹陷均表现为北断南超的半地堑结构，并与断块面倾向北或北西的"单面山"式半地垒相间排列（帅德福和王秉海，1993）。

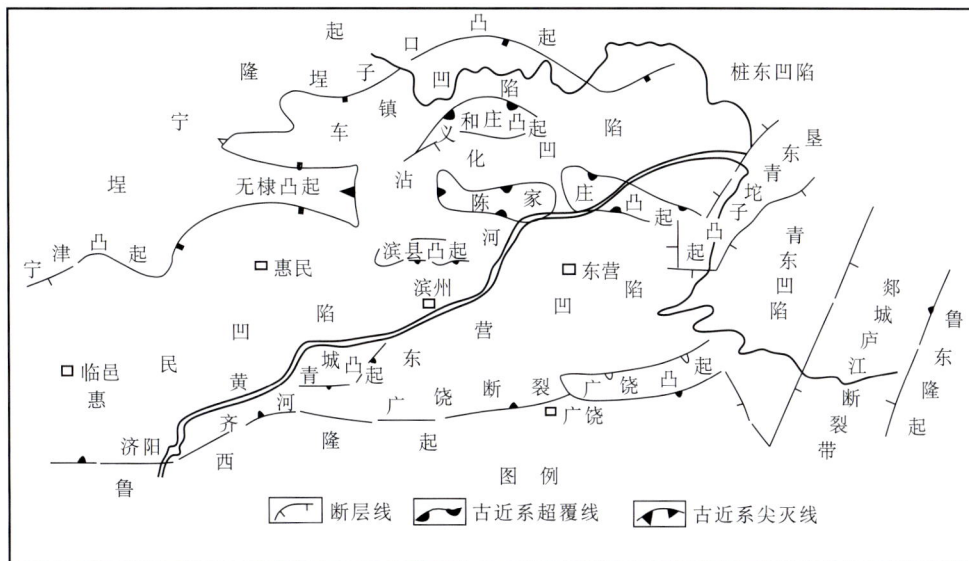

图 8-66 济阳拗陷区域构造略图（帅德福等，1993）

自 1962 年获工业油流，济阳拗陷已历经 40 年的油气勘探开发，截至 1999 年底，济阳探区累计完成二维地震 183384.06km、三维地震 17421.86km^2，完钻各类探井 5293 口，其中预探井有 2069 口，探井总进尺为 1342.2982×10^{4}m（郭元岭等，2001a）。已发现 70 个油气田，探明含油面积为 2178.8km^2，探明石油地质储量为 41.6×10^{8}t；探明含气面积为 239.3km^2，探明天然气地质储量为 361.41×10^{8}m^3。

济阳探区资源探明程度达 56.97%，已属中高勘探程度区，但勘探程度在平面上和纵向上分布极不均衡：平面上，沾化凹陷和东营凹陷属高勘探程度区，资源探明程度分别为 64.1% 和 50.9%（图 8-67）；纵向上，3500m 以下深层井较少，还有较大的勘探潜力（吴富强等，2002）。

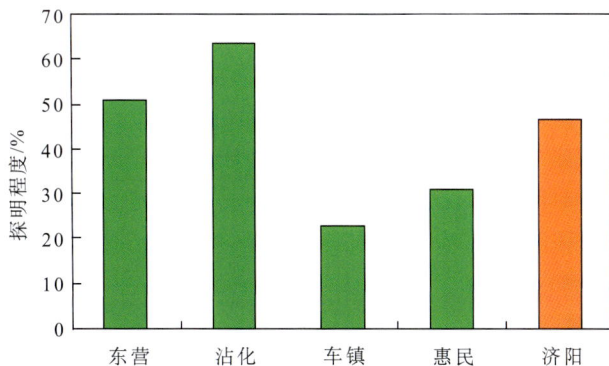

图 8-67 济阳拗陷不同地区探明程度比较

（二）济阳拗陷油气地质特征

1. 地层发育特征与生储盖组合

济阳拗陷从老到新发育的地层有太古界泰山群、下古生界寒武系和奥陶系、上古生界石炭系和二叠系、中生界侏罗系和白垩系，以及新生界新近系、古近系及其上覆的第四系。太古界为基底，缺失元古界、古生界上奥陶统、志留系、泥盆系和下石炭统及中生界三叠系，其中新近系、古近系地层发育情况如图 8-68 所示。

济阳拗陷之所以能成为渤海湾盆地含油最丰富的地区，其优越的生储盖组合是至关重要的。该区发育有多套生烃层系、多种母质类型，目前已发现的油气主要来自沙四上、沙三下亚段和沙三中亚段三套主力烃源岩层。三套主力烃源岩层均位于三级层序的湖扩展体系域，岩性主要为灰褐色页岩、油页岩，有机碳含量一般为 5%～10%，母质类型主要为 I 型。在主要洼陷区，烃源岩的厚度可超过 1000m。生烃强度在凹陷中普遍大于 $100 \times 10^4 t/km^2$，生油条件极为优越。

该区储层十分发育，自下而上发育太古界变质岩，下古生界海相碳酸盐岩，上古生界海陆交互相砂泥岩，侏罗系煤系地层，白垩系火山岩储层，古近系孔店组、沙河街组和东营组，以及新近系馆陶组和明化镇组及少量生物碎屑灰岩储层。在所有钻遇的地层单元中都发现有油气层，并获得了工业油气流（帅德福和王秉海，1993）。

济阳拗陷发育三套区域性盖层：孔一段的膏盐层和泥岩层段，沙三段、沙四段的泥岩、页岩及膏盐层段，沙一段的泥岩与页岩段。新近系馆陶组上段至明化镇组下段泥质岩特别发育，是拗陷北部孤岛、孤东等大中型油田的良好盖层。

济阳拗陷的三组生油岩和三套区域性盖层与众多的储集层组成了三大套主要生储盖组合：下部组合以古近系生油岩作为油源层，下古生界碳酸盐岩为储集层，上古生界底部的铝土岩为盖层；中部组合以古近系沙三段、沙四段为油源层，沙二段为储集层，沙一段作盖层；上部组合以古近系沙河街组及部分东营组为油源层，新近系馆陶组下段为储集层，新近系馆陶组上段至明化镇组下段作盖层。

2. 构造演化特征

济阳拗陷演化历史复杂，由负反转盆地、转换-伸展盆地及拗陷三类原型盆地叠加而成，各个凹陷均表现出"北断南超"的特点（图 8-69）。济阳拗陷构造演化可分为五个阶段：基底形成阶段（前震旦纪）、基底盖层形成阶段（含早古生代，海西运动时期，印支运动时期及早、中侏罗世）、裂谷早期（包括晚侏罗世—白垩纪）、裂谷主发育期（古近纪）和裂谷晚期（新近纪）。

三叠纪为板内造山作用阶段，早、中侏罗世造山作用结束，主要表现为五条北西向逆冲断裂带，由北东向南西依次是五号桩-埕北断裂带、孤西-埕南断裂带、陈南-罗西-车西断裂带、石村-阳信断裂带及仁风-滋镇断裂带。晚侏罗世—早始新世为负反转盆地阶段，三叠纪北西向逆冲断层发生反向伸展，形成五个规模较大的半地堑，在北西向半地堑间穿插南北向高角度断裂，如仁风断裂和长堤断裂。北西、南北向断裂共同控制着

241

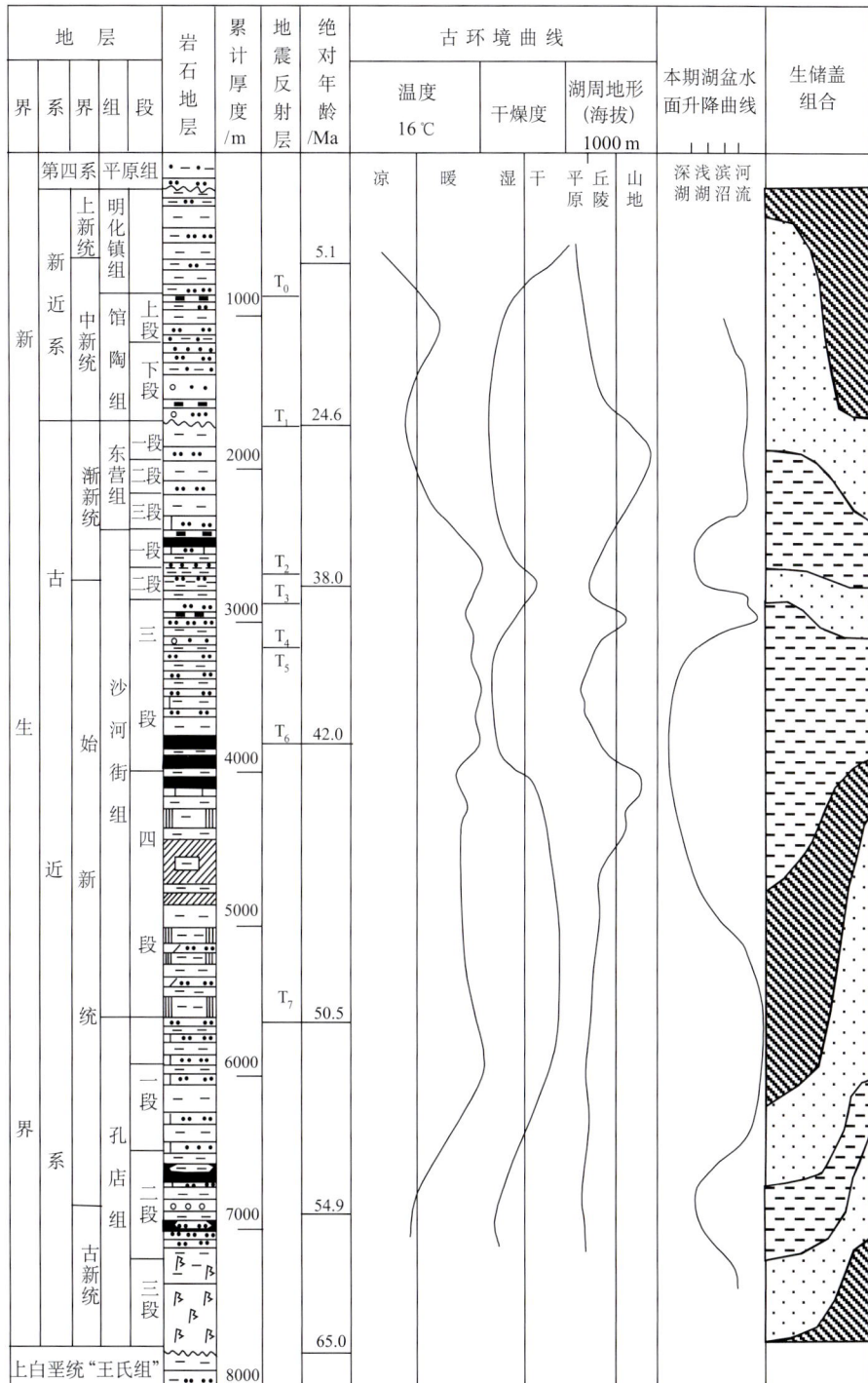

图 8-68 济阳拗陷新生界综合剖面图

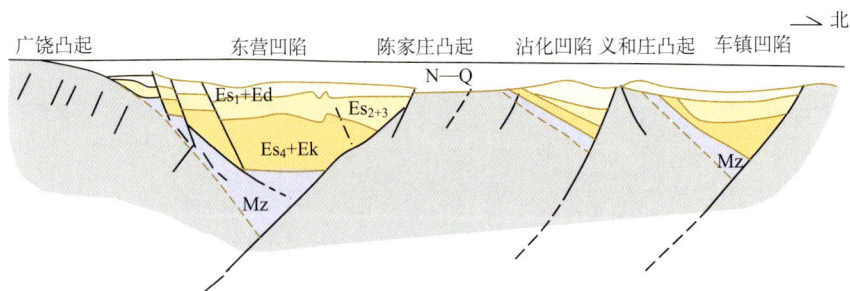

图 8-69　济阳拗陷南北向构造剖面（吴富强等，2002）

沉积充填，孔店组最大厚度达 5000m。

　　古近纪济阳拗陷转换-伸展盆地是在晚侏罗世—早白垩世负反转盆地的基础上发育而成的，北东、北东东向扭张断裂发育，北西向断裂活动受到抑制而渐趋消亡，多组断层形成立体网络系统，将其切割为相态各异的复杂断块，控制着沉积沉降中心。依据构造发育特征、地层充填序列和火山岩特征，将裂陷演化史划分出两期，即裂陷充填期（古近纪）和拗陷期（新近纪）。

　　根据区域性不整合面、构造活动特征、沉积特征和火山岩特征，裂陷充填期可进一步划分为四个裂陷幕：Ⅰ 幕（Ek）、Ⅱ 幕（Es$_4$）、Ⅲ 幕（Es$_3$—Es$_2^F$）和 Ⅳ 幕（Es$_2^{\pm}$—Ed）。裂陷 Ⅰ 幕和裂陷 Ⅱ 幕相当于裂陷盆地的初裂陷阶段，地层的展布明显受控于北西向断裂，这一特征继承了晚侏罗世—早白垩世盆地发育的特点，发育了一套干旱、半干旱气候条件下以河流相、滨浅湖相为主的建造；裂陷 Ⅲ 幕（Es$_3$—Es$_2^F$）是盆地的强烈裂陷伸展幕，边界主断层强烈拉张，北东、北北东和南西向断裂活动强烈，总体构造格局为北东向，呈现出全面拉张断陷的特点，沉积了以河流相、三角洲相和深湖相为主的建造，构成了济阳拗陷主要的生储盖组合；裂陷 Ⅳ 幕（Es$_2^{\pm}$—Ed）是盆地的裂陷收敛幕，凸起和凹陷的分割性相对减弱，北西向断层渐趋消亡，主要断裂活动减弱（吴富强等，2002）。

　　在古近纪总体断陷的背景下，有几次短暂的沉积间断和盆地边缘轻微的剥蚀，如沙四下亚段与沙四上亚段、孔店组与沙四下亚段、沙四上亚段与沙三下亚段。东营运动以后盆地反转，进入拗陷阶段。拗陷内凹凸差异消失，主干断裂控制作用几乎完全消失，先后沉积了馆陶组、明化镇组、平原组河流相沉积建造（图 8-70）。

　　3. 油气分布特征

　　济阳拗陷的构造变动以断裂活动为主，断裂伴生褶皱较为发育，局部构造的发育与沉积作用有密切的关系。在不同地质时期发生的断裂，把各种类型的构造切割得相当破碎，形成了典型的复式油气聚集（区）带（刘兴材等，1996；王捷，1996）。每一个洼陷就是一个生油中心，洼陷中生成的油气首先在距离最近的圈闭中聚集，依次外推，形成平面上油气以生油洼陷为中心、环状或半环状分布的特点（图 8-71）。

　　多次构造运动在形成济阳拗陷复杂地质条件的同时也孕育了其丰富的油气藏类

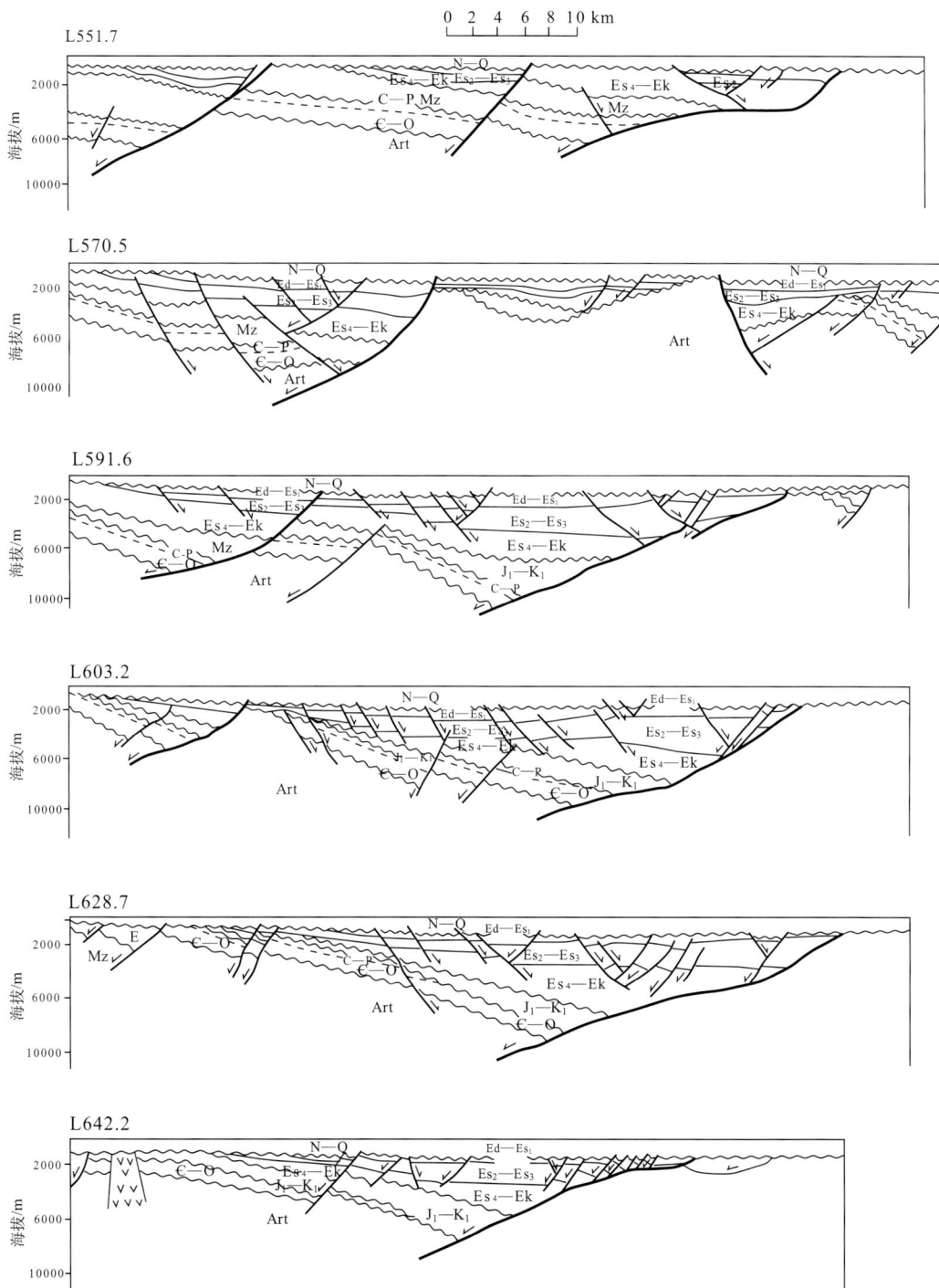

图 8-70 东营凹陷南北向构造对比解释剖面

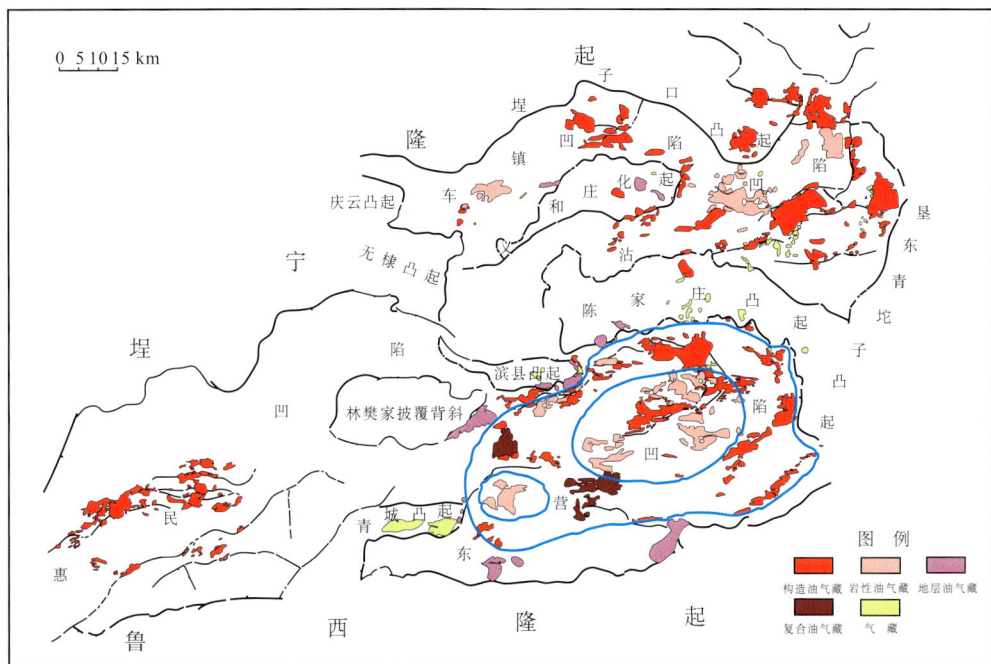

图 8-71 济阳拗陷古近系油气藏类型分布图

型。依据圈闭的成因和形态可分为构造油气藏、岩性油气藏、地层油气藏和复合油气藏。

构造油气藏主要分布在背斜发育的构造带或断裂发育的凹陷中央构造带，如坨庄—胜利村滚动背斜带形成了 $4.7×10^8t$ 规模的胜坨油田，孤岛潜山披覆背斜形成了 $3.9×10^8t$ 规模的孤岛油田，东营中央背斜带累计探明石油地质储量为 $3.8×10^8t$，惠民中央断裂带累计探明石油地质储量为 $2.0×10^8t$。

砂岩岩性油气藏主要发育在洼陷区及构造活动较为活跃的凹陷陡坡带，如沾化凹陷洼陷区发育了渤南、五号桩油藏，东营凹陷洼陷区发育有梁家楼、牛庄、营 11 油藏，火成岩油气藏主要发育在古近系火山活动较为强烈的地区，如惠民凹陷玉皇庙、沾化凹陷罗家、东营凹陷滨南等地区（郭元岭等，2001b）。

地层油气藏主要分布在盆地边缘地层超覆、剥蚀区或基岩凸起的翼部，如金家地层不整合油气藏、陈家庄地层超覆油气藏等。

根据主控因素，将复合类油藏归并到上述三类进行统计比较。构造、岩性、地层等三类油藏探明储量分别为 $28.2×10^8t$、$8.0×10^8t$、$3.0×10^8t$，分别占总储量的 71.8%、20.3% 和 7.9%。说明构造作用是主控因素，其次是沉积因素和地层接触关系（图 8-72）。

在平面上，济阳拗陷大部分油气探明储量都分布在东营和沾化凹陷，其中 50.3% 分布在东营凹陷、30.7% 分布于沾化凹陷、6.5% 分布于惠民凹陷、3.2% 分布于车镇凹陷，另外 9.2% 分布于滩海地区（图 8-73）。大约 86% 的天然气储量分布于东营和沾化

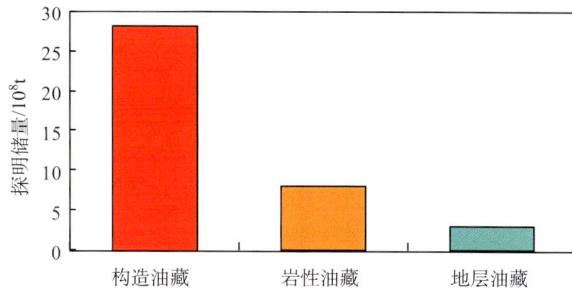

图 8-72 济阳拗陷不同油藏类型探明储量比较

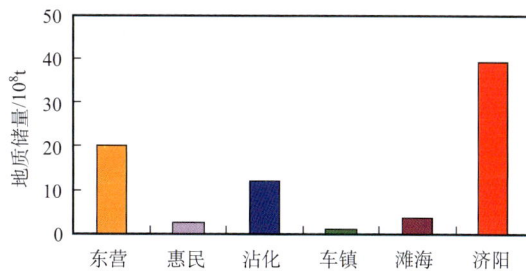

图 8-73 济阳拗陷不同凹陷（地区）探明石油地质储量比较

两个凹陷内，其余约 14％的天然气储量分布于车镇和惠民两个凹陷。

纵向上，济阳拗陷从新近系馆陶组到太古界泰山群均有工业性油藏分布，并主要集中在埋深 1200～1400m 的馆陶组和 1200～3000m 的沙河街组，其中馆陶组和沙二段油气最为富集。济阳拗陷天然气藏主要集中在明化镇组、馆陶组和沙河街组（图 8-74）。

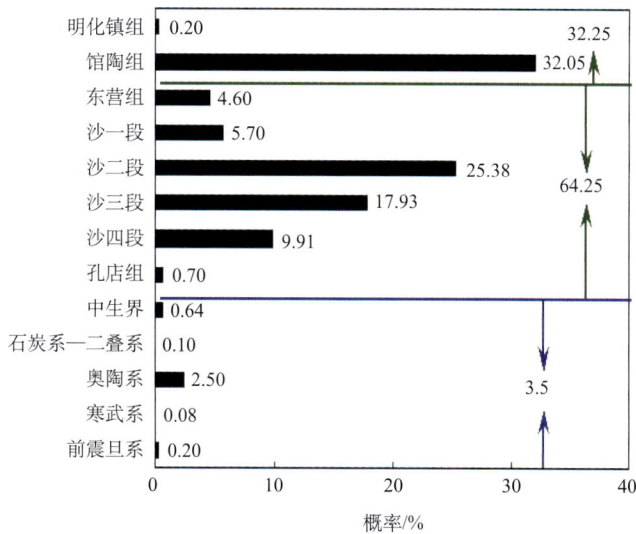

图 8-74 济阳拗陷石油地质储量纵向分布概率图（宋国奇等，2003）

济阳拗陷油气聚集可根据构造圈闭带类型划分出四种复式油气聚集带：同生构造复式油气聚集带、潜山披覆构造复式油气聚集带、洼陷油气聚集带和单斜油气聚集带。随着勘探认识的不断深化，李丕龙（2000）进一步将其油气成藏规律归纳为潜山披覆式、陡坡式、中央背斜式、缓坡式、洼陷式和凸起式六种主要复式油气聚集模式（图8-75）。

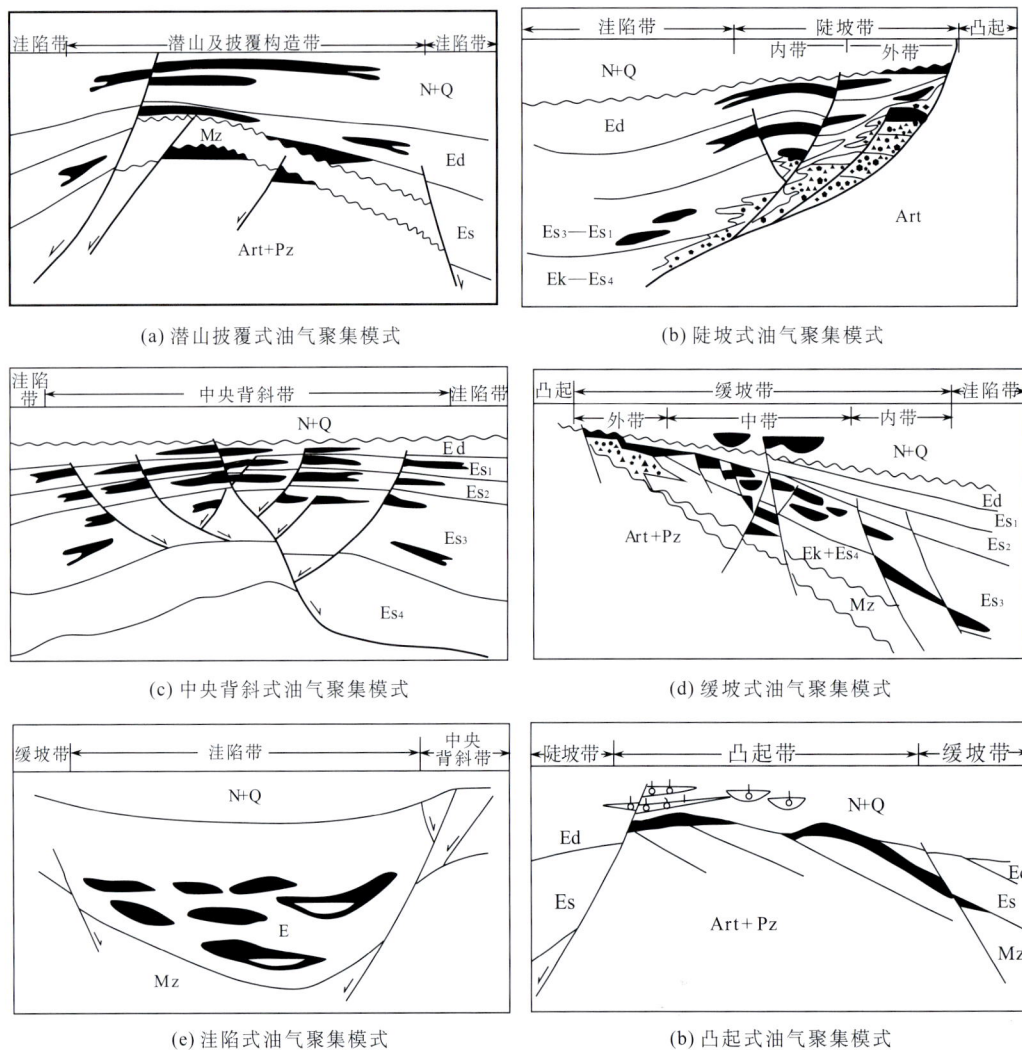

(a) 潜山披覆式油气聚集模式

(b) 陡坡式油气聚集模式

(c) 中央背斜式油气聚集模式

(d) 缓坡式油气聚集模式

(e) 洼陷式油气聚集模式

(b) 凸起式油气聚集模式

图8-75　济阳拗陷油气聚集模式图

（三）济阳拗陷油气成藏体系划分

依据成藏体系划分原则，将济阳拗陷划分为28个成藏体系。其中东营凹陷有8个，沾化凹陷有7个，惠民凹陷有7个，车镇凹陷有3个，另有3个分布在济阳拗陷的外围（图8-76）。各成藏体系特征的简单描述见表8-24。

表 8-24 济阳拗陷各成藏体系特征描述表（据解国军，2001）

代号	成藏体系名称	已发现油田	面积 /km²	所在凹陷	源岩层	输导体系	储集层	主要油藏类型
1	东营中央背斜带	东辛，现河庄，史南，梁家楼，乔庄	751	东营	E_3s_1，E_2s_3，E_2s^1	断层，砂体	Es，Ed	断块，构造，岩性
2	王家岗－八面河	牛庄，王家岗，八面河，广利	1550	东营	E_3s_1，E_2s_3，E_2s^1	砂体，断层，不整合	Es	断块，构造
3	乐安－纯化鼻状构造	纯化、博兴、乐安	682	东营	E_3s_1，E_2s_3，E_2s^1	砂体，断层，不整合	Es，Ng	断块，背斜，岩性
4	博兴洼陷南坡	正理庄、金家	938	东营	E_3s_1，E_2s_3，E_2s^1	砂体，断层，不整合	Es，Ed	断块
5	青城低凸起北坡	高青、花沟	714	东营	E_3s_1，E_2s_3，E_2s^1	砂体，断层	Ed，Es，Ek	断块，岩性
6	林樊家－大芦湖	尚店，林樊家，平方王，平南，小营，大芦湖	841	东营	E_3s_1，E_2s_3，E_2s^1	砂体，断层，不整合	Es，Ed，Ng	岩性，断块，构造
7	滨县凸起南坡	滨南、单家寺	325	东营	E_3s_1，E_2s_3，E_2s^1	砂体，断层，不整合	Es	断块，岩性
8	东营凹陷北带	王庄，郑家，郝家，利津，宁海，胜坨，永安镇，新立村	1043	东营	E_3s_1，E_2s_3，E_2s^1	砂体，断层	Es，Ed	断块，岩性，构造
9	惠民凹陷南坡	临南、曲堤	2273	惠民	E_3s_1，E_2s_3，E_2s^1	砂体，断层，不整合	Es，Ng	断块，构造，岩性
10	惠民中央背斜带	临盘，商河，玉皇庙	1463	惠民	E_3s_1，E_2s_3，E_2s^1	砂体，断层，不整合	Es，Ed，Ng	断块，岩性
11	惠民凹陷北带	无油田	550	惠民	—	—	—	—
12	沙河街鼻状构造	无油田	1579	惠民	—	—	—	—
13	阳信洼陷北部	无油田	526	惠民	—	—	—	—
14	流钟洼陷南坡	无油田	400	惠民	—	—	—	—
15	流钟洼陷北坡	无油田	425	惠民	—	—	—	—
16	东风港－套尔河	东风港、套尔河	1389	车镇	E_3s_1，E_2s_3，E_2s^1	砂体，断层	Es，(C，O)	构造，岩性，潜山

247

续表

代号	成藏体系名称	已发现油田	面积/km²	所在凹陷	源岩层	输导体系	储集层	主要油藏类型
17	车镇凹陷北	英雄滩	830	车镇	E_3s_1，E_2s_3，E_2s^1	砂体，断层	Es，(O)	岩性，构造
18	义和庄凸起北坡	大王北，大王庄，义北，义东，太平	670	车镇	E_3s_1，E_2s_3，E_2s^1	断层，不整合	Es，Ed，(C，Mz)	断块，岩性，构造
19	义和庄凸起南坡	义河庄、邵家	294	车镇	E_3s_1，E_2s_3，E_2s^1	断层，不整合	Es，Ed，Ng，(O，P，C)	断块，岩性，潜山
20	陈家庄凸起北坡	陈家庄	1282	沾化	E_3s_1，E_2s_3，E_2s^1	断层，不整合	Ng，Es，Ed，(O)	构造，背斜，岩性
21	孤南-富林	垦利、河滩、红柳	729	沾化	E_3s_1，E_2s_3	砂体，断层	Ng，Es，Ed	断块，岩性，构造
22	渤南-孤岛	罗家，渤南，垦西，孤岛，孤南	864	沾化	E_3s_1，E_2s_3，E_2s^1	砂体，断层	Ng，Es，Ed	断块，构造，岩性
23	埕东地区	埕东、飞雁滩、老河口	519	沾化	E_3s_1，E_2s_3，E_2s^1	断层，不整合	Ng，Es	断块，构造，背斜，岩性
24	—	无油田	725	外围	—	—	—	
25	埕岛地区	埕岛	667	外围	—	—	—	
26	桩西-长堤-孤东	庄西，长堤，孤东，五号桩	1244	沾化	E_3s_1，E_2s_3，E_2s^1	砂体，断层	Es，Ed，Ng，Nx	断块，构造，岩性，潜山
27	垦东地区	新滩	1429	外围				
28	青坨子	无油田	847	外围				

二、济阳拗陷运聚门限判别

（一）排烃门限判别

1. 排烃地质模式

通过对济阳拗陷烃源岩排烃的主控因素进行分析，按不同岩性及不同有机质类型对济阳拗陷古近系源岩分别建立排烃模式，其中暗色泥岩分为四类，油页岩分为两类，各类源岩排烃地质模式如图 8-77～图 8-82 所示。

从图 8-77～图 8-82 可以看出，源岩岩性不同，排烃特征有较大的差异。其中油页岩的排烃门限约为 2200～2300m，而暗色泥岩埋深为 2600～2800m 时才达到排烃门限。这是由于油页岩中富含各种早期生烃的藻类有机质，比如颗石藻、德弗兰藻等，并且还

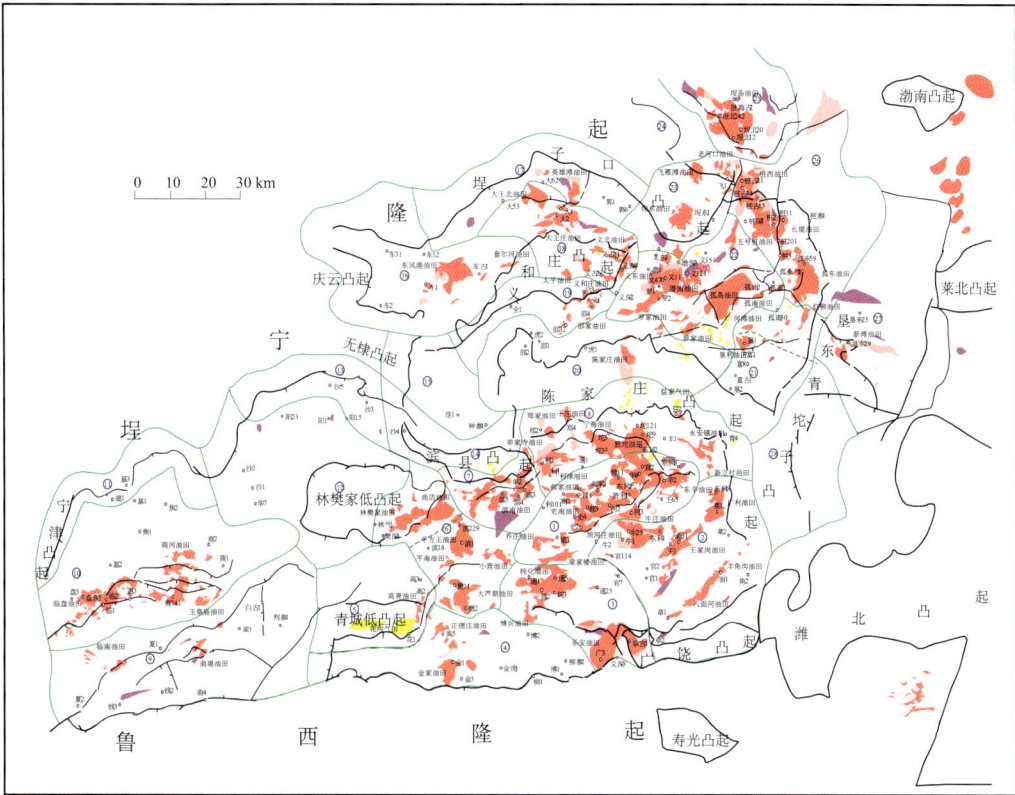

图 8-76 济阳拗陷油气成藏体系划分图（庞雄奇等，2003）

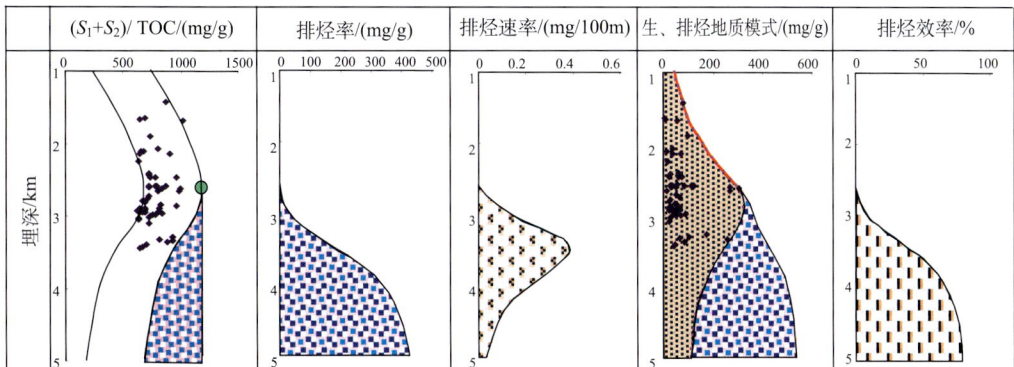

图 8-77 济阳拗陷古近系暗色泥岩 I 型有机质排烃地质模式图

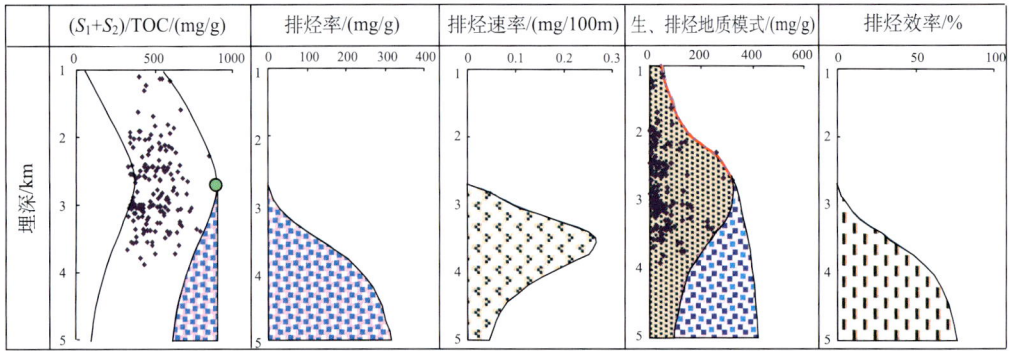

图 8-78　济阳拗陷古近系暗色泥岩 II₁ 型有机质排烃地质模式图

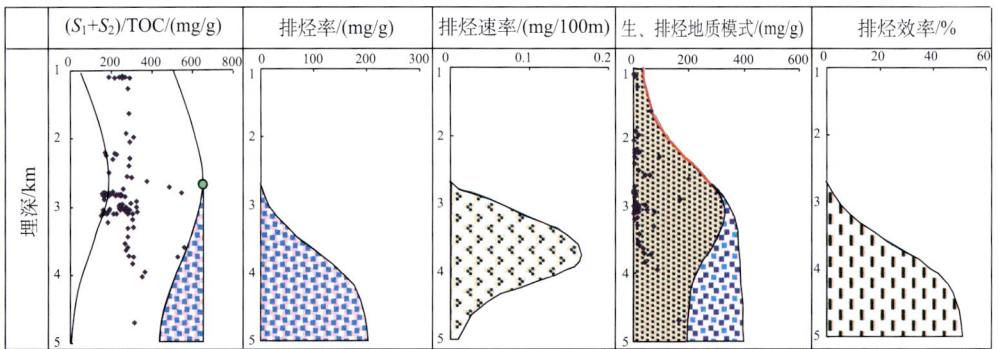

图 8-79　济阳拗陷古近系暗色泥岩 II₂ 型有机质排烃地质模式图

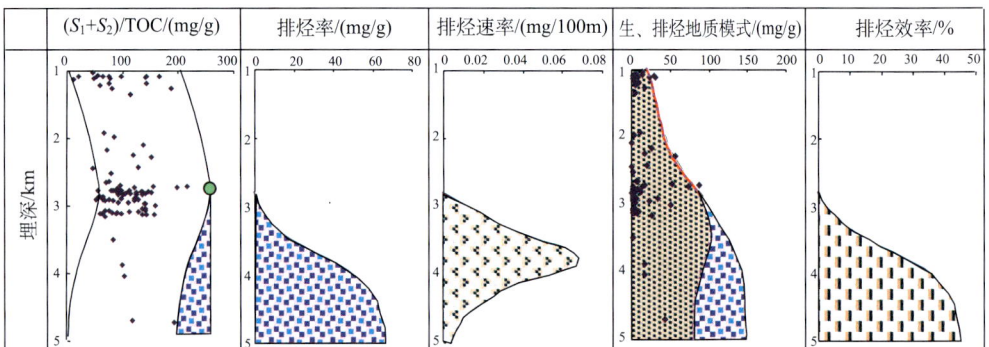

图 8-80　济阳拗陷古近系暗色泥岩 III 型有机质排烃地质模式图

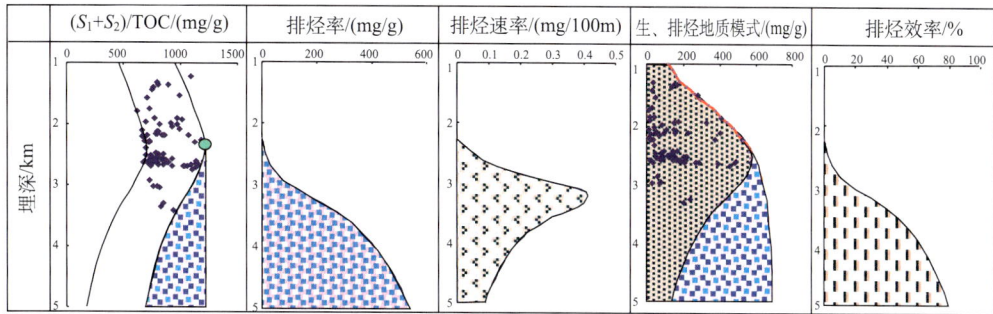

图 8-81　济阳拗陷古近系油页岩Ⅰ型有机质排烃地质模式图

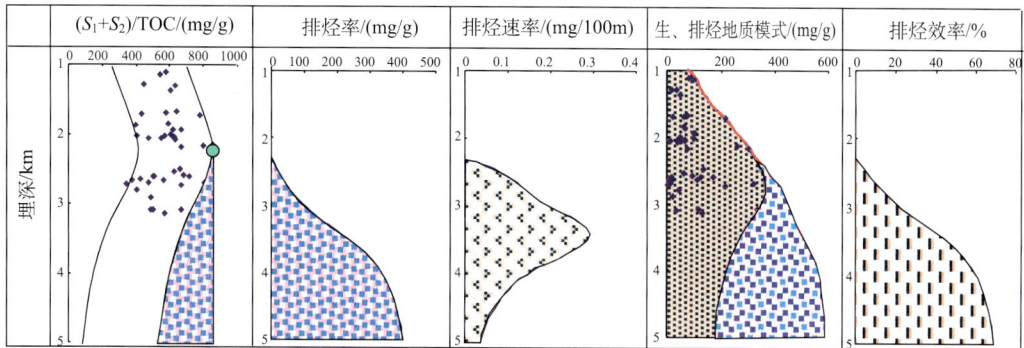

图 8-82　济阳拗陷古近系油页岩Ⅱ型有机质排烃地质模式图

251

与油页岩的有机质丰度较暗色泥岩高有关。油页岩相应的排烃速率高峰期也比暗色泥岩早，且油页岩中生成的烃量在满足自身的残留后排烃速率也相对较大。在演化程度相同的条件下，油页岩的排烃率总体上也比暗色泥岩大得多，如都演化到同一埋深 5000m 时，油页岩的排烃率为 400~535mg/g，而暗色泥岩的排烃率为 66~420mg/g。由于有机质丰度对生烃的贡献要大于其吸附烃的作用，所以油页岩的排烃效率整体上也大于暗色泥岩。

由图 8-77~图 8-82 可知，同一类型烃源岩的有机质类型不同，排烃模式也不同。对于暗色泥岩来说，四个类型的有机质的排烃模式各有差异，其中Ⅰ类有机质的排烃门限最浅，为 2600m；Ⅱ$_1$ 类和Ⅱ$_2$ 类都为 2700m；Ⅲ类为 2800m。虽然它们的排烃门限相差不大，但它们的排烃率却有较大的差别，如Ⅰ类有机质演化到 5000m 深度时的排烃率为 420mg/g，而Ⅲ类有机质的排烃率仅为 66mg/g。对于油页岩来说，不同类型的有机质也存在着这样的差别。

排烃速率的大小可以反映源岩在地史过程中的排烃高峰期。对于同一源岩，其排烃高峰期的出现往往滞后于其残留烃高峰时期，从各类有机质的排烃速率图来看，不同源岩的排烃速率也有差异。总的来看，油页岩的排烃速率大于暗色泥岩，有机质类型由好变差，排烃速率也相应减小。从演化时间来看，有机质类型由好变差，排烃速率高峰期也相应变晚。

　　为计算源岩的排烃效率，在排烃量已知的基础上还需计算出源岩的生烃量。这里针对不同岩性源岩中的不同有机质类型，利用热解参数 S_1 分别计算了不同有机质类型源岩的源岩残留烃量，从而计算出源岩的排烃效率。从研究结果来看，不同类型的有机质残留烃量也不同，有机质类型好的源岩残留烃量大，生烃量也大，这与前人的研究结果是一致的（庞雄奇，1995）。从最终计算的排烃效率来看，虽然有机质类型好的源岩残留烃量相对较大，但这并不影响源岩的排烃效率。根据该地区不同类型有机质的研究结果，Ⅰ型油页岩演化到地下 5000m 时其排烃效率可以达到 78%，Ⅱ型油页岩也可以达到 68%；与油页岩相比，暗色泥岩中母质类型差的排烃效率稍低，其中Ⅰ型为 78%，Ⅱ₁ 型为 76%，Ⅱ₂ 和Ⅲ型分别为 50% 和 45%。

　　2. 排烃特征及排烃量

　　由于各个拗陷的构造演化不同，各个凹陷的排烃特征也有所不同。图 8-83 和图 8-84 分别是东营凹陷和沾化凹陷的排烃特征与定量评价综合图。

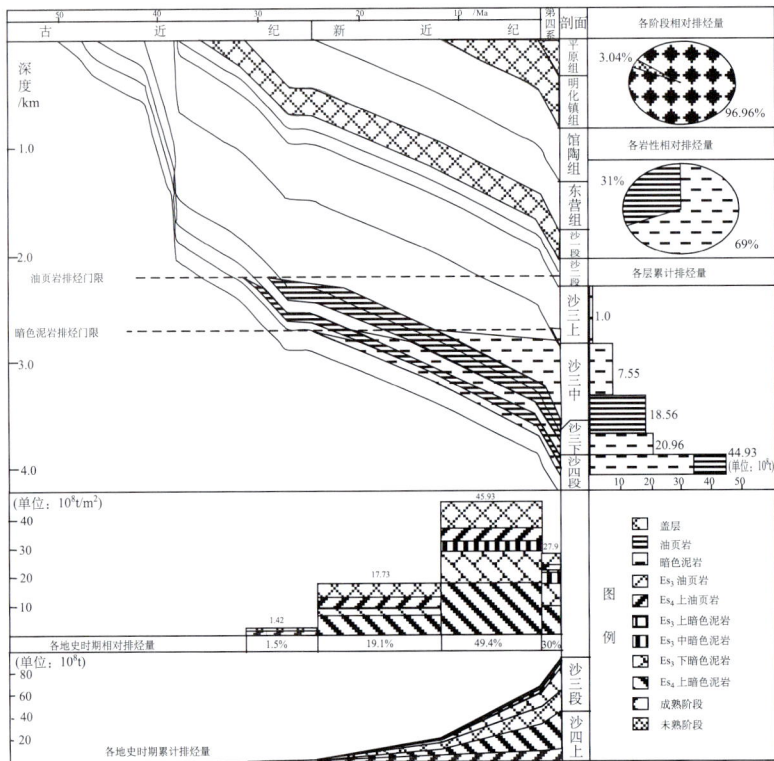

图 8-83　东营凹陷古近系源岩排烃量综合评价图

　　从图 8-83 可看出，由于油页岩的排烃门限相对较浅，在地史演化过程中将较早地进入排烃门限。东营凹陷的油页岩在东营组沉积初期就达到了排烃门限，但排烃量较少，仅占总排烃量的 1.5%；到东营组沉积末馆陶组沉积初期，该区的暗色泥岩开始达

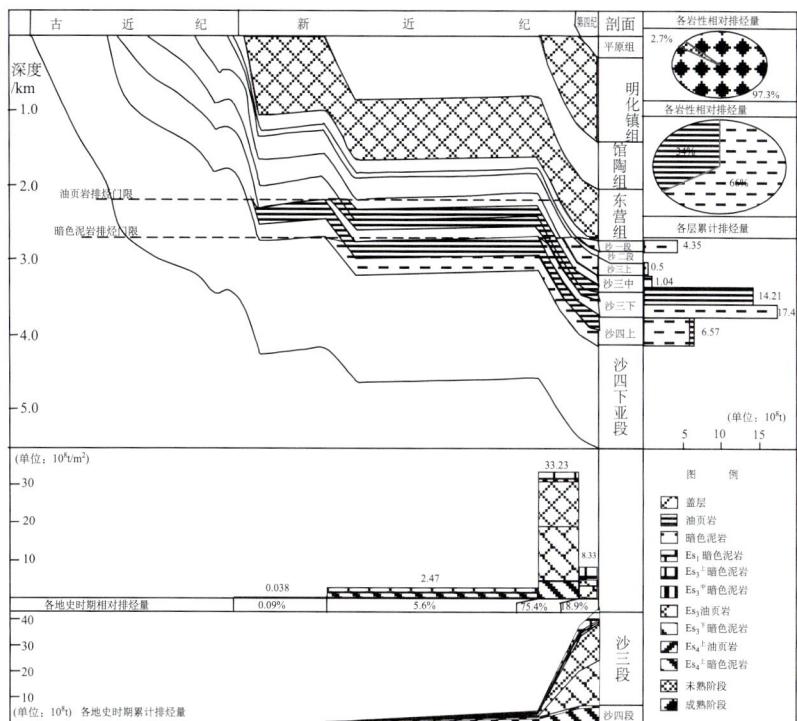

图 8-84　沾化凹陷古近系源岩排烃量综合评价图

到排烃门限，馆陶组沉积时期的排烃量也有所增加，排出的烃量占总排烃量的 19.1%；明化镇组沉积时期是该区源岩的排烃高峰时期，共排出烃量 45.93×10^8 t，占总排烃量的 49.4%；第四系由于埋藏时间较短，排烃量相对较小，排出烃 27.9×10^{8}t。可以看出，该区源岩目前仍处于排烃高峰延余期。

该区油页岩在东营组沉积时期也达到了排烃门限，但在此期间排出的烃量却微乎其微，仅占该区总排烃量的 0.09%；馆陶组沉积时期排出的烃量也很少，仅占总排烃量的 5.6%；明化镇组沉积时期是该区源岩排烃的绝对高峰时期，共排出烃量 33.23×10^8t，占总排烃量的 75.4%；明化镇沉积时期排烃速率开始下降，共排出烃 8.33×10^8t。

（二）聚集门限判别

通过成藏体系的生烃量比较（表 8-25），济阳拗陷 26 个成藏体系中有 19 个已经达到聚集门限，其直接证据是这 19 个成藏体系都已有油田发现，另外 7 个由于生烃量小而尚未进入聚集门限，这也可以从目前的油气勘探结果得到印证。

表 8-25　济阳拗陷成藏体系聚集门限判别结果

成藏体系代号	成藏体系名称	生烃量/10^8t	聚集门限/10^8t	生烃量-聚集门限/10^8t	可供聚集烃量/10^8t	是否进入聚集门限
1	东营中央背斜带	74.99	18.4	56.59	56.59	是
2	王家岗-八面河	66.55	10.2	56.35	56.35	是
3	乐安-纯化鼻状构造	33.84	4.56	29.28	29.28	是
4	博兴洼陷南坡	24.97	4.91	20.06	20.06	是
5	青城低凸起北坡	4.54	0.363	4.177	4.177	是
6	平方王-大芦湖	43.83	5.03	38.8	38.8	是
7	滨县凸起南坡	38.70	3.01	35.69	35.69	是
8	东营凹陷北带	104.41	5.99	98.42	98.42	是
9	惠民凹陷南坡	28.96	22.7	6.26	6.26	是
10	惠民中央背斜带	74.39	24.5	49.89	49.89	是
11	惠民凹陷北部	0.92	1.13	-0.21	0	否
12	沙河街鼻状构造	11.39	12.6	-1.21	0	否
13	阳信洼陷北部	4.10	4.29	-0.19	0	否
14	流钟洼陷南坡	0.00	3.33	-3.33	0	否
15	流钟洼陷北坡	0.00	3.52	-3.52	0	否
16	东风港-套尔河	28.71	5.96	22.75	22.75	是
17	车镇凹陷北	21.01	2.45	18.56	18.56	是
18	义和庄凸起北坡	30.44	4.43	26.01	26.01	是
19	义和庄凸起南坡	7.41	0.806	6.604	6.604	是
20	陈家庄凸起北坡	15.89	4.67	11.22	11.22	是
21	孤南-富林	27.86	5.48	22.38	22.38	是
22	渤南-孤岛	90.07	17.7	72.37	72.37	是
23	埕东地区	21.38	2.94	18.44	18.44	是
26	桩西-长堤-孤东	48.57	3.60	44.97	44.97	是
27	垦东地区	0.00	12.4	-12.4	0	否
28	青坨子	0.00	6.92	-6.92	0	否

（三）资源门限的判别

根据聚集门限理论研究无价值聚集烃量的思路是在分别计算出成藏体系的生烃量和聚集门限后，前者减去后者得到可供聚集烃量。可供聚集烃量构成了成藏体系资源量与无价值聚集烃量的主体，因此从可供聚集烃量中减去成藏体系的资源量即可得出该成藏体系的无价值聚集烃量。通过对无价值聚集烃量与其影响要素之间的关系进行逐步回归，不但可以确定主控因素，而且可以建立无价值聚集烃量的定量计算公式。济阳拗陷油气成藏体系无价值聚集烃量计算结果表明，资源量往往只占可供聚集烃量的小部分，并且成藏体系的可供聚集烃量越大，其无价值聚集烃量也越大（表 8-26）。

表 8-26 济阳拗陷油气成藏体系无价值聚集烃量计算结果

成藏体系代号	成藏体系名称	可供聚集烃量/10^8 t	资源量/10^8 t	无价值聚集烃量/10^8 t	无价值聚集烃率/%
1	东营中央背斜带	56.59	7.61	48.98	86.55
2	王家岗-八面河	56.35	5.90	50.45	89.53
3	乐安-纯化鼻状构造	29.28	3.65	25.63	87.53
4	博兴洼陷南坡	20.06	1.20	18.86	94.02
5	青城低凸起北坡	4.177	0.37	3.80	91.13
6	平方王-大芦湖	38.8	4.10	34.70	89.43
7	滨县凸起南坡	35.69	4.92	30.77	86.21
8	东营凹陷北带	98.42	9.40	89.02	90.45
9	惠民凹陷南坡	6.26	1.13	5.13	81.95
10	惠民中央背斜带	49.89	6.72	43.17	86.53
11	惠民凹陷北部	0.00	0.12	0.00	—
12	沙河街鼻状构造	0.00	0.95	0.00	—
13	阳信洼陷北部	0.00	0.54	0.00	—
14	流钟洼陷南坡	0.00	0.00	0.00	—
15	流钟洼陷北坡	0.00	0.00	0.00	—
16	东风港-套尔河	22.75	1.80	20.95	92.09
17	车镇凹陷北	18.56	2.34	16.22	87.39
18	义和庄凸起北坡	26.01	3.75	22.26	85.58
19	义和庄凸起南坡	6.604	0.40	6.204	93.94
20	陈家庄凸起北坡	11.22	0.96	10.26	91.44
21	孤南-富林	22.38	3.19	19.19	85.75
22	渤南-孤岛	72.37	12.11	60.26	83.27
23	埕东地区	18.44	3.00	15.44	83.73
26	桩西-长堤-孤东	44.97	7.10	37.87	84.21
27	垦东地区	0.00	0.00	0.00	—
28	青坨子	0.00	0.00	0.00	—

总体上，该区成藏体系的无价值聚集烃量以大于 20×10^8 t 为主。除了第 11～15 号、27 和 28 号成藏体系由于未达到聚集门限而使得无价值聚集烃量为零外，其他成藏体系的无价值聚集烃量均比较大。其中东营凹陷北带（第 8 号）的无价值聚集烃量最大（89.02×10^8 t），青城低凸起北坡（第 5 号）成藏体系的无价值聚集烃量最小，仅为 3.80×10^8 t。总体上，该区成藏体系的无价值聚集烃量以大于 20×10^8 t 为主（图 8-85），

东营凹陷各成藏体系无价值聚集烃率分布范围为 86.21%～94.02%，其中博兴洼陷南坡成藏体系无价值聚集烃率最高，惠民、沾化、车镇凹陷各个成藏体系的无价值聚集烃率也各不相同，其根本原因是不同成藏体系的油气地质条件存在差异（图 8-86）。

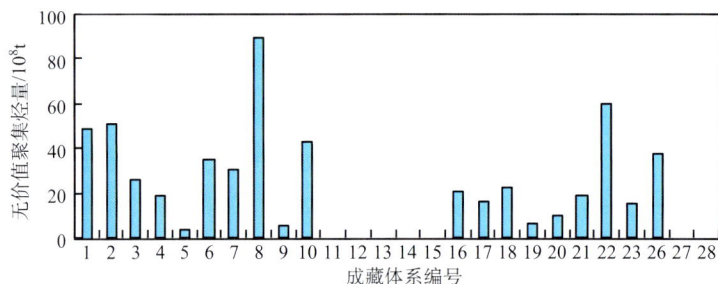

图 8-85　济阳拗陷高勘探程度成藏体系无价值聚集烃量比较

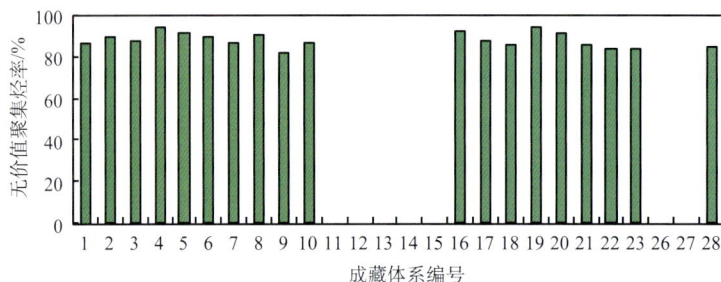

图 8-86　济阳拗陷高勘探程度成藏体系无价值聚集烃率比较

（四）各成藏体系剩余资源量与剩余资源丰度

剩余资源量是最能反映成藏体系勘探潜力的参数。从成藏体系的总资源量中减去其内部已发现的地质储量即得到该成藏体系的剩余资源量，资源探明率在一定程度上也反映了成藏体系的勘探潜力。济阳拗陷剩余资源潜力最大的五个成藏体系分别是渤南-孤岛、惠民中央背斜带、东营中央背斜带、王家岗-八面河、滨县凸起南坡，其剩余资源量分别为 $6.31 \times 10^8 t$、$4.59 \times 10^8 t$、$3.57 \times 10^8 t$、$3.26 \times 10^8 t$ 和 $3.11 \times 10^8 t$。济阳拗陷剩余资源量为 $46.72 \times 10^8 t$，共有 15 个成藏体系的剩余资源量大于 $1 \times 10^8 t$，说明其勘探潜力仍相当可观（表 8-27 和图 8-87）。

表 8-27　济阳拗陷油气成藏体系剩余资源量及丰度计算结果

成藏体系代号	成藏体系名称	资源量 /$10^8 t$	探明地质储量/$10^8 t$	剩余资源量/$10^8 t$	资源探明率/%	剩余资源丰度 /($10^4 t$/km^2)
1	东营中央背斜带	7.61	4.04	3.57	53.09	47.54
2	王家岗-八面河	5.90	2.64	3.26	44.75	21.03

续表

成藏体系代号	成藏体系名称	资源量/10^8t	探明地质储量/10^8t	剩余资源量/10^8t	资源探明率/%	剩余资源丰度/(10^4t/km^2)
3	乐安-纯化	3.65	1.90	1.75	52.05	25.66
4	博兴洼陷南坡	1.20	0.56	0.64	46.67	6.82
5	青城低凸起北坡	0.37	0.17	0.2	45.95	2.80
6	平方王-大芦湖	4.10	2.17	1.93	52.93	22.95
7	滨县凸起南坡	4.92	1.81	3.11	36.79	95.69
8	东营凹陷北带	9.40	6.77	2.63	72.02	25.22
9	惠民凹陷南坡	1.13	0.48	0.65	42.48	2.86
10	惠民中央背斜带	6.72	2.13	4.59	31.70	31.37
11	惠民凹陷北部	0.12	0.00	0.12	0.00	2.18
12	沙河街鼻状构造	0.95	0.00	0.95	0.00	6.02
13	阳信洼陷北部	0.54	0.00	0.54	0.00	10.27
16	东风港-套尔河	1.80	0.38	1.42	21.11	10.22
17	车镇凹陷北	2.34	0.16	2.18	6.84	26.27
18	义和庄凸起北坡	3.75	0.88	2.87	23.47	42.84
19	义和庄凸起南坡	0.40	0.39	0.01	97.50	0.34
20	陈家庄凸起北坡	0.96	0.30	0.66	31.25	5.15
21	孤南-富林	3.19	0.60	2.59	18.81	35.53
22	渤南-孤岛	12.11	5.80	6.31	47.89	73.03
23	埕东地区	3.00	1.04	1.96	34.67	37.76
25	埕岛地区	5.60	3.6564	1.94	65.29	29.14
26	桩西-长堤-孤东	7.10	4.26	2.84	60.00	22.83
合计		86.86	40.13	46.72	46.21	21.51

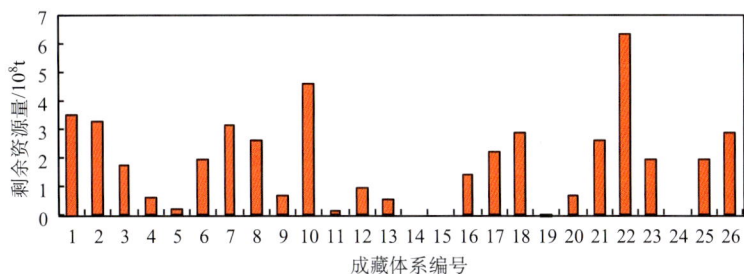

图 8-87 济阳拗陷油气成藏体系剩余资源量比较

257

三、济阳拗陷运聚门限控油气作用研究

（一）排烃门限控油气作用研究

1. 控制油气的来源

济阳拗陷东营、惠民凹陷的沙一段目前尚没有达到排烃门限，只有沾化与车镇凹陷的部分地区达到了排烃门限，排烃中心在沾化的孤南洼陷与桩西地区，排烃中心值高达 $1.4×10^6 t/km^2$；四个凹陷的沙三上亚段源岩层都有部分地区达到了排烃门限，出现多个排烃中心，但由于源岩的整体有机质丰度不高，加上埋深较浅，整体的排烃强度不大，排烃强度高值仍在沾化凹陷，最大值约为 $0.8×10^6 t/km^2$；对于沙三中亚段源岩层，由于埋深进一步增加，以及源岩的有机质丰度的提高，拗陷整体排烃强度都有了提高，多排烃中心格局更加明显，尤其是东营凹陷，大部分地区都开始排烃，在利津洼陷，由于源岩厚度大，其中心排烃最大值达 $2.2×10^6 t/km^2$；沙三下亚段，有机质的丰度较之沙三中亚段更大，出现了临南、利津、车西、渤南、五号桩等多个排烃中心，其中渤南洼陷由于源岩厚度大，埋藏深，其排烃强度值较其他几个洼陷要高出许多；沙四上亚段源岩的有机质含量虽然也高，但由于源岩的厚度较薄，整体的排烃强度不大，利津洼陷是本层的主要排烃中心。对于油页岩来说，由于其有机质丰度整体较高，其分布及厚度直接决定了排烃强度值的大小，如沙三段的油页岩在沾化凹陷渤南洼陷沉积厚度大，所以排烃强度也大，在东营凹陷虽然厚度不大，但分布广泛，大部分地区都进入了排烃门限；而沙四上亚段的油页岩主要分布在利津洼陷和东营凹陷南斜坡，这两个地区是济阳拗陷沙四上亚段的排烃中心。根据各层段源岩的排烃范围，可知沙三下亚段和沙四上亚段排烃范围较大，对全区具有较强的供烃能力（图 8-88～图 8-92）。

2. 控制着油气的成藏期次

前已述及，济阳拗陷各凹陷由于埋藏深度差别较大，各凹陷排烃时期存在一定差异。但总体上，济阳拗陷排烃期主要在馆陶组和明化镇组沉积时期，因此油气属于晚期成藏。

3. 控制着油气的量

表 8-28 是济阳拗陷古近系各源岩层的生、排烃量模拟计算结果。模拟结果显示，济阳拗陷古近系源岩共排出烃 $182.87×10^8 t$，其中油页岩的排烃量为 $61.45×10^8 t$，占总排烃量的 33.6%，暗色泥岩的排烃量为 $121.42×10^8 t$，占总排烃量的 66.4%，该区暗色泥岩的排烃贡献仍占主要。层位上，排出烃量最大的三个层位分别是沙三下亚段暗色泥岩、沙三下亚段油页岩和沙四上亚段暗色泥岩，它们排出的烃量分别为 $53.09×10^8 t$、$48.81×10^8 t$ 和 $44.83×10^8 t$，这三个层位排烃量之和共占整个济阳拗陷古近系排烃量的 80%；排烃量最小的为沙三上亚段，仅有 $3.68×10^8 t$。

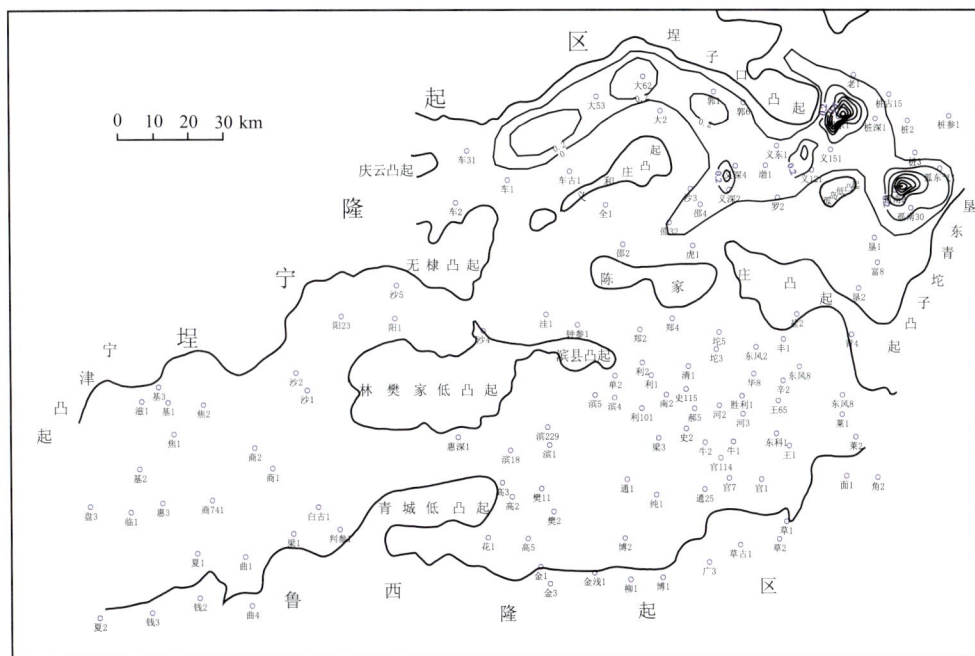

图 8-88 济阳拗陷沙一段暗色泥岩排烃强度等值线图（单位：10^6 t/km^2）

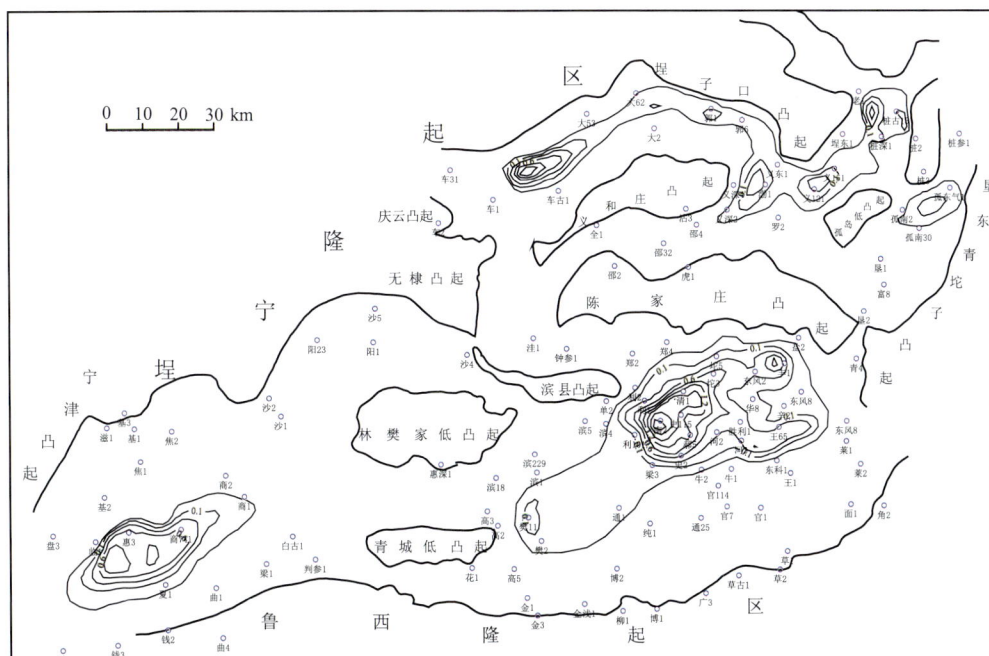

图 8-89 济阳拗陷沙三中亚段暗色泥岩排烃强度等值线图（单位：10^6 t/km^2）

259

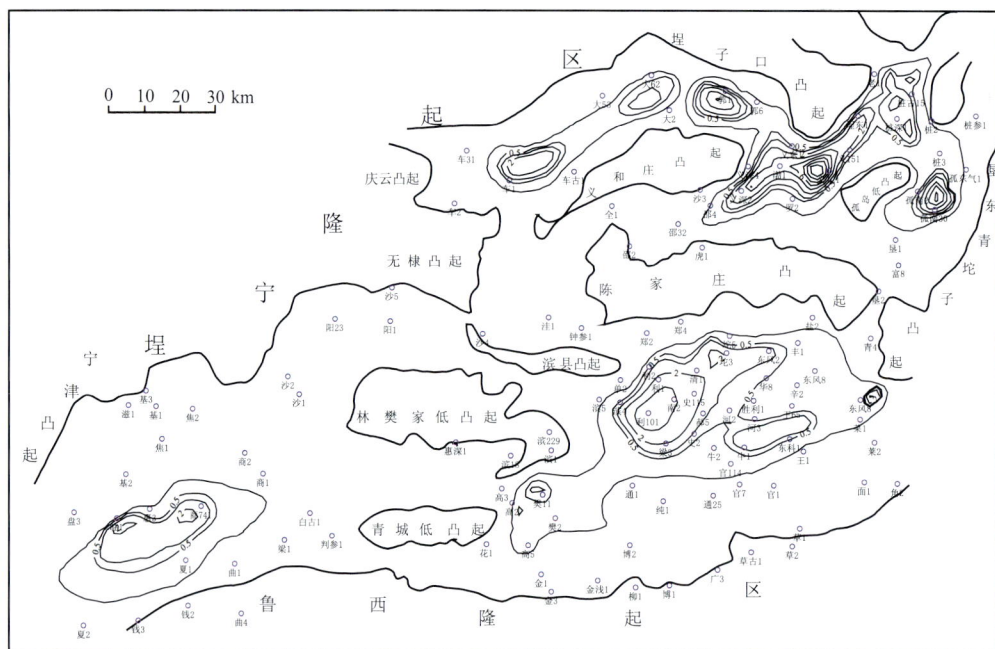

图 8-90 济阳拗陷沙三下亚段暗色泥岩排烃强度等值线图（单位：10^6 t/km^2）

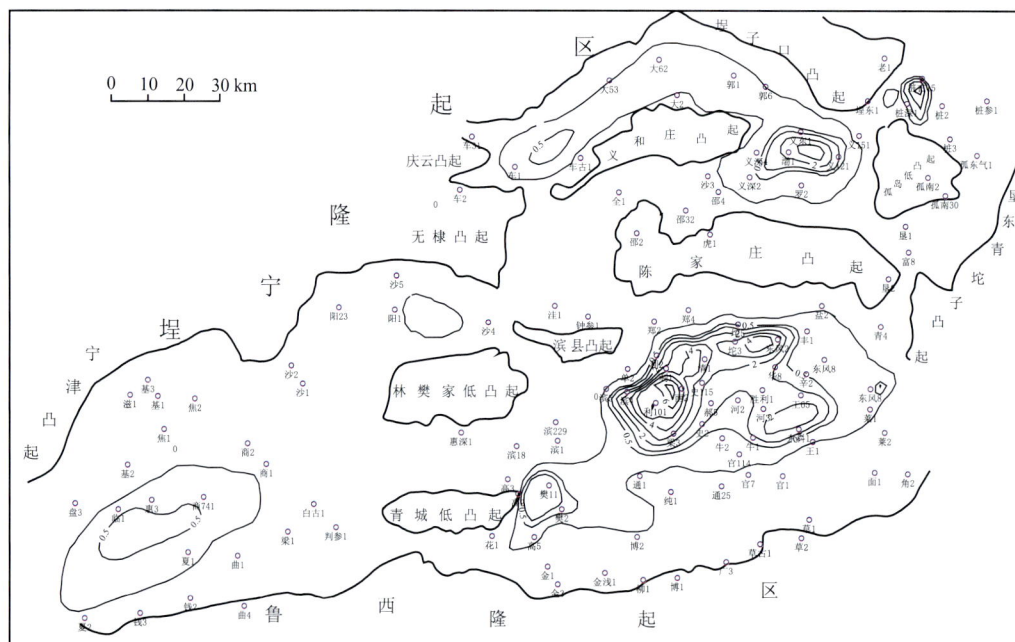

图 8-91 济阳拗陷沙四上亚段暗色泥岩排烃强度等值线图（单位：10^6 t/km^2）

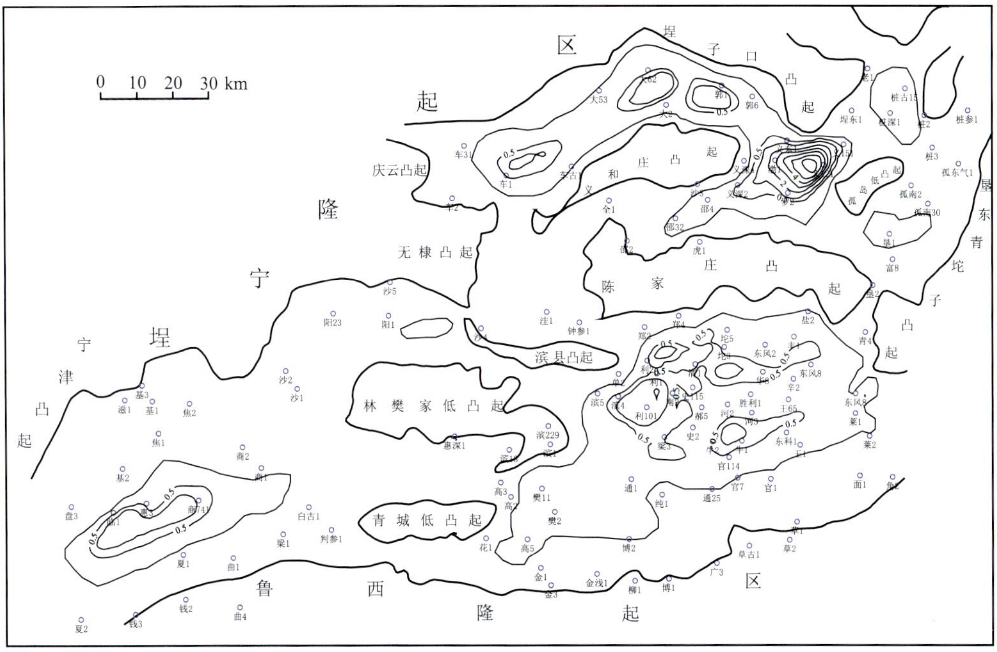

图 8-92 济阳拗陷沙三段油页岩排烃强度等值线图（单位：10^6 t/km^2）

表 8-28 济阳拗陷各凹陷、各层位生、排烃量统计表

生排烃	凹陷名称	暗色泥岩					油页岩		合计
		Es$_1$	Es$_3^{上}$	Es$_3^{中}$	Es$_3^{下}$	Es$_4^{上}$	Es$_3$	Es$_4^{上}$	
生烃量 /10^{8}t	东营凹陷	13.79	33.89	80.73	90.67	99.87	65.96	26.93	411.84
	沾化凹陷	50.19	6.07	8.94	76.43	16.94	44.05	2.11	204.72
	惠民凹陷	7.35	12.44	18.76	29.62	15.02	34.50	2.08	119.75
	车镇凹陷	14.63	3.94	7.43	31.18	5.34	23.78	1.27	87.57
	合计	85.95	56.33	115.86	227.90	137.17	168.28	32.39	823.88
排烃量 /10^{8}t	东营凹陷	0.00	1.00	7.55	20.96	34.40	18.56	10.53	93.01
	沾化凹陷	4.35	0.50	1.04	17.40	5.90	14.21	0.67	44.07
	惠民凹陷	0.00	1.75	4.09	7.99	2.77	8.68	1.00	26.28
	车镇凹陷	1.23	0.43	1.56	6.74	1.76	7.35	0.45	19.51
	合计	5.58	3.68	14.24	53.09	44.83	48.81	12.65	182.87

（二）聚集门限控油气作用研究

表 8-25 是济阳拗陷成藏体系聚集门限判别结果，济阳拗陷共划分为 26 个成藏体系，从聚集门限判别结果来看，其中 19 个达到聚集门限并有可供聚集烃量，其余 7 个则没有达到聚集门限，没有可供聚集烃量。由此不难看出，在济阳拗陷进一步的油气勘

261

探过程中,应侧重于已达到聚集门限的成藏体系,并根据可供聚集烃量的大小按次序选择有利的勘探区带。其中,东营凹陷北带的可供聚集烃量最大,达到了 $118.42\times10^8\,t$;其次是渤南-孤岛成藏体系,为 $72.37\times10^8\,t$;东营中央背斜带、王家岗-八面河和惠民中央背斜带成藏体系都在 $50\times10^8\,t$ 左右,这些成藏体系将是进一步勘探的有利区。

(三)资源门限控油气作用研究

1. 控制着最大油气藏规模

统计表明,成藏体系内油气资源量的大小对其内最大油气田的规模也具有明显的控制作用,形成大中型油气田往往要求有一定规模以上的油气资源量。我国能形成中型油田的盆地或成藏体系的资源量一般需要超过 $2\times10^8\,t$,形成大型油田的盆地或成藏体系的资源量一般需要超过 $8.5\times10^8\,t$。如我国的松辽盆地、渤海湾盆地、塔里木盆地、准噶尔盆地、四川盆地、鄂尔多斯盆地、柴达木盆地和吐哈盆地均能形成大型油气田。

对济阳拗陷主要成藏体系资源量(Q)与最大单一油田储量(q_{max})的关系进行回归,可建立二者之间的定量关系,即 $q_{max}=0.232997\exp(0.321697Q)$(图8-93),将济阳拗陷各成藏体系的资源量分别代入上述定量模式,可得到最大单一油田规模(表8-29)。

表 8-29 济阳拗陷油气成藏体系最大油田规模预测

成藏体系代号	成藏体系名称	生烃量/10^8t	资源量/10^8t	最大单一油田规模预测/10^8t
1	东营中央背斜带	74.99	7.61	2.6950
2	王家岗-八面河	66.55	5.9	1.5547
3	乐安-纯化	33.84	3.65	1.3503
4	博兴洼陷南坡	24.97	1.2	0.3428
5	青城低凸起北坡	4.54	0.37	0.2624
6	平方王-大芦湖	43.83	4.1	0.8713
7	滨县凸起南坡	38.70	4.92	1.1343
8	东营凹陷北带	124.41	9.4	4.7933
9	惠民凹陷南坡	28.96	1.13	0.3351
10	惠民中央背斜带	74.39	6.72	2.0240
11	惠民凹陷北部	0.92	0.12	0.0422
12	沙河街鼻状构造	11.39	0.95	0.3163
13	阳信洼陷北部	4.10	0.54	0.1772
14	流钟洼陷南坡	0.00	0	0.0000
15	流钟洼陷北坡	0.00	0	0.0000
16	东风港-套尔河	28.71	1.8	0.4157
17	车镇凹陷北	21.01	2.34	0.4946

续表

成藏体系代号	成藏体系名称	生烃量/10^8t	资源量/10^8t	最大单一油田规模预测/10^8t
18	义和庄凸起北坡	30.44	3.75	0.7785
19	义和庄凸起南坡	7.41	0.4	0.2650
20	陈家庄凸起北坡	15.89	0.96	0.3173
21	孤南–富林	27.86	3.19	0.6502
22	渤南–孤岛	90.07	12.11	4.0618
23	埕东地区	21.38	3.0	0.6116
25	埕岛地区	—	5.6	3.6564
26	桩西–长堤–孤东	48.57	7.1	2.2872
27	垦东地区	0.00	0.00	0.0000
28	青坨子	0.00	0.00	0.0000

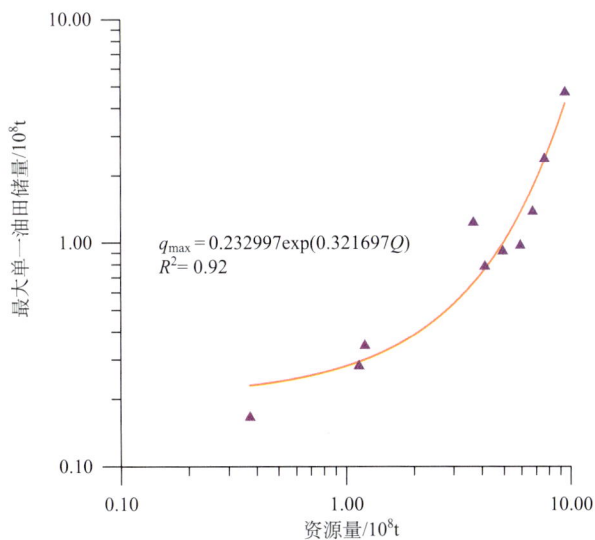

图 8-93 济阳拗陷主要成藏体系资源量与最大单一油田储量关系

如图 8-94 所示，共有 9 个成藏体系的最大单一油田储量高于 1.0×10^8t，它们分别是东营凹陷北带（第 8 号）、渤南–孤岛（第 22 号）、埕岛地区（第 25 号）、东营中央背斜带（第 1 号）、桩西–长堤–孤东（第 26 号）、惠民中央背斜带（第 10 号）、王家岗–八面河（第 2 号）、乐安–纯化（第 3 号）和滨县凸起南坡（第 7 号），在这些成藏体系内均可形成大油田。

263

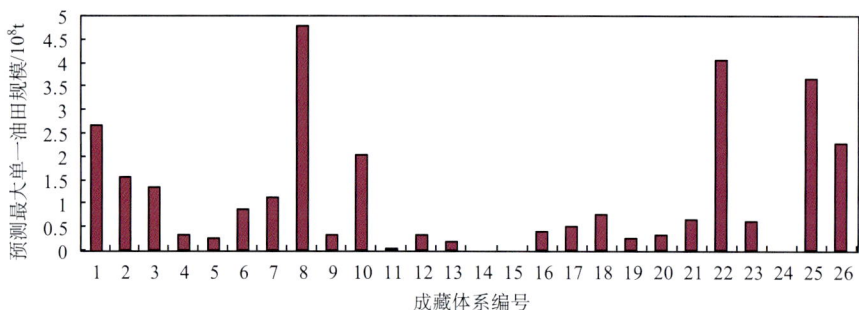

图 8-94 济阳拗陷油气成藏体系最大单一油田规模预测比较

264

2. 控制着油气资源丰度

在表示一个成藏体系含油气的丰富程度时，除了采用绝对资源量外，还经常采用一个相对的概念，即单位面积或体积蕴含油气资源量的多少，通常称为资源丰度。通过应用资源丰度的概念，可以消除探区面积或沉积岩体积等干扰因素的影响。在我国已找到的 26 个亿吨级大油田中，24 个分布在资源丰度大于 $20 \times 10^4 t/km^2$ 的高丰度凹陷中，可见大油田多形成于高资源丰度凹陷。表 8-33 是济阳拗陷成藏体系资源丰度结果。

济阳拗陷共有 13 个成藏体系的资源丰度大于 $20 \times 10^4 t/km^2$，其中最高的 5 个成藏体系依次是滨县凸起南坡（第 7 号）、渤南-孤岛（第 22 号）、东营中央背斜带（第 1 号）、东营凹陷北带（第 8 号）和埕东地区（第 23 号），而且第 22、1 和 8 号成藏体系也是胜利油田探明地质储量最为丰富的地区（表 8-30 和图 8-95）。

表 8-30 济阳拗陷成藏体系资源丰度与油气聚集度计算结果

成藏体系代号	成藏体系名称	资源丰度 /$(10^4 t/km^2)$	运聚效率 /%	油气聚集度
1	东营中央背斜带	101.3	10.15	0.1238
2	王家岗-八面河	38.1	8.87	0.1968
3	乐安-纯化鼻状构造	53.5	10.79	0.3454
4	博兴洼陷南坡	12.8	4.81	0.6547
5	青城低凸起北坡	5.2	8.19	0.5153
6	平方王-大芦湖	48.8	9.35	0.1174
7	滨县凸起南坡	151.4	12.71	0.2182
8	东营凹陷北带	90.1	7.56	0.3734
9	惠民凹陷南坡	5.0	3.91	0.2753
10	惠民中央背斜带	45.9	9.03	0.1264
11	惠民凹陷北部	2.2	13.0	—
12	沙河街鼻状构造	6.0	8.3	—

续表

成藏体系代号	成藏体系名称	资源丰度/$(10^4 t/km^2)$	运聚效率/%	油气聚集度
13	阳信洼陷北部	10.3	13.19	—
16	东风港-套尔河	13.0	6.27	0.3446
17	车镇凹陷北	28.2	11.14	—
18	义和庄凸起北坡	56.0	12.33	0.1226
19	义和庄凸起南坡	13.6	5.40	0.066
20	陈家庄凸起北坡	7.5	6.04	—
21	孤南-富林	43.8	11.46	0.6335
22	渤南-孤岛	140.2	13.44	0.286
23	埕东地区	57.8	14.03	0.1531
26	桩西-长堤-孤东	57.1	14.62	0.3141

惠民凹陷南坡（第 9 号）和惠民中央背斜带（第 10 号）两个成藏体系的资源丰度分别为 $5.0 \times 10^4 t/km^2$ 和 $45.9 \times 10^4 t/km^2$。平面上，凹陷中大型隆起带所在成藏体系的资源丰度一般较高。

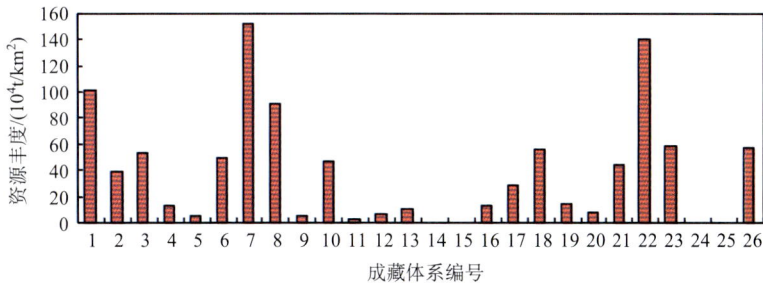

图 8-95 济阳拗陷油气成藏体系资源丰度比较

四、济阳拗陷油气资源评价结果与讨论

将上述各成藏体系资源量、最大油田规模、探明储量、已发现最大油田规模、剩余资源量与剩余最大油田规模、资源强度与石油聚集度、剩余资源强度与剩余石油聚集度的计算结果标注在平面图上，可以直观地比较并优选有利的成藏体系（图 8-96～图 8-100）。

由图 8-96 可以看出，东营和沾化凹陷中成藏体系的资源量和最大油田的规模普遍较大，车镇和惠民凹陷中成藏体系的资源量和最大油田规模一般较低。在平面上，环绕生烃洼陷分布的成藏体系的资源量和油田的规模较大。

就整个济阳拗陷而言，其东半部分布的成藏体系的资源量普遍大于西半部成藏体系的资源量。就探明储量而言，济阳拗陷的探明储量主要集中在东营和沾化两个凹陷中，并且

265

以东营和沾化凹陷中几个主要成藏体系的探明储量最为丰富，车镇和惠民凹陷中除个别成藏体系的探明储量较为可观外，大部分成藏体系的探明储量较低，已发现的最大油田的规模也较小，这一方面是因为其资源量少，另一方面也与勘探程度较低有关（图8-96）。

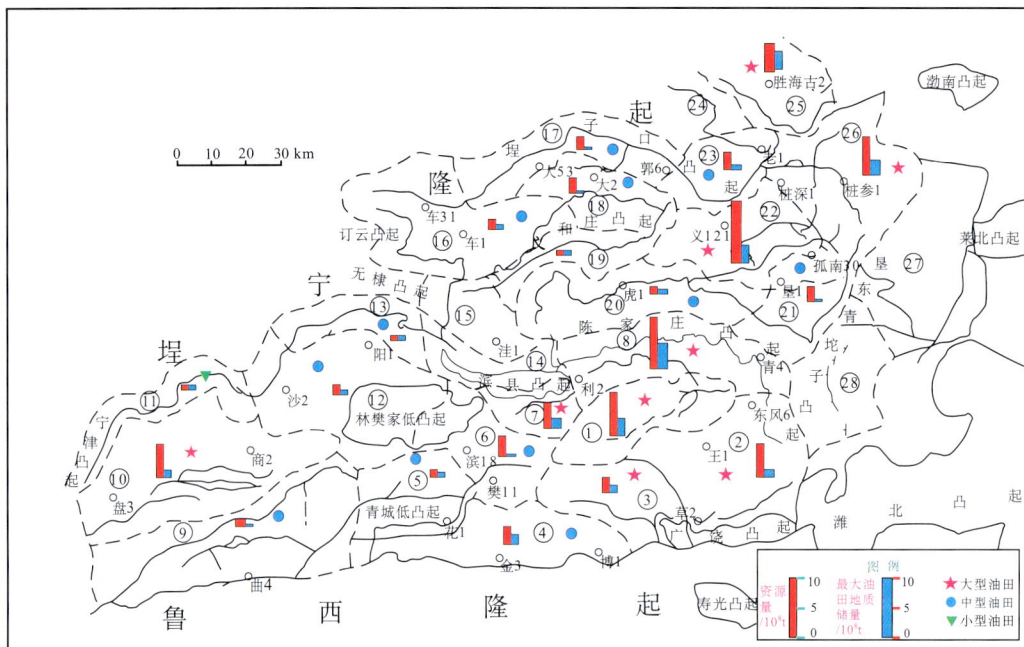

图 8-96　济阳拗陷成藏体系资源量与最大油田规模预测图

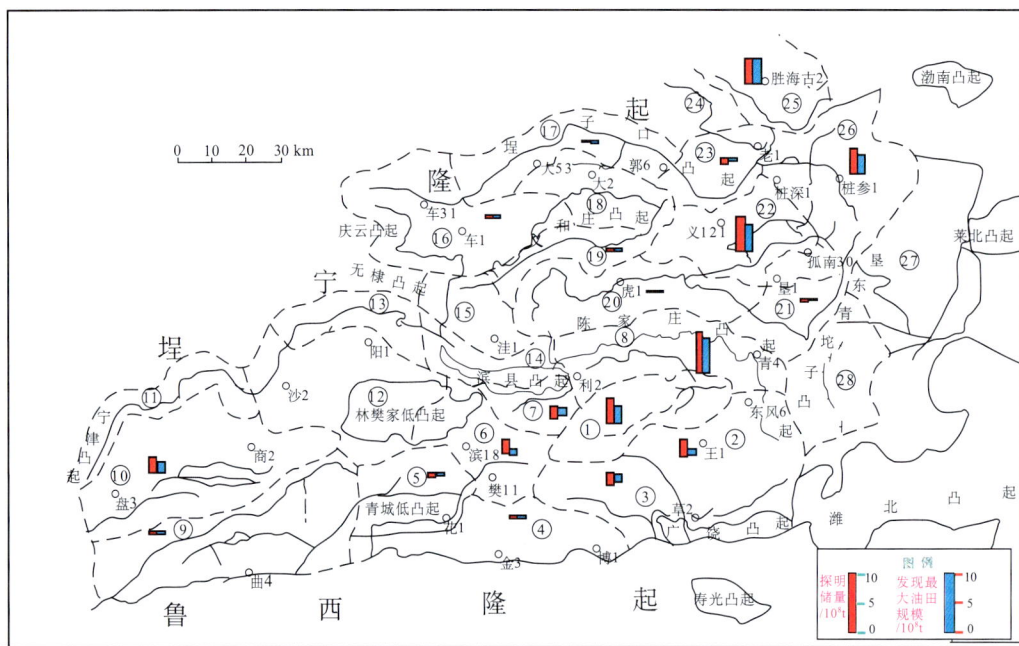

图 8-97　济阳拗陷成藏体系探明储量与已发现最大油田规模分布图

济阳拗陷的剩余资源仍很可观，其中沾化凹陷中的渤南-孤岛成藏体系，东营凹陷的中央背斜带、北部陡坡带、滨县凸起南坡、王家岗-八面河等成藏体系，惠民凹陷的中央背斜带成藏体系以及车镇凹陷的义和庄凸起北坡、车镇凹陷北等成藏体系的剩余资源量构成了济阳拗陷剩余资源量的主体，也是今后继续挖潜勘探的主要对象（图8-98）。

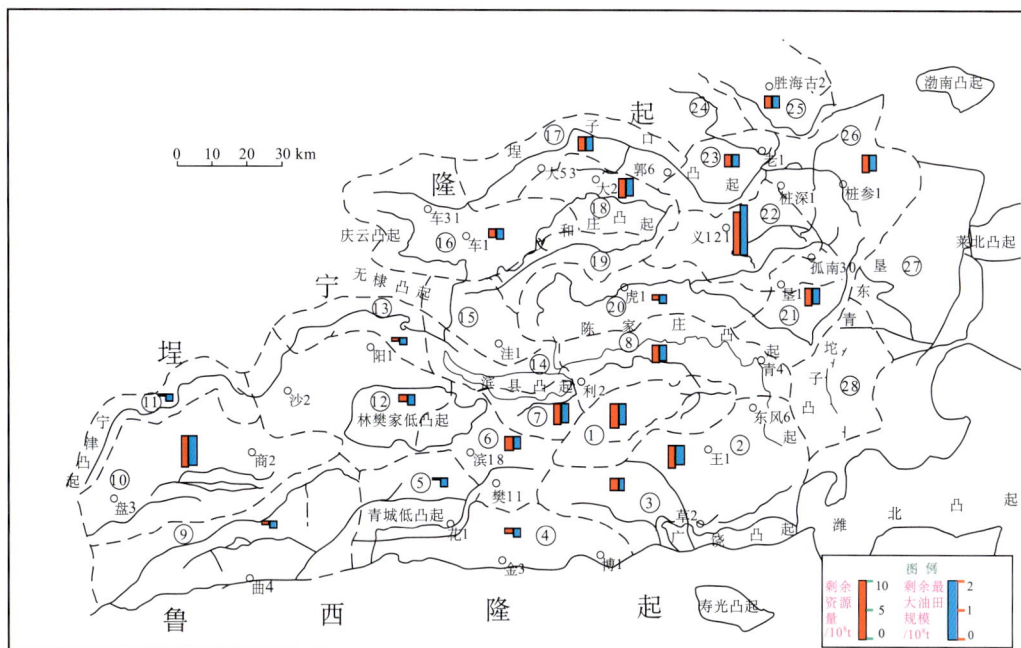

图 8-98 济阳拗陷成藏体系剩余资源量与剩余最大油田规模预测图

成藏体系的资源强度和石油聚集度反映了其聚集油气的丰度。比较而言，东营凹陷和沾化凹陷中各成藏体系的资源强度和石油聚集度普遍较大，这主要与其对应的生烃洼陷生油量大和生储盖配置有关。惠民和车镇两个凹陷的资源强度和石油聚集度一般较小，这反映了其虽然分布面积大，但资源量较小（图8-99）。

济阳拗陷中剩余资源强度较大的成藏体系主要分布在东营和沾化两个凹陷。因此这两个凹陷仍是下一步深化勘探的主力区。其中东营凹陷的滨县凸起南坡、中央背斜带、北部陡坡带等成藏体系和沾化凹陷的渤南-孤岛、桩西-长堤-孤东等成藏体系的剩余资源强度最为可观（图8-100）。

鉴于济阳拗陷已历经40年的油气勘探开发，大型构造油藏发现率大幅下降，各种类型的特殊及隐蔽性油气藏在年探明石油地质储量中的比例大幅上升，多数地区的勘探目标已从以构造为主的油气藏转向更为隐蔽的岩性圈闭等类型油气藏。因此，在明确济阳拗陷各成藏体系资源潜力的同时，要根据成藏体系的具体情况，有针对性地寻找以岩性和地层油气藏为主的隐蔽油气藏，为胜利油田的"增储上产"作出更大的贡献。

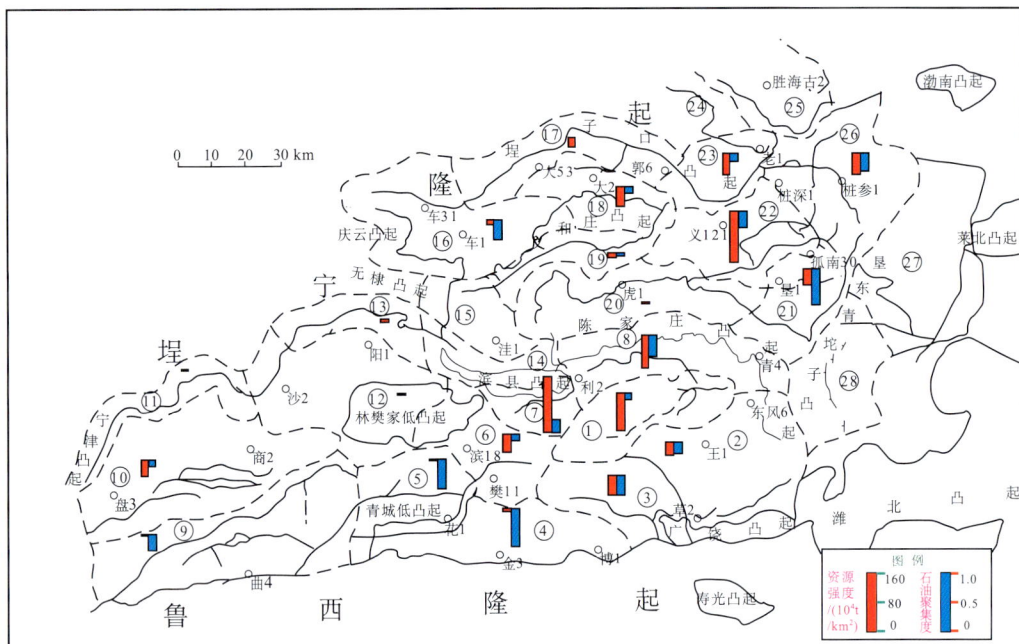

图 8-99　济阳拗陷成藏体系资源强度与石油聚集度预测图

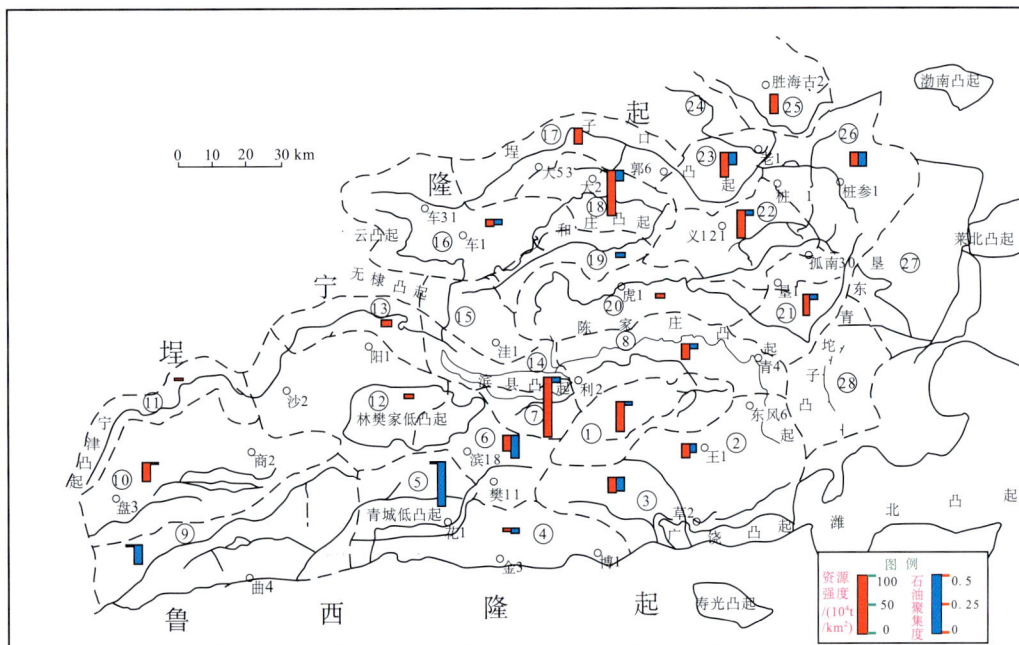

图 8-100　济阳拗陷成藏体系剩余资源强度与剩余石油聚集度预测图

268

第六节 运聚门限联合研究评价渤海湾盆地油气资源

一、渤海盆地地质条件简介

（一）构造单元划分

渤海海域是华北含油气盆地的组成部分，渤中拗陷是海域地质构造单元的主体，其他部分分别是下辽河拗陷、黄骅拗陷和济阳拗陷由陆地向海上的延伸，相交于渤中拗陷。渤海海域面积 $7.3 \times 10^4 km^2$，其中可供勘探矿区面积约 $5.1 \times 10^4 km^2$，平均水深为 18m，冰期从 11 月中旬至 3 月中旬。台风少，春夏风速为 $3 \sim 5m/s$，秋冬风速为 $6 \sim 7m/s$，最大风速为 34m/s。浪高为 $2 \sim 5m$，最高为 11m。渤海属于海况条件较好的内陆浅表海环境。渤海海域共划分出一级构造单元 5 个，其中隆起 1 个、拗陷 4 个；二级构造单元 35 个，其中包括凸起 13 个，低凸起 4 个，凹陷 18 个（图 8-101），并在凹陷内划分出 48 个次注。

（二）沉积地层

兼顾渤海海域不同构造单元发育的古近系地层特征，采用严格的井震结合划分手段，将渤海海域古近系划分为 4 个层序组 13 个层序（图 8-102）。

孔店组、沙四段、沙三段、沙二段—东营组相当于四个层序组。孔店组可划分出三个层序，沙四段可划分出二个层序，沙三段可划分出三个层序，沙二段—东营组可划分出五个层序。各级层序界面特征明显，不同凹陷层序发育具有差异性。

（三）勘探开发现状

如果从 1966 年底在渤海西部近岸处钻探海 1 井算起，渤海海域的油气勘探距今已近 40 年，可以划分为 4 个主要的勘探阶段：$1966 \sim 1984$ 年探索以潜山为主勘探阶段；$1984 \sim 1994$ 年古近系以为主勘探阶段；$1995 \sim 2001$ 年以新近系为主勘探阶段；2002 年至今为立体勘探阶段。截至目前，渤海海域共发现油气田 48 个，含油气构造 100 个，发现各类地质储量的石油约 $37 \times 10^8 m^3$（其中探明储量约 $24 \times 10^8 m^3$），天然气约 $2500 \times 10^8 m^3$（探明游离气约 $500 \times 10^8 m^3$）（图 8-103）。

在近 40 年的勘探过程中，油气资源量一直是石油地质工作者关心的问题。中国海洋石油渤海公司、中国石油勘探开发研究院和中国海洋石油勘探开发研究中心先后对渤海的石油资源进行了四次计算。1986 年渤海公司资源评价计算结果为 $90 \times 10^8 t$，1992 年资源再评价计算结果为 $100 \times 10^8 t$；1986 年中国石油勘探开发研究院计算全渤海湾盆地资源量 $180 \times 10^8 t$，其中渤海 $50 \times 10^8 t$；1992 年中国海洋石油勘探开发研究中心计算结果为 $40 \times 10^8 t$。1992 年全国第二次资源评价结果显示，全渤海湾盆地石油资源为 $280 \times 10^8 t$，其中渤海为 $100 \times 10^8 t$，占 34%，与其所占面积比例（28%）相当。

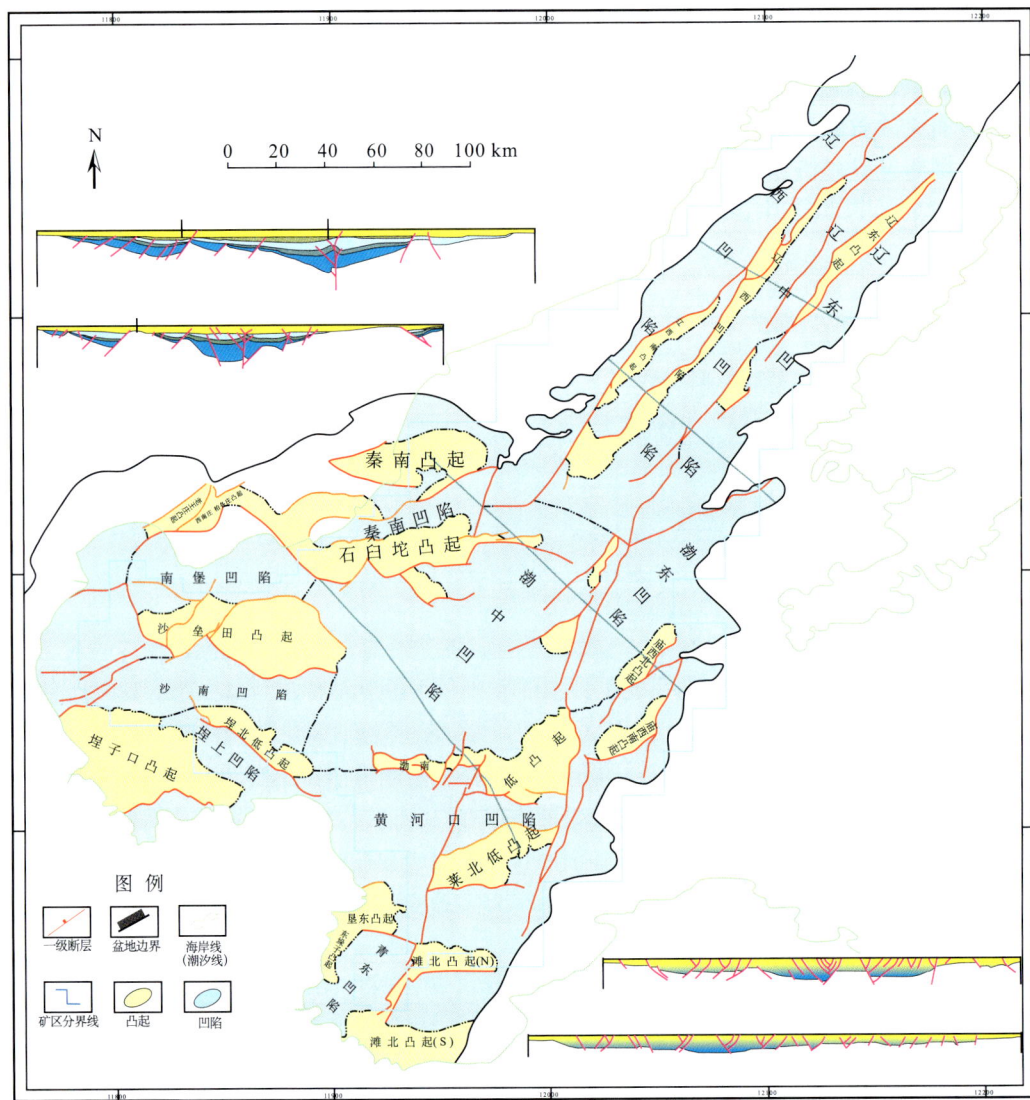

图 8-101　渤海海域二级构造单元划分

（四）资源评价中存在的问题

表 8-31 和表 8-32 为渤中、渤东凹陷历次资源评价的结果，不难看出，各次资源评价相隔时间存在差异，而且评价方法不同，所取得的评价结果也存在一定的差别，尤其是石油的资源量。渤中凹陷的评价结果最大的 $33.5 \times 10^8 t$ 与最小的 $22.08 \times 10^8 t$ 相差 $11.42 \times 10^8 t$。天然气的差别则超过了 $4000 \times 10^8 m^3$，渤东凹陷同样存在着这样的特点。

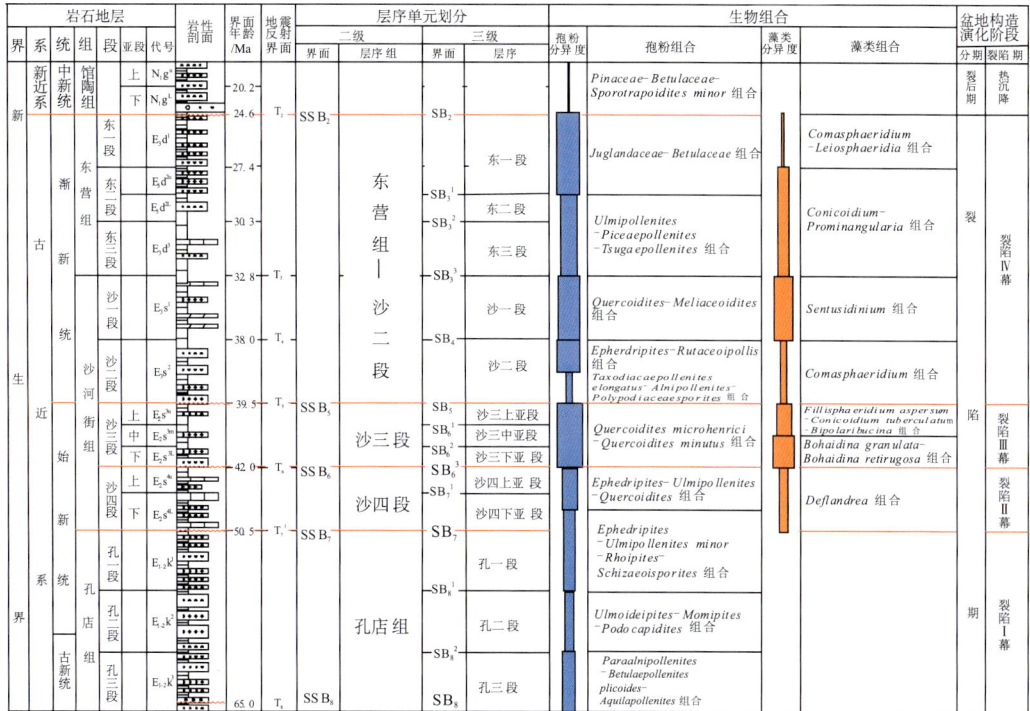

图 8-102　渤海海域古近系总体层序划分方案

表 8-31　渤中凹陷历次资评结果表

单位名称	时间	层位	总烃量/10⁸t	油资源量/10⁸t	气资源量/$10^8 m^3$		评价方法
					生物气	热降解气	
中海油研究总院	1991	Ed、Es	28.95	23.91	30.9	7982.0	沥青"A"法
中海油研究总院	1992	Ed、Es	24.6	22.08	15.0	3991.0	盆地模拟
			28.0	25.48			沥青"A"法
中海油研究总院	1998	Ed、Es	27.81	24.00	—	3810.0	—
中海油研究总院	2000	Ed、Es	39.2	33.50	5650	—	—
中海石油研究中心勘探研究院	2000	Ed、Es	—	—	8293.58 （聚集系数为2%）		盆地模拟

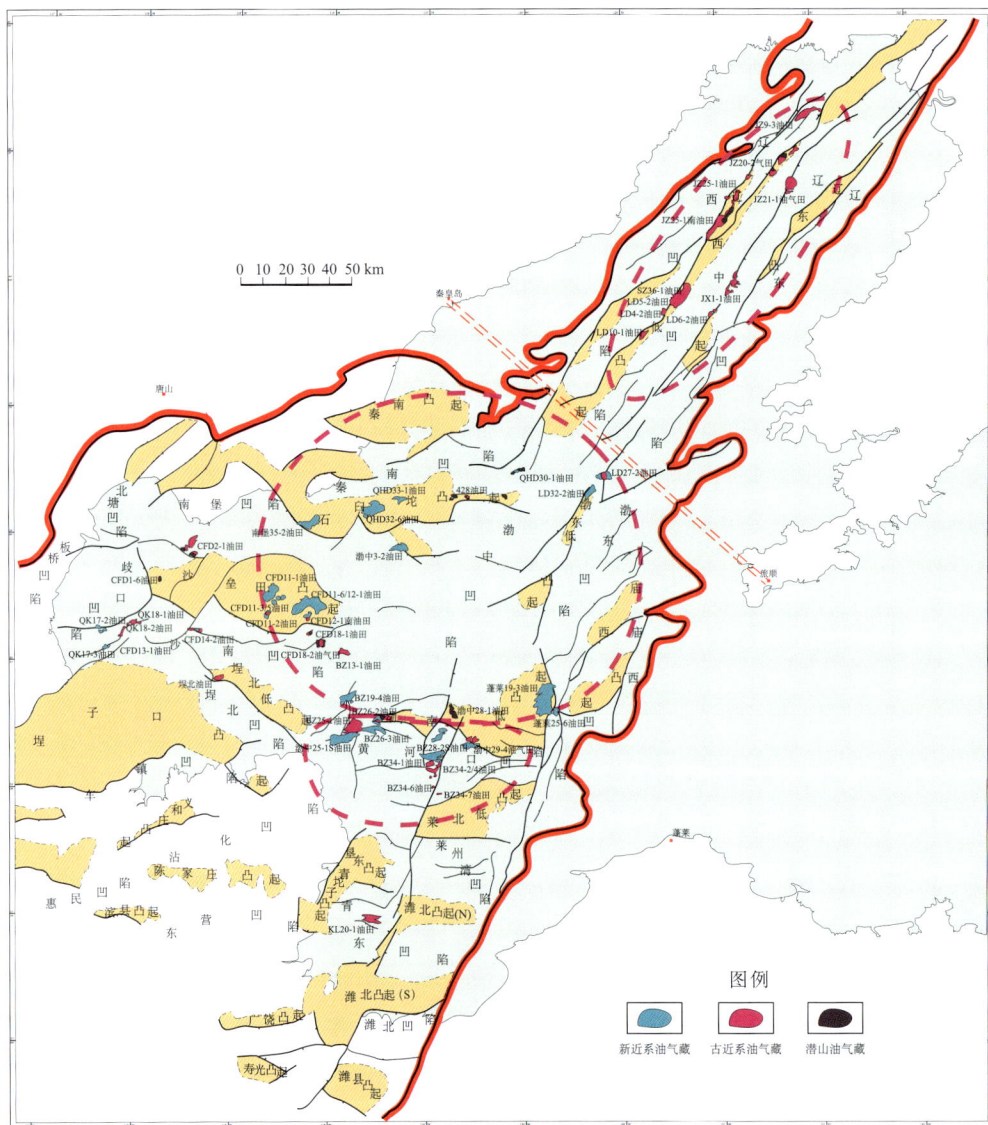

图 8-103　渤海海域油气勘探现状

表 8-32　渤东凹陷历次资评结果表

单位	时间	层位	总烃量/10⁸t	油资源量/10⁸t	气资源量/10⁸m³		评价方法
					生物气	热降解气	
中海油研究总院	1991	Ed、Es	6.51	5.95	163.6	726.4	沥青"A"法
中海油研究总院	1992	Ed、Es	5.8	5.52	82	363	盆地模拟
			7.5	7.22			沥青"A"法

单位	时间	层位	总烃量/10⁸t	油资源量/10⁸t	气资源量/10⁸m³		评价方法
					生物气	热降解气	
中海油研究总院	2000	Ed、Es	3.9	3.70	297		—
中海石油研究中心勘探研究院	2000	Ed、Es	—	—	970.86（聚集系数为2%）		盆地模拟
江汉石油学院	2002	Ed、Es	8.3	7.91	—	596	盆地模拟

根据中国近海第二次资源评价结果的统计研究表明（张宽，2001），渤海海域的资源量通过应用氯仿沥青"A"法、地质类比法、圈闭资源量计算法和盆地模拟法所得出的范围值为 $7.5 \times 10^8 \sim 25 \times 10^8$ t，而在此阶段，渤海已发现的地质储量已达到了预测的最高值，近 25×10^8 t，表明该次油气资源评价结果在渤海海域明显偏小。

二、渤海盆地运聚门限判别

（一）排烃门限的判别

1. 排烃地质模式

按照生烃潜力法研究源岩排烃门限和排烃特征的技术路线，获得渤海海域古近系东二段，东三段，沙一、二段和沙三段四个目的层的排烃模式图。根据排烃模式图结合暗色泥岩厚度和有机质丰度可以得到各目的层的排烃量。

如前所述，有机质类型是影响源岩排烃门限和排烃量的主要因素之一。不同类型的干酪根的生烃量和残留烃量不同，其排烃量和排烃模式必然不同。分别针对不同类型干酪根，建立了东营组和沙河街组的排烃模式图（图8-104～图8-109）。下一步工作的重

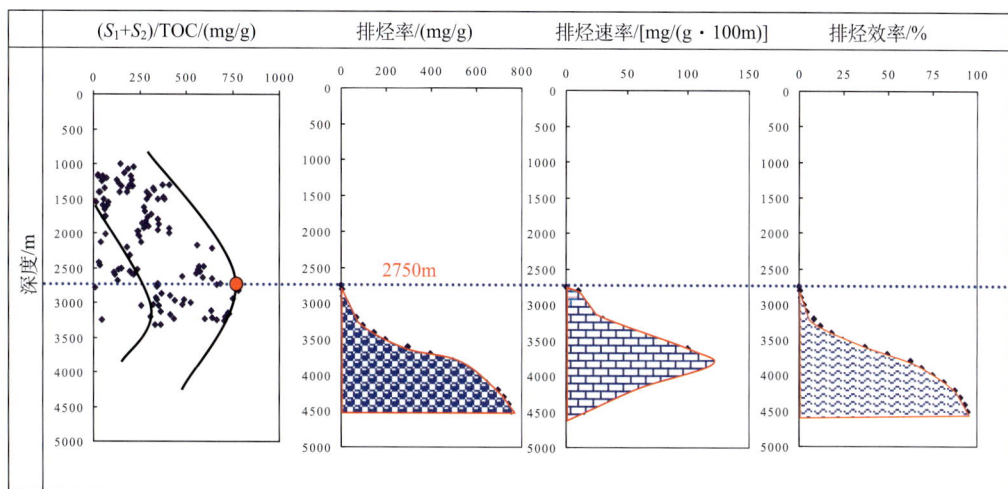

图 8-104　渤海盆地东营组 Ⅰ 型干酪根排烃模式图

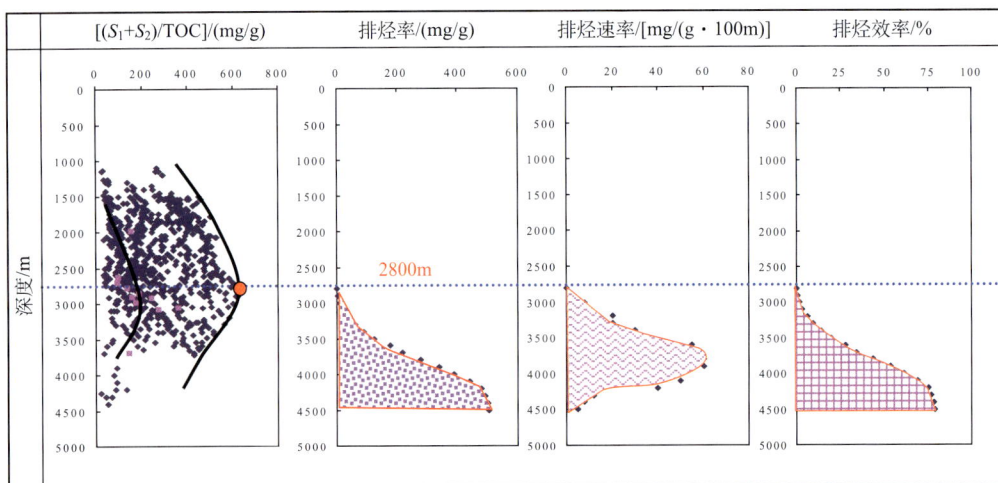

图 8-105　渤海盆地东营组Ⅱ型干酪根排烃模式图

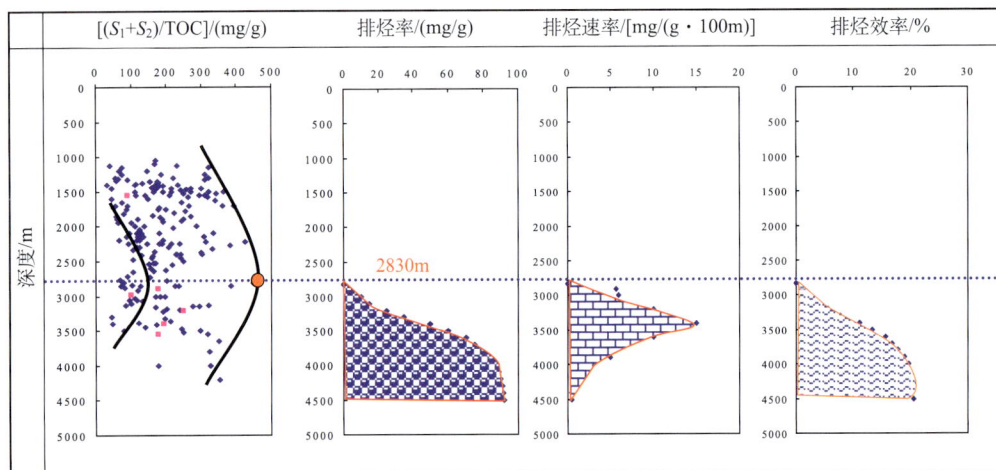

图 8-106　渤海盆地东营组Ⅲ型干酪根排烃模式图

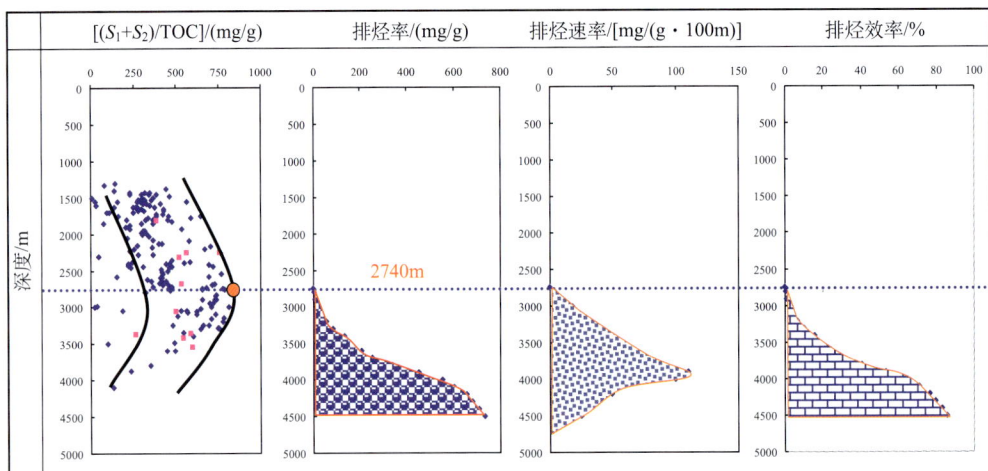

图 8-107　渤海盆地沙河街组Ⅰ型干酪根排烃模式图

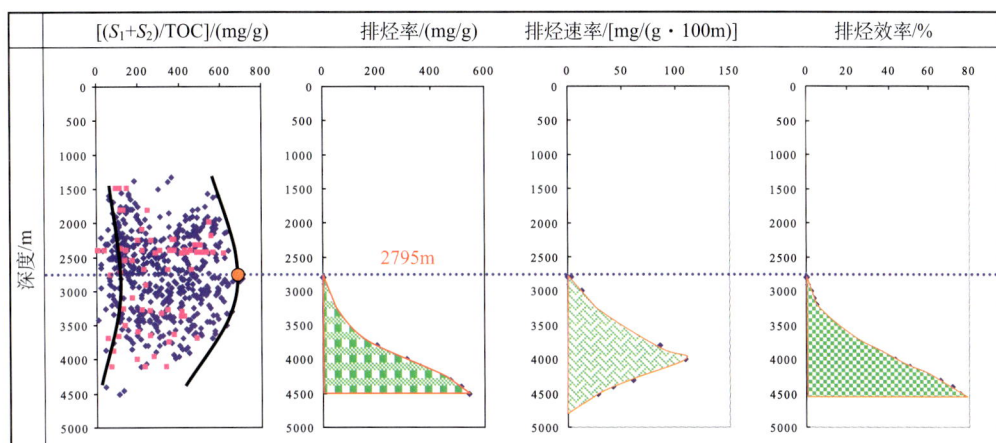

图 8-108　渤海盆地沙河街组Ⅱ型干酪根排烃模式图

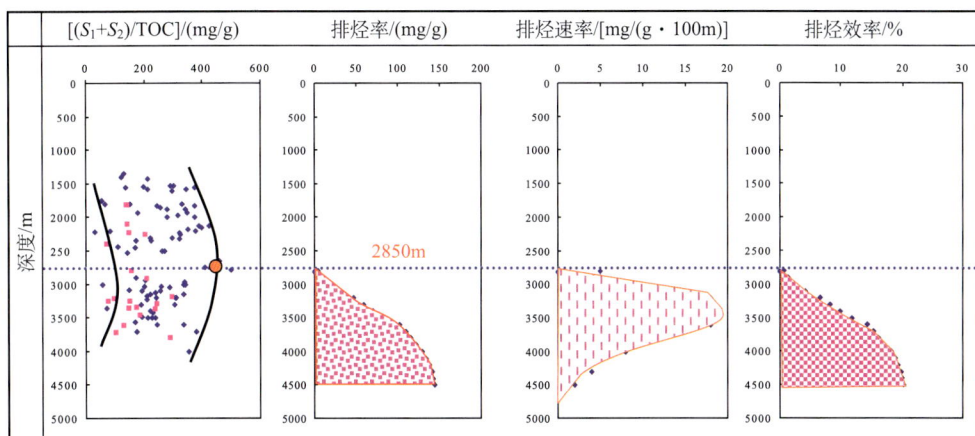

图 8-109　渤海盆地沙河街组Ⅲ型干酪根排烃模式图

点是在精细确定渤海海域四个目的层的干酪根类型之后，结合不同类型干酪根类型的排烃模式，重新计算排烃量。

2. 源岩排烃量计算

根据生烃潜力法确定的排烃门限及排烃演化曲线，结合现今烃源岩埋藏深度平面图获得了烃源岩排烃率数据，结合烃源岩有机碳含量、有效厚度和烃源岩密度等参数，利用排烃强度和排烃量计算公式，对渤海探区烃源岩的排烃强度和排烃量进行了初步计算（图 8-110）。

275

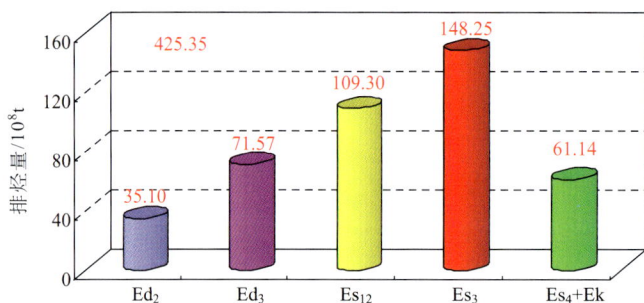

图 8-110　渤海盆地各源岩层排烃量柱状图（单位：10^8t）

3. 各源岩层生排油气量比较

烃源岩排油气量的求取是根据有机质的油气发生率物理模拟实验，求出排油占排烃的百分比随 R_o 的变化规律（图 8-111 和图 8-112），在各层烃源岩排烃量结果的基础上，求出各层的排油和排气量。

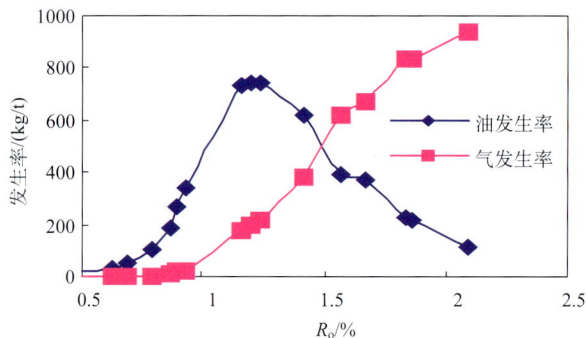

图 8-111　松辽盆地滨北地区中浅层烃源岩油气发生率随 R_o 的变化规律

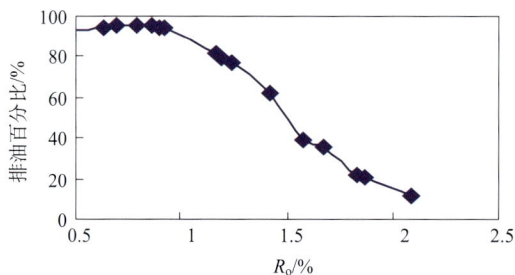

图 8-112　松辽盆地滨北地区中浅层烃源岩
排油量占排烃量百分比随 R_o 的变化规律

渤海盆地依据该方法的结果，沙三段的排油量和排气量最大，分别为 103.78×10^8t 和 44.48×10^8t；沙一、二段，东三段次之，东二段最小（图 8-113 和图 8-114）。

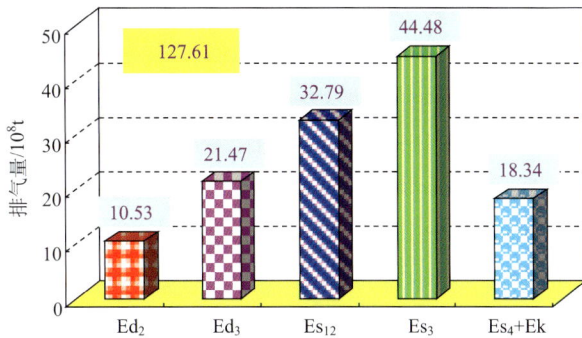

图 8-113　渤海盆地各源岩层排气量柱状图

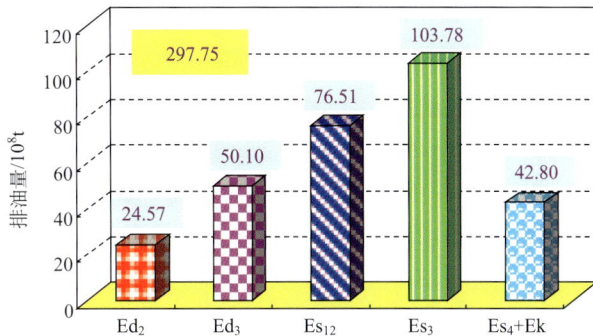

图 8-114　渤海盆地各源岩层排油量柱状图

（二）聚集门限的判别

1. 油气成藏体系划分

首先，根据东三段底面形态对油气运移方向的控制原理，对渤海海域的成藏条件进行分析，结合渤海海域深大断裂分布和油气源对比资料的分析，根据流体势和分割槽原理，划分出 14 个渤海海域油气成藏体系（图 8-115）。

如图 8-115 所示，它和实际地质情况基本上是相符的，已发现油气田所在的位置也基本遵循地下石油和天然气流体的流动方向，这为下一步成藏体系的评价打下了基础。

2. 关键参数的计算

1）油气流域的求取

根据前已述及的辽河西部凹陷油气流域求取的方法，首先根据统计确定油气运移临界饱和度，然后根据孔隙度与临界饱和度的关系，确定油气运移的孔隙度下限值，只有满足了孔隙度下限值的区域才能输导油气。渤海海域主要目的层位的油气运移临界饱和度、孔隙度下限值如表 8-33 所示。根据孔隙度的平面等值线分布图圈定出大于下限值的范围，再根据沉积相图圈定出可以作为连续通道的范围，将孔隙度图与沉积相图进行

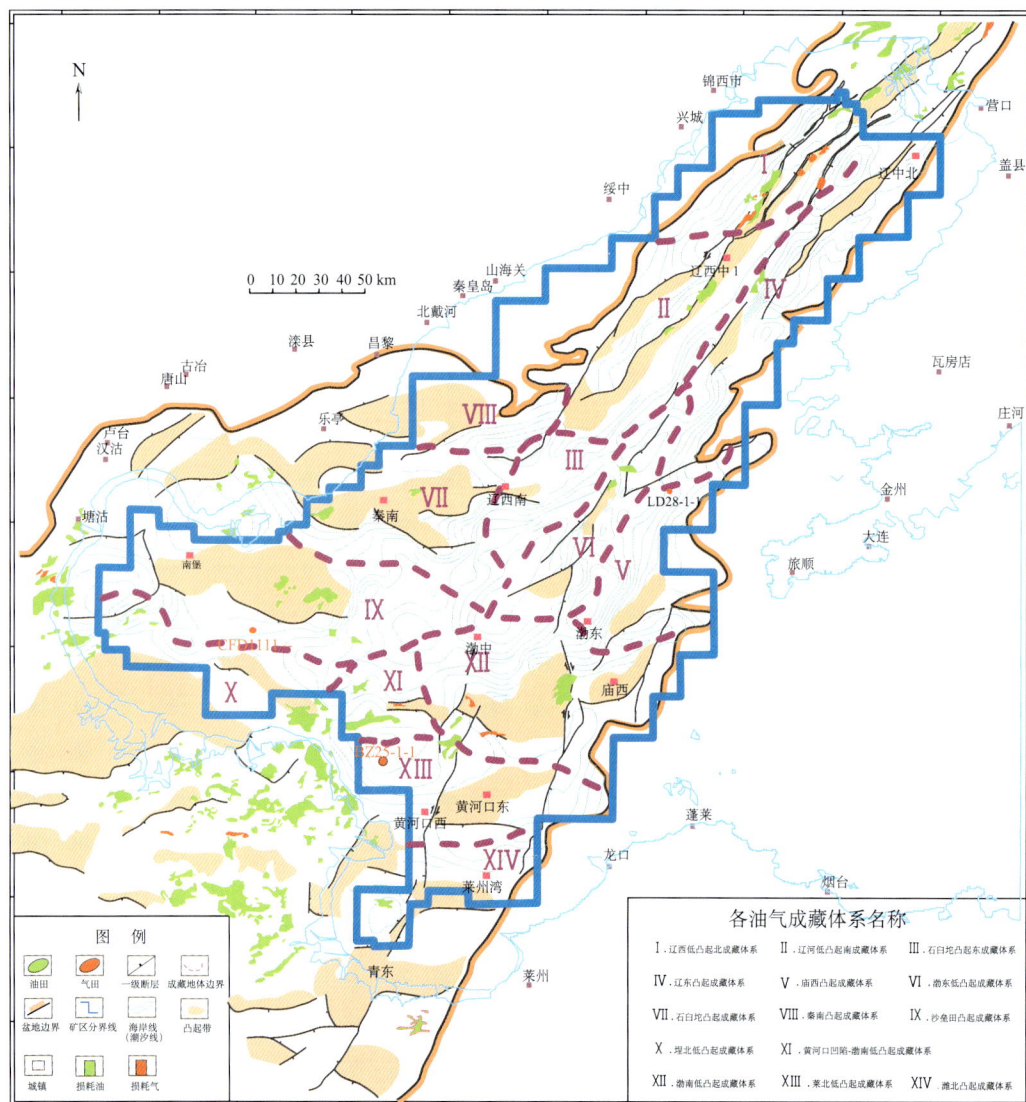

图 8-115 渤海海域油气成藏体系划分图

叠合，重叠区即为油气流域。

表 8-33 油气运移通道孔渗下限值

层位	油气运移临界饱和度/%	孔隙度下限/%
Nm	18.9	6.2
Ng	32	9.0
Ed	43	13.7
Es	13.6	9.3

以馆陶组为例，根据统计的含油饱和度与孔隙度的关系（图 8-116）得出馆陶组的孔隙度下限值为 9%，并作出孔隙度等值线图（图 8-117 和图 8-118）。

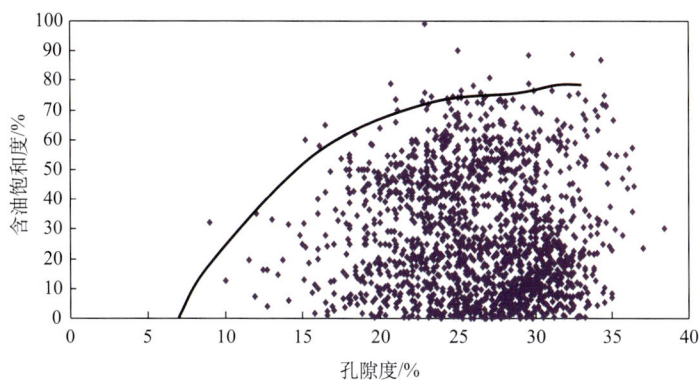

图 8-116　馆陶组含油饱和度与孔隙度关系图

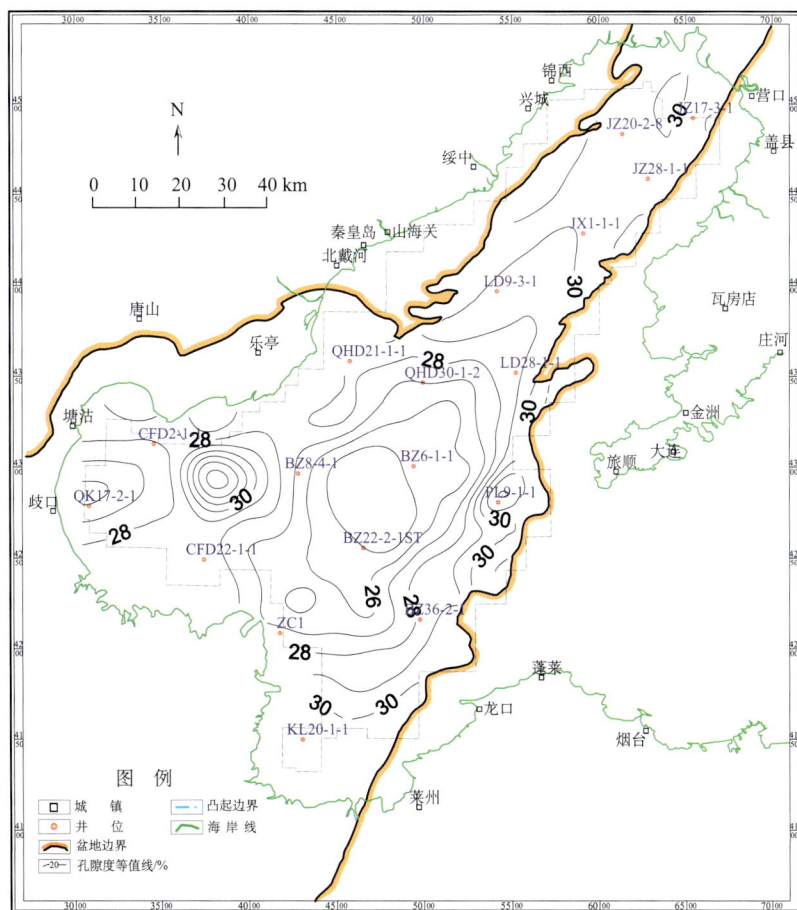

图 8-117　馆陶组孔隙度等值线图

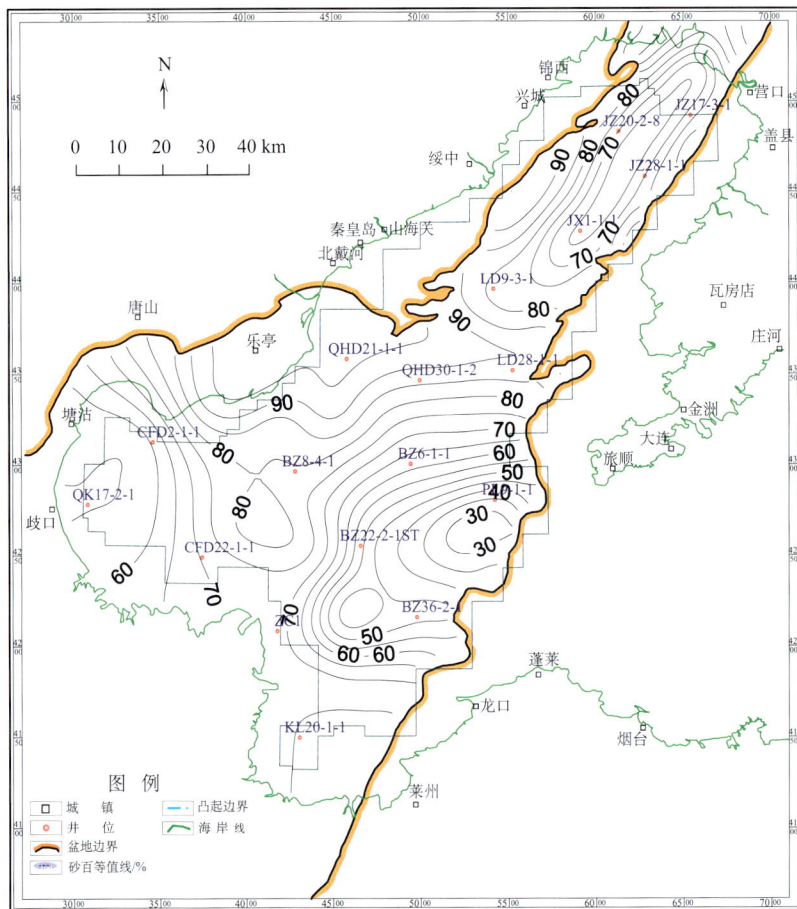

图 8-118 馆陶组砂岩百分比等值线图

统计馆陶组砂岩的百分含量，做出砂岩百分比等值线图（图 8-118），根据统计的沉积相与砂岩含量的对应关系，确定砂岩百分含量大于 30% 的区域为优势储层。

沉积相图来源于中海油研究总院（图 8-119），选取冲积扇和三角洲前缘作为优势相。根据以上确定出的油气临界饱和度、孔隙度和砂岩百分比下限值，结合选定的优势相范围，即可确定出油气的流域范围。然后通过排烃边界分出油气运移的灶内、灶外范围（图 8-120）。排烃边界以内为油气灶内运移范围，排烃边界以外为油气灶外运移范围。

2）残留油饱和度的计算

本次通过统计辽河西部凹陷 44 个样点和济阳拗陷 19 个样点拟合出渤海海域氯仿沥青 "A" 与深度的变化关系（图 8-121）。

3）天然气在油中溶解度的计算

天然气在油中的溶解度与储层温度、压力和原油密度有关，作者已经做了渤海海域油溶气的实验（图 8-122）和水溶气实验（图 8-123）。

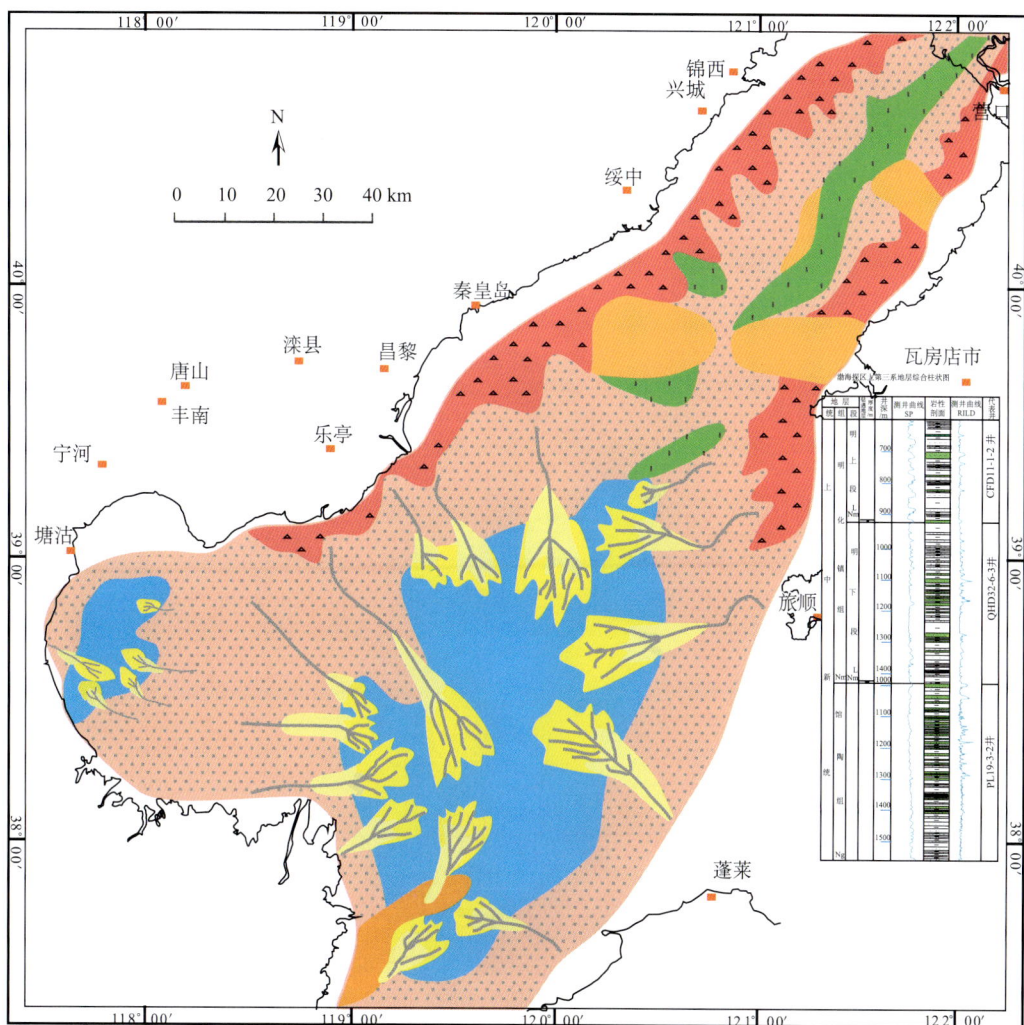

图 8-119　馆陶组沉积相图
资料来源：中海油研究总院

根据实验数据，应用多元回归方法建立天然气在油中的溶解度与温度、压力和原油密度的关系模型，即

$$q_{og} = 0.0052T^2 - 0.086P^2 + 12.82P + 1011.7\rho_o - 1077.2 \qquad (8\text{-}22)$$

式中，q_{og} 为天然气在原油中的溶解度（m^3/m^3）；P 为压力（MPa）；T 为温度（℃）；ρ_o 为原油密度（g/cm^3）。

4）扩散系数的求取

天然气扩散作用是由天然气浓度梯度引起的分子扩散作用，只要存在浓度差，就会发生扩散作用。自天然气从源岩生成，天然气分子就开始通过岩石孔隙向上扩散。据费克定律，扩散量与历经时间、扩散面积、浓度梯度和扩散系数成正相关。当前三个变量一定时，扩散量的大小就只与扩散系数有关。扩散系数是一个表征岩石封盖能力的属性

图 8-120　馆陶组油气灶内外运移范围

参量，其大小直接标志着物质扩散能力的强弱。

　　考虑多种影响因素后，建立天然气扩散量的计算模型［式(5-12)］。

　　扩散系数指在单位时间内和单位浓度梯度作用下通过单位面积的扩散烃量。扩散系数主要受温度、压力、烃分子大小和扩散介质等方面因素的控制，温度高、分子小和孔隙度大时扩散系数大，压力对扩散系数影响不明显。

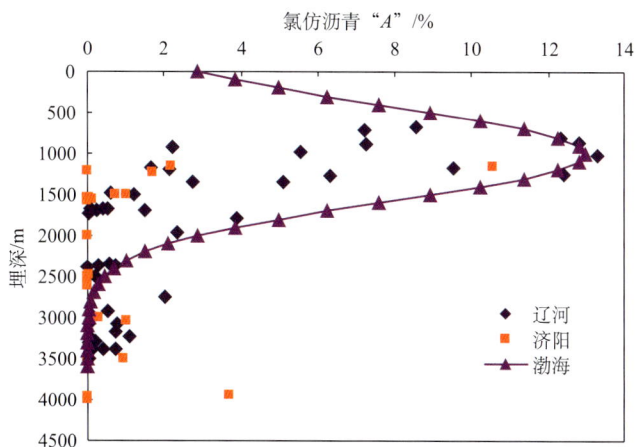

图 8-121 渤海海域氯仿沥青"A"含量与深度的关系

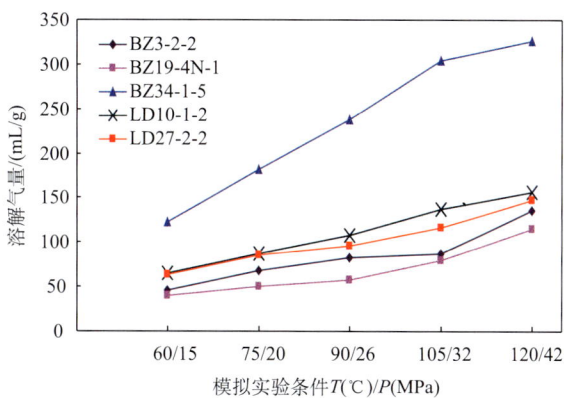

图 8-122 渤海海域地区油溶气量与温度和压力关系

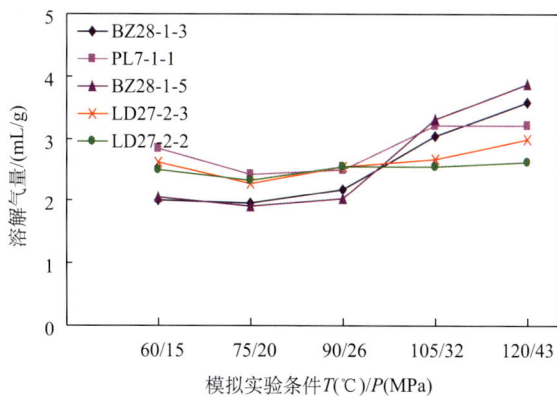

图 8-123 渤海海域地区水溶气量与温度和压力关系

实验室测定的扩散系数需要经过校正才能很好地反映地质条件下的扩散系数，校正模型为

$$D(i,T,\Phi)=D_0(i)K(\Phi)K(T) \tag{8-23}$$

$$K(\Phi)=2.22\Phi$$

式中，$D(i,t,\Phi)$ 为地温为 T 和孔隙度为 Φ 条件下 i 组分的扩散系数；$D_0(i)$ 为地表实测岩石的扩散系数（cm^2/s）；$K(\Phi)$ 为扩散系数的介质特性校正因子；$K(T)$ 为地温条件下扩散系数校正因子，即

$$K(T)=\exp\left[\frac{E_A}{R}\left(\frac{1}{T_0}-\frac{1}{T}\right)\right] \tag{8-24}$$

式中，E_A 为分子的活化能，甲烷一般取 460J/mol；R 为气体常数，取 8.315J/mol·K；T 为地下源岩温度（K）；T_0 为地表实测分子扩散系数的实验室温度（K）。

3. 运聚门限的判别

对渤海海域而言，Ed_2、Ed_3、Es_{12} 和 Es_3 是四套主力烃源岩，由渤海海域主要时期各源岩排烃结果可知，各源岩大量排烃阶段主要集中在馆陶组和明化镇组沉积时期，其中沙一、二段和沙三段源岩在东营组沉积末期开始大量排烃，而此时东下段区域盖层已经形成，对沙一、二段和沙三段的排烃起封堵作用；东三段源岩在馆陶组沉积末期开始排烃，当明化镇组沉积时对东三段的排烃起封堵作用；东二段源岩在明化镇组沉积末期开始排烃，此时明下段区域盖层已经形成，对东二段的排烃起封堵作用；因此，可以认为渤海海域的盖前排失烃量为零。渤海海域各成藏体系的各级损耗烃量及远景资源量如表 8-34 所示。

表 8-34　渤海海域各成藏体系各级损耗烃量及远景资源量

（单位：$10^8 m^3$ 油当量）

成藏体系序号	运移损耗油量	运移损耗气量	无价值聚集油	无价值聚集气	构造破坏油量	构造破坏气量	总损耗油量	总损耗气量	油远景资源量	气远景资源量
Ⅰ	7.76	6.18	2.07	1.93	4.59	2.35	14.42	10.45	12.27	3.74
Ⅱ	7.14	8.02	1.93	1.63	2.32	2.31	11.39	11.96	13.62	5.57
Ⅲ	9.18	6.10	1.19	0.74	5.68	2.30	16.04	9.14	9.57	2.49
Ⅳ	5.65	8.01	2.22	1.19	5.71	1.18	13.58	10.37	7.78	2.29
Ⅴ	1.20	1.73	0.89	1.63	0.83	0.07	2.92	3.43	6.73	0.07
Ⅵ	14.24	7.46	5.04	1.93	11.54	3.51	30.82	12.90	8.71	4.70
Ⅶ	10.85	5.97	3.41	2.67	8.06	3.56	22.32	12.19	13.31	4.31
Ⅷ	1.63	0.55	1.48	1.19	1.16	0.03	4.27	1.76	1.15	0.24
Ⅸ	17.14	12.49	2.52	2.37	11.36	2.36	31.02	17.22	20.90	5.06
Ⅹ	9.54	5.70	0.30	1.93	4.51	2.88	14.34	10.50	13.81	1.80
Ⅺ	4.13	1.82	1.33	0.89	0.06	0.05	5.52	2.76	6.58	2.57
Ⅻ	14.29	8.37	3.26	2.52	5.81	2.41	23.36	13.30	19.39	4.39
ⅩⅢ	5.91	7.64	2.67	1.33	4.64	2.31	13.23	11.28	12.60	1.89
ⅩⅣ	3.47	1.91	3.56	1.63	1.91	1.16	8.93	4.70	2.90	0.09
合计	112.13	81.95	31.86	23.56	68.18	26.47	212.18	131.99	149.32	39.21
	194.09		55.43		94.65		344.17		188.54	

渤海海域排烃史表明，东营组沉积末期东三段才开始达到排烃门限，即在东一段、东二段沉积以前，东三段均未达到排烃门限。到了馆陶组沉积时期东二段开始排烃，向下对东三段的排烃起封堵作用，虽然东三段的排烃范围比东二段的排烃范围稍大，但相对来说此部分的扩散量非常小，小到可以忽略不计；由此可以近似认为渤海海域东三段源岩没有扩散损失。

渤海海域各成藏体系各级损耗烃量计算结果如表 8-34 所示。渤海海域油气远景资源量分别为 $149.32 \times 10^8 \mathrm{m}^3$ 和 $39.21 \times 10^8 \mathrm{m}^3$，总烃量为 $188.54 \times 10^8 \mathrm{m}^3$。其中沙垒田凸起成藏体系最大，占总资源量的 13.8%；其次是渤南低凸起成藏体系，占总资源量的 12.6%；第三是辽西低凸起南成藏体系，占总资源量的 10.2%；第四是秦南凸起成藏体系远景资源量最少，占总资源量的 0.7%。

三、渤海盆地运聚门限控油气作用研究

（一）排烃门限控油气作用研究

1. 控制油气的来源

依据排烃门限判别结果确定的排烃强度分布范围可知，渤海海域东二段烃源岩排烃范围相对有限，仅在渤中和渤东凹陷，东三段在渤中、辽中、歧口和黄河口凹陷有排烃，而沙一、二段和沙三段烃源岩几乎在全区各个凹陷均有排烃，只是排烃强度差异较大。沙四段—孔店组烃源岩的排烃范围相对局限于断陷期的湖盆分布范围内。总的来说，渤海盆地油气的主要来源应是沙一、二段和沙三段。

2. 控制油气的成藏期次

从排烃演化历史来看（图 8-124），渤海海域各套烃源岩存在一定差异，其中沙四—孔店组主要排烃时期在东营组末期，沙三段和沙一、二段主要在馆陶组沉积时期和明化镇组沉积时期，东二段和东三段烃源岩则主要在明化镇组沉积时期排烃，总体排烃时期属于晚期排烃。从目前油气藏的形成时间上也可判别油气的成藏时间为馆陶组和明化镇组。

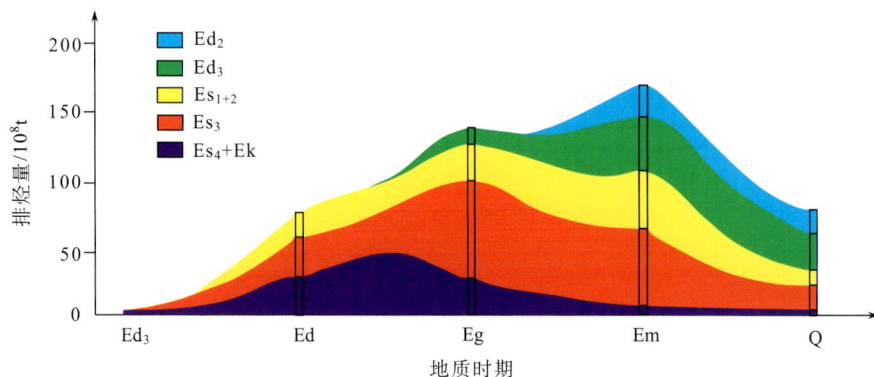

图 8-124　渤海海域各套烃源岩排烃量演化图

3. 控制着油气的量

渤海海域共发育五套源岩，但五套源岩在各凹陷的埋藏深度、厚度、演化程度及有机质丰度等存在较大差异，依据排烃门限确定各凹陷源岩排油气量差异较大。总体上渤中凹陷的排油气量最大，排油量和排气量分别达到了 97×10^8 t 和 52×10^8 t（油当量），其次是辽中凹陷、歧口凹陷、南堡凹陷和黄河口凹陷相对居中（图 8-125）。

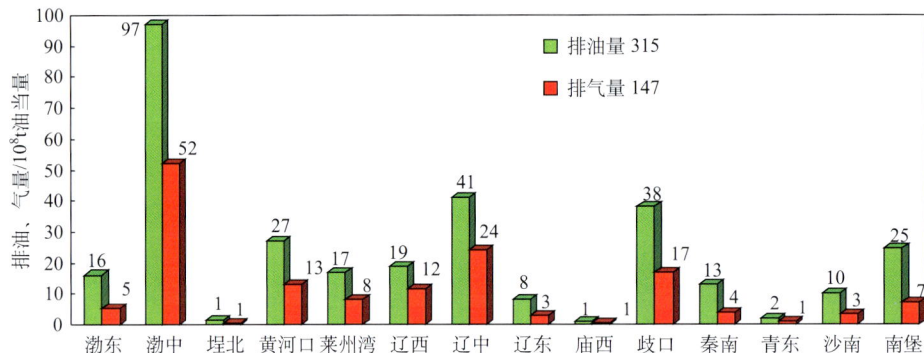

图 8-125　渤海盆地各凹陷源岩排油气量柱状图

4. 控制着不同时期烃源灶的迁移演化

从评价结果来看，五套源岩都已达到排烃门限，但排烃范围差异较大。其中东二段烃源岩在明化镇组沉积末期开始排烃，排烃范围仅局限于渤中凹陷和歧口凹陷。此时期，歧口凹陷烃源岩刚刚达到排烃门限，排烃范围小，排烃强度低，不足 40×10^4 t/km^2，在渤中凹陷，排烃强度最大值达到了 80×10^4 t/km^2。至现今，烃源岩排烃强度逐渐增大，排烃范围也逐渐增大，在歧口凹陷，最大排烃强度达到了 40×10^4 t/km^2，在渤中凹陷，排烃强度达到了 160×10^4 t/km^2。

东三段烃源岩在馆陶组沉积末期开始排烃，排烃范围仅局限于渤中凹陷和秦南凹陷，渤中凹陷最大排烃强度可达 160×10^4 t/km^2，秦南凹陷最大排烃强度仅为 40×10^4 t/km^2；至明化镇组沉积时期，东三段排烃范围逐渐增大，在渤中凹陷、秦南凹陷、歧口凹陷、黄河口凹陷和辽中凹陷北部均有排烃，渤中凹陷排烃强度最大值达到了 200×10^4 t/km^2，在其他凹陷最大排烃强度差别不大，基本为 $40 \times 10^4 \sim 80 \times 10^4$ t/km^2，但排烃范围略有差异；至现今，东三段烃源岩大面积排烃，渤中、渤东和秦南凹陷呈现连片排烃特征，在渤中凹陷，最大排烃强度达到了 280×10^4 t/km^2，在渤东和秦南凹陷最大值达到了 80×10^4 t/km^2 以上，歧口、辽中和黄河口凹陷也呈现大面积排烃的趋势，但最大排烃强度变化不大，在 $40 \times 10^4 \sim 80 \times 10^4$ t/km^2 范围内。

沙一、二段烃源岩自东营组沉积末期（16.6Ma）开始排烃，但排烃范围有限，且排烃量不大。仅在渤中、歧口和辽中凹陷，最大排烃强度为 20×10^4 t/km^2；至馆陶组沉积末期（12Ma）排烃范围明显扩大，在渤中、渤东凹陷烃源岩大面积排烃，最大排烃强度可达 120×10^4 t/km^2，在歧口凹陷，最大排烃强度也达到了 100×10^4 t/km^2，辽中凹陷排烃范围稍有增大，秦南凹陷开始排烃；至明化镇组末期（2Ma），海域内的主要凹陷都开始大范围排烃，排烃中心主要在渤中凹陷和歧口凹陷，最大排烃强度分别为 $160\times10^4 t/km^2$ 和 $120\times10^4 t/km^2$；至现今，排烃强度变化不大，但排烃范围明显增大，莱州湾凹陷沙一、二段烃源岩也开始排烃。

沙三段烃源岩自东营组沉积末期（16.6Ma）开始排烃，但排烃范围有限，且排烃量不大。仅在渤中、歧口和辽中凹陷，最大排烃强度为 $20\times10^4 t/km^2$；至馆陶组沉积末期（12Ma）排烃范围明显扩大，在渤中和渤东凹陷烃源岩大面积排烃，最大排烃强度可达 $120\times10^4 t/km^2$，在歧口凹陷，最大排烃强度也达到了 $100\times10^4 t/km^2$，辽中凹陷排烃范围稍有增大，秦南凹陷开始排烃；至明化镇组末期（2Ma），海域内的主要凹陷都开始大范围排烃，排烃中心主要在渤中凹陷和歧口凹陷，最大排烃强度分别为

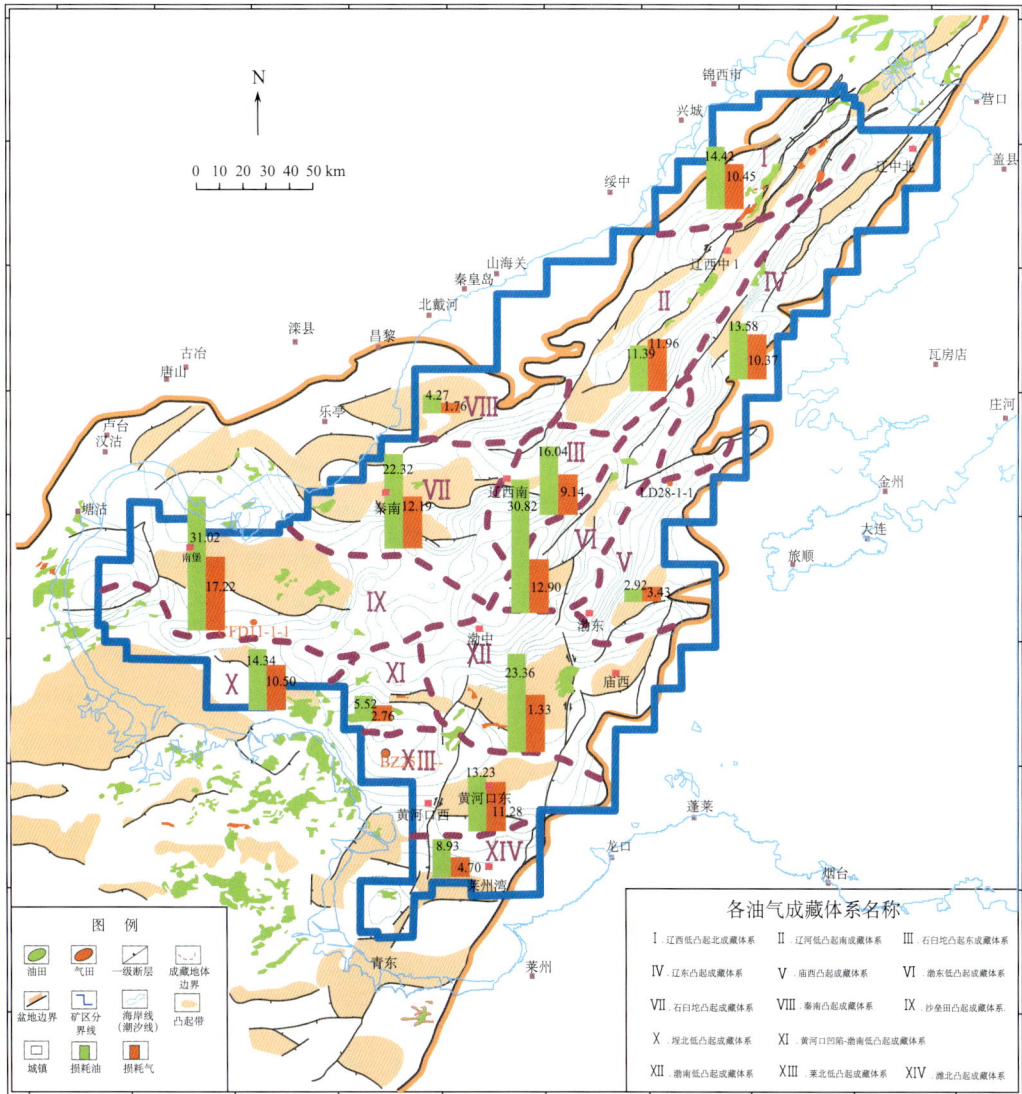

图 8-126　渤海盆地成藏体系油气损耗量分布图（单位：10^8 t）

287

$160 \times 10^4 \, t/km^2$ 和 $120 \times 10^4 \, t/km^2$；至现今，排烃强度变化不大，但排烃范围明显增大，莱州湾凹陷沙三段烃源岩也开始排烃。

（二）聚集门限控油气作用研究

渤海海域油气远景资源量分别为 $149.32 \times 10^8 \, m^3$ 和 $39.21 \times 10^8 \, m^3$，总烃量为 $188.54 \times 10^8 \, m^3$。其中沙垒田凸起成藏体系最大，占总资源量的 13.8%；其次是渤南低凸起成藏体系，占总资源量的 12.6%；第三是辽西低凸起南成藏体系，占总资源量的 10.2%；秦南凸起成藏体系远景资源量最少，占总资源量的 0.7%。渤海海域各成藏体系各级损耗烃量和油气远景资源量分布见图 8-126 和图 8-127。

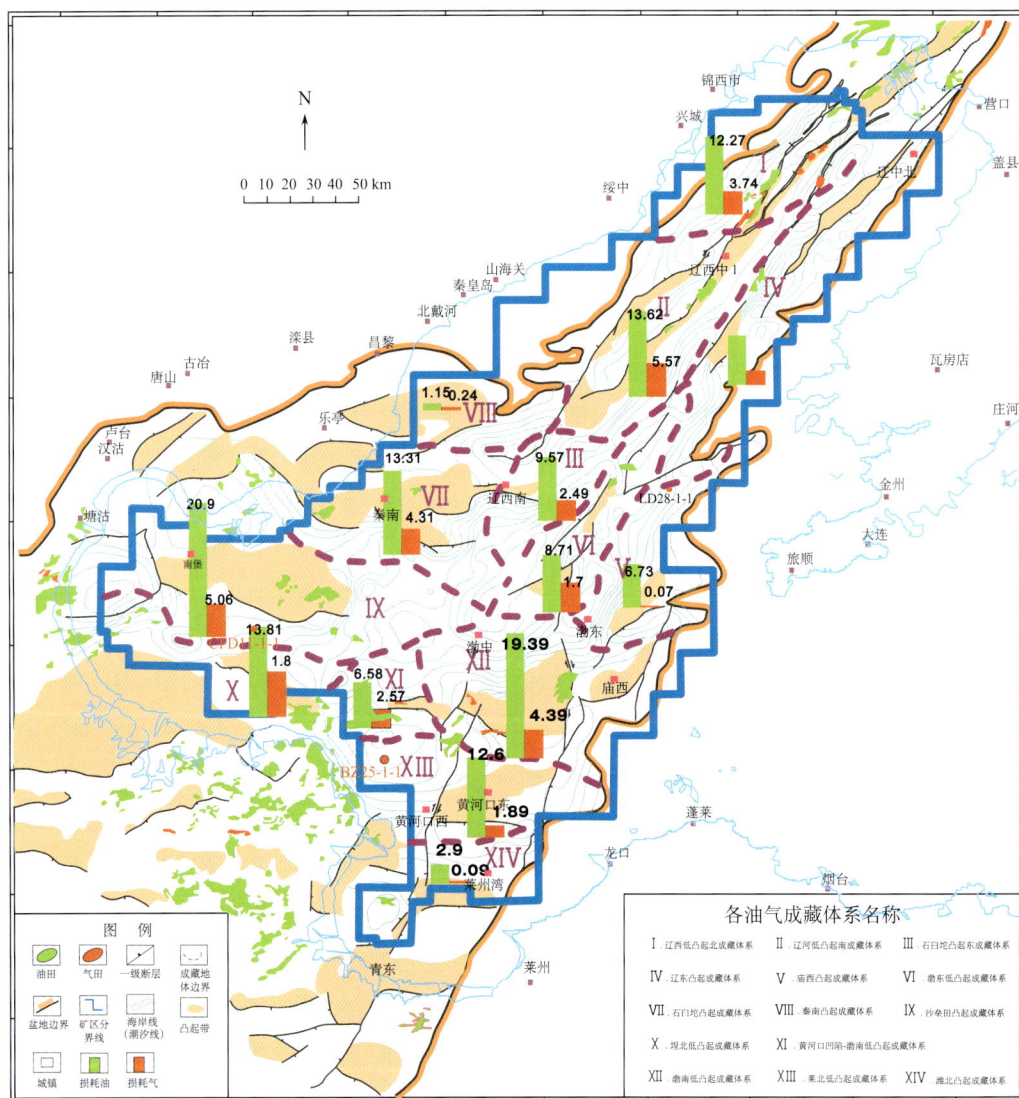

图 8-127　渤海盆地成藏体系油气远景资源量分布图（单位：$10^8 \, t$）

四、渤海盆地油气资源评价结果与讨论

渤海海域全盆地资源评价先后开展过四次，评价的资源总规模为 $56.8 \times 10^8 \sim 113.6 \times 10^8 \, m^3$，显然评价的低值与目前的勘探相矛盾（表 8-35 和图 8-128）。本次资源预测采用了四种方法，评价结果为 $123.10 \times 10^8 \, m^3$（最可靠值）、$152.8 \times 10^8 \, m^3$（最可能值）和 $188.54 \times 10^8 \, m^3$（最大值）。

表 8-35　渤海海域历次资源评价结果对比

评价单位		资源量 /$10^8 t$	资源量 /$10^8 m^3$	油 /$10^8 m^3$	气 /$10^{11} m^3$	备注
中国海洋石油渤海油田（1986 年）		90	102.3	—	—	
中海油研究总院（1986 年）		50	56.8	—	—	
中国海洋石油渤海油田（1992 年）		100	113.6	—	—	
中海油研究总院（1992 年）		40	45.5	—	—	
中海油研究总院（2000 年）		96	109.1	—	—	
中国石油大学（北京）（2009 年）	规模序列法（凹陷）	109.8	124.7	110.9	13.8	下限值
	规模序列法（成藏体系）	108.6	123.4	—	—	下限值
	勘探效益法（成藏体系）	106.6	121.1	—	—	下限值
	聚集系数法（凹陷）	134.5	152.8	—	—	期望值
	物质平衡法（成藏体系）	165.9	188.5	149.3	39.2	上限值
	盆地模拟方法（凹陷）	128.9	146.5	—	—	—

注：以凹陷为评价单元预测时，南堡凹陷和歧口凹陷只对其海域的部分资源进行了预测。

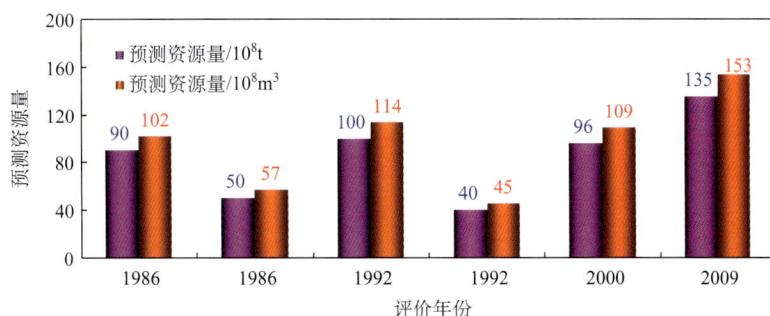

图 8-128　渤海海域历次资源评价结果对比柱状图

图中 2009 年的结果取的是期望值（地质类比法-聚集系数法）的预测结果

渤海海域全盆地油气资源评价结果与前人评价结果比较有所增大，其主要原因如下。

（1）随着勘探的深入，油气藏数量增多，规模序列法预测可靠性增加，其资源量结果有所增加，结果也更加可靠。

（2）以往评价用到的资料不全（老）、精度差和结果可信度低，所以造成资源量结果偏低、可信度也较低。

（3）另外，该次采用的聚集系数更加科学和合理，与地质事实相近性增强。对于该次资源评价，首先运用的是改进的规模序列法，对资源总量、最大规模及个数等参数进行了约束，使得评价结果更科学和可信；其次，以物质平衡理论为原理，用生烃潜力法计算排烃量；该次研究的聚集系数是根据对刻度区油气聚集主控因素进行单因素拟合分析，从而得到各主控因素与聚集系数的定量关系，并据此求取评价区的聚集系数，使得评价的结果更科学和合理。

参考文献

安作相.1996.油气藏形成过程中的油气再次运移.新疆石油地质.北京：石油工业出版社，17（2）：188-194.

包茨.1988.天然气地质学.北京：科学出版社.

贝丰，王允诚，程同锦，等.1983.砂和泥的压实模拟.成都地质学院学报，（2）：82-97.

蔡春芳，顾家裕，蔡洪美.2001.塔中地区志留系烃类侵位对成岩作用的影响.沉积学报，19（1）：60-66.

陈贲.1995.勘探侏罗系寻找新油藏//陈忠勇.清气长留.北京：中国三峡出版社.

陈发景，田世澄.1989.压实与油气运移.武汉：中国地质大学出版社：1-157.

陈建瑜，王启军.1986.影响生油门限深度的地质因素.地球科学-武汉地质学院院报，11（3）：303-307.

陈景达.1980.同生砂坝-滚动背斜油气藏——兼论辽河西部凹陷沙二段油气藏类型和分布规律.华东石油学院学报，（2）：1-17.

陈景达.1988.渤海湾盆地的复式油气聚集带——以辽河西部、廊固和东濮三个凹陷为例.石油大学学报，12（3）：41-51.

陈章明，张云峰，韩有信，等.1998.凸镜状砂体聚油模拟实验及其机理分析.石油实验地质，20（2）：166-170.

戴金星.1985.中国含硫化氢的天然气分布特征，分类及其成因探讨.沉积学报，3（4）：109-120.

戴金星.1997.中国大中型天然气田形成条件与分布规律.北京：地质出版社.

窦立荣.1999."含油气系统"与"成油系统"概念对比.石油勘探与开发，26（1）：88-91.

方祖康，陈章明，庞雄奇，等.1984.大雁褐煤在煤化模拟实验中的产物特征，3（23）：1-9.

付晓泰，王振平，卢双舫.1996.气体在水中的溶解机理及溶解度方程.中国科学B辑，26（2）：124-130.

高岗.2000.油气生成模拟方法及其石油地质意义.天然气地球科学，11（2）：25-31.

郭秋麟，米石云，石广仁，等.1998.盆地模拟原理方法.北京：石油工业出版社：93-174.

郭元岭，高磊，赵乐强.2001a.济阳拗陷石油勘探效果分析.河南石油，15（3）：15-17.

郭元岭，赵乐强，石红霞，等.2001b.济阳拗陷探明石油地质储量特点分析.石油勘探与开发，28（3）：33-36.

郭云尧，孙士孝.1989.地层水含盐量对岩心孔隙度和渗透率的影响.石油大学学报（自然科学版），13（5）：30-35.

韩晓东，李国会.2000.塔中4油田CⅢ古油藏及地意义.勘探家，5（2）：21-26.

郝芳，陈建渝.1993.论有机质生烃潜能与生源的关系及干酪根的成因类型.现代地质，7（1）：57-66.

郝石生，陈章明，吕延防，等.1995.天然气藏的形成与保存.北京：石油工业出版社：80-192.

何炳骏.1981.华北地区地层压实作用与油、气初次运移.石油学报，（S1）：93-99.

胡朝元，廖曦.1996.成油系统概念在中国的提出及其应用.石油学报，17（1）：10-16.

胡朝元.1982.生油区控制油气田分布——中国东部陆相盆地进行区域勘探的有效理论.石油学报，3（2）：24-27

黄第藩，王铁冠.1990.美国化学会地球化学分会召开煤和陆源有机物质潜在油气源岩专题学术研讨会.石油与天然气地质，11（3）：344-346.

黄第藩.1981.现代湖泊沉积物中有机质的特征及其地质意义.地质地球化学，（5）：25-37.

贾承造.1999.塔里木盆地构造特征与油气聚集规律.新疆石油地质，20（3）：177-183.

姜福杰，庞雄奇，姜振学，等.2007.致密砂岩气藏成藏过程的物理模拟实验.地质论评，53（6）：844-849.

姜福杰，庞雄奇，姜振学，等.2008.应用油藏规模序列法预测东营凹陷剩余资源量.西南石油大学学报，30（1）：54-57.

姜振学，刘和甫，黄志龙，等.1999.吐哈盆地亚含油气系统划分及评价.大庆石油学院学报，23（4）：1-6.

姜振学，付广.1994.三肇地区扶余油层油气运聚形式及供油气单元特征.天然气工业，14（6）：24-26.

姜振学，赵文智，李伟.1997.应用高势面划分含油气系统及其应用.勘探家，(1)：38-41.

姜振学，庞雄奇，金之钧，等.2002.门限控烃作用及其在有效烃源岩判别研究中的应用.地球科学–中国地质大学学报，27（6）：689-695.

姜振学，庞雄奇，金之钧.2004.地层抬升过程中的砂体回弹作用及其油气成藏效应，29（4）：420-430.

姜振学，王显东，庞雄奇，等.2006.塔北地区志留系典型油气藏古油水界面恢复.地球科学–中国地质大学学报，31（2）：201-209.

姜振学，庞雄奇，刘洛夫，等.2008.塔里木盆地志留系沥青砂破坏烃量定量研究.中国科学D辑，38（1）：89-94.

蒋有录，张一伟.2000.天然气藏与油藏形成机理及分布特征的异同.地质科技情报，19（1）：69-72.

解国军.2001.油气发现过程分析及其数学模型的建立.北京：中国石油大学（北京）博士学位论文.

金之钧，等.1998.含油气盆地油气分布地质模型研究.北京：中国石油天然气总公司.

金之钧，庞雄奇，姜振学，等.2001.中国大、中型油气田成藏定量模式综合研究.北京：中国石油天然气总公司.

李明诚.1994.石油与天然气运移.北京：石油工业出版社：27-28.

李明诚.2000.石油与天然气运移研究综述.石油勘探与开发，27（4）：4-14.

李明诚.2002.对油气运聚研究中一些概念的再思考.石油勘探与开发，29（2）：13-20.

李明诚，李伟，蔡峰.1997.油气成藏保存条件的综合研究.石油学报，18（2）：41-49.

李丕龙.2000.断陷盆地油气聚集模式及其动力学特征.石油大学学报，24（4）：26-28.

李星军，吴海波，席秉茹.1998.松辽盆地新站构造—岩性油藏油水界面的确定.大庆石油地质与开发，17（1）：12-15.

刘大锰，金奎励，王凌志.1999.塔里木盆地志留系沥青砂岩的特性及其成因.现代地质，13（2）：169-178.

刘兴材，钱凯，吴世祥.1996.东营凹陷油气场环对应分布论.石油与天然气地质，17（3）：185-190.

柳广第，赵文智，胡素云，等.2003.石油运聚单元石油运聚系数的预测模型.石油勘探与开发，30（5）：53-57.

卢家烂，傅家谟，张惠之，等.1991.不同条件下天然气运移影响的模拟实验研究.石油与天然气地质，12（2）：153-160.

卢书锷.1987.泥质沉积物排烃模拟.石油实验地质，(01)：22-33.

卢双舫，王雅春，庞雄奇，等.2000.煤系源岩排烃门限影响因素的模拟计算，石油大学学报（自然科学版），24（4）：48-53.

卢双舫，李娇娜，刘绍军，等.2009.松辽盆地生油门限重新厘定及其意义.石油勘探与开发，36（2）：166-174.

吕修祥，张一伟，金之钧.1996.塔里木盆地成藏旋回初论.科学通报，41（22）：2064-2067.

吕延防，王振平.2001.油气藏破坏机理分析.大庆石油学院院报，25（3）：5-12.

罗晓容.2008.油气成藏动力学研究之我见.天然气地球科学，19（2）：149-157.

马中振，庞雄奇，付秀丽.2008.松辽盆地北部嫩江组一段源岩排烃特征及潜力评价，石油天然气学报，30（3）：24-29.

潘钟祥.1986.石油地质学.北京：地质出版社.

庞雄奇.1993.盖层封油气性定量评价——盆地模拟法在盖层评价中的应用.北京：地质出版社：1-89.

庞雄奇.1995.排烃门限控油气理论与应用.北京：石油工业出版社：1-245.

庞雄奇，陈章明.1997.排油气门限的基本概念、研究意义与应用.现代地质，11（4）：510-521.

庞雄奇，方祖康，陈章明.1988.地史过程中的岩石有机质含量变化及其计算.石油学报，9（1）：17-24.

庞雄奇，陈章明，陈发景.1992.干酪根演化过程中产油气量物质平衡优化模拟计算.石油勘探与开发，19（1）：23-32.

庞雄奇，陈章明，陈发景.1993.含油气盆地史、热史、生留排烃史数值模拟研究与烃源岩定量评价.北京：地质出版社：70-96.

庞雄奇，姜振学，李建青，等.2000.油气成藏过程中的地质门限及其控油气作用.石油大学学报（自然科学版），24（4）：53-58.

庞雄奇，金之钧，姜振学，等.2002.叠合盆地油气资源评价问题及其研究意义.石油勘探与开发，29（1）：9-13.

庞雄奇，李丕龙，金之钧，等.2003.油气成藏门限研究及其在济阳坳陷中的应用.石油与天然气地质，24（5）

204-209.

庞雄奇, 李素梅, 金之钧, 等.2004a.排烃门限存在的地质地球化学证据及其应用.地球科学-中国地质大学学报, 29 (4): 384-390.

庞雄奇, 陈冬霞, 李丕龙, 等.2004b.隐蔽油气藏资源潜力预测方法探讨与初步应用.石油与天然气地质, 25 (4): 370-376.

裴秀玲.2007.喇嘛甸油田萨零组成藏规律研究.大庆: 大庆石油学院博士学位论文.

盛志纬.1986.生油岩定量评价中的轻烃问题.石油实验地质, (2): 139-152.

石广仁, 李惠芬, 王素明.1989.一维盆地模拟系统 BAS1.石油勘探与开发, 16 (6): 1-10.

石广仁, 张庆春.2004.库车坳陷的油气运移全定量模拟.地球科学—中国地质大学学报, 29 (4): 391-399.

石兴春, 周海燕, 庞雄奇.2000.吐哈盆地前侏罗系油气运聚散失烃量模拟研究.石油勘探与开发, 27 (4): 52-54

帅德福, 王秉海.1993.中国石油地质志 (卷六) ——胜利油田.北京: 石油工业出版社.

宋国奇, 纪友亮, 赵俊青.2003.不同级别层序界面及体系域的含油气性.石油勘探与开发, 30 (3): 32-35.

宋宁, 王铁冠, 刘东鹰, 等.2005.应用油气藏规模序列法预测金湖凹陷的油气资源.新疆石油地质, 26 (6): 692-694.

汤良杰, 金之钧.2000.塔里木盆地北部隆起牙哈断裂带负反转过程与油气聚集.沉积学报, 18 (2): 302-310.

田克勤.1981.黄骅拗陷油气生成与初次运移的探讨.石油学报, 2 (1): 21-29.

田文广, 姜振学, 庞雄奇, 等.2005.岩浆活动热模拟及其对烃源岩热演化作用模式研究.西南石油学院学报, 27 (1): 12-18.

王涵云, 杨天宇.1982.原油裂解成气模拟实验.天然气工业, (3): 28-32.

王捷.1996.关于复式油气田.复式油气田, 1 (1): 1-3.

王松桂.1999.线性统计模型.北京: 高等教育出版社: 21-27.

王显东, 姜振学, 庞雄奇.2003.古油气水界面恢复方法综述.地球科学进展, 18 (3): 412-420.

王允诚.1984.裂缝的分布规律及其在油气运移和勘探开发中的作用.新疆石油地质, 5 (4): 1-4.

王志欣, 信全麟.1998.东营凹陷压实水水动力特征.石油学报, 19 (4): 21-27.

吴富强, 汪小昆, 胡雪, 等.2002.早第三纪济阳拗陷的性质.新疆石油地质, 23 (2): 114-116.

杨万里.1986.陆相湖盆成油理论及其在油气勘探中的应用.大庆石油地质与开发, 5 (4): 1-12.

杨万里, 李永康, 高瑞祺, 等.1981.松辽盆地陆相生油母质的类型与演化模式.中国科学, (8): 1000-1009.

叶加仁, 陆明德, 张志才.1995.鄂尔多斯盆地下古生界地层 地史模拟与油气聚集.地球科学-中国地质大学学报, 20 (3): 342-348

张发强, 罗晓容, 苗盛, 等.2003.石油二次运移的模式及其影响因素, 石油实验地质, 25 (1): 61-74.

张俊, 庞雄奇, 刘洛夫, 等.2004.塔里木盆地志留系沥青砂岩的分布特征与石油地质意义.中国科学 D 辑, 34 (增刊1): 169-176.

张宽.2001.中国近海油气资源评价述评及评价方法探讨.中国海上油气地质, 15 (4): 230-235.

张林晔, 孔祥星, 张春荣, 等.2003.济阳坳陷下第三系优质烃源岩的发育及其意义.地球化学, 23 (1): 35-42.

赵靖舟.2001.塔里木盆地北部寒武—奥陶系海相烃源岩重新认识.沉积学报, (01): 117-125.

赵旭东.1988.石油资源定量评价.北京: 地质出版社: 3-17.

郑菲菲.2008.辽河断陷西部剩余资源潜力与有利勘探领域预测.北京: 中国石油大学 (北京) 博士学位论文.

周海燕, 庞雄奇, 姜振学.2003.油气成藏门限及其研究方法.石油学报, 24 (6): 40-45.

周杰, 庞雄奇.2002.一种生、排烃量计算方法探讨与应用.石油勘探与开发, 29 (1): 24-27.

周兴熙.1997.源-盖共控论述要.石油勘探与开发, 24 (6): 4-8.

周中毅, 潘长春, 范善发.1996.塔里木盆地热历史.矿物岩石地球化学通报, 15 (3): 150-154.

周总瑛.2007.统计法在石油资源定量评价中的应用.石油实验地质, 29 (2): 207-216.

周总瑛.2011.影响油气资源量变化的若干因素.新疆石油地质, 32 (2): 105-108.

朱光有, 金强, 周建林.2003.东营凹陷旋回式深湖相烃源岩研究.地质科学, 38 (2): 254 -262.

朱扬明.1999.流体包裹体在油气勘探中的应用.勘探家, 4 (4): 29-34.

左胜杰，贾瑞忠，庞雄奇. 2005. 应用聚集门限理论评价吐哈盆地前侏罗系油气资源潜力. 石油实验地质，27（4）：321-329.

Barker C. 1980. Primary Migration-The importance of water-mineral organic matter inaction source rocks. AAPG Studies in Geology，(10)：77-92.

Berg R R. 1975. Capillary pressures in stratigraphic traps. AAPG，59（5）：939-956.

Bernard B，Brooks J M，Sackett W M. 1977. A geochemical model for characterization of hydrocarbon gas sources in marine sediments//Proceeding 9th Annual Offshore Technology Conference. Houston：Offshore Technology Conference：435-438.

Bruce A D，Cowley R A，Murray A F. 1978. The theory of structurally incommensurate systems. II. Commensurate-incommensurate phase transitions. Journal of Physics C：Solid State Physics，11（17）：3591.

Catalan L，Xiaowen F，Chatzis I，et al. 1992. An experimental study of secondary oil migration. AAPG，76：638-650.

Dembicki H J，Anderson M J. 1989. Secondary migration of oil：Experiemts supporting efficient movement of separate，buoyant oil phase along limited conduits. AAPG，73：1018-1021.

Dickey P A. 1975. Possible primary migration of oil from source rock in oil phase. AAPG，59（2）：337-345.

Dickey P A. 1976. Estimation and hypothesis testing in nonstationary time series. Ames：Iowa State University.

Dickinson G. 1953. Geological aspects of abnormal reservoir pressures in Gulf Coast Louisiana. AAPG Bulletin，37（2）：410-432.

Dow W G. 1974. Application of oil correlation and source rock data to exploration in Williston basin. AAPG，58（7）：1253-1262.

Durand Jr R R，Bencosme C S，Collman J P，et al. 1983. Mechanistic aspects of the catalytic reduction of dioxygen by cofacial metalloporphyrins. Journal of the American Chemical Society，105（9）：2710-2718.

England W A. 1987. The movement and entrapment of petroleum fluids in the subsurface. Journal of the Geology Sociology London，144：327-347.

Gussow W C. 1954. Differential entrapment of oil and gas：A fundamental principle. AAPG，38：816-853.

Gussow W C. 1968. Migration of reservoir fluids. Journal of Petroleum Technology，20：353-363.

Hindle A D. 1997. Petroleum migration pathways and charge concentration：A 3-D model. AAPG，81：1451-1481.

Hirsch L M，Thompson A H. 1995. Minimum saturations and buoyancy in secondary migration. AAPG Bulletin，79（5）：69-710.

Hower J，Eslinger E V，Hower M E，et al. 1976. Mechanism of burial metamorphism of argillaceous sediment：1. Mineralogical and chemical evidence. Geological Society of America Bulletin，87（5）：725-737.

Hubbert M K. 1973. Degree of advancement of petroleum exploration in the United States. AAPG Bulletin，1973，52（11）：2207-2227.

Hunt J C R. 1990. The structure of velocity and pressure fields in turbulent flows over bluff bodies，hills and waves. Journal of Wind Engineering and Industrial Aerodynamics，36（1）：245-253.

Hunt J M. 1961. Intelligence and Experience. New York：Ronald Press Co.

Hunt J M. 1979 . Petroleum Geochemistry and Geology. San Francisco：Freeman.

Jones R W，Edison T A. 1978. Microscopic observations of kerogen related to geochemical parameters with emphasis on thermal maturation//Oltz D F. Low Temperature Metamorphism of Kerogen and Clay Minerals. Los Angeles：SEPM Pacific Section：1-12.

Larter S R，Aplin A C. 1995. Reservoir Geochemistry：Methods，applications and opportunities//Cubitt J W，England W A. et al. The Geochemistry of Reservoirs. London：The Geological Society Publishing House：5-32.

Lee P J，Wang P C C. 1985. Prediction of oil or gas pool sizes when discovery record is available. Mathematical Geology，17（2）：95-113.

Leythaeuser D. 1982. Role of diffusion in primary of hydrocarbons. AAPG，66（4）：408-429.

Magara. K . 1978. Compaction and Fluid Migration. Elsevier.

Magoon L B. 1987. The petroleum system——a classification scheme for research, resource assessment, and explo-ration (abs). American Association of Petroleum Geologists Bulletin, 71 (5): 587-597.

Magoon L B, Dow W G. 1994. The petroleum system—from source to trap. AAPG, 60: 17-231.

McAuliffe C D. 1979. Oil and gas migration: Chemical and physical constraints, AAPG, 63 (5): 16-30.

McNeal R P. 1961. Hydrodynamic entrapment of oil and gas in Bi-sti field, San Juan County, New Mexico. AAPG Bulletin, 45: 315-329.

Momper J A . 1978. Oil migration limitations suggested by geological and geochemical considerations. AAPG, 62 (3): 545.

Perrodon A. 1980. Geodynamique Petrolière. 1st edition. Paris: Masson-Elf Aquitaine.

Perrodon A. 1983. Dynamics of Oil and Gas Accumulations. Pau: Elf Aquitaine Press: 187-210.

Perrodon A, Masse P. 1984, Subsidence, sedimentation and petroleum systems. Journal of Petrology, 7 (1): 5-25.

Philip J R. 1966. Some integral equations in geometrical probability. Biometrika, 53 (3-4): 365-374.

Price L C. 1976. Aqueous solubility of petroleum as applied to its origin and primary migration. AAPG, 60 (2): 23-56.

Rhea L M P, Marsily G D, Ledoux E. 1994. Geostatistical models of secondary oil migration within heterogeneous car-rier beds: A theoretical example. AAPG, 78: 1679-1691

Ronov A B. 1958. Organic carbon in sedimentary rocks (in relation to the presence of petroleum). Geochemistry, 10 (5): 497-509.

Schowalter T T. 1979. Mechanics of secondary hydrocarbon migration and entrapment. AAPG, 63 (2): 723-760.

Smith D A. 1966. Theoretical considerations of sealing and non-sealing faults. AAPG Bulletin, 50: 363-374.

Snarsky A N. 1961. Relationship between primary migration and compaction of rocks: Geologiya Nefti i Gaza. Petrole-um Geology, 5: 362-365.

Stainforth J G, Reinders J E A. 1990. Primary migration of hydrocarbons by diffusion through organic matter network and its effect on oil and gas generation. Advances in Organic Geochemistry, 16: 1-3.

Teichmüller. 1983. Non-convexity of spheres in infinite dimensional teichmiiller spaces. Advances in Mathematics, 37 (8): 924-933.

Thomas M M, Clouse J A. 1995. Scaled physical model of secondary oil migration. AAPG, 79: 19-29

Tissot B P, Espitalie J. 1969. Thermal evolution of organic materials in sediments: Application of a mathematical sim-ulation; petroleum potential of sedimentary basins and reconstructing the thermal history of sediments. Revue de I'institut Francais du Petrole et Annales des Combustibles Liquides, 30 (5): 743-777.

Tissot B P, Welte D H. 1978. Petroleum formation and occurrencea new approach to oil exploration. London: Elsevi-er.

Tissot B P, Welte D H. 1984. Petroleum Formation and Occurrence. 2nd edition. Berlin, Heidelberg, New York, To-kyo: Springer-Verlag: 1-156.

Tissot B P, Califet-Debyser Y, Deroo G, et al. 1971. Origin and evolution of hydrocarbons in early Toarcian shales, Paris Basin, France. AAPG Bulletin, 55 (12): 2177-2193.

Ungerer P. 1990. State of the art of research in kinetic modelling of oil formation and expulsion. Organic Geochemis-try, 16 (1-3): 1-25.

索 引